中国天然气组分地球化学研究进展丛书
戴金星　主编

卷二

中国天然气中二氧化碳、氮气和氢气研究进展

主　编　刘全有
副主编　吴小奇　彭威龙

科学出版社
北京

内 容 简 介

本文集收录了戴金星院士及其学生在 CO_2、N_2 和 H_2 等非烃气的地球化学指标及资源地质与勘探研究方面的代表性论文，CO_2、N_2 和 H_2 是天然气中重要的非烃组分，其含量差异巨大，且成因和来源复杂。CO_2 主要来源于火山喷发、烃类气体化学反应、微生物分解有机物等。N_2 主要来源于大气、微生物氨化、热氨化、有机质热裂解、铵黏土矿物热裂解、地幔脱气等。H_2 主要通过热演化作用和微生物作用等有机作用以及蛇纹石化、地球深部脱气、水的辐解分解、岩浆热液活动等无机作用产生。在特殊地质背景下会形成以 CO_2、N_2 或 H_2 为主要组分的气藏。

本书以中国范围内各大气田（藏）富含的 CO_2、N_2 和 H_2 等非烃气为主要对象进行论述，总结了近 40 年以来发表的有关 CO_2、N_2 和 H_2 的文献，重新梳理气藏中 CO_2、N_2 和 H_2 的地球化学特征，并结合国内外盆地实例与经典地质–地球化学判识图版总结不同非烃气体的成因和来源，进而探讨非烃气体组分的地质应用。

本书可供从事石油与天然气地球科学工作者、石油院校研究人员、油田现场生产部门的技术和管理人员阅读与参考。

审图号：GS 京（2024）0844 号

图书在版编目（CIP）数据

中国天然气中二氧化碳、氮气和氢气研究进展 / 刘全有主编. —北京：科学出版社，2024.6

（中国天然气组分地球化学研究进展丛书 / 戴金星主编；卷二）

ISBN 978-7-03-078461-2

Ⅰ.①中… Ⅱ.①刘… Ⅲ.①天然气－组分－研究－中国 Ⅳ.①TE642

中国国家版本馆 CIP 数据核字（2024）第 087647 号

责任编辑：焦　健 / 责任校对：何艳萍
责任印制：肖　兴 / 封面设计：有道文化

科 学 出 版 社 出版

北京东黄城根北街 16 号
邮政编码：100717
http://www.sciencep.com

北京建宏印刷有限公司印刷
科学出版社发行　各地新华书店经销

*

2024 年 6 月第 一 版　　开本：787×1092　1/16
2024 年 6 月第一次印刷　　印张：18 1/4
字数：432 000

定价：258.00 元

（如有印装质量问题，我社负责调换）

"中国天然气组分地球化学研究进展丛书"
顾问委员会

"中国天然气组分地球化学研究进展丛书"
编辑委员会

本书编辑委员会

主　编：刘全有

副主编：吴小奇　彭威龙

审　核：戴金星　刘全有　吴小奇　姜明明

委　员：（按姓氏拼音排序）

胡安平　姜明明　李　剑　李志生　廖凤蓉

刘德良　刘文汇　孟庆强　倪云燕　秦胜飞

陶士振　吴小奇　张殿伟　周　冰　朱东亚

丛　书　序

　　天然气是重要的低碳绿色清洁化石能源,其组分作为天然气研究的基础单元,承载着丰富的信息和能源价值。对天然气不同组分的地球化学研究是天然气领域的重点关注方向之一,也对推动天然气资源的发现和提高天然气勘探开发效率具有举足轻重的意义。"中国天然气组分地球化学研究进展丛书"分为七卷,分别涉及中国的烷烃气碳氢同位素成因,天然气中二氧化碳、氮气和氢气,氦气地球化学与成藏,天然气轻烃组成及应用,无机成因气及气藏,含油气盆地硫化氢的生成与分布以及天然气中汞的形成与分布等的研究进展。该丛书汇集众多中国天然气组分地球化学的研究成果,深入剖析烷烃气、轻烃、无机气、硫化氢、氦、汞、二氧化碳等组分,使读者全面了解天然气的地球化学特征、分布规律、形成与运聚机制,明确天然气成藏、演化过程,并提供地质应用实例,为指导勘探开发提高资源利用效率提供支撑。

　　丛书的编撰团队由戴金星院士携手他的20名学生组成,几十年来致力于天然气的研究和勘探开发,在学术上取得了丰硕成果,培养一批优秀的青年科技工作者,推动了我国天然气学科的发展。戴金星院士曾先后出版过《天然气地质和地球化学文集》和《戴金星文集》等多部文集,这些文集均以他个人研究成果为主。而本次出版的"中国天然气组分地球化学研究进展丛书",是以戴金星院士和他的学生组成的团队近二十余年的研究成果,包括对过去研究成果的回顾,对现在研究内容的思考,对未来研究思路的探讨。该丛书集团队力量,精心编制,是初学者了解天然气组分地球化学研究进展的参考文献,也是长期从事天然气勘探开发科研工作者相互交流的桥梁。研究者可以借助该丛书中的内容,开展更深入系统的合作研究,探讨天然气组分地球化学领域的前沿问题,激发科研成果的创新活力,推动天然气资源的可持续开发和利用。

　　在组织编撰丛书的过程中，戴金星院士携学生团队对研究数据一丝不苟，对研究成果精益求精。在戴金星院士鲐背之年，依然怀揣为祖国找气的理想，坚守为科研奋斗的信念，十分敬佩。期待该丛书的出版促进学术交流合作，推进天然气科学研究，为我国至关重要的天然气工业气壮山河的发展锦上添花。

中国科学院院士
发展中国家科学院院士
美国国家科学院外籍院士

2024 年 4 月 10 日

丛 书 前 言

1961 年，我从南京大学地质系大地构造专业毕业后，被分配到北京石油部石油科学研究院。按石油部传统，刚到的大学生要到油田锻炼，所以我在北京只工作了半年，就和一些同事到江汉（五七）油田工作了十年。在大学五年中我没有学过一门石油专业课程，故摆在我面前的专业负担极其沉重，学习的专业和工作的专业矛盾着。面对现实，我发奋阅读油气专业文献和资料，江汉油田不大的图书馆中有关油气地质和地球化学的书，我几乎都读了，那时正值"文革"，我作为逍遥派，读书时间是宽裕的。在不断阅读中，我了解到中国和世界其他一些国家存在石油与天然气的生产和研究的不平衡性。前者产量高，研究深入，研究人员济济；后者产量低，研究薄弱，研究人员匮乏。经过调查对比，我选定天然气地质和地球化学作为自己专业目标和方向，因为这样才在同一起跑线上与人竞争，才有跻身专业前列的条件和可能。

1986 年之前，中国没有出版包含天然气地质和天然气地球化学的图书，至今出版了天然气地质学、天然气地质学概论、中国天然气地质、天然气地球化学、煤成烃地球化学和天然气成因等书籍至少达 15 部，世界上第一部天然气地质学专著 1979 年在苏联出版。所以，在我选定天然气地质和地球化学方向的 20世纪 60 年代下叶至 70 年代下叶，没有可供系统学习的天然气地质和地球化学专业书籍。在此状况下，我经过反复斟酌，决定首先从学习天然气各组分入手，天然气是由基础单元各组分的混合物，主要是烷烃气、二氧化碳、氮、氢、硫化氢、汞、轻烃，还有稀有气体氦、氩等，也就是说天然气由元素气和化合物气组成。这些气组分的知识可以从当时普通地质学、石油地质学、化学等书籍，甚至可由化学辞典获取。我先用 2~3 年仔细学习各组分地球化学特征、气源岩或气源矿物及形成机制、成因类型、分布规律、资源丰度及经济价值，等等。

此类学习为我之后从事天然气地球化学研究提供基础，受益匪浅。近20～30年来，我与学生们在研究天然气组分方面，有许多成果，故拟以天然气单独组分为主，出版由7册组成的研究丛书：卷一:《中国天然气烷烃气碳氢同位素成因研究进展》，卷二:《中国天然气中二氧化碳、氮气和氢气研究进展》，卷三:《中国氦气地球化学与成藏研究进展》，卷四:《中国天然气轻烃组成及应用研究进展》，卷五:《中国无机成因气及气藏研究进展》，卷六:《中国含油气盆地硫化氢的生成与分布研究进展》，卷七:《中国天然气中汞的形成与分布研究进展》。此系列"中国天然气组分地球化学研究进展丛书"的各卷主编和副主编为我和我的学生。出版本套丛书一方面为我的学生们提供一个学术平台、环境，展示新成果，促使他们在学术上更上一层楼；另一方面，由于我国天然气工业近20年来蓬勃发展，需要大批人才，为他们提供系列天然气组分研究文献，显然对更稳、更好、更快发展天然气工业有利。

期待本丛书能够成为天然气领域的重要文献，为我国天然气事业的发展贡献力量，愿我们共同努力，开创天然气研究的新局面，为构建美好能源未来而努力奋斗！

2024年4月12日于北京

前　言

中华人民共和国成立以来，油气地质理论与勘探开发取得了突飞猛进的进展和成效。天然气地质学理论支撑和引领了我国天然气工业的发展，使得我国成为世界产气大国之一。气藏中非烃气往往与烷烃气伴生或共存，对其地球化学特征、成因与来源的研究由来已久。特别是自"碳中和"目标提出后，为应对国际气候和能源形势变化，CO_2 作为温室气体的埋存与利用及 H_2 作为清洁能源的开发利用等逐渐引起广泛关注。《中国天然气中二氧化碳、氮气和氢气研究进展》为戴金星院士 90 华诞之际组织出版的"中国天然气组分地球化学研究进展丛书"的卷二，集成了戴金星院士及弟子多年来在 CO_2、N_2 和 H_2 等非烃气地球化学研究及应用方面的研究成果，收录内容仅限于戴金星院士及弟子为第一作者原载于中文期刊为主的论文，部分内容进行了适当修改和完善。

CO_2、N_2 和 H_2 等均为天然气中常见的非烃气体，也是长期以来天然气地质地球化学研究中重点关注的对象。以往对 CO_2 和 N_2 的研究主要是针对其地球化学特征、成因和来源，而对 H_2 的研究较少且并未将其作为一种资源进行专门研究。戴金星院士及国内从事天然气地球化学研究的前辈在 CO_2、N_2 和 H_2 等非烃气地球化学研究方面开展了卓有成效的工作，为现今非烃气的地质地球化学系统研究及勘探评价奠定了坚实基础。CO_2、N_2 和 H_2 等作为常见的非烃气，参与了含油气系统的形成和演化，也是重要且有意义的气体资源。

本书收录内容起始于戴金星院士 20 世纪 80 年代开展的天然气中 CO_2 特征及成因研究直至现今，收集整理横跨近 40 年时段的代表性论文及研究成果。收录内容涉及地球多层圈有机-无机相互作用及其资源效应、楚雄盆地中东部禄丰—楚雄一带的二氧化碳气及其成因、广东平远鹋鸪窿二氧化碳气苗、中国东部和大陆架二氧化碳气田（藏）及其气的类型、无机成因二氧化碳气的类型分布和成藏控制条件、川东北地区酸性气体中 CO_2 成因与 TSR 作用影响、渤海

湾盆地 CO_2 气田（藏）地球化学特征及分布、中国东部 CO_2 气地球化学特征及其气藏分布、四川盆地东部天然气中 CO_2 的成因和来源、四川盆地东部地区海相层系酸性气体中 CO_2 成因与碳同位素分馏机理、苏北盆地富 CO_2 天然气成因与油气地球化学特征、中国四川盆地天然气中二氧化碳及其碳同位素的特征、CO_2 地质封存过程中储集层溶蚀与盖层裂缝胶结自封闭机制、塔里木盆地天然气氮气来源及其对高氮气藏勘探风险的意义、塔里木盆地侏罗系煤热模拟实验氮的地化特征与意义、塔里木盆地天然气中氮地球化学特征与成因、应用 CH_4/N_2 指标估算塔里木盆地天然气热成熟度、多元天然气成因判识新指标及图版、深部流体及有机-无机相互作用下油气形成的基本内涵等。

结构编排总体上是考虑研究内容及发表时间，同一作者的尽量编排在一起且主要是按发表时间先后排序，同时兼顾内容。编辑委员会的人员构成是收录文章的主要作者，以及参与图文处理、编辑排版和校核的博士研究生。本书的筹划和出版，得益于戴金星院士的大力支持。根据戴金星院士关于"中国天然气组分地球化学研究进展丛书"的总体部署安排及分工协商，本书开篇导论、稿件的组织、编录工作等均由刘全有负责。各位作者同力合作，提供了优化完善的可编辑文稿及矢量图。同时，博士生姜明明等对全部文稿进行了处理和校对，对早期文章进行了文字和图件的可编辑和矢量化处理及补充制图，并进行了全书的格式调整和编辑排版，在此一并表示衷心的感谢！

本书由国家自然科学基金项目（编号：42141021 & U20B6001）资助出版。

编　者

2024 年 1 月 2 日

目　　录

地球多层圈有机-无机相互作用及其资源效应[*]

刘全有，朱东亚，孟庆强，宋玉财，吴小奇，李鹏，许汇源，彭威龙，黄晓伟，
刘佳宜，魏永波，金之钧

0 引言

有机-无机相互作用是指盆地基底以下深部流体迁移到盆地内部并与盆内围岩或流体发生有机与无机的物理化学作用[1]。全球范围内，板块俯冲、岩浆火山作用、深大断裂发育等深部地质作用会触发壳幔深部流源源源不断地向浅表盆地传输，这些深部流体携带大量深部物质和能量，通过有机 无机相互作用影响多种矿产资源的形成和富集。

Sherwood Lollar 等首次在加拿大结晶地盾发现无机非生物烷烃气[2]，Seewald 证实了无机元素参与下石油的形成[3]。基于深部流体作为深部物质和能量的载体，2004 年金之钧院士从圈层相互作用的视角首次提出了壳幔有机-无机相互作用复合生烃理论，并指出深部流体对盆内油气资源形成和聚集施加显著影响[4]。2012 年中石油将油气深部补偿作为石油勘探十大重大科技进展之一，表明地球深部流体及有机-无机相互作用对沉积盆地油气成藏的响应已经引起了高度关注。近年来，众多学者主要从有机-无机相互作用对烃源岩的"优源"作用、有机质生烃的"增烃"作用、储层发育的"成储"作用和油气成藏的"促聚"作用几个角度出发，详细探讨了地球深部流体传输至浅层含油气盆地及地表过程中发生的一系列有机-无机相互作用及油气成藏机理[1, 5-10]。另外，地球深部地质作用过程中，还向盆地输入了大量的非生物气体，如氢气、氦气、二氧化碳等资源。其中，氢气被认为是一种极好的零碳清洁能源，其在能源转型中发挥着重要作用[11, 12]。从成因上来讲，地质体中的氢气常与深部幔源富氢流体和水岩反应相关[13, 14]。根据玄武岩中橄榄石和辉石斑晶的热释气体组分和含量，估算渤海湾盆地东营-惠民凹陷幔源火成-岩浆活动能向该凹陷输入约 $44.1×10^9 m^3$ 的 H_2[15]。壳-幔相互作用及地壳深部地质过程与浅部成矿也有联系。例如，深部热流体在煤的形成和热演化及煤成油、煤成气的过程中起到重要作用。同时，盆内自身有机物质（有机质、油气）对盆地浅层产出的砂岩型铀矿、密西西比型（MVT）铅锌矿、砂岩型铜矿等金属矿床的形成和改造也有重要意义[16, 17]。此外，深部流体的温度一般高于地层温度，其上涌的热效应可以直接影响地热资源（干热岩）的形成。

由此可见，地球深部流体及盆内发生的有机-无机相互作用对地壳表层各种矿产、能源

* 原载于 *Earth-Science Reviews*，2024 年，第 35 卷，第五期，741～762。

资源潜力具有一定影响。本文在前人研究的基础上，着重探讨深部流体及盆内有机-无机相互作用的内涵，阐明地球有机-无机相互作用对各类矿产、能源资源形成、富集的影响机理，以期为各类资源勘探提供借鉴。

1   地球多层圈有机-无机相互作用内涵

现代地球系统科学的理念中，多圈层相互作用是核心[18]。在地球系统演化影响下，地球各个圈层（岩石圈、水圈、大气圈、生物圈等）成为彼此相互联系、相互作用的整体[19]。华北克拉通破坏、深部碳循环均是以板块活动过程中固体块体和流体在不同圈层中的迁移和相互作用为核心思想，探讨地球系统的演变过程[20, 21]。自地球形成开始，地球各圈层之间便发生广泛的相互作用，尤其是板块俯冲、深大断裂发育、岩浆火山活动等深部地质作用过程会触发广泛的深部流体活动。如自中-新生代以来，太平洋板块向西俯冲至华北板块之下，在大地幔楔作用及俯冲后撤作用的影响下[22]，浅表圈层持续的拉张作用和岩浆火山活动促使华北克拉通板块的破坏[20]，同时地壳厚度和岩石圈厚度减薄，导致东部众多裂谷盆地的形成（图 1）。在这一过程中发生了活跃的深部流体活动以及盆内有机-无机相互作用，影响了多种资源的形成和富集。

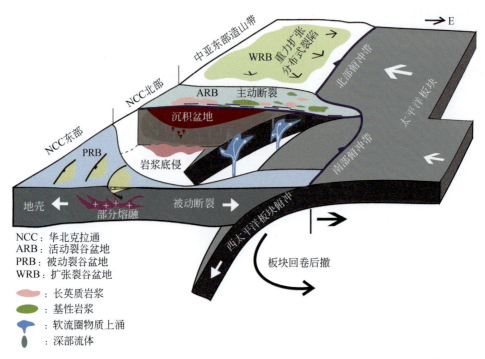

图 1   西太平洋板块俯冲作用下深部流体和盆地作用示意图（修改自 Meng 等[23]）

深部流体是指沉积盆地基底以下幔源挥发性的流体以及板块俯冲过程中岩石脱水所产生的流体、深变质过程中脱水作用形成的流体或者受幔源热源驱动的深循环流体[1, 24]。深部流体富含 C、H、O、N、S、P、Si 等生命元素，Al、Fe、Mn、Mg、Cu、Mo、V、Cr 等金属元素，也包含 He、Ne、Ar、Kr、Xe、Rn 等稀有气体。深部流体所携带的深部能量和物质向上迁移进入岩石圈浅层中的沉积盆地内部，与盆内围岩或流体发生广泛的有机-

无机相互作用并输送大量非生物资源（H_2、He、CO_2、CH_4）和提供热源，抑或是通过岩浆作用喷发至地表并释放大量 CO_2、CH_4 等气体影响生物圈、水圈和大气圈（岩浆碳泵）（图 1）。此外，盆地内部自身的有机物质（有机质、油气等）与无机物质（岩石、地层水等）时刻发生着有机-无机相互作用，该过程同样产生一定的资源效应。

2　地球多圈层有机-无机相互作用的资源效应

2.1　油气资源

1）有机-无机相互作用对富有机质烃源岩的影响

在地质历史时期，无论是海洋还是陆地都有广泛的岩浆火山活动，同时会触发广泛的深部流体活动。深部流体携带了大量 NO_3^-、PO_4^{3-}、NH_4^+ 等营养盐类，CH_4、CO_2、H_2、NH_3 等热液气体，Fe、Mn、Zn、Co、Cu 等微量金属元素，以及来自地球内部的古细菌、嗜热细菌等微生物。这些来自地球深部的无机成因物质参与到富有机质烃源岩的形成过程，其中发生的有机-无机相互作用可以有效提高有机质富集程度，即"优源"作用。"优源"作用主要是通过提高海洋或湖泊中生物有机质的初级生产力和形成有利于有机质保存的古沉积环境两个方面影响有机质富集[1]。

在提高有机质生产力方面，深部流体在上涌喷发过程中释放的 C、N、Si、Fe 等营养物质和 Zn、Mn、Ni、V 等重要微量金属元素，是有机生物生长繁育所必需的。它们在浮游植物光合作用、呼吸作用、蛋白质合成等新陈代谢过程中具有不可替代的作用。火山物质进入湖泊和海洋等水体中，诸多无机元素的加入会促使水体中生物的勃发或死亡，进而影响古生产力[25]。来自地球内部、随热液喷发至地表的古细菌、嗜热细菌等微生物，在提高大洋初级生产力、富集有机质及促进海底水-岩反应发生和营养元素释放等过程中也具有积极的意义[26, 27]。深部流体的注入，为水生生物的生长提供了必需的生命元素和营养物质，为提高水体初级生产力提供了重要物质基础[28]。例如，我国鄂尔多斯盆地延长组长 7 段页岩层系中发育丰富的火山凝灰岩，研究发现火山活动之后，即紧邻火山灰层之上的样品有机质丰度明显被改善且有机质纹层加厚，连续性变好，这可能与火山灰沉降之后水解释放营养元素导致紧邻之后的初级生产力显著提高有关（图 2）[29]。中国华南地区早三叠世火山活动强度与蓝藻水华规模性沉积的时空一致性也揭示了火山活动对生物生命繁盛起到的促进作用[30]。

深部流体包括地壳和地幔来源的岩浆与热液流体，对海相、陆相沉积环境中有机质保存均具有一定的意义。一方面，大规模的岩浆及热液喷发，向大气和海洋输送了大量的 CO_2，引发了温室效应，造成如白垩纪中期的大洋缺氧事件（OAE）等的发生，大规模的生物灭绝为有机质高效埋藏创造了条件[31]。另一方面，热液喷发释放的 CO_2 与水体的 Ca^{2+}、Mg^{2+} 等结合，形成碳酸盐类，增加水体盐度，促进水体分层和海水循环静止，为有机质富集创造了有利的水动力条件和氧化还原条件[25]。此外，火山喷发和深部流体喷涌还可以为海水水体输送额外的硫（硫酸盐、SO_2、H_2S 等），影响硫酸盐细菌还原（BSR）过程，改变了水体氧化还原条件，逐步使水体进入硫化分层的静水环境，有机质处于良好的保存条件，最终影响富有机质烃源的形成和发育[1, 5]。

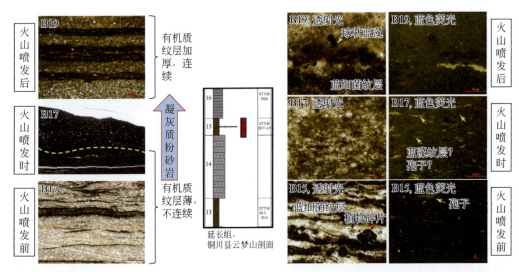

图2 铜川市云梦山剖面火山喷发前后有机质纹层变化特征及成烃生物组合特征对比[29]

STYM. 云梦山剖面；B××. 对应剖面处取样编号

相关研究表明，震旦系火山和热液活动以及相关的有机-无机相互作用，导致了陡山沱组和灯影组优质烃源岩的形成[32]。富含火山灰的页岩中，Ba、V、Cr、Ni、Zn、Zr、Co、Rb、Pb、REE 等微量元素浓度较高，Eu 正异常，总有机碳含量相对较高，表明火山活动和相关热液活动促进了生物的大量繁殖（图3）。另外，火山喷发导致海底水处于厌氧硫化状态。表层海水中的有机质进入底层厌氧硫化海水后，大量保存在泥页岩沉积物中，形成富含有机质的优质烃源岩（图3）[32]。所以，在有机质形成富集的过程中，"保存论"与"生产力论"并非非此即彼的矛盾论，而是可以相辅相成、共同作用的两种重要机制。深部流体通过创造有利的水体沉积环境，提供丰富的营养盐类、微量金属元素和微生物等物质，实现了沉积盆地的"优源"效应[1, 25]。

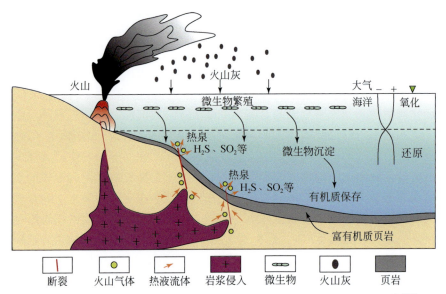

图3 深部热液流体影响下微生物繁殖与有机质保存模式图（修改自 Liu 等[32]）

2）有机-无机相互作用对生烃的影响

在含油气系统有机-无机相互作用理论的提出和发展下，有机质生烃演化过程中无机环境的作用机制的研究被众多学者关注，而氢是生烃过程中最重要的限制性因素[33, 34]。有机质生烃是一个富碳贫氢的过程，随着热演化程度和生烃过程的增加，自身氢的不足会逐渐使生烃过程终止。外部氢的加入能使高演化烃源岩再活化生烃，从而增加盆地油气资源潜力。氢元素参与了有机质的热裂解过程，在油气形成中起到了促进作用[35, 36]。Jin 等通过封闭体系泥岩（Ⅱ型干酪根）和煤（Ⅲ型干酪根）加气态 H_2 和 H_2O 进行生烃模拟实验，结果表明加 H_2 后煤和泥岩的生烃率均显著增加，其中泥岩的生烃率提高 140% 以上[4]。来自华北地区下花园剖面的中元古界下马岭组泥质烃源岩中的低成熟度干酪根和塔里木盆地东二沟剖面下寒武统玉尔吐斯组泥质烃源岩中的高成熟度干酪根加氢热模式实验表明，干酪根加氢后气态烃产率、甲烷产率明显比对照组增大 3.16～3.24 倍和 1.8～2.1 倍（图4）[5]。吴嘉等认为有机-无机相互作用的潜在生烃机理表明，沉积盆地的外源氢可以参与沉积有机质的生烃过程。同时，也建立了有机-无机复合生烃作用模式，主要分为加氢脱烷基、加氢脱甲基-开环和费-托合成三个阶段（图5）[33]。

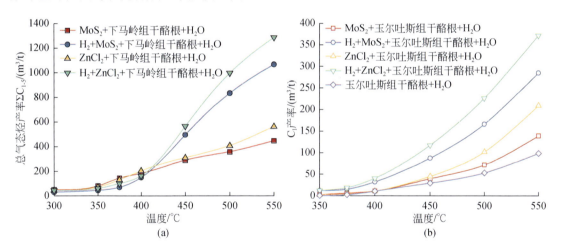

图 4　封闭体系内加氢对十酪根生烃的影响（数据来源于刘全有等[5]）

（a）下马岭组；（b）玉尔吐斯组

深部流体活动及有机-无机相互作用除了对有机质生烃影响外，还可以直接向盆地中输入无机烷烃气。费-托合成反应是重要的形成机制[37, 38]。俯冲带高温高压环境是费-托合成非生物碳氢资源的加工厂，地球深部碳氢挥发分物质的循环对地质时间尺度地表碳氢资源形成演化具有重要影响[39]。深部俯冲带碳氢加工厂效应、深部地幔岩浆中碳氢挥发分的释放等使深部流体在向浅部地层运移过程中输送大量的非生物 CH_4 等，为浅表盆地海量非生物 CH_4 等资源富集奠定基础[39-41]。中国东部沿郯庐断裂的松辽、渤海湾、苏北等众多盆地中都可以见到一定含量的非生物 CH_4 的产出[42-45]。其中，松辽盆地庆深气田存在非生物 CH_4 规模性聚集，形成了具有工业价值的非生物 CH_4 气藏[46]。依据碳氢同位素和氦同位素端元模型计算，庆深气田 CH_4（除芳深 1 井外）中非生物成因 CH_4 所占比例为 25%～53%，资源量超过 $500 \times 10^8 m^3$[47]。

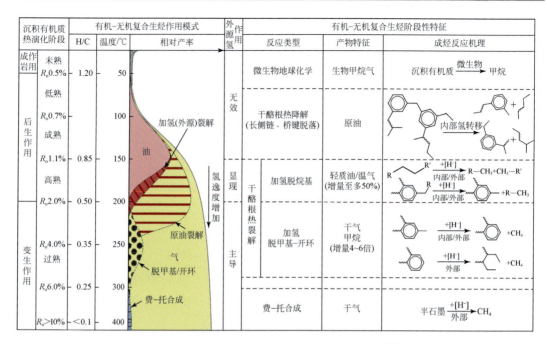

图 5　沉积盆地有机无机复合生烃模式示意图[33]

深部流体对生烃的影响还体现在促进有机质成熟而向油气转化方面。有机质演化生烃主要受控于地下温压场条件的影响[48]。一方面，深部流体上涌所带来的热量会使烃源岩的产油窗口深度范围变窄，加速烃源岩的成熟演化，过早形成油藏[7]；另一方面，深部流体可能导致地层超压形成，促进烃源岩中油气排出向储层聚集成藏。在印度尼西亚 Java 东北部、西班牙 Basque-Cantabrian 盆地、阿根廷 Neuquén 盆地以及我国的渤海湾盆地、准噶尔盆地、鄂尔多斯盆地、松辽盆地等都发现了岩浆活动对碳氢化合物生成和聚集产生了影响[49-55]。

3）有机-无机相互作用对储层发育的影响

在深部流体从地球深部进入浅部地层过程中，其温度、压力和成分与所接触的围岩地层有显著差异。深部流体的参与使地层流体具有更好的温压条件和更富含 CO_2、CO_3^{2-}、Ca^{2+}、Mg^{2+}、Si 等活跃组分，从而发生广泛的有机-无机相互作用而打破原始地层流体与岩石的物理化学平衡。

对于碳酸盐岩储层，深部热液流体主要是使碳酸盐岩发生溶蚀、白云岩化、硅化等作用，促进次生溶蚀孔隙、晶间孔隙等有效储集空间的发育而增大孔隙度和渗透率，对深层-超深层优质碳酸盐岩储层储集油气起着重要的作用[56, 57]。深部流体可从岩浆侵入体中通过水岩反应获得一定数量的 Mg^{2+} 离子，并沿断裂裂缝体系促使碳酸盐岩发生热液白云岩化[58-61]。热液白云岩储层在北美、中东等地区古生界油气勘探中占据着重要地位。中国四川盆地在震旦系灯影组、寒武系龙王庙组、二叠系茅口组等层位中都发育深部流体溶蚀改造型白云岩储层[59, 61-64]。塔里木盆地在深层-超深层寒武系和奥陶系中也存在深部流体溶蚀改造形成优质碳酸盐岩储层的现象（图 6）。特别是塔深 1 井在 7000～8400m 深处发现了多层段的优质热液改造型白云岩储层，孔隙度逐渐增加至 9.1%，证实了在高温高压的深层-超深层区域存在有效储集空间发育和保持的能力[65]。因此，在深部热液溶蚀改造作用下，深层碳酸盐岩储层具有持续向深部拓展的潜力，使深部仍发育优质白云岩储层。

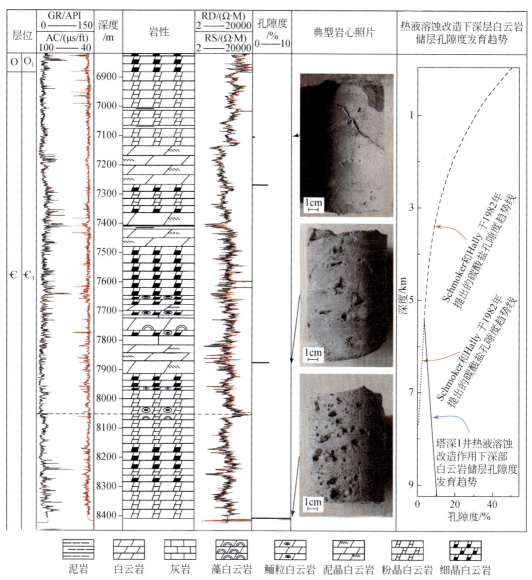

图 6　深部流体溶蚀改造作用下深层-超深层白云岩储层发育特征与规律（修改自 Zhu 等[65]）

　　另外，碳酸盐岩储层也广泛存在硫酸盐热化学还原（TSR）反应。TSR 是一个有机-无机相互作用的过程，具体是指烃类在高温下将硫酸盐矿物还原生成 H_2S、CO_2 等酸性气体的过程，也是高含 H_2S 天然气藏重要的形成机制[66]。TSR 的产物溶解于水能引起水体酸化，而酸性流体的形成势必会对碳酸盐岩储层的孔隙度及渗透率等产生一定的次生改造作用。川东北飞仙关组高含 H_2S 取心井的 12800 多个孔隙度和渗透率数据展示出，高含 H_2S 储层孔隙度明显好于不含 H_2S 和低含 H_2S 的储层[67]。

　　有机-无机相互作用对碎屑岩储层也有着显著影响，地层酸性流体往往会引起储集砂岩中长石等可溶性矿物的溶蚀而改变储集能力。依据成岩阶段，地层形成酸性流体的方式有大气淡水淋滤作用、干酪根热解作用和烃类高温水氧化作用[68]。在沉积时期-浅埋藏阶段，大气中 CO_2 溶解到淡水中，在碳酸电离分解作用下产生 H^+ 能够溶蚀地表浅层岩石中的长石和碳酸盐矿物[69]。在早成岩 B-中成岩期，干酪根生成的有机酸主要通过有机-无机相互作用影响储层中矿物的溶蚀和沉淀作用，从而影响储集空间的演化[68, 70]。由于源储一体的特点，这一现象在非常规页岩油气储层中经常被观察到[71-73]。在中成岩 B 期-晚成岩阶段，烃类在高温条件下发生水氧化作用，生成 CO_2 等酸性流体持续溶蚀长石形成次生孔隙，并伴随部分伊利石和石英的沉淀[74]。根据以上不同成岩阶段长石溶蚀作用的成因特点，操应长等提出了含油气盆地"长石溶蚀接力成孔"模式（图 7）[68]。

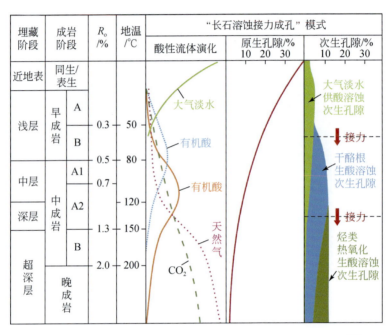

图 7　含油气盆地"长石溶蚀接力成孔"模式（修改自操应长等[68]）

在断层发达的深部流体活跃区，携带大量无机 CO_2 和 H_2S 气体的深部流体沿活动断层向上迁移进入盆地，部分气体溶于地层水中形成酸性流体。这些酸性流体会引起储集砂岩中长石碳酸盐胶结物等其他可溶性矿物的溶解和重建，有效增大储层孔隙度，形成多个次生孔隙带[75, 76]。在中国东部盆地富 CO_2 气藏的碎屑岩储层或被岩浆作用影响到的岩石中发现片钠铝石、铁白云石等碳酸盐矿物的存在，表明深部无机来源的 CO_2 一部分进入常规的圈闭中成藏，一部分与含水储层发生物理化学反应，以碳酸盐矿物的形式固定在岩石中[1, 77]。由于强烈的构造运动产生的深大断裂可以切入岩石圈地幔或软流圈，为地幔衍生岩浆的迁移提供重要通道，中国东部弧后裂谷盆地（松辽盆地、渤海盆地湾、苏北盆地、莺歌海盆地等）的油气储层往往会受地幔岩浆及其衍生物质的影响[7, 78]。

4）有机-无机相互作用对油气聚集的影响

来自地球深部的热液流体除了为盆地带来 C、H 等挥发分外，其所携带的热量作用于油气藏会产生热蚀变，使原油物理化学性质发生改变。特别是当热液流体侵入已经被油气充注成藏的圈闭时，瞬时热效应使原油产生歧化反应，一方面导致原油裂解成气态烃，另一方面产生黑色的固体残留物——热解沥青[7]。同时，热液流体产生的热量还会影响油气相态和 PVT①性质。另外，热液流体如岩浆侵入作用产生的断层或侵入油气藏的火山岩会影响储层孔渗条件或盖层封闭性，破坏油气圈闭的完整性，造成油气泄漏。前文提及的在热动力驱动下烃类和硫酸盐之间的有机-无机相互作用（如 TSR）会影响油气的地球化学特征。伴随着烃类的氧化蚀变，TSR 对烃类选择性消耗，天然气干燥系数增大，更富含 H_2S，碳同位素也发生相应的变化[79, 80]。

沿深大断裂从深部向盆地浅部运移的 CO_2 在地下往往处于超临界状态，其性质与有机溶剂相似，且具有高扩散率、低黏度和弱表面张力的属性，可以溶解萃取有机组分[81, 82]。来自深部流体的超临界 CO_2 对液态烃进行萃取时会优先萃取小分子量烃类组分，并携带这些轻质组分运移至浅部聚集成藏。在苏北盆地黄桥气田龙潭组砂岩裂缝中发现 CO_2 与油共生的包裹体证明了超临界 CO_2 对原油萃取作用的存在，并形成天然 CO_2-油耦合油气藏[83]。此外，CO_2 对油气的驱替和置换作用也不可忽视。对于常规油气来讲，由于超临界 CO_2 密度较低，地下连续的 CO_2 充注进入油气圈闭会在浮力作用下将原始油气驱替排出至浅部适当位置二次成藏。我国南海北部盆地油气田存在 CO_2 充注驱替现象，并导致原始油气藏中油气的再分配和重新组合[84]。对于非常规页岩气储层来讲，超临界 CO_2 相比于 CH_4 更容易吸附于泥页岩孔隙表面，CO_2 会置换部分 CH_4 使其解吸，从而改变泥页岩储层中气体赋存状态[85]。

2.2　天然氢

分子氢（H_2）在现代经济和工业中具有重要意义。与常规化石能源相比，氢气单位体积所蕴含的能量更大，并且利用过程中没有 CO_2 的产生，所以氢气被认为是一种极好的零碳清洁能源，其在能源转型中发挥着重要作用[12, 86]。如前文所述，有机质生烃是一个不断消耗氢的过程，外来氢的介入会促进有机质生烃。氢气还可以与岩石中的氧气反应形成水或与二氧化碳结合形成"非生物"甲烷。富氢深部流体携带的气态物质和催化元素是氢气形成的重要部分，在一定程度上影响氢气资源的产生和富集。

天然氢主要以三种形式存在：游离气、含氢流体包裹体、水溶解氢[87]。天然氢在全球各地均有发现。在阿曼 Bahla 地区发现的与蛇纹石相关的游离氢渗漏出地面，浓度可达 81%~97%[88]。1982~1987 年，美国得克萨斯州大陆裂谷系统附近的两口井生产的气体中氢气平均含量为 29%~37%[89]。许多天然游离氢的发现与前寒武纪岩石相关，如在澳大利亚 Minlaton 地区一口钻入前寒武纪变质岩中的井产出了浓度达 84% 的氢气[90, 91]。俄罗斯乌拉尔超深井中，在火山凝灰岩和基底裂缝带中产出了至少 50% 与火成岩相关的氢气[92]。此外，火山气体中也会含有氢气，如美国 Augustine 火山喷发气体中氢气含量达 51.5%[93]。在地震和火山事件发生几个小时后，土壤中的氢气浓度有所增加也说明了火山气体中氢气的存在。在中国即墨、冰岛（Nesjavellir、Torfajokull、Namafjall 等区域）和日本的热液系统（温泉）中也能够检测到高含量氢气[94, 95]。在南非和俄罗斯，与金属矿开采相关的高含量氢气也被大量报道，如南非 St.Helena 金矿中产出了 50% 的氢气[96]。此外，在沉积盆地的沉积岩和石油天然气田中也常发现氢气的存在，并且备受关注。例如，在西非马里

---

① 指流体的压力（P）、体积（V）和温度（T）之间的相互关系。

Gazbongou-1井日产1000m³氢气,浓度可达98%[97];俄罗斯Moiseevskaya油田2号井2576～2589m产出了11%的氢气[98];哈萨克斯坦SG-2超深钻井5475～5500m的三叠纪沉积物中产出13.8%～28.1%的氢气[99]。

天然氢气生成途径可达三十多种[87],主要分为有机成因与无机成因。在油气生成、聚集、裂解和煤变质作用过程中烃类的芳构化、缩聚或分解导致C—H键裂解可以产生有机成因氢气[87]。还有某些厌氧细菌、蓝藻、异养型超嗜热细菌等生物活动也可以产生氢气[100]。无机成因氢气主要包括以下几种方式:①蛇纹石化反应。蛇纹石化是一种以超基性岩和水反应形成蛇纹岩和氢气的变质过程。其本质是基性-超基性岩石中含 Fe^{2+} 的矿物(如橄榄石和辉石)在气液交代作用下形成各种蛇纹石的过程[式(1)][87]。

$$Mg_2SiO_4 \cdot FeSiO_4 + H_2O \longrightarrow Mg_3Si_2O_5(OH)_4 + Fe_2O_3 \cdot FeO + H_2 \qquad (1)$$

蛇纹石化反应过程生成氢气已经在实验室中得到证实[101]。该过程也被认为是地下天然气藏中高浓度氢气的主要成因,常发生在大洋中脊、板块俯冲带等构造活跃区[102]。②水的辐射分解。地壳中含有的大量放射性元素,如铀、钍和钾,放射性衰变时释放α、β和γ射线,产生的能量将水分子分解为氧气和氢气。这种反应通常发生在铀、钍和钾浓度较高的结晶基底环境中[103]。③地幔/地核释放氢气。地球深部大量的氢气可以保留在过渡带、下地幔或地核中,在地球内部物质循环背景下氢气以各种形式被带到岩石圈,在浅部富集形成氢气藏或地表氢气渗漏(仙女圈)[12, 104, 105]。

板块碰撞导致的板块俯冲引发地球圈层之间物质发生交换作用,深部流体可以向地球浅部输送大量的氢气。深部流体活动区特别是基性、超基性火山岩发育地区是高含量氢气的主要富集区,而它们的形成往往与构造背景密切相关。美国堪萨斯州(Kansas)的大陆裂谷Kansas盆地具有丰富的氢资源,产层为前寒武纪基底火山岩、石炭纪密西西比系砂岩,已经被连续开采近40年[106]。2008年,Sue Duroche#2井(D-2)在前寒武纪基底产出的气体中氢气含量达91.8%[106]。从盆地构造形态和地层来看,Kansas盆地的氢气可能有多种来源,包括前寒武纪基底火成岩和变质岩释放α、β和γ射线造成地层水分解形成氢气、被强烈蛇纹石化的铁镁质岩生成氢气和地幔释放氢气沿金伯利岩侵入体进入盆地[89, 106, 107]。其中,地幔脱气来源的可能性已经被低同位素温度所否定[89]。整体来看,Kansas盆地基底氢气产出量大、供应连续,在水动力的作用下经过短距离运移至构造高点,且存在致密岩层和含水层的双重封闭条件,供给量大于散失量而形成天然氢气聚集(图8)。

2.3　地热资源

地热能作为可再生能源之一,具有资源潜力大、碳排放低、分布广泛、易于开发等优点[108]。跨圈层的深部流体活动(尤其是火山活动和岩浆)所带来的热量效应对表层地热资源的影响是直接的。

大地热流是一个综合参数,能够反映一个地区的地热场强度[109]。高大地热流值(≥75mW/m²)代表地球深部可能存在高温岩体,如美国Geysers干热岩试验场大地热流为168mW/m²;Fenton Hill干热岩试验场大地热流超过200mW/m²;法国Soultz干热岩试验场大地热流为(80±10)mW/m²[110]。从全球热流分布图来看(图9),存在环太平洋地热异常带、地中海-喜马拉雅地热异常带、大西洋中脊地热异常带和红海-亚丁湾-东非裂谷地热异常带四大地热异常带[110]。地热异常带内大地热流值普遍高于100mW/m²,以火山、熔融体为主要热源，地热资源丰富，地表水热活动强烈。

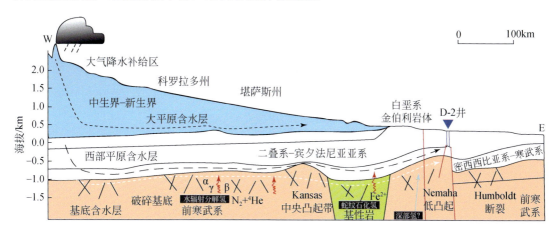

图 8　美国 Kansas 盆地氢气藏形成示意图（修改自 Guélard 等[106]）

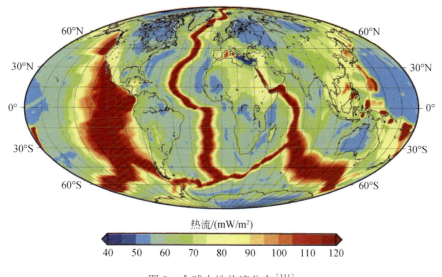

热流/(mW/m²)

图 9　全球大地热流分布[111]

　　大地热流有地壳热流和地幔热流两种成因[112]。强烈的火山活动及其产生的岩浆热效应（岩浆室）为火山及邻区大规模地热异常与干热岩的产出奠定了必要条件[113]，如中国东北五大连池火山群、长白山等强烈火山活动区。壳内部分熔融体也可以成为地热资源的热源，美国 Geysers 干热岩试验场和青藏高原东北缘的共和盆地恰卜恰干热岩场地为该类热源的典型代表[112]。岩浆活动的强度、时间、深度、侵入方式等影响岩浆热源的热量贡献，从而控制地热资源的分布。此外，地球深部地幔物质上涌造成岩石圈减薄或者沿深大断裂运移至浅层过程中会伴随深部热量传递效应，从而形成高大地热流值背景，这也是造成法国 Soultz 场地高热流值异常的原因[114]。Soultz 项目是沉积盆地典型的增强地热系统案例（图 10）。在拉张作用背景下，地壳伸展、减薄，深部地幔通过热传导加热地壳。深部流体沿深大断裂上涌进一步促进了深部热量对浅部地层的影响。盆地内断层为地热水提供了良好的运移通道，使其汇聚于裂谷中心。上覆的砂泥岩沉积层阻止了热量散失，起到了保温隔热的作用。由此可见，深部流体活动对地热资源的形成具有直接影响。

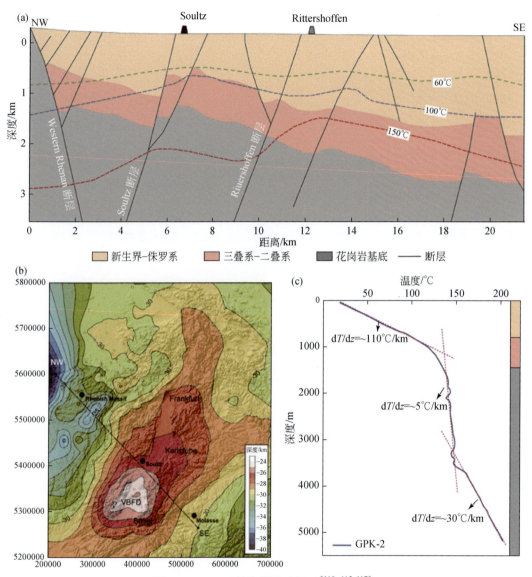

图 10　Soultz 干热岩场地质概况[110, 115-117]

（a）Soultz 地区地质剖面；（b）URG 地区莫霍面深度；（c）GPK-2 测温曲线

VBFD. 孚日黑森林穹顶

　　我国大地热流整体上呈现东高、中低、西南高、西北低的变化特征[118]。地热构造主要分布在板块碰撞带、活动断裂带、裂谷和坳陷盆地等构造活跃区[119]。东西部地热资源差异较为显著，这主要与板块构造俯冲和挤压引起岩石圈、地壳厚度变化以及伴随的深部流体活动相关。西南部处于地中海-喜马拉雅陆陆碰撞型板缘地热带，在印度板块挤压下地壳增厚，壳源释热形成了极高的大地热流值，地热资源丰富 [图 11 (a)]。该处的滇藏川地热带是我国热流值最高的区域，局部热流值高达 300mW/m²。羊八井地热田、恰卜恰地热区、康定温泉均位于此。中北部构造较为稳定，地壳和岩石圈厚度正常，部分区域存在火山活动，壳幔热流贡献较低，热流值较低（～60mW/m²）。东部受西太平洋板块俯冲和挤压作用，软流圈拱起，地壳减薄，构造活动强烈，深部流体活动频繁，热流值较高（60～100mW/m²），地热资源丰富（图 11）。处于板块交界带的中国台湾、东北新生代火山活动区（五大连池、长白山、镜泊湖）、郯庐断裂带附近（渤海湾盆地、松辽盆地、苏北盆地）等区域是东部地热资源前景区[110, 120, 121]。

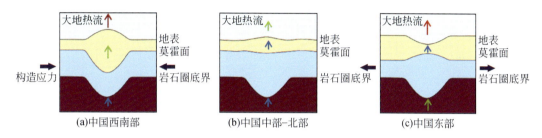

图 11　中国西南部（a）、中北部（b）、东部（c）的岩石圈热结构及其构造背景（修改自 Jiang 等[118]）

箭头的颜色、长度表示相对热流贡献

2.4　固体矿产资源

深部流体活动及有机-无机相互作用对矿产资源（铀矿、煤矿、金矿、铅锌矿、铜矿、钴镍矿、钼矿等）的迁移、沉淀、富集具有显著影响[122-125]。本文以砂岩型铀矿和煤矿为例，具体阐述影响机制。

1）砂岩型铀矿

世界上已知的 1880 个铀矿床中，有 900 个属于砂岩型铀矿，占铀矿床总量的 50%左右[126]。同一盆地内赋存多种矿产资源（铀矿、煤矿、石油和天然气）的现象在世界范围内普遍存在，这表明铀矿，尤其是砂岩型铀矿，在成因上与油气、煤炭相关[126]。富含有机质的沉积物中往往铀浓度较高和铀矿沉积中常含有一定量的碳氢化合物等现象似乎也暗示了这一联系[127]。

氧逸度、pH 值、压力、温度等物理化学变化以及构造活动等都会引起岩浆或热液体系中铀沉淀[124]，总体上可分为氧化还原反应、吸附作用、温度和化学组成改变几个方面。其中，有机物质参与的主要沉淀作用为氧化还原反应和吸附作用。流体中的铀主要以 U（VI）的形式存在，U（VI）还原为 U（VI）是铀沉淀富集的重要机制之一[128]。

首先，生物作用可以将铀还原沉淀。还原性细菌的代谢活动可以使硫酸盐还原生成 H_2S，并产生金属硫化物，其中的 Fe（II）有利于铀的还原和沉淀[124]。例如，鄂尔多斯东胜铀矿中的硫酸盐还原菌可能以碳氢化合物为食，并将硫酸盐还原为硫化物，同时将 U（VI）还原为不溶性 U（IV）矿石[129]。因此，富含有机物质的砂岩往往是形成铀矿的重要场所。其次，含烃流体对铀矿形成也有重要影响。砂岩型铀矿通常位于油气藏上部。这种上下叠置关系表明了碳氢化合物对铀矿的控制作用。油气藏是富有机质烃源岩热演化运聚成藏的结果。铀矿则是地表水、地下水或热液中的铀还原沉淀的结果。含烃流体通常通过裂缝或者不整合面渗漏至上覆砂岩含铀地层，并在压力作用下在砂岩体内横向迁移[130]。当含烃流体遇到含铀流体时可以使其还原沉淀而形成铀矿。含烃流体成分以 CH_4、H_2、H_2S、CO_2 和有机酸为主，其强还原性使以上过程得以实现（图 12）[130]。所以，油气藏渗漏的含烃流体可以作为促进砂岩型铀矿形成的重要有利因素，且砂岩型铀矿易形成于封闭性较差的油气藏附近。此外，若是铀矿形成于还原性含烃流体之前，流体上升可以对铀矿形成包围，可以有效防止氧化性流体渗入破坏铀矿[123, 130]。有机质可以影响铀的富集。有机质不仅可以直接或间接对环境中的 Eh 产生影响，还可以吸附铀元素，其吸附作用和形成的还原环境很大程度上导致了铀的富集[125, 131]。与构造-岩浆活动有关的深部流体侵入地层可以通过提供铀源和影响地层温度而形成热液型铀矿[132]。综上，含油气盆地中砂岩型铀矿的富集过程与有机物质紧密相关，发生的有机-无机相互作用在一定程度上促进了矿产资源的形成。

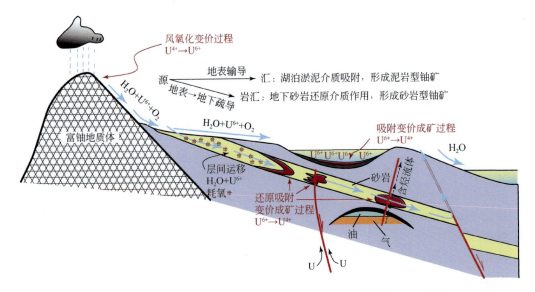

图 12   含油气盆地砂岩型铀矿成矿机理（修改自焦养泉等[133]和 Li 等[130]）

2）煤矿

煤的经济价值很大，被称为可燃生物矿产。我国煤炭资源非常丰富，是世界上的产煤大国之一。深部流体活动（尤其是岩浆、火山活动）对煤的形成和演化有重要影响。

植物的大量繁殖是成煤的先决条件。火山喷发可以携带众多微量元素在地表富集，当火山活动停止时，在低洼地区形成广泛的汇水区，并且不受陆源碎屑影响，大量植物发育于此。来自地球深部的众多微量元素为植物的发育提供了营养条件，高等植物在汇水区生长繁盛，为区域性厚煤层提供物质来源[134]。此外，火山喷发在地表形成的火山碎屑岩会影响煤系的形成，主要表现为煤层以火山碎屑岩为底板，煤层的厚度、结构和稳定性变化大，成煤较容易被火山沉降物破坏，火山间歇期长短决定了煤层厚度[135, 136]。例如，北京地区窑坡组煤层便是在受岩浆喷发出的火山碎屑沉降，导致湖泊水体变浅情况下在淤浅处形成的[136]。

煤形成后，深部岩浆活动对煤层演化的影响也较大。岩浆侵入煤层后，一方面对煤层产生挤压作用，造成煤层的强烈变形[136]；另一方面岩浆提供的高温、高压环境促进煤的热演化，增大煤的变质程度，使挥发分和氢元素大幅减少[137-139]。岩浆侵入的热效应还增大了煤岩的微孔体积和比表面积，使得瓦斯吸附能力和含量增加[138]。燕山期岩浆侵入和热液活动频繁，燕山运动对中国煤变质的演化和中高煤级煤变质带的形成起到了重要作用[140]。

3 结论与展望

众多研究和勘探实践表明,地球多层圈有机-无机相互作用对地壳表层多类型资源的形成、演化有着重要影响。其可以通过影响富有机质烃源岩的形成、烃类的生成、储层发育和油气的聚集而控制油气资源的富集成藏,亦可通过物质输送和能量传递的方式显著影响氢气和地热资源的形成,也可以通过有机-无机相互作用对各类矿产资源(尤其是铀矿和煤矿)的产出、演化产生作用。深部流体背景下的地球多层圈有机-无机相互作用突破了盆底框架,涉及地球系统多圈层相互作用研究领域。地球内部的各圈层相互作用过程必定会对人类所能探索到的地壳表层资源产生响应。未来,针对各类资源的研究应当在地球系统的背景下,围绕物质和能量、盆内和盆外两大方面来探讨。其中,地球多圈层有机-无机相互作用下非生物烷烃气的工业聚集研究,对于沉积盆地天然气勘探拓展具有现实意义,地球内部圈层相互作用下天然富氢气藏的成因、富集、潜在勘探区评价和地质储存的研究,对于未来能源转型、绿色发展和"碳达峰、碳中和"具有长远意义。

参 考 文 献

[1] 刘全有, 朱东亚, 孟庆强, 刘佳宜, 等. 深部流体及有机-无机相互作用下油气形成的基本内涵. 中国科学: 地球科学, 2019, 49: 499-520.

[2] Sherwood Lollar B, Westgate T D, Ward J A, et al. Abiogenic formation of alkanes in the Earth's crust as a minor source for global hydrocarbon reservoirs. Nature, 2002, 416(6880): 522-524.

[3] Seewald J S. Organic-inorganic interactions in petroleum-producing sedimentary basins. Nature, 2003, 426(6964): 327-333.

[4] Jin Z J, Zhang L P, Yang L, et al. A preliminary study of mantle-derived fluids and their effects on oil/gas generation in sedimentary basins. Journal of Petroleum Science and Engineering, 2004, 41(1-3): 45-55.

[5] 刘全有, 等. 深部流体作用下油气成藏机理. 北京: 科学出版社, 2022.

[6] 刘全有, 吴小奇, 朱东亚, 等. 含油气盆地有机无机作用下非生物烷烃气形成与资源潜力. 天然气地球科学, 2021, 32(2): 155-163.

[7] Zhang C, Liu D D, Liu, Q Y, et al. Magmatism and hydrocarbon accumulation in sedimentary basins: A review. Earth-Science Reviews, 2023, 244: 104531.

[8] 罗群, 李靖, 雷祥辉, 等. 地球深部流体的基本特性及其能源效应. 天然气勘探与开发, 2021, 44(4): 1-8.

[9] 李忠. 盆地深层流体-岩石作用与油气形成研究前沿. 矿物岩石地球化学通报, 2016, 35(5): 807-816, 805.

[10] Duan W, Shi L, Luo C F, et al. Response of clastic reservoir to magmatic intrusion: Advances and prospects. Geoenergy Science and Engineering, 2023, 227: 211938.

[11] 韩双彪, 唐致远, 杨春龙, 等. 天然气中氢气成因及能源意义. 天然气地球科学, 2021, 32(9): 1270-1284.

[12] 孟庆强, 金之钧, 孙冬胜, 等. 高含量氢气赋存的地质背景及勘探前景. 石油实验地质, 2021, 43(2): 208-216.

[13] Zgonnik V. The occurrence and geoscience of natural hydrogen: A comprehensive review. Earth-Science Reviews, 2020, 203: 103140.

[14] 金之钧, 张刘平, 杨雷, 等. 沉积盆地深部流体的地球化学特征及油气成藏效应初探. 地球科学, 2002, (6): 659-665.

[15] 金之钧, 胡文瑄, 张刘平, 等. 深部流体活动及油气成藏效应. 北京: 科学出版社, 2007.

[16] 顾雪祥, 章永梅, 李葆华, 等. 沉积盆地中金属成矿与油气成藏的耦合关系. 地学前缘, 2010, 17(2): 83-105.

[17] 刘池洋, 邱欣卫, 吴柏林, 等. 中-东亚能源矿产成矿域基本特征及其形成的动力学环境. 中国科学(D辑: 地球科学), 2007, (S1): 1-15.

[18] 李三忠, 刘丽军, 索艳慧, 等. 碳构造: 一个地球系统科学新范式. 科学通报, 2023, 68(4): 309-338.

[19] 汪品先, 田军, 黄恩清, 等. 地球系统与演变. 北京: 科学出版社, 2018.

[20] 朱日祥, 徐义刚, 朱光, 等. 华北克拉通破坏. 中国科学: 地球科学, 2012, 42(8): 1135-1159.

[21] Müller R D, Mather B, Dutkiewicz A, et al. Evolution of Earth's tectonic carbon conveyor belt. Nature, 2022, 605: 629-639.

[22] 郑建平, 戴宏坤. 西太平洋板片俯冲与后撤引起华北东部地幔置换并导致陆内盆-山耦合. 中国科学: 地球科学, 2018, 48(4): 62-82.

[23] Meng Q R, Zhou Z H, Zhu R X, et al. Cretaceous basin evolution in northeast Asia: Tectonic responses to the paleo-Pacific plate subduction. National Science Review, 2022, 9(1): nwab088.

[24] Manning C E. Fluids of the lower crust: Deep is different. Annual Review of Earth and Planetary Sciences, 2018, 46(1): 67-97.

[25] 刘佳宜, 刘全有, 朱东亚, 等. 深部流体在富有机质烃源岩形成中的作用. 天然气地球科学, 2018, 29(2): 168-177.

[26] Dick G J, Anantharaman K, Baker B J, et al. The microbiology of deep-sea hydrothermal vent plumes: Ecological and biogeographic linkages to seafloor and water column habitats. Frontiers in Microbiology, 2013, 4: 124.

[27] Lee C T A, Jiang H, Ronay E, et al. Volcanic ash as a driver of enhanced organic carbon burial in the Cretaceous. Scientific Reports, 2018, 8: 4197.

[28] Duggen S, Croot P, Schacht U et al. Subduction zone volcanic ash can fertilize the surface ocean and stimulate phytoplankton growth: Evidence from biogeochemical experiments and satellite data. Geophysical Research Letters, 2007, 34(1): 95-119.

[29] 刘全有, 李鹏, 金之钧, 等. 湖相泥页岩层系富有机质形成与烃类富集. 中国科学: 地球科学, 2022, 65: 118-138.

[30] Xie S C, Pancost R D, Wang Y B, et al. Cyanobacterial blooms tied to volcanism during the 5 m.y. Permo-Triassic biotic crisis. Geology, 2010, 38(5): 447-450.

[31] Liu S A, Wu H C, Shen S Z, et al. Zinc isotope evidence for intensive magmatism immediately before the end-Permian mass extinction. Geology, 2017, 45(4): 343-346.

[32] Liu Q Y, Zhu D Y, Jin Z J. et al. Influence of volcanic activities on redox chemistry changes linked to the enhancement of the ancient Sinian source rocks in the Yangtze craton. Precambrian Research, 2019, 327: 1-13.

[33] 吴嘉, 何坤, 孟庆强, 等. 沉积盆地超深层有机-无机复合生烃机理及地质模式. 地质学报, 2013,

97(3): 961-972.

[34] 吴嘉, 季富嘉, 王远, 等. 氢逸度对沉积有机质热演化的影响: 超深层生烃的启示. 中国科学: 地球科学, 2022, 52(11): 2275-2288.

[35] Lewan M D, Winters J C, Mcdonald J H. Generation of oil-like pyrolyzates from organic-rich shales. Science, 1979, 203(4383): 897-899.

[36] Hawkes H E. Free hydrogen in genesis of petroleum. AAPG Bulletin, 1972, 56(11): 2268-2270.

[37] Salvi S, Williams-Jones A E. Fischer-Tropsch synthesis of hydrocarbons during sub-solidus alteration of the Strange Lake peralkaline granite, Quebec/Labrador, Canada. Geochimica et Cosmochimica Acta, 1997, 61(1): 83-99.

[38] Mccollom T M, Seewald J S. Carbon isotope composition of organic compounds produced by abiotic synthesis under hydrothermal conditions. Earth and Planetary Science Letters, 2006, 243(1): 74-84.

[39] 纪伟强, 吴福元. 地球的挥发分循环与宜居环境演变. 岩石学报, 2022, 38(5): 1285-1301.

[40] Xia X Y, Gao Y L. Validity of geochemical signatures of abiotic hydrocarbon gases on Earth. Journal of the Geological Society, 2021, 179(3): JGS2021-077.

[41] Etiope G, Whiticar, M J. Abiotic methane in continental ultramafic rock systems: Towards a genetic model. Applied Geochemistry, 2019, 102: 139-152.

[42] Dai J X, Yang S F, Chen H L, et al. Geochemistry and occurrence of inorganic gas accumulations in Chinese sedimentary basins. Organic Geochemistry, 2005, 36(12): 1664-1688.

[43] 倪云燕, 戴金星, 周庆华, 等. 徐家围子断陷无机成因气证据及其份额估算. 石油勘探与开发, 2009, 36(1): 35-45.

[44] 戴金星, 胡国艺, 倪云燕, 等. 中国东部天然气分布特征. 天然气地球科学, 2009, 20(4): 471-487.

[45] 戴金星. 非生物天然气资源的特征与前景. 天然气地球科学, 2006, 17(1): 1-6.

[46] 戴金星, 邹才能, 张水昌, 等. 无机成因和有机成因烷烃气的鉴别. 中国科学(D辑: 地球科学), 2008, 38(11): 1329-1341.

[47] Liu Q Y, Dai J X, Jin Z J, et al. Abnormal carbon and hydrogen isotopes of alkane gases from the Qingshen gas field, Songliao Basin, China, suggesting abiogenic alkanes?. Journal of Asian Earth Sciences, 2016, 115: 285-297.

[48] Tissot B P, Welte D H. From Kerogen to Petroleum//Petroleum Formation and Occurrence: A New Approach to Oil and Gas Exploration. Berlin: Springer, 1978.

[49] Zaputlyaeva A, Mazzini A, Blumenberg M, et al. Recent magmatism drives hydrocarbon generation in north-east Java, Indonesia. Scientific Reports, 2020, 10(1): 1786.

[50] Salvioli M A, Ballivián Justiniano C A, Lajoinie M F, et al. Hydrocarbon-bearing sulphate-polymetallic deposits at the Colipilli area, Neuquén Basin, Argentina: Implications in the petroleum system modeling. Marine and Petroleum Geology, 2021, 126: 104925.

[51] Jakubowicz M, Agirrezabala L M, Dopieralska J, et al. The role of magmatism in hydrocarbon generation in sedimented rifts: A Nd isotope perspective from mid-Cretaceous methane-seep deposits of the Basque-Cantabrian Basin, Spain. Geochimica et Cosmochimica Acta, 2021, 303: 223-248.

[52] 许廷生. 渤海湾盆地岩浆侵入活动与油气成藏特征. 特种油气藏, 2021, 28(1): 81-85.

[53] 王民, 王岩, 卢双舫, 等. 岩浆侵入体热作用对烃源岩生烃影响的定量表征——以松辽盆地南部英台

断陷为例. 断块油气田, 2014, 21(2): 171-175.

[54] 柳益群, 周鼎武, 焦鑫, 等. 深源物质参与湖相烃源岩生烃作用的初步研究——以准噶尔盆地吉木萨尔凹陷二叠系黑色岩系为例. 古地理学报, 2019, 21(6): 983-998.

[55] 马尚伟, 魏丽, 赵飞, 等. 鄂尔多斯盆地靖边气田奥陶系马家沟组热液活动特征及油气地质意义. 天然气地球科学, 2023, 34(10): 1726-1738.

[56] 马永生, 蔡勋育, 李慧莉, 等. 深层-超深层碳酸盐岩储层发育机理新认识与特深层油气勘探方向. 地学前缘, 2023, 30(6): 1-13.

[57] 何治亮, 马永生, 朱东亚, 等. 深层-超深层碳酸盐岩储层理论技术进展与攻关方向. 石油与天然气地质, 2021, 42(3): 533-546.

[58] Davies G R, Smith L B. Structurally controlled hydrothermal dolomite reservoir facies: An overview. AAPG Bulletin, 2006, 90(11): 1641-1690.

[59] 蒋裕强, 谷一凡, 李开鸿, 等. 四川盆地中部中二叠统热液白云岩储渗空间类型及成因. 天然气工业, 2018, 38(2): 16-24.

[60] 朱东亚, 孟庆强, 胡文瑄, 等. 塔里木盆地深层寒武系地表岩溶型白云岩储层及后期流体改造作用. 地质论评, 2012, 58(4): 691-701.

[61] 江青春, 胡素云, 汪泽成, 等. 四川盆地中二叠统中-粗晶白云岩成因. 石油与天然气地质, 2014, 35(4): 503-510.

[62] 陈娅娜, 沈安江, 潘立银, 等. 微生物白云岩储集层特征、成因和分布——以四川盆地震旦系灯影组四段为例. 石油勘探与开发, 2017, 44(5): 704-715.

[63] 朱光有, 姜华, 黄士鹏, 等. 中国海相油气成藏理论新进展与超大型油气区预测. 石油学报, 2024, 1-25.

[64] 李让彬, 段金宝, 潘磊, 等. 川东地区中二叠统茅口组白云岩储层成因机理及主控因素. 天然气地球科学, 2021, 32(9): 1347-1357.

[65] Zhu D Y, Meng Q Q, Jin Z J, et al. Formation mechanism of deep Cambrian dolomite reservoirs in the Tarim basin, northwestern China. Marine and Petroleum Geology, 2015, 59: 232-244.

[66] 张水昌, 何坤, 王晓梅, 等. 深层多途径复合生气模式及潜在成藏贡献. 天然气地球科学, 2021, 32(10): 1421-1435.

[67] 朱光有, 张水昌, 梁英波, 等. TSR 对深部碳酸盐岩储层的溶蚀改造——四川盆地深部碳酸盐岩优质储层形成的重要方式. 岩石学报, 2006, 22(8): 2182-2194.

[68] 操应长, 远光辉, 王艳忠, 等. 典型含油气盆地深层富长石碎屑岩储层长石溶蚀接力成孔认识及其油气地质意义. 中国科学: 地球科学, 2022, 52(9): 1694-1725.

[69] Giles M R, Marshall J D. Constraints on the development of secondary porosity in the subsurface: Re-evaluation of processes. Marine and Petroleum Geology, 1986, 3: 243-255.

[70] 远光辉, 操应长, 杨田, 等. 论碎屑岩储层成岩过程中有机酸的溶蚀增孔能力. 地学前缘, 2013, 20(5): 207-219.

[71] Wei Y B, Li X Y, Zhang R F, et al. Influence of a paleosedimentary environment on shale oil enrichment: A case study on the Shahejie Formation of Raoyang Sag, Bohai Bay Basin, China. Frontiers in Earth Science, 2021, 9: 736054.

[72] Liang C, Cao Y C, Liu K Y, et al. Diagenetic variation at the lamina scale in lacustrine organic-rich shales:

Implications for hydrocarbon migration and accumulation. Geochimica et Cosmochimica Acta, 2018, 229: 112-128.

[73] 胡延旭, 韩春元, 康积伦, 等. 页岩油甜点储层成因新模式——以准噶尔盆地吉木萨尔凹陷芦草沟组为例. 天然气地球科学, 2022, 33(1): 125-137.

[74] Yuan G H, Cao Y C, Zan N M, et al. Coupled mineral alteration and oil degradation in thermal oil-water-feldspar systems and implications for organic-inorganic interactions in hydrocarbon reservoirs. Geochimica et Cosmochimica Acta, 2019, 248: 61-87.

[75] Zhu D Y, Liu Q Y, Jin Z J, et al. Effects of deep fluids on hydrocarbon generation and accumulation in Chinese petroliferous basins. Acta Geologica Sinica-English Edition, 2017, 91: 301-319.

[76] 龙华山, 向才富, 牛嘉玉, 等. 歧口凹陷滨海断裂带热流体活动及其对油气成藏的影响. 石油学报, 2014, 35(4): 673-684.

[77] 高玉巧, 刘立, 杨会东, 等. 松辽盆地孤店二氧化碳气田片钠铝石的特征及成因. 石油学报, 2007, (4): 62-67.

[78] 周冰, 金之钧, 刘全有, 等. 苏北盆地黄桥地区富 CO_2 流体对油气储-盖系统的改造作用. 石油与天然气地质, 2020, 41(6): 1151-1161.

[79] 杜春国, 郝芳, 邹华耀, 等. 川东北地区普光气田油气运聚和调整、改造机理与过程. 中国科学(D 辑: 地球科学), 2009, 39(12): 1721-1731.

[80] 刘全有, 金之钧, 刘文汇, 等. 四川盆地东部天然气地球化学特征与 TSR 强度对异常碳、氢同位素影响. 矿物岩石地球化学通报, 2015, 34(3): 471-480.

[81] Mckirdy D M, Chivas A R. Nonbiodegraded aromatic condensate associated with volcanic supercritical carbon dioxide, Otway Basin: Implications for primary migration from terrestrial organic matter. Organic Geochemistry, 1992, 18(5): 611-627.

[82] 何治亮, 李双建, 刘全有, 等. 盆地深部地质作用与深层资源——科学问题及攻关方向. 石油实验地质, 2020, 42(5): 767-779.

[83] Liu Q Y, Zhu D Y, Jin Z J, et al. Effects of deep CO_2 on petroleum and thermal alteration: The case of the Huangqiao oil and gas field. Chemical Geology, 2017, 469: 214-229.

[84] 王振峰, 何家雄, 张树林, 等. 南海北部边缘盆地 CO_2 成因及充注驱油的石油地质意义. 石油学报, 2004, (5): 48-53.

[85] 朱阳升, 宋岩行, 郭印同, 等. 四川盆地龙马溪组页岩的 CH_4 和 CO_2 气体高压吸附特征及控制因素. 天然气地球科学, 2016, 27(10): 1942-1952.

[86] 魏琪钊, 朱如凯, 杨智, 等. 天然氢气藏地质特征、形成分布与资源前景. 天然气地球科学, 2024, 1-11.

[87] Zgonnik V. The occurrence and geoscience of natural hydrogen: A comprehensive review. Earth-Science Reviews, 2020, 203: 103140.

[88] Boulart C, Chavagnac V, Monnin C, et al. Differences in gas venting from ultramafic-hosted warm springs: The example of oman and voltri ophiolites. Ofioliti, 2012, 38(2): 142-156.

[89] Coveney R M, Goebel E D, Zeller E J, et al. Serpentinization and the origin of hydrogen gas in Kansas. AAPG Bulletin, 1987, 71(1): 39-48.

[90] Woolnough W G. Natural gas in Australia and New Guinea. AAPG Bulletin, 1934, 18(2): 226-242.

[91] Lollar B S, Onstott T C, Lacrampe-Couloume G, et al. The contribution of the Precambrian continental

lithosphere to global H$_2$ production. Nature, 2014, 516(7531): 379-382.

[92] Баиита К, горбачев В, Шахторина Л. Задачи и первые результаты бурения Уральской сверхглубокой скважины. Советская Геология, 1991, 58: 51-63.

[93] Finlayson J B. The collection and analysis of volcanic and hydrothermal gases. Geothermics, 2003, 2: 1344-1354.

[94] Кононов В. Геохимия термальных вод областей современного вулканизма(рифтовых зон и островных дуг). Москва: Наука, 1983.

[95] Hao Y L, Pang Z H, Tian J, et al. Origin and evolution of hydrogen-rich gas discharges from a hot spring in the eastern coastal area of China. Chemical Geology, 2020, 538: 119477.

[96] Войтов Г, Осика Д, et al. Водородное дыхание Земли как отражение особенностей геологического строения и тектонического развития ее мегаструктур. Труды Геологического Института Махачкалы, 1982, 7-29.

[97] Prinzhofer A, Tahara Cissé C S, Diallo A B. Discovery of a large accumulation of natural hydrogen in Bourakebougou(Mali). International Journal of Hydrogen Energy, 2018, 43(42): 19315-19326.

[98] Молчанов В. Генерация водорода в литогенезе. Новосибирск: Наука, 1981.

[99] Перевозчиков Г. Водород в недрах Кызылкумов. Разведка и охрана недр, 2011, 35-38.

[100] Milkov A V. Molecular hydrogen in surface and subsurface natural gases: Abundance, origins and ideas for deliberate exploration. Earth-Science Reviews, 2022, 230: 104063.

[101] Miller H M, Mayhew L E, Ellison E T, et al. Low temperature hydrogen production during experimental hydration of partially-serpentinized dunite. Geochimica et Cosmochimica Acta, 2017, 209: 161-183.

[102] Etiope G, Vance S, Christensen, L E, et al. Methane in serpentinized ultramafic rocks in mainland Portugal. Marine and Petroleum Geology, 2013, 45: 12-16.

[103] Lin L H, Hall J, Lippmann-Pipke J, et al. Radiolytic H$_2$ in continental crust: Nuclear power for deep subsurface microbial communities. Geochemistry, Geophysics, Geosystems, 2005, 6(7): Q07003.

[104] Williams Q, Hemley R J. Hydrogen in the deep earth. Annual Review of Earth and Planetary Sciences, 2001, 29(1): 365-418.

[105] 韩双彪, 唐致远, 杨春龙, 等. 天然气中氢气成因及能源意义. 天然气地球科学, 2021, 32(9): 1270-1284.

[106] Guélard J, Beaumont V, Rouchon V, et al. Natural H$_2$ in Kansas: Deep or shallow origin? . Geochemistry, Geophysics, Geosystems, 2017, 18(5): 1841-1865.

[107] 孟庆强. 地质体中天然氢气成因识别方法初探. 石油实验地质, 2022, 44(3): 552-558.

[108] Zhao X G, Wan G. Current situation and prospect of China's geothermal resources. Renewable and Sustainable Energy Reviews, 2014, 32: 651-661.

[109] 张薇, 王贵玲, 刘峰, 等. 中国沉积盆地型地热资源特征. 中国地质, 2019, 46(2): 255-268.

[110] 饶松, 黄顺德, 胡圣标, 等. 中国陆区干热岩勘探靶区优选: 来自国内外干热岩系统成因机制的启示. 地球科学, 2023, 48(3): 857-877.

[111] Lucazeau F. Analysis and mapping of an updated terrestrial heat flow data set. Geochemistry, Geophysics, Geosystems, 2019, 20(8): 4001-4024.

[112] 张超, 胡圣标, 黄荣华, 等. 干热岩地热资源热源机制研究现状及其对成因机制研究的启示. 地球物

理学进展, 2022, 37(5): 1907-1919.

[113] Kelkar S, Woldegabriel G, Rehfeldt K. Lessons learned from the pioneering hot dry rock project at Fenton Hill, USA. Geothermics, 2016, 63: 5-14.

[114] Baillieux P, Schill E, Edel J B, et al. Localization of temperature anomalies in the Upper Rhine Graben: Insights from geophysics and neotectonic activity. International Geology Review, 2013, 55(14): 1744-1762.

[115] Buchmann T J, Connolly P T. Contemporary kinematics of the Upper Rhine Graben: A 3D finite element approach. Global and Planetary Change, 2007, 58(1-4): 287-309.

[116] Genter A, Evans K, Cuenot N, et al. Contribution of the exploration of deep crystalline fractured reservoir of Soultz to the knowledge of enhanced geothermal systems(EGS). Comptes Rendus Geoscience, 2010, 342(7-8): 502-516.

[117] Vidal J, Patrier P, Genter A, et al. Clay minerals related to the circulation of geothermal fluids in boreholes at Rittershoffen(Alsace, France). Journal of Volcanology and Geothermal Research, 2018, 349: 192-204.

[118] Jiang G Z, Hu S B, Shi Y Z, et al. Terrestrial heat flow of continental China: Updated dataset and tectonic implications. Tectonophysics, 2019, 753: 36-48.

[119] Lu C, Lin W J, Gan H N, et al. Occurrence types and genesis models of hot dry rock resources in China. Environmental Earth Sciences, 2017, 76(19): 646.

[120] 蔺文静, 王贵玲, 邵景力, 等. 我国干热岩资源分布及勘探: 进展与启示. 地质学报, 2021, 95(5): 1366-1381.

[121] 张薇, 王贵玲, 刘峰, 等. 中国沉积盆地型地热资源特征. 中国地质, 2019, 46(2): 255-268.

[122] 苏本勋, 秦克章, 蒋少涌, 等. 我国钴镍矿床的成矿规律、科学问题、勘查技术瓶颈与研究展望. 岩石学报, 2023, 39(4): 968-980.

[123] 李子颖, 秦明宽, 范洪, 等. 我国铀矿地质科技近十年的主要进展. 矿物岩石地球化学通报, 2021, 40(4): 845-857.

[124] 王大钊, 冷成彪, 秦朝建, 等. 铀的地球化学性质与成矿作用. 大地构造与成矿学, 2022, 46(2): 282-302.

[125] 徐阳, 凌明星, 薛硕, 等. 鄂尔多斯盆地双龙地区砂岩型铀矿富集、迁移和成矿机制. 大地构造与成矿学, 2020, 44(5): 937-957.

[126] Mukherjee S, Goswami S, Zakaulla S. Geological relationship between hydrocarbon and uranium: Review on two different sources of energy and the Indian scenario. Geoenergy Science and Engineering, 2023, 221: 111255.

[127] Cao B F, Bai G P, Zhang K X, et al. A comprehensive review of hydrocarbons and genetic model of the sandstone-hosted Dongsheng uranium deposit, Ordos Basin, China. Geofluids, 2016, 16(3): 624-650.

[128] 李延河, 段超, 赵悦, 等. 氧化还原障在热液铀矿成矿中的作用. 地质学报, 2016, 90(2): 201-218.

[129] 蔡春芳, 李宏涛, 李开开, 等. 油气厌氧氧化与铀还原的耦合关系——以东胜和钱家店铀矿床为例. 石油实验地质, 2008, 30(5): 518-521.

[130] Li G H, Yao J, Song Y M, et al. A review of the metallogenic mechanisms of sandstone-type uranium deposits in hydrocarbon-bearing basins in China. Eng, 2023, 4: 1723-1741.

[131] Akhtar S, Yang X Y, Pirajno F. Sandstone type uranium deposits in the Ordos Basin, Northwest China: A

case study and an overview. Journal of Asian Earth Sciences, 2017, 146: 367-382.

[132] 严兆彬, 张文文, 张成勇, 等. 盆地深部流体活动对砂岩型铀矿成矿过程的影响. 地质学报, 2023, 97(12):4131-4149.

[133] 焦养泉, 吴立群, 荣辉, 等. 中国盆地铀资源概述. 地球科学, 2021, 46(8): 2675-2696.

[134] 谭富荣, 霍婷, 赵维孝, 等. 青海南部积石山赋煤带成煤条件研究. 中国煤炭地质, 2017, 29(8): 1-6.

[135] 杨荣丰, 张可能, 张鹏飞, 等. 北京西山早、中侏罗世煤田岩浆活动特征及其与聚煤作用的关系. 煤炭学报, 2003, 28(2): 136-139.

[136] 杨荣丰, 张可能, 张鹏飞, 等. 北京地区岩浆岩和火山碎屑岩的特征及其对窑坡煤系的影响. 煤田地质与勘探, 2003, 31(1): 8-10.

[137] 安燕飞, 黄健欣, 郑硕, 等. 淮北石台煤矿接触变质煤速热碳化的微组构解译. 地质学报, 2024, 98(1): 280-296.

[138] 王亮, 程龙彪, 蔡春城, 等. 岩浆热事件对煤层变质程度和吸附—解吸特性的影响. 煤炭学报, 2014, 39(7): 1275-1282.

[139] Hower J C, Gayer R A. Mechanisms of coal metamorphism: Case studies from Paleozoic coalfields. International Journal of Coal Geology, 2002, 50(1): 215-245.

[140] 杨起, 潘治贵, 翁成敏, 等. 区域岩浆热变质作用及其对我国煤质的影响. 现代地质, 1987, 1(1): 123-130.

楚雄盆地中东部禄丰—楚雄一带的二氧化碳气及其成因[*]

戴金星，桂明义，黄自林，关德师

1 地质概况

楚雄盆地双柏坳陷的牟定斜坡和会机关短轴背斜带交界处附近，从南部楚雄县杨家阱至北部禄丰县几子湾利鸟场近南北向延伸约 7km，断续分布着二氧化碳气苗（图 1）。牟定斜坡和会机关短轴背斜带分界是火烧屯断裂带，该断裂在燕山晚期-喜马拉雅期有明显活动，据地震资料，基岩垂直断距达 1500m，是个具有多期活动的大断层。在气苗分布区之东不及 20km，有形成于晋宁期南北向绿汁江深断裂（岩石圈断裂）[1]，具有多期活动特点，断裂继承性强，在中、新生代控制着隆起与坳陷带的发展，至今仍有活动，为地震活动带。沿断裂带有超基性、基性和酸性岩浆侵入。气苗附近发育南北向晚白垩世前的古构造（果纳、杨家山、牟定等），可能与绿汁江深断裂活动有关。由上可见，气苗所在处受南北向绿汁江深断裂与北西向火烧屯断裂带的影响与制约。

由图 1 可见，大部分气苗分布在牟定斜坡上。除杨家阱气苗位于上侏罗统妥甸组泥岩之上的第四系中，其他气苗均分别位于白垩系高峰寺组、普昌组和江底河组或其上的第四系中。在牟定斜坡上，白垩系超复于侏罗系不同层位之上，上三叠统一平浪煤系地层埋深 2000~4500m。楚雄盆地是康滇地轴上印支运动以后形成的断陷盆地，震旦纪至中三叠世是隆起带[1]。在双柏坳陷边缘普家村组超复不整合于昆明群之上，未见古生界。由此可见，气苗分布处及附近地腹是缺失古生界。根据区域地质资料和有机生油论观点，本区上白垩统和下第三系没有生油气岩，而下白垩统和侏罗系只有少量不理想的生油气岩，但一平浪群则是较好的生油气岩。

2 气苗的产状特征

各气苗的产状特征见表 1。

表 1 禄丰—楚雄一带二氧化碳气苗产状的特征

气苗	具体位置	特征	出气时间^①	累积出气量/万 m³（据现出气强度推算）
禄丰县青豆冲旱地	青豆冲西南约 450m 山坡	冒气面积 20cm×20cm，连续冒气	60 年以上	大于 613

* 原载于《地球化学》，1986 年，第 8 卷，第一期，42~49。

续表

气苗	具体位置	特征	出气时间①	累积出气量/万 m³（据现出气强度推算）
禄丰县青豆冲水沟	青豆冲西南约400m 水沟	4 个小冒气点，1 个连续冒气，3 个间断冒气		
禄丰县藤子棚	藤子棚水库旁套管浅井中	气的压力稍大于 1atm②		
禄丰县几子湾利鸟场	位于两山包间谷地中	在约 150m² 麦地中普遍有气苗，其中有 4 个密集喷管气带	70 年以上	大于 4871
禄丰县谢家村	谢家村之南小溪沟	几个间断冒气点，出气强度很弱		
禄丰县岔苴	岔苴东北约200m 水田	主要有两处较集中的冒气点		
楚雄县杨家阱	杨家阱水库下铁套管中	间断喷水，一天 3 次，一次喷十几分钟，喷高 1m	60 年以上	大于 2.6

①据民间调查资料；②1atm=1.01325×105Pa。

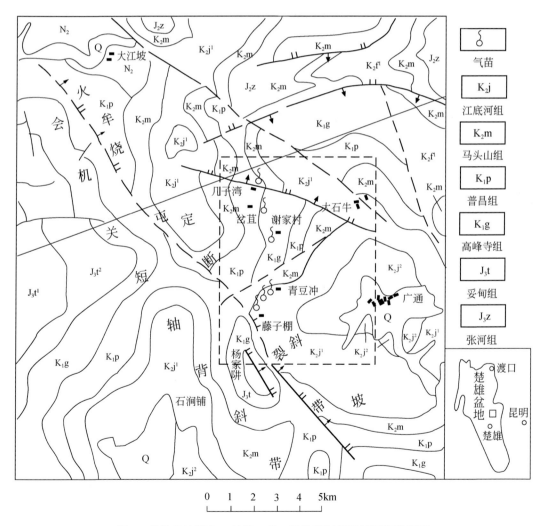

图 1　楚雄盆地禄丰—楚雄一带二氧化碳气苗及其周围地质图

各气苗的成分和二氧化碳碳同位素见表2。

表2　云南省禄丰—楚雄一带二氧化碳气苗的气体成分和碳同位素

气苗地点	取样日期（年.月.日）	气体成分/（体积，%）											$\delta^{13}C_{CO_2}$ ** /（‰，PDB）
		CH_4	C_2H_6	C_3H_8	$i\text{-}C_4$	$n\text{-}C_4$	He	Ar	N_2	CO_2	H_2S	H_2	
禄丰县青豆冲旱地	1984.3.25	0.1226	0.000	0.000	0.000	0.000	0.0095	0.0613	2.5447	97.2619	0.000	0.000	-6
禄丰县青豆冲水沟	1984.3.25	0.26	0.00	0.00	0.00	0.00	未分析	未分析	0.69	99.05	0.00	0.00*	-6
禄丰县藤子棚水库旁钻孔	1984.3.25	0.1307	0.000	0.000	0.000	0.000	0.0092	0.0430	1.2868	98.5297	0.000	0.000	-5.2
禄丰县岔苴水田中	1984.3.26	0.0113	0.000	0.000	0.000	0.000	0.000	0.0302	0.8194	99.1391	0.000	0.00	-6.2
禄丰县几子湾利鸟场麦地中	1984.3.26	0.3193	0.000	0.000	0.000	0.000	0.0284	0.0501	1.8776	97.7246	0.000	0.000	-1.2
禄丰县谢家村小溪沟	1984.3.26	0.47	0.00	0.00	0.00	0.00	未分析	未分析	7.50	92.03	0.00	0.00*	-16
楚雄县杨家阱水田铁管中	1984.3.27	0.1079	0.000	0.000	0.000	0.000	0.0060	0.3447	23.0018	76.5281	0.000	0.0115	-6

* 胜利油田地质科学研究院化验室分析，其他气体成分由云南石油地质研究所分析；** 胜利油田地质科学研究院化验室测定。PDB为美国南卡罗来纳州白垩系皮迪组的美洲箭石中的碳氧同位素丰度比，可作为世界通用的碳氧同位素标准。

3　二氧化碳气的成因

在研讨二氧化碳的成因时，必须注意本区的实际资料：

（1）所有气苗的气体成分是高含二氧化碳，高酸烷比（CO_2/CH_4），低烃气。二氧化碳含量为76.5%～99.1%，多数气苗二氧化碳含量为92%～99.1%，没有重烃气，而甲烷含量很低（0.0113%～0.47%）。故酸烷比大（306～8773）。

（2）二氧化碳碳同位素（$\delta^{13}C_{CO_2}$）区间值为-16‰～-1.2‰，多数在-6.2‰～-5.2‰。

（3）本区只有一平浪群含煤地层是较好的生气层。

二氧化碳的成因可分为有机与无机两种，结合气苗区的地质情况，做如下讨论。

一是有机成因的二氧化碳。本区只有一平浪群含煤地层是较好的生油气层。气苗区埋藏在2000～4500m深处，而有利于生成和保存煤成气。煤成气中往往含有较多二氧化碳[2]。因此，调查这些气苗的目的之一，是要确定二氧化碳气苗可否是成煤作用的产物，能否作为寻找煤成气的线索。为了验证本区的二氧化碳可否是一平浪群含煤地层的产物，用昆明之北柯渡煤矿第三系褐煤做了成煤作用的模拟试验，并测定了模拟生成的煤成气成分与其二氧化碳的碳同位素（表3）。从表3可知，虽然在煤成气形成各个时期中含二氧化碳量都较高，似乎与气苗有些相似，但模拟形成的气中甲烷含量较高，酸烷比不高（0.5～6.4），一般都有重烃气，$\delta^{13}C_{CO_2}$为-24.9‰～-20.7‰，比气苗的轻-4.7‰～23.7‰，这些特征说明气苗的二氧化碳不是由一平浪群含煤地层下伏在白垩-侏罗系之下成煤作用的产物，即不是煤系成因的。

表3　云南柯渡煤矿第三系褐煤模拟成煤作用试验产生的煤成气成分和二氧化碳碳同位素数据

模拟试验热解温度/℃	$R_o/\%$（校正值）	气体成分/（体积，%）														$\delta^{13}C_{CO_2}$ /（‰，PDB）
		C_1	C_2	C_3	$i\text{-}C_4$	$n\text{-}C_4$	$i\text{-}C_5$	$n\text{-}C_5$	$i\text{-}C_6$	$n\text{-}C_6$	CO_2	N_2	CO	乙烯	H_2	烯烃	
250*	0.503	11.99	0.42	0.34	0.06	0.13	0.01	0.03	0.03		77.04	6.37		0.39		0.13	−24.8
300	0.781	17.26	3.02	0.41	0.44	0.15	0.12	0.07			73.73	4.80		0.23		1.10	−20.7
350	1.029	23.14	6.27	2.25	0.90	0.40	0.30	0.23	0.10	微	59.47	6.86		0.08		0.06	−22.5
400	1.240	30.27	7.55	3.26	1.34	0.53	0.46	0.19	0.06	微	54.62	1.61	0.11				−22.3
450	1.255	38.76	5.72	1.94	0.74	0.34	0.12	0.05			42.07	5.69	0.24		4.35		−21.4
500	1.591	44.05	5.39	0.91	0.09	0.16					38.01	1.35	0.56		9.48		−21.9
550	2.080	54.32	4.10								31.92	0.82	1.16		7.67		−24.9
600**	2.59	47.37									33.66	7.89	2.07		9.01		−22.3

* 试验压力为 30 atm；** 试验压力为 77 atm。

二是无机成因的二氧化碳，主要有两种：

（1）岩石化学成因。此种成因的二氧化碳是碳酸盐岩受到高温分解或变质作用而形成的。高温条件的出现：一可能是由碳酸盐岩地层深埋引起的；二是岩浆活动影响。本区下白垩统和侏罗系有薄层泥灰岩（或泥晶灰岩），故具备可能出现这种成因二氧化碳的地质条件。

碳酸盐岩的高温分解与岩浆接触变质的化学反应可用下列反应式表示：

$$CaCO_3 \longrightarrow CaO + CO_2 \uparrow$$
$$CaMg(CO_3)_2 \longrightarrow CaO + MgO + 2CO_2 \uparrow$$
$$CaCO_3 + SiO_2 \longrightarrow CO_2 \uparrow + CaSiO_3 \text{（偏硅酸盐）}$$
$$CaMg(CO_3)_2 + SiO_2 \longrightarrow 2CO_2 \uparrow + CaMgSiO_4 \text{（正硅酸盐）}$$

关于碳酸盐岩分解所需的温度，据国内外不同单位的室内实验得出为710~940℃ [3]。

楚雄盆地东部地温梯度为 1.8℃/100m，故若碳酸盐岩深埋地温达 710℃才开始分解产生二氧化碳，则碳酸盐岩埋深需达 39444m，而气苗区下白垩统-侏罗系中薄层泥灰岩有的已出露地面，最深埋处也不超过 4000m，而下伏于侏罗系之下不含碳酸盐岩的一平浪群埋深也仅 2000~4500m，其下是变质的昆阳群，故缺乏由碳酸盐岩深埋产生二氧化碳的条件。

影响气苗区的绿汁江深断裂和火烧屯断裂分别是岩石圈断裂与大断裂，具有多期活动特点，在燕山晚期-喜马拉雅期均有明显活动。沿绿汁江深断裂带有超基性、基性和酸性岩浆侵入，紧邻气苗区之东的元谋-广通南北线上是现代温泉分布带 [4]，说明气苗区受到岩浆活动影响。即气苗区下白垩统-侏罗系中泥灰岩，有受岩浆热源作用而可能形成高含二氧化碳气的条件。我国的碳酸盐岩由岩浆热源影响热解形成高含二氧化碳气，在胜利油田滨四区奥陶系中 [5]，存在三水盆地水深 9 井、南 7 井和苏北盆地黄桥苏泰 174 井 [6, 7] 等，将这些井中的气体成分与 $\delta^{13}C_{CO_2}$ 综合在表 4 中。廖永胜曾根据灰岩加热模拟实验结果指出：

碳酸盐岩受岩浆热影响分解产生二氧化碳碳同位素与原灰岩的 $\delta^{13}C_{CO_2}$ 相差不大[5]，Stahl 指出，灰岩热解脱气作用形成二氧化碳的 $\delta^{13}C$ 为-2.0‰～2.0‰。国外由碳酸盐岩受岩浆热源分解产生二氧化碳的实例亦不少：墨西哥坦皮哥气田，是目前世界上最大的二氧化碳气田，$\delta^{13}C_{CO_2}$ 为-5.7‰；美国加利福尼亚州帝国谷，$\delta^{13}C_{CO_2}$ 为-1.2‰[6]；美国新墨西哥州犹他谷，$\delta^{13}C_{CO_2}$ 为-2.3‰。从上述可知，碳酸盐岩受岩浆热分解产生二氧化碳的 $\delta^{13}C$ 区间值为-0.5‰～-5.9‰，初步可将通值归纳为-3‰～±2.9‰。虽气苗区的 $\delta^{13}C_{CO_2}$ 值与碳酸盐岩受岩浆热分解的 $\delta^{13}C_{CO_2}$ 的区间值大部分较接近，但气苗中无重烃气，普遍含有氮，而碳酸盐岩受岩浆热产生二氧化碳气中则反之（表2、表4），因此，气苗区的二氧化碳可能另有成因。

（2）火山-岩浆源成因。火山喷气中和岩浆活动后期析出的气中有较多的二氧化碳，这从现代火山气体成分可一目了然（表5）。由表5可知，二氧化碳气在原生火山气中仅次于水蒸气，占气体成分的第二位。一些火山析出二氧化碳的数量相当可观，如科托帕希火山每年析出 10 亿 m³ 的二氧化碳。如果岩浆源的气体不以火山形式喷出，而以较低温度温（热）泉或喷气孔形式出现，其中部分或大部分水蒸气可凝结为水，那么在火山期后期中，二氧化碳就可能占该气体成分的第一位（表5）。云南腾冲许多 CO_2 气体与近期火山活动有密切关系，是火山衰熄后的温泉簇[4]，伴随温泉往往有大量气体，甚至形成喷气孔。我们调查了其中一个，即有名的腾冲硫磺塘火山期后温热泉与喷气孔，其气体成分是甲烷 0.4037%，氦 0.0044%，氢 0.0023%，氩 0.0437%，氮 1.5282%，二氧化碳 98.0141%。同时，测定了两个气样的二氧化碳碳同位素，其一为-6.3‰，其二为-1.9‰。

表 4　我国一些碳酸盐岩受岩浆热源影响形成的 CO_2 及其 $\delta^{13}C_{CO_2}$

地区与井号	层位	深度/m	气体成分/%						$\delta^{13}C_{CO_2}$ /‰	灰岩的碳同位素 $\delta^{13}C$/‰
			CH_4	ΣC_{2+}	CO_2	N_2	H_2	He		
胜利油田平方王滨古 11 井	0	2310	1.13	1.06	97.32	0.30			-5.9	-1.3*
苏北盆地黄桥苏泰 174 井	S	2600	36.20	0.82	52.00	9.00			-5.14**	
三水盆地水深 9 井	Eb₂	1429	0.19	0.13	99.55	0.26		0.013	-0.5**	
三水盆地南 7 井	Eb₃	1162	12.29	1.93	83.99	1.79			-0.8	3.7** （水深 3 井）

* 据廖永胜 [5]；** 据熊寿生等 [7]。

表 5　现代火山气的成分*

火山所在地	CO_2	CO	H_2	SO_2	S_2	SO_3	Cl_2	F_2	HCl	Ar 等	H_2O
日本	25.9/70.0	—	—	0					—	11.1/30.0	63.0
冰岛	4.6/27.3	0.3/1.7	2.8/16.6	4.1/24.2					0.6/3.6	4.5/26.6	83.1
扎伊尔	40.9/72.0	2.4/4.2	0.8/1.4	4.4/7.8						8.3/14.6	43.2
大洋洲	10.4/36.2	8.3/28.9	1.1/3.8	—	1.3/4.5		0.4/1.4	0		7.2/25.2	71.3
夏威夷	24.8/48.5	0.8/1.6	0.9/1.8	11.5/22.9	0.7/1.4	1.8/3.5	0.1/0.2	0		10.1/20.1	52.7
加利福尼亚州	2.1/32.7	0.6/9.4	0.4/6.2	0.01/0.2	0.91/14.0		0.3/4.7	1.5/23.4		0.6/9.4	93.7
西印度群岛	10.1/58.0	2.0/11.5	0.2/1.2	—	0.5/2.9		0.4/2.3	3.3/19.0		0.9/5.1	82.5

* 分子是包括水蒸气的百分比，分母是不包括水蒸气的百分比（据俞启香加以补充）。

把气苗的气体成分和 $\delta^{13}C_{CO_2}$（表 3）与腾冲硫磺塘火山期后温（热）泉及喷气孔中气成分和 $\delta^{13}C_{CO_2}$ 进行对比，发现两者具有下列共同点：①二氧化碳含量在气体成分中占第一位，除楚雄县杨家阱气苗外，二氧化碳含量均在 92%以上，绝大部分在 97%以上；②甲烷含量很低，在 0.0113%~0.47%，均不含重烃气；③普遍含有稀有气体氢与氦；④气苗区的 $\delta^{13}C_{CO_2}$ 基本为-1.2‰~-6.2‰（禄丰县谢家村气苗例外另作讨论），硫磺塘的 $\delta^{13}C_{CO_2}$ 为-1.9‰~-6.3‰，两者也十分一致。其中，仅气苗中往往缺少 Cl_2、S_2、F_2 挥发性不稳定组分。因此，可以认为气苗区的二氧化碳与岩浆活动后期析出的气成因有关联，即火山-岩浆源成因的气。

禄丰县谢家村气苗的 $\delta^{13}C_{CO_2}$ 相对很轻，为-16‰，与其他气苗和硫磺塘的 $\delta^{13}C_{CO_2}$ 最轻的相差-9.8‰~-9.7‰，是否另有成因？从图 1 可见，谢家村气苗正处于杨家阱与几子湾利鸟场近南北向气苗分布带中部，并与岔苴气苗（$\delta^{13}C_{CO_2}$ 为-6.2‰）在同一层位同一背斜轴部附近，仅相距约 1.2km，故从地质上分析，认为谢家村气苗的二氧化碳属另外成因，较难解释。Gonld 等认为岩浆来源的 $\delta^{13}C_{CO_2}$ 虽然多变，但一般在-7‰~±2‰ [8]，这与本气苗区和硫磺塘气的大部分 $\delta^{13}C_{CO_2}$ 相吻合。夏威夷阿洛伊（Aloi）火山口喷出二氧化碳的 $\delta^{13}C$ 为-15‰，与谢家村气苗的 $\delta^{13}C_{CO_2}$（-16‰）很相近，因此结合地质条件，谢家村气苗的二氧化碳成因也是火山-岩浆源成因。

4　气苗分布的控制因素及其意义

从图 1 可知，气苗在平面上分布受以下因素控制：①在断层附近（杨家阱与几子湾利鸟场）或断层交叉处附近（青豆冲、藤子棚）；②在近南北向背斜轴部附近（岔苴、谢家村、几子湾利鸟场和杨家阱）、近南北向的气苗分布带与其东部分别不到 20km 和 5km 左右的绿汁江深断裂及元谋-广通温泉带[4]一致，也与牟定斜坡上晚白垩世前的南北向古构造（果纳、杨家山、牟定等）一致。这说明，气苗分布与绿汁江深断裂及其制约的次一级构造，特别是南北向背斜有密切的关系。特别值得指出的是，如今气苗分布最密集、出气量最多的利鸟场气苗（表 1）处在受横向断裂切割的背斜附近，这说明背斜对气有富集作用，也说明断层的破坏作用。

国内外实践证明，有经济价值的二氧化碳几乎都是无机成因的。本气苗区二氧化碳是无机的，控制气苗带分布的南北向背斜，在其附近分布不下 5 个，这些构造可能控制着二氧化碳气富集而形成气藏。因此，应对气苗区及其附近二氧化碳资源展开评价、勘探，选择有利圈闭钻探。

气体分析、$\delta^{13}C_{CO_2}$ 测定分别由韩昌万、廖永胜、曾辛英等同志完成，张文正等同志进行煤的模拟试验，在此深表谢意。

参 考 文 献

[1] 黄汲清等. 中国大地构造及其演化. 北京：科学出版社，1980: 37，89.

[2] 戴金星. 煤成气的成分及其成因. 天津地质学会志，1984, 2(1): 11-19.

[3] 戚厚发，戴金星. 我国高含二氧化碳气藏的分布及其成因探讨. 石油勘探与开发，1981, (2): 34-42.

[4] 刘承志. 云南温泉之分布规律及其与地质构造关系. 地质论评，1966, 24(33): 211-221.

[5] 廖永胜. 应用碳同位素探讨油、气成因. 石油学报，1981, 2(增刊): 52-60.

［6］唐忠驭. 天然二氧化碳气藏的地质特征及其利用. 天然气工业, 1983, 3(3): 22-26.

［7］熊寿生, 张文达, 卢培德, 等. 试论我国天然气多源成因作用与多种成气模式. 石油实验地质, 1984, 6(3): 213-228.

［8］Gould K W, Hart G N, Smith J W. Technical note: Carbon dioxide in the Southern Coalfields, N. S. W. —A factor in the evaluation of natural gas potential? Proceedings of the Australasian Institute of Mining and Metallurgy, 1981, (279): 41-42.

广东平远鹧鸪窿二氧化碳气苗[*]

戴金星，曾观远，陈学亮

1 地质概况

广东省平远县鹧鸪窿村位于武夷山脉南段东侧粤闽赣三省交界地带，南距县城约40km。

鹧鸪窿气苗在平远县境内连续分布 2km 以上，向北延伸至福建省境内[1]。气苗带明显受 NNE 向鹧鸪窿断裂控制（图 1）。断裂西侧广布燕山期斑状黑云母花岗岩。断裂东侧的南部为晚侏罗世晚期火山岩系，岩石成分主要为流纹斑岩、角砾流纹斑岩、流纹岩、凝灰岩、凝灰质砂岩和凝灰质砾岩；断裂东侧的北部为晚白垩世红色碎屑岩。断裂带上有闪长岩，局部有辉绿岩脉。围岩普遍发生硅化蚀变。沿断裂带普遍分布 5～50m 宽的破碎角砾岩。

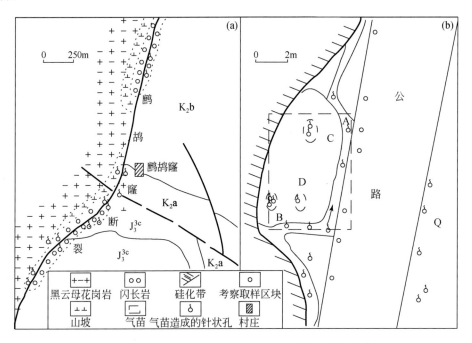

图 1 平远县鹧鸪窿气苗带地质略图（a）与考察取样区块图（b）

* 原载于《石油与天然气地质》，1990 年，第 11 卷，第二期，205～208。

鹧鸪窿断裂是纵贯中国东南部的邵武河源深断裂[2]（断裂带）的组成部分。据区测资料，该断裂带在广东境内延伸 280km 以上，宽十几至数十公里，由多条平行断裂组成。在气苗邻近地区，断裂走向 10°～30°，倾向南东，倾角 45°～70°，具张扭、压扭性多期活动特征，主要活动时间为燕山晚期至喜马拉雅期。邵武河源深断裂，前人认为是切穿硅铝层而未明显进入硅镁层的硅铝层断裂[2]。但是，由于断裂带除有中酸性岩浆活动外，还见基性的辉绿岩脉，可认为该深断裂是切穿整个地壳的硅镁层断裂。

2　天然气产状

我们选择鹧鸪窿气苗带西南部气苗点较集中又易于排水取气的块段进行取样（图 1）。该块段面积约 8m×5m，其西为由花岗岩构成的山，并见硅化岩石（乳白色石英岩）；其东为宽约 5m 紧靠山脚的公路，再东为农田。此块段地表以冲积土为主，夹有山坡滚落的大小不一的岩块。我们在有水处发现 9 个气苗点，其中 7 个连续冒气，2 个间断冒气。据 80 多岁老人说，他年幼时就见到冒气了。我们对 2 个连续冒气点（A、C 点）和 1 个间断冒气点（D 点）进行了取样。

A、C 点在公路旁向北东流的小水沟里。A 点有 3 个呈三角形分布的冒气孔，孔的直径约 3cm，各孔相距约 3cm。气泡直径一般为 0.5cm，有的更小一些，大的可达约 0.8cm。用直径 7cm 的漏斗反盖其中 1 个冒气孔，用排水取气法取 1 瓶 550ml 气样，一次为 215s，另一次为 216s。若按 215.5s 出气 550ml 计算，这 3 个冒气孔日产气量为 0.66m³（年产气量为 241.5m³）。C 点距 A 点 2.2m，是一个直径约 6cm 的冒气点。气呈不同直径的气泡上冒，最大直径可达 2.2cm。用同样直径的漏斗同样方法取 1 瓶 550ml 气样，1 次为 40s，另一次为 43s，平均为 41.5s。按此计算，C 点日出气 1.45m³（年产气 418m³）。D 点在 1 个小的圆形积水凹内，为间断冒气点，一般连续冒气 100～110s，间断 70～90s。

在该冒气块段之南 300 多米公路西侧山坡，有个花岗岩小采石点，花岗岩被宽 2～3cm 的乳白色石英脉贯穿。采石点潮湿有水处的地面有吱吱冒气声。在公路西边缘长约 88m、宽约 20cm 的范围内，由于雨后潮湿，可见一些鼓出路面的小气泡，使公路面呈现针孔状，发出吱吱声响。公路的东边缘尽管有与西边缘一样的潮湿带，也有分散小气泡，但强度与密度较西边缘弱得多。这说明，离山稍远，冒气强度越弱。

3　天然气成因

A、C、D 点 5 个天然气样均为高含二氧化碳。其中，4 个气样为纯二氧化碳气（未分析稀有气体），这是国内外都十分罕见的。5 个气样的二氧化碳 $\delta^{13}C$ 值为 -4.79‰～-3.39‰（表 1）。

有机成因的二氧化碳，一般是有机物由于生物化学作用或热降解作用形成的。本区西部为花岗岩，东北部出露白垩系红层，东部与东南部为流纹斑岩、凝灰岩和凝灰质砂岩、砾岩等一套上侏罗统火山岩系，故本区不存在形成有机成因二氧化碳的地质条件。

无机成因的二氧化碳有两种类型。第一类可分两种：一种是碳酸盐岩受到高温影响而生成的二氧化碳，另一种是碳酸盐岩在低温下水解或被地下水中的酸类溶解而形成的二氧化碳。由于本区沉积地层中没有碳酸盐岩，故不可能有第一类二氧化碳生成。第二类是在地球深处生成，通过火山-岩浆活动或者通过深断裂而上升到地表的二氧化碳。这种成因的天然气，极富含二氧化碳，甚至全部是二氧化碳（只含极微量甲烷或不含甲烷，没有重烃气）。例如，五大连池火山期后的科研泉和翻花泉天然气中，二氧化碳含量达 93.79%～97.44%；腾冲硫磺塘[3]和禄丰-楚雄利鸟场至杨家阱一带[4]火山期后的天然气中，二氧化碳含量达 96%～99%（表1）。此外，$\delta^{13}C$ 值较重，如硫磺塘和利鸟场至杨家阱一带的 CO_2，其 $\delta^{13}C$ 值一般为-1.9‰～-6.2‰（表1）；北京房山花岗岩体包裹体中来源于上地幔或下地壳的无机 CO_2，其 $\delta^{13}C$ 值为-3.84‰～-7.86‰[5]。由此可见，鹧鸪窿的二氧化碳属于火山-岩浆-深源成因范畴。

表1　我国火山-岩浆-幔源成因天然气的主要组分及二氧化碳同位素组成

取样地点		气样编号	气的主要组分/%								CO_2 的 $\delta^{13}C$ 值/(‰，PDB)
			N_2	CO_2	CH_4	C_2H_6	C_3H_8	He	Ar	H_2	
广东省平远县鹧鸪窿		A-1	0.00	100.00	0.00	0.00	0.00	未分析			-4.15
		A-2	0.00	100.00	0.00	0.00	0.00				-4.20
		C-1	0.00	100.00	0.00	0.00	0.00				-4.77
		C-2	0.00	100.00	0.00	0.00	0.00				-4.79
		D	2.21	97.66	0.000	0.000	0.000	0.003	0.088	0.024	-3.39
云南省腾冲县硫磺塘澡塘河		1号气点	2.61	96.00	0.396	0.00	0.00	0.0043	0.060	0.0023	-6.3
		1号气点	2.54	96.81	0.345	0.00	0.00	0.0051	0.072	0.0026	-1.9
黑龙江省五大连池市	翻花泉	翻C-2	6.00	93.79	0.00	0.00	0.00	0.049	0.156		-3.87
	科研泉	科2	2.56	97.44	0.00	0.00	0.00	未分析			-3.83
云南省禄丰县岔茸水田			0.8194	99.1391	0.0113	0.000	0.000	0.000	0.030	0.000	-6.2
云南省禄丰县利鸟场			1.8776	97.7246	0.3193	0.000	0.000	0.028	0.050	0.000	-1.2

参 考 文 献

［1］曾观运. 广东省非烃气体的分布与产状. 石油与天然气地质, 1986，7(4): 404-411.

［2］黄汲清. 对中国大地构造特点的一些认识并着重讨论地槽褶皱带的多旋回发展问题. 地质学报, 1979, (2): 99-111.

［3］戴金星. 云南省腾冲县硫磺塘天然气的碳同位素组成特征和成因. 科学通报, 1988, 33（15）: 1168-1170.

［4］戴金星, 桂明义, 黄自林, 等. 楚雄盆地中东部禄丰—楚雄一带的二氧化碳气及其成因. 地球化学, 1986, (1): 42-49.

［5］郑斯成, 黄福生, 姜常义, 等. 房山花岗岩岩体氧氢碳的同位素研究.岩石学报, 1987, (3): 13-22.

中国东部和大陆架二氧化碳气田（藏）及其气的类型[*]

戴金星

在中国东部的松辽盆地、渤海湾盆地、苏北盆地和三水盆地；大陆架上的东海盆地、珠江口盆地和莺歌海盆地发现了 28 个二氧化碳气田（藏）。其中，松辽盆地的万金塔气田、苏北盆地的黄桥气田和三水盆地的沙头圩气藏已开发。天然的纯二氧化碳是一种宝贵的地下资源，在石油、金属加工、钢铁、化工、农业、医药卫生、食品加工和储存上有重要的实用价值。二氧化碳气比烷类气价格高 3～5 倍。

1　二氧化碳成因和鉴别及划分气藏的标准

1.1　二氧化碳成因及其鉴别

二氧化碳有有机成因和无机成因两种。有机成因的二氧化碳是有机质在不同的地球化学作用下形成的。例如，有机质在生物化学作用、热降解作用和裂解作用下形成的二氧化碳；煤的氧化作用形成的二氧化碳等。有机成因二氧化碳形成作用很普遍，土壤和表层沉积中的有机质，由于细菌生物化学作用每年形成的二氧化碳可达 0.135×10^{12} t。

二氧化碳碳同位素（$\delta^{13}C_{CO_2}$）是一种鉴别有机成因和无机成因二氧化碳的有效指标。中国的 $\delta^{13}C_{CO_2}$ 值为-39‰～7‰，有机成因 $\delta^{13}C_{CO_2}$ 值＜-10‰，主要在-30‰～-10‰；二氧化碳含量是鉴别二氧化碳成因的一种辅助指标，有机成因二氧化碳在天然气中含量不超过60%，往往含量低，通常含量小于15%；与二氧化碳伴生的天然气中氦（He）同位素是鉴别二氧化碳成因的一种间接指标，即天然气中 $^3He/^4He=R$ 与空气中 $^3He/^4He=Ra$ 的值 R/Ra 小于 1 时，可间接说明二氧化碳是有机成因的。

无机成因的二氧化碳是无机矿物或元素在有关化学作用下形成的。其主要有两种；一种为岩浆-幔源成因。各类岩浆、火山气体和火山喷发期及期后的热液、温泉中以及各类岩浆岩包裹体里含有大量这种成因的二氧化碳。例如，云南省腾冲火山期后的大量沸泉和温泉中，黑龙江省五大连池的泉水中都有岩浆-幔源成因的二氧化碳。另一种为变质成因，为碳酸盐岩（包括含碳酸盐矿物高的岩石）受变质作用或高温分解形成的二氧化碳，致使碳酸盐岩高温和变质的原因有地层深埋、岩浆活动影响、异常地温以及断裂活动增温。

无机成因二氧化碳的 $\delta^{13}C_{CO_2}$ 值大于-8‰，主要在-8‰～3‰，其中变质成因二氧化碳的 $\delta^{13}C_{CO_2}$ 值近于碳酸盐岩 $\delta^{13}C$ 值，在 0～3‰；岩浆-幔源成因的二氧化碳的 $\delta^{13}C_{CO_2}$ 值大

---

* 原载于《大自然探索》，1996年，第15卷，第四期，20～22。

多在-6‰～2‰。当天然气中二氧化碳含量大于60%，这种二氧化碳是无机成因的，当然也有些二氧化碳含量小于60%是无机成因的，故二氧化碳含量仅作为辅助指标。无机成因二氧化碳伴生氦的R/Ra大于1，通常大于2。

1.2   划分二氧化碳气藏的标准

关于以气藏中天然气含二氧化碳量多少才划为二氧化碳气藏，曾有不同的意见：唐忠驭（1983）认为含量超过80%至近100%属之；沈平和徐永昌（1991）则认为大于85%。笔者认为，气藏中二氧化碳含量多少标准值应体现二氧化碳成因类型、气藏工业利用因素两方面。据此，笔者认为气藏中二氧化碳含量达60%或更多者称为二氧化碳气藏，这是因为天然气中二氧化碳含量达60%或以上者，这种二氧化碳均为无机成因的，同时含量60%～90%的二氧化碳经处理后可工业利用，90%以上的工业上可直接利用。例如，我国的万金塔气田、黄桥气田等二氧化碳含量均在90%以上，开采后可直接利用。

2   中国东部陆上二氧化碳气田（藏）

中国东部陆上松辽盆地、渤海湾盆地、苏北盆地和三水盆地共发现20个二氧化碳气田（藏）。渤海湾盆地发现二氧化碳气田（藏）最多，达11个，其他三个盆地各为3个。除平方王和平南两个为气顶气藏外，其余18个均为纯气藏。虽然二氧化碳气藏从奥陶系至上第三系均有发现，但主要储存在第三系、白垩系、二叠系、泥盆系和奥陶系。储集层岩性以砂岩和碳酸盐岩为主。这些二氧化碳气田（藏）具有以下共同特征：①二氧化碳含量高，为67.35%～99.55%，其中76%气藏的二氧化碳含量在92%以上；②$\delta^{13}C_{CO_2}$值重，为-5.80‰～-3.25‰，其中70%气藏的$\delta^{13}C_{CO_2}$值在-5.8‰～-4.0‰；③与二氧化碳伴生的氦的R/Ra大于或等于2，即R/Ra为2～4.96，说明有20%～55%的氦来自幔源；④所有二氧化碳气藏均伴有断层，其中许多有岩脉或其附近有岩浆活动。所有气藏均位于国家地震局地质研究所1987年指出的中国东部自北向南分布的九条北西西向晚第三纪至第四纪玄武岩带的四条带上，说明其与玄武岩带有成生关系。

由于气藏中二氧化碳含量大于60%，说明这些二氧化碳气藏是无机成因的；气藏气中$\delta^{13}C_{CO_2}$值大部分为-5.8‰～-4.0‰，处于岩浆-幔源成因值（-6±2）‰区间值内；同时，又有20%～55%的幔源氦伴生；并均分布在玄武岩带中。故有较充分的依据说明这些二氧化碳气藏的气源与幔源玄武岩浆活动有关。

3   中国大陆架上二氧化碳气田（藏）

在东海和南海北部大陆架上的东海盆地、珠江口盆地和莺歌海盆地发现了8个二氧化碳气田（藏）。莺歌海盆地发现二氧化碳气田（藏）最多，达4个。这些气藏均在第三系砂岩储集层中，并随所在盆地不同特征也有异：①东海盆地和珠江口盆地气藏的二氧化碳含量相对较高，为73.73%～99.53%，一般含量在80%以上；莺歌海盆地气藏的二氧化碳含量相对较低，为62.38%～83.97%，一般含量在70%以下。②$\delta^{13}C_{CO_2}$值重，为-4.51‰～-2.89‰；东海盆地和珠江口盆地$\delta^{13}C_{CO_2}$值相对较轻，为-4.51‰～-3.60‰；莺歌海盆地$\delta^{13}C_{CO_2}$值相对较重，为-4.32‰～-2.89‰。③与二氧化碳伴生的R/Ra只有莺歌海盆地进行了分析，根据8口井14个层位氦同位素分析，除乐8-1-1井R/Ra为1.56，有少量幔源氦（约15%）

掺入外，其余 13 个样品 R/Ra 均小于 1，即为 0.06～0.40。④东海盆地和珠江口盆地二氧化碳气藏均伴有断层，同时在气藏或其附近有岩浆活动。这两个盆地气藏均在中国东部陆上两个北西西向晚第三纪至第四纪玄武岩带向大陆架延伸带上；莺歌海盆地二氧化碳气藏则与泥底辟有密切关系，在气藏本身或其附近没有发现岩浆岩和岩浆活动。

4　中国东部陆上和大陆架二氧化碳气藏的气源类型

将上述二氧化碳气藏的有关特征进行对比，发现有两种类型气源：①一种类型发育在我国东部陆上和东海盆地及珠江口盆地，其特征：二氧化碳含量高，为 67.35%～99.55%，76%气藏的二氧化碳含量在 92%以上；$\delta^{13}C_{CO_2}$ 值为-5.80‰～-3.25‰，平均为-4.26‰，正好处于岩浆-幔源成因 $\delta^{13}C_{CO_2}$ 值（-6±2）‰区间值内；气藏中 R/Ra 为 2.0～4.96，说明有大量幔源氦来源；气藏中发育断裂并常有岩脉或气藏附近有岩浆侵入或火山活动。这些特征均说明此类气藏的气源来自地幔。②另一种类型仅发现在莺歌海盆地，其特征：二氧化碳含量相对较低，为 62.38%～83.97%，平均含量 70.2%；$\delta^{13}C_{CO_2}$ 值为-4.32%～-2.83‰，平均为-3.6‰，正处于岩浆-幔源成因 $\delta^{13}C_{CO_2}$ 值（-6±2）‰和变质成因的 $\delta^{13}C_{CO_2}$ 值（0±3）‰区间值内。气藏中 R/Ra 为 0.06～1.15，在 14 个样品中只有一个样品 R/Ra 为 1.15，其余均小于 1，整体上表示了壳源氦的特征；气藏及其附近没有发现岩脉和岩浆活动。综合这些特征，莺歌海盆地二氧化碳气藏的气源属变质成因。莺歌海盆地变质成因二氧化碳与本区高地温（4.37～4.79℃/10m）高热流（68.78～80.09 mW/m²），以及莺黄组中部海相泥岩钙含量普遍增高（东方 1-1-1 井可达 19.87%）有关，即莺黄组中部高含钙（高含碳酸盐）的泥岩在高温作用下，形成高含二氧化碳的天然气。

参 考 文 献

沈平, 徐永昌. 1991. 中国陆相成因天然气同位素组成特征. 地球化学, (2): 144-152.

唐忠驭. 1983. 天然二氧化碳气藏的地质特征及其利用. 天然气工业, (3): 22-26, 6.

无机成因二氧化碳气的类型分布和成藏控制条件[*]

陶士振，刘德良，杨晓勇，戴金星，姚仲伯

近十多年来，二氧化碳成为地球科学家与环境科学家共同关注的热点问题[1]。在地球形成和演化过程中，各种地质过程都会伴有规模不同的脱排二氧化碳气的作用[2]。本文在前人研究的基础上，阐述了地球内部二氧化碳气藏形成和演化的有关问题。

1　无机成因二氧化碳的类型与分布

来自地球内部的二氧化碳按形成构造环境和条件[3]可分为以下几种类型和分布区域。

1.1　挤缩构造带二氧化碳气藏

该构造带二氧化碳气藏主要分布在造山带、俯冲带和压性断裂切穿的碳酸盐岩发育区。

（1）挤压造山带中发育的二氧化碳。早在 1986 年，Fyfe[4]即提出了变质成因的二氧化碳是大气二氧化碳的重要来源，并首次提出喜马拉雅碰撞造山带及顺走滑断层都可产出二氧化碳。最近 Kerrich 和 Caldeira[5]提出，喜马拉雅造山带变质过程中二氧化碳产出量为 $10^{18} \sim 10^{19}$ mol/Ma，即 $10^{12} \sim 10^{13}$ mol/a。同时代的阿尔卑斯造山带在变质过程中可产出同等数量级的二氧化碳。通过对中国东部地幔岩流体包裹体的研究[6]发现，大别-胶南造山带榴辉岩包体气相成分以 CO_2、N_2、CH_4 和 H_2 为主，其中 CO_2 为主要成分多数不含 CO，包裹体的液相成分以 CO_2、H_2O、SO_2、H_2S 和 CH_4 为主，其中 CO_2 和 H_2O 含量稳定，为最大成分含量。区内推覆构造、压性断层、糜棱岩带等可提供成藏的圈闭条件。

（2）地壳和消减带上面的地幔岩石熔融脱气产生的二氧化碳。地壳甚至表壳沉积层，有时随地壳下降或板块俯冲作用，加入较深部岩浆循环之中[2]。沿岛弧和大陆边缘火山作用强烈，广泛发育安山岩，在成因上与大洋岩石圈板块的消减带有关。地壳和消减带岩石受断裂、岩石内含水矿物脱水作用或超高压变质作用影响均可引起固相岩石重熔产生岩浆，分异脱碳产生二氧化碳气，如西太平洋构造带已发现众多无机成因气藏。

（3）压性、压剪性断裂的动力增温使碳酸盐岩分解产生的二氧化碳。在水参与的情况下碳酸盐岩很容易热解生成二氧化碳[7]，但是这种分解反应要继续进行并运移成藏，尚需配套的减压释放和导气断裂构造条件，分解反应 $CaMg(CO_3)_2 \longrightarrow CaO+MgO+2CO_2\uparrow$ 才能持续不断地进行。因此，压剪性断裂带与张性断裂的交会带即成为变质成因二氧化碳的生

---

　　* 原载于《中国区域地质》，1999 年，第二期，107~111。

成与排放中心，如黄骅坳陷港西断裂带二氧化碳气藏。

1.2 伸展构造带二氧化碳气藏

伸展构造带中二氧化碳气藏主要分布于深大张性断裂带、裂谷带、火山岩浆活动带、岩体与碳酸盐岩的接触带、富含碳酸盐矿物（或胶结物）的沉积碎屑岩和泥质岩地区等。

（1）地幔直接脱气形成的二氧化碳。这种成因的气体是指幔源气沿开启性深断裂向浅部断裂直接排放。在深、中、浅部断裂衔接、连通配套的情况下，幔流气沿气源断裂上升运移至有利的构造部位，在适宜的圈、盖、保条件下富集成气藏[8]，如东非裂谷和贝加尔裂谷区的气藏。

（2）火山-岩浆成因二氧化碳。岩浆岩地球化学、幔源气体及包裹体的研究成果证明[8]，火成岩是无机成因二氧化碳气的源岩之一，岩浆从深源向上侵入和喷出伴随着无机成因气的释放，并可在一定地质条件下聚集成藏，如济阳坳陷阳 25 井二氧化碳气藏。还有火山喷气中的二氧化碳气藏，早已为人所共知。

（3）接触交代变质成因的二氧化碳。该类气藏主要是由碳酸盐岩遭受岩体变质热分解形成的[8]，如我国三水盆地中沙头圩构造区的二氧化碳气藏（图 1）。

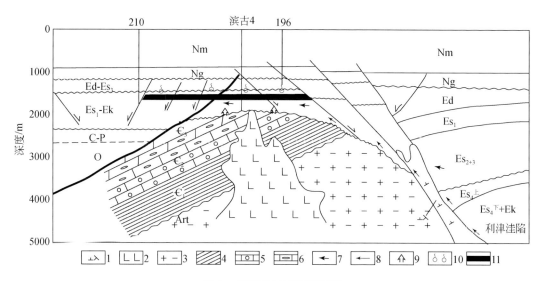

图 1 平方王气顶气藏剖面

1.闪长玢岩；2.侵入岩；3.结晶基底；4.页岩；5.鲕粒灰岩；6.竹叶灰岩；7.有机成因油型气运移方向；8.幔源-岩浆成因气运移方向；9.变质成因二氧化碳运移方向；10.二氧化碳气层；11.油气层

（4）沉积岩中碳酸盐矿物（或胶结物）分解生成的二氧化碳。伸展构造带中若发育大量含碳酸盐矿物的沉积碎屑岩和泥质岩（作为分解形成二氧化碳的碳质来源），同时张性构造发育（以提供二氧化碳释放和储存空间，保证分解反应充分进行），在低温条件下（70～220℃）甚至成岩作用过程中便可形成二氧化碳气藏[7]，如加拿大 Venture 油气田中的二氧化碳。

1.3 走滑构造带二氧化碳气藏

走滑构造带中二氧化碳气藏主要分布于走滑断裂穿过的碳酸盐岩和岩浆岩地区、走滑断裂与伸展断裂交接部位以及大型拉分盆地中。

（1）走滑剪切产生的热力和机械动力作用产生的二氧化碳。走滑作用导致矿物等固体颗粒旋转、错移或断裂，因彼此摩擦或晶格断裂而产生热量[9]，使碳酸盐岩变质分解释放出二氧化碳。走滑动力破碎效应还会造成岩浆岩孔隙和包体中原生气体的二次排出[8]。同样，走滑过程中伴随的正花状构造和挤压性冲断-褶皱断块也具有上述功能。

（2）走滑拉分盆地中的二氧化碳气藏。长期拉伸生长的大型拉分盆地中，地壳相对减薄，是火山和地震多发场所，具备二氧化碳富集成藏的地质条件[8]。我国东部沿郯庐断裂带展布的拉分盆地分布有此类若干气藏。

（3）走滑断裂不同活动阶段产生的二氧化碳。在不同演化时期，走滑构造带构造应力场和活动方式的改变以及伴生、派生的构造组合也具有无机成因气藏形成的地质条件[8]，如苏北黄桥等二氧化碳气田的形成。

1.4　旋转构造带二氧化碳气藏

对这类气藏的研究应从构造应力场分析和构造组合对二氧化碳等流体的"驱动"作用角度来考虑。在应力集中或较强的部位，如帚状构造收敛部位，不利于气体的储存。而在应力相对较弱，即帚状构造开始撒开部位，有利于气体的聚集，如大型冀鲁构造带中的一些气藏。

1.5　陨击构造带二氧化碳气藏

陨击构造又称冲击构造或撞击构造，是指天际外来陨石或彗核之类物质对地球或其他星球表面做快速冲击、震动而形成环形或卵形的凹陷构造。陨击作用引发的火山喷发、岩浆活动和地震无疑具备无机成因二氧化碳形成的地质条件，这种气藏分布于陨击坑或其附近有利的圈闭构造中，如墨西哥的克苏鲁伯（Chicxulub）盆地被认为是白垩纪-早第三纪之交发生的天体冲击事件的直接见证——陨石坑[6]。据 Pope 等 1994 年的计算，冲击可导致瞬间释放高达 10^{19}g 的二氧化碳，并可引起全球增温 4℃。

2　气源断裂体系对二氧化碳成藏的控制作用

气源断裂即指那些与气源库体相通，能作为地球脱气和岩浆通道形成幔源-岩浆成因气的断裂，以及产生构造热致使碳酸盐岩或碳酸盐矿物发生变质反应的断裂。二氧化碳的成生、运移、聚集和保存等整个成藏过程均受气源断裂体系的控制，按其在成藏过程中功能的不同，可以分为4种不同类型：①成气断裂（压剪性平滑断裂、剪性走滑断裂）；②输气断裂（上地幔和地壳张性断裂、剪性走滑断层）；③储气断裂（张性断裂）；④封气断裂（压性平滑断裂）。

因地壳至上地幔构造层次、构造活动特点及构造组合形式不同，从而决定了自深部至浅部天然气的生、移、聚、散具有不同的条件和多种变化。地幔隆起区上地幔断裂是幔源岩浆及各种挥发性组分向地壳入侵的通道（成气断裂），并利于在下地壳形成幔源岩浆及幔源-岩浆气的库体。而在盆地内由伸展断裂控制的二氧化碳气藏及幔源氦异常发育于上地壳，两者之间为区域性的大型韧性剪切滑脱层所间隔，上下天然气的沟通主要通过后期叠加发育的断裂系统[10]。华北地区无机成因气的运移主要通过北西-北西西向走滑断裂（输气断裂）组成的运移系统。在与伸展断裂有关的鼻状构造、古风化壳、隐伏斜等圈闭中聚集（储气断裂及其他储气构造）[8]。在有利的盖层，如压性平滑断裂或有断层泥滞塞的断层及泥岩等（封气断裂及其他封气构造）条件下气藏保存下来。现将我国东部部分无机成因二氧化碳气藏气源断裂体系的结构类型分析推断列于表1。

表1　中国东部部分无机成因二氧化碳气藏的气源断裂体系结构类型

气藏（田）		气源断裂体系结构类型				资料来源（参考文献）
		主要成气有关断裂	主要输气有关断裂	主要储气有关断裂	主要封气有关断裂	
黄骅坳陷	翟庄子气田	港西断裂（徐庄子段）	港西断裂带	鼻状构造	翟庄子南断裂	[8, 11]
	友爱村气藏	港西主断裂	港西主断裂	断裂带、古风化壳	侧向断层封闭	[8]
	大中旺21井	徐庄子断裂（？）	大中旺断裂与沈青庄断裂交会部位	岩层中微裂隙	侧向断层封闭	[8, 12]
济阳坳陷	平方王气藏（地幔脱气）	高青-平南断裂	高青-平南断裂	穹隆背斜	潜山披覆构造及倾滑断层	[5, 8]
	平方王气藏（变质成因）	高青-平南断裂	走滑断层、不整合带微裂隙	穹隆背斜	正断层侧向封闭	[8]
	花17井气藏	高青-平南断裂	齐广断裂（？）	水下扇形砂体(受伸展地堑控制)	断块构造	[2, 8]
	平南气藏	高青-平南断裂	高青-平南断裂与NW向断裂交会带	次生孔隙、裂隙	倾滑断层侧封	[8, 11]
	高53井气藏	高青-平南断裂	断裂-岩脉通道	青城凸起中生界侵蚀面	断裂内岩脉阻塞	[8, 9]

注："？"表示尚需进一步查明

上述成气断裂为强烈伸展的贯通较深的断裂，有的断裂下部与切割较深的走滑断裂相交或相连，有的断裂与下部岩浆岩相通，成为成气和导气的通道。封气断裂可能有复杂的经历，但现今必定具有压性为主的力学性质，或为岩脉、断层泥、淋滤充填物等堵塞而起到封闭作用[13]。

3　二氧化碳气藏研究中值得注意的几个方面

（1）二氧化碳气藏形成演化的地球内部流体动力学系统研究。将二氧化碳的研究与地球内部流体地质学的系统研究结合起来。

（2）开展盆地和造山带统一气源构造系统的综合分析研究。尤其重视造山带中高压超高压变质作用下二氧化碳气的释放和成藏的研究。

（3）壳内滑脱带（层）低速层（带）物质的地球物理和地球化学研究，低速层的封气作用及滑脱层下低速体与二氧化碳气的相关研究。

（4）气源断裂体系演化过程、地球内部流体作用过程与岩石圈演化动力学的复合研究。

（5）在综合研究的基础上，根据气源断裂体系的空间格局、运动学、地球动力学过程及物质场-温度场-应力场的耦合关系等系统分析，建立气源断裂体系的动态系统模型。

二氧化碳的地质研究不仅具有重大的资源意义，还具有更重要的地球科学意义，同时也对丰富和发展天然气地质科学理论有着重要的贡献。

参 考 文 献

[1] 涂光炽. 关于 CO_2 若干问题的讨论. 地学前缘, 1996, 3(3): 53-62.

[2] 朱岳年. 二氧化碳地质研究的意义及全球高含二氧化碳天然气的分布特点. 地球科学进展, 1997, 12(1): 994-999.

[3] 王先彬, 李春园, 陈践发, 等. 论非生物成因天然气. 科学通报, 1997, 42(12): 1233-1241.

[4] Fyfe W S. Fluids in deep continental crust. American Geophysical Llninn Geodynamics, 1986, 14: 33-39.

[5] Kerrick D M, Caldeira K. Metamorphic CO_2 degassing and early Cenozoic paleaoclimate. GSA Tody, 1994, 4(3): 57-65.

[6] 张虎男. 火山. 北京: 地震出版社, 1986: 11-19.

[7] 朱岳年, 吴新年. 二氧化碳地质研究. 兰州: 兰州大学出版社, 1994.

[8] 戴金星, 宋岩, 戴春森, 等. 中国东部无机成因气及其气藏形成条件. 北京: 科学出版社, 1995.

[9] 刘德良, 沈修志, 陈江峰, 等. 地球与类地行星构造地质学. 合肥: 中国科学技术大学出版社, 1997.

[10] 钟建华, 李自安, 张琴华, 等. 剪切作用及剪切构造与生、储油. 石油勘探与开发, 1996, 23(2): 21-23.

[11] 徐永昌, 沈平, 陶明信, 等. 幔源氮的工业储聚和郯庐大断裂带. 科学通报, 1990, 12: 932-935.

[12] Irwin W P, Barnes I. Tectonic relation of carbon dioxide discharges and earthquaks. J. Geophy Res., 1980, 85(B6): 3115-3121.

[13] 刘德良, 杨晓勇, 余清霓. 郯庐断裂带南段桴槎山韧性前切带的变形条件与组分迁移的关系. 岩石学报, 1996, (4): 573-588.

川东北地区酸性气体中 CO_2 成因
与 TSR 作用影响[*]

刘全有，金之钧，高　波，张殿伟，胡安平，杨　春，李　剑

天然气中 CO_2 主要可以分为两大成因类型，即有机成因与无机成因。有机成因 CO_2 包括生物作用来源与有机质在埋深过程中受热分解；而无机成因 CO_2 包括碳酸盐岩热分解、火山-幔源成因、岩石变质和陨石撞击等（Dai et al.，1996；Zhang et al.，2008a）。目前，发现的无机 CO_2 主要是火山-幔源、碳酸盐岩热分解两种成因（Dai et al.，2005a）。根据对大量统计数据及实验测试资料的分析（Dai et al.，1996），一般有机成因 CO_2 在天然气组成中含量多低于 8%，其 $\delta^{13}C_{CO_2}$ 值多小于-10‰；而无机成因 CO_2 含量变化很大，其 $\delta^{13}C_{CO_2}$ 值一般大于-8‰，其中变质成因的 $\delta^{13}C_{CO_2}$ 值应与沉积碳酸盐岩的 $\delta^{13}C$ 值相近，$\delta^{13}C_{CO_2}$ 值为 (0 ± 3)‰，而幔源的 $\delta^{13}C_{CO_2}$ 值为 (-6 ± 2)‰。天然气中关于烃类通过硫酸盐热化学还原（TSR）作用生成的 CO_2 含量及其碳同位素研究相对比较薄弱。在川东北地区广泛存在 TSR 改造作用使得大量烃类遭受裂解，形成以 CH_4、H_2S 和 CO_2 为主的干气（朱光有等，2006a）。例如，普光气田海相碳酸盐岩储层中 CO_2 含量为 0.01%～18.03%，$\delta^{13}C_{CO_2}$ 值为-4.46‰～2.41‰。然而，在 TSR 模拟实验中，生成的 CO_2 具有非常轻的碳同位素组成，一般 $\delta^{13}C_{CO_2}$ 值小于-30.0‰（Pan et al.，2006）；在理论上，TSR 作用过程中生成的 CO_2 应具有轻的碳同位素组成，因为 CO_2 中的碳主要来源于烃类（Mougin et al.，2007；Zhang et al.，2008b，2007；Cai et al.，2004）。Worden 等（1995）认为随着烃类与硬石膏反应程度的增加，$\delta^{13}C_{CO_2}$ 值从-9‰减小到-15‰左右，大量有机 CO_2 沉淀并变为方解石。然而，川东北地区（包括普光气田）天然气中的 CO_2 具有较重的 $\delta^{13}C$ 值（-4.46‰～2.41‰）（朱光有等，2006b）。按照 Dai 等（1996）的分类应属于无机成因。此外，在川东北富 H_2S 储层飞仙关组碳酸盐中 $\delta^{13}C$ 值也比较轻，（$\delta^{13}C=$-18.2‰～3.7‰），如坡 1 井石膏间方解石晶体的 $\delta^{13}C$ 值为-18.2‰，这说明在方解石沉淀过程中必然有有机 CO_2 的参与（朱光有等，2006b）。因此，川东北地区酸性气体中 CO_2 成因与碳同位素组成研究不仅有助于判识 CO_2 来源，而且对于深入认识 TSR 作用过程中稳定同位素分馏机理具有科学意义。

1　地质背景

川东北区块位于四川盆地东北部，隶属通江、南江、巴中及达川等县、市辖区，勘探区块总面积约 $1.736\times10^4km^2$。已探明气田（气藏）主要包括普光、五百梯、檀木场、沙罐坪、罗家寨、铁山、雷音铺、黄龙场、毛坝场、双庙场等。川东北地区主要烃源岩一般认

---

* 原载于《地质学报》，2009 年，第 83 卷，第八期，1195～1202。

为包括下寒武统、下志留统和上、下二叠统等三套海相烃源岩（Ma et al.，2007；马永生等，2005）。但是，川东北地区几乎所有的钻井只钻穿三叠系储层，揭示二叠系的探井很少，导致下寒武统、下志留统以及二叠系烃源岩分析资料较少，且主要是根据地表出露的地层进行相关测试分析。川东北地区下寒武统烃源岩总有机碳（TOC）大于 0.5%的厚度约 50m，平均有机碳含量约 1.88%；下志留统烃源岩 TOC 大于 0.5%的厚度约 50m，平均有机碳含量为 3.52%；下二叠统烃源岩 TOC 大于 0.5%的厚度约 100m，平均约 1.09%；上二叠统龙潭组烃源岩 TOC 大于 0.5%的厚度约 120m，平均为 4.32%。不同时代有效烃源岩厚度和 TOC 含量随着时代变新而增大。总体上，上二叠统龙潭组烃源岩厚度最大，TOC 含量最高，其次为下二叠统、下志留统和下寒武统。目前研究认为川东北天然气主要来源于二叠系烃源岩，志留系也有一定贡献（Ma et al.，2007）。

2　天然气样品采集与实验分析

所有气体样品均直接采自正在生产或测试的天然气井口。在采集样品前，首先对采样管线和不锈钢瓶进行 15～20min 的冲洗以便排除空气的污染。不锈钢瓶是一个半径为 10cm 的两端带有阀门开关的容器（体积大约为 10000 cm^3），其最大压力为 15 MPa。容器内采集的天然气压力一般为 3MPa。采完样品后，将钢瓶放入水中测试是否泄漏。对采集的天然气样品进行化学组分、稳定同位素组成分析。

气体化学组分由 MAT-271 质谱仪进行分析。分析的条件为：离子源：EI；电能：86eV；质量范围：1～350u；分辨率：3000；加速电压：8kV；发散强度：0.200mA；真空：<1.0×10^{-7} Pa。根据《质谱分析方法通则》（GB/T 6041—2002）和《气体分析　标准混合气体组成的测定　比较法》（GB/T 10628-89），样品化学组分通过标准样气体对比法计算出来。稳定碳同位素由 MAT-252 质谱仪分析测试。分析的条件为：气相色谱柱：2 m 长的 Porapak Q 型柱子；加热温度：40～160℃，升温速率：15℃/min；载气为纯净的氦气。

3　天然气地球化学

3.1　化学组分

在川东和川东北地区各天然气田天然气均以烃类气体为主，其次为 N_2 和 CO_2；含有少量 H_2 和稀有气体（He 和 Ar）。天然气普遍较干，干燥系数 C_1/C_{1+} 为 0.989～1.0。在川东和川东北地区天然气中一般含有 H_2S，且 H_2S 含量变化大，为 0.00～62.17%；其中下三叠统飞仙关组最高，H_2S 含量 0～62.17%，平均 10.96%，其次为上二叠统长兴组，H_2S 含量 0.55%～34.72%，平均含量 9.73%，石炭系含量最低，H_2S 含量 0～5.41%，平均 0.95%。例如，普光气田 H_2S 含量很高，为 5.0%～62.17%，平均 16.25%，其中普光 3 井 5448.3～5469m 和 5423.6～5443m 段 H_2S 含量最高，分别为 62.17%和 45.55%。CO_2 含量变化也较大，为 0.01%～18.03%，其中 1.0%以下占 31.9%，5%以上占 55.3%；而且当 CO_2 含量大于 5%时，对应的 H_2S 相应地大于 5%，二者具有较好的正相关性。川东北地区天然气组分与碳同位素组成见表 1。

表 1　川东北地区天然气组分与碳同位素组成数据表

气田	井位	储层	碳同位素组成/‰			组分/%						CH_4/CO_2	H_2S+CO_2/H_2S $+CO_2+HC$
			$\delta^{13}C_{CO_2}$	$\delta^{13}C_1$	$\delta^{13}C_2$	N_2	CO_2	C_1	C_2	C_3	H_2S		
大湾	大湾 2	T_1f	−7.4	−28.9		0.89	10.04	74.95	0.03	0.00	14.06	7.5	0.24324
沙罐坪	罐 19	C	−7.7	−31.8	−36.2	0.67	1.35	97.2	0.73	0.05	0.42	72.0	0.017699
黄龙场	黄龙 8	P_2ch	−3.6	−31.1	−32.8	0.46	2.49	96.32	0.16	0.01	0.55	38.7	0.030553
雷音铺	雷 12	C	−4.2	−34.6	−38.5	2.00	0.41	96.55	0.69	0.15	0.15	235.4	0.005718
毛坝场	毛坝 2	T_1f^3	3.3	−33.18	−32.3		0.01	99.64	0.32	0.04			
毛坝场	毛坝 3	P_2ch	−5.81	−31.1		1.21	10.91	52.58	0.03	0	34.72	4.8	0.464475
毛坝场	毛坝 4	T_1f^1	−3.1	−31.2		3.15	16.31	67.31	0.37	0.01	12.73	4.1	0.300217
毛坝场	毛坝 6	T_1f^{1-2}	−8.2	−31.9		1.28	7.67	73.85	0.41	0.01	14.2	9.6	0.227481
毛坝场	毛坝 6	T_1f^3	−7.7	−32.1		0.87	8.45	75.17	0.43	0.01	14.96	8.9	0.236417
普光	普光 3	T_1f^2	−4.46	−30.22		0.29	15.32	22.06	0.05	0.00	62.17	1.4	0.778012
普光	普光 3	T_1f^3	−0.18	−29.71		0.55	18.03	71.16	0.02	0.00	9.27	3.9	0.277214
普光	普光 5	T_1f^3	2.41	−33.66		1.51	7.86	90.45	0.06	0.01	5.10	11.5	0.125242
普光	普光 5	T_1j^1	1.09	−30.96		0.79	8.27	89.02	0.05	0.07			
普光	普光 6	T_1f^{2-1}	1.84	−29.49		0.59	9.92	75.50	0.03	0.00	13.92	7.6	0.239911
普光	普光 6	T_1f^3	1.96	−33.14		1.36	8.62	89.88	0.06	0.02	6.62	10.4	0.144867
普光	普光 7-1	T_1f^1	−2	−30.8		0.47	8.46	76.76	0.41	0.01	13.87	9.1	0.224382
普光	普光 7-2	T_1f^2	−1.1	−31.1		0.50	8.53	77.76	0.38	0.01	12.81	9.1	0.21447
普光	普光 7 侧 1	T_1f^3	−1.7	−30.7		0.30	9.83	78.83	0.03	0.00	7.56	8.0	0.180679
普光	普光 8	T_1f- P_2ch	−1.1	−29.6	−30.6	1.44	9.48	82.12	0.019		6.89	8.7	0.166178
普光	普光 8	P_2ch	−1.5	−30.9		1.33	9.49	82.24	0.02		6.90	8.7	0.166178
普光	普光 9	T_1f^{1-3}	0.4	−31.1		0.47	8.08	77.42	0.05	0.02	13.92		0.221128
普光	普光 9	P_2ch	−1.3	−30.0	−31.5	1.05	11.54	72.96	0.026		14.29	6.3	0.261395
普光	普光 9	Tf^{1-3}	−1.9	−31.1		0.67	8.32	77.29	0.02		13.69	9.3	0.221659
普光	普光 9	P_2ch	−2.6	−30.9		0.96	11.55	73.04	0.03		14.31	6.3	0.261395
普光	普光 9	P_2ch	−1.7	−30.9		0.93	11.21	72.84	0.03		14.98	6.5	0.264327
檀木场	七里 28	C	−4.9	−31.3		1.61	1.53	96.17	0.66	0.03	0.34	62.9	0.018977
檀木场	七里 53	C	−3.9	−31.9	−34.6	0.43	1.55	97.39	0.61	0.02	0.40	62.8	0.019463
五百梯	天东 21	P_2ch	−6.4	−32.0	−36.4	0.22	8.24	86.43	0.08	0.00	5.02	10.5	0.132875
五百梯	天东 51	C	−4.2	−31.9	−37.2	0.76	1.78	96.41	0.95	0.09	0.12	54.2	0.01911
五百梯	天东 53	C	−1.6	−31.8	−31.0	0.3	8.7	90.72	0.28		5.41	10.4	0.134237
铁山	铁山 4	C	−8.0	−30.8		0.68	0.87	97.47	0.19	0.01	0.77		0.016515
温泉	温泉 11	C	−5.7	−32.5	−38.8	2.19	1.28	96.07	0.35	0.04			

3.2 稳定同位素组成

川东和川东北地区烷烃气碳同位素组成：$\delta^{13}C_1$ 值为-34.6‰～-27.0‰，$\delta^{13}C_2$ 值为-38.8‰～-25.2‰，$\delta^{13}C_3$ 值为-35.9‰～-26.4‰，且普遍存在 $\delta^{13}C_1 > \delta^{13}C_2 < \delta^{13}C_3$；$\delta^{13}C_{CO_2}$ 值为-8‰～3.3‰，仅在双庙 1 井的嘉陵江组 $\delta^{13}C_{CO_2}$ 值为-17.8‰，其余均重于-8‰。石炭系产层的 $\delta^{13}C_{CO_2}$ 值为-8‰～-1.6‰，平均值为-5.0‰，二叠系长兴组 $\delta^{13}C_{CO_2}$ 值为-6.4‰～-1.3‰，平均值为-3.3‰，三叠系的飞仙关组 $\delta^{13}C_{CO_2}$ 值为-7.4‰～3.3‰，平均值为-0.8‰。

4 讨论

4.1 烷烃气天然气成因类型

川东北石炭系、二叠系和三叠系天然气的干燥系数均大于 0.99，普光气田 C_1/C_{1+} 为 0.994～1.0；在烃类气体中，CH_4 占绝对优势，C_{2+} 重烃含量甚微，属于过成熟气特征。天然气化学组分和碳同位素组成是判识煤成气和油型气的有效指标（戴金星等，1992；徐永昌，1994；Xu and Shen，1996；Dai et al.，2005b；Stahl and Carey，1975；Galimov，1988），一般 $\delta^{13}C_2$ 和 $\delta^{13}C_3$ 分别大于-28‰与-25‰为煤型气，反之则油型气。图1 为四川盆地不同类型天然气 $\delta^{13}C_1$ 与 $\delta^{13}C_2$ 关系图，从图中可知，川东北天然气明显不同于川中地区广安和充西气田须家河组天然气，川中地区天然气为典型煤型气，而川东北天然气与川东地区具有相似性，表现为油型气特征。虽然在普光气田天然气中有部分 $\delta^{13}C_2$ 值重于-28‰，如普光 2 井和普光 6 井部分层段，但其 $\delta^{13}C_1$ 与 $\delta^{13}C_2$ 关系明显不同于库车坳陷克拉 2 气田高成熟煤型气特征。这样，普光气田仍然以油型气为主。

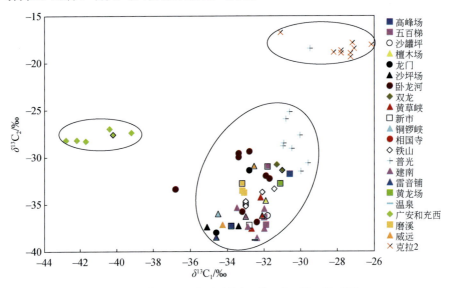

图 1　四川盆地不同类型天然气 $\delta^{13}C_1$ 与 $\delta^{13}C_2$ 关系图

4.2 CO_2 来源与成因类型

川东北地区海相地层天然气中 CO_2 含量变化较大，为 0.01%～18.03%。当 CO_2 与 H_2S

含量均大于 5.0%时，CO_2 与 H_2S 之间具有较好的正相关关系（图 2）。当 CO_2 含量小于 5%时，CO_2 的 $\delta^{13}C$ 值随 CO_2 含量的增加而增加，这与塔里木盆地台盆区碳酸盐岩热解成因的 CO_2 气体的变化趋势相似（图 3），但是当 CO_2 含量大于 5.0%时，CO_2 的 $\delta^{13}C$ 值随 CO_2 含量的增加呈微弱减小趋势，如普光气田、天东 21 井、大湾 2 井和毛坝 3 井，而这些气田或气藏均具有较高的 H_2S，一般大于 5.0%，这说明川东北地区 CO_2 可能存在两种来源，即碳酸盐岩的高温分解和 TSR 作用。天然气中的 CO_2 可能有五种成因：有机质的热演化（Dai et al.，1996；Zhang et al.，2008a；Tissot and Welte，1984）、地幔脱气（Poreda et al.，1986；Xu et al.，1995，1998）、地壳中碳酸盐岩的高温分解（变质反应或岩浆升温过程）（Dai et al.，1996；Zhang et al.，2008a）、硫酸盐细菌还原（BSR）（Machel，2001；Machel et al.，1995）和 TSR（朱光有等，2006a；Mougin et al.，2007；Cai et al.，2003）。由于四川盆地为典型克拉通盆地（Xu et al.，1995），且古生界烃源岩热演化程度普遍很高（朱光有等，2006a；Cai et al.，2003），这样川东北地区 CO_2 不存在地幔脱气和 BSR 作用。同时，$\delta^{13}C$ 值均大于-8.0‰，有机质热演化形成的 CO_2 贡献有限。因此，川东北地区天然气中 CO_2 主要为碳酸盐岩的高温分解和 TSR 作用两种来源。CO_2 含量小于 5%，CO_2 含量和 $\delta^{13}C$ 值与塔里木

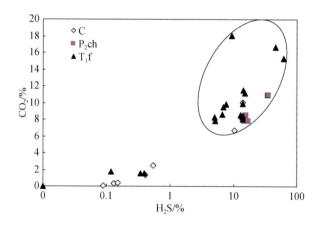

图 2　川东北地区天然气 H_2S 与 CO_2 关系图

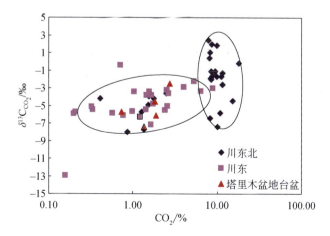

图 3　川东北地区天然气中 CO_2 含量与 $\delta^{13}C_{CO_2}$ 关系图

盆地台盆区具有相似性，它们主要为碳酸盐岩的高温分解；而 CO_2 含量大于 5.0%，且具有较高的 H_2S，可能与 TSR 作用具有密切关系。

4.3　TSR 改造对 CO_2 影响

川东北地区天然气中普遍含有 H_2S，且 H_2S 含量变化大；下三叠统飞仙关组最高，H_2S 含量 0～62.17%，平均 10.96%，其次为上二叠统长兴组，H_2S 含量 0.55%～34.72%，平均 9.73%，石炭系含量最低，H_2S 含量 0～5.41%，平均 0.95%。在普光气田 H_2S 含量普遍很高，为 5.0%～62.17%，一般在 12%～17%，其中普光 3 井 5448.3～5469m 和 5423.6～5443m 段 H_2S 含量最高，分别为 62.17% 和 45.55%。天然气中 H_2S 主要来源于烃源岩或原油和 TSR 反应，但是来自烃源岩或原油的 H_2S 一般含量小于 3.0%（朱光有等，2006a），而 TSR 作用生成的 H_2S 含量变化很大（朱光有等，2006a；Cai et al.，2004，2003），如果 H_2S 含量超过 5.0%，天然气干燥系数很高，且 $\delta^{13}C_1$ 值偏重，则天然气遭受过 TSR 改造（朱光有等，2006a；Cai et al.，2004，2003）。这样，在川东北地区可能广泛存在 TSR 作用。

TSR 是指硫酸盐与有机质或烃类在一定温度条件下发生的化学还原反应。在这一反应过程中，伴随大量气体生成。但是在不同反应阶段生成的气体产物略有不同，在 TSR 反应开始或对烃类氧化蚀变不完全时，气体产物为 CH_4、H_2S 和 CO_2（Pan et al.，2006）；反应方程可粗略表述为

$$SO_4^{2-} + HC（烃类）+ H_2O \longrightarrow CH_4 \uparrow + H_2S \uparrow + CO_2 \uparrow$$

硫元素加入上述化学还原反应可以有效降低反应发生的活化能，使得烃类化合物变得不稳定并氧化蚀变生成大量 CH_4、H_2S、CO_2 和 H_2O（Zhang et al.，2008b，2007）。当把大量烃类氧化蚀变为 CH_4、H_2S 和 CO_2，使得天然气干燥系数增大，酸性气体 H_2S 和 CO_2 相对含量增加。图 4 为川东北地区天然气中 CH_4 含量与 $(H_2S+CO_2)/(H_2S+CO_2+\sum C_{1-3})$ 关系图。从图中可知，随着 CH_4 含量的增加，$(H_2S+CO_2)/(H_2S+CO_2+\sum C_{1-3})$ 呈线性递减趋势。酸性气体（H_2S、CO_2）的生成是 TSR 反应一个最为显著的特点，但不同大小烃类分子发生 TSR 时，生成酸性气体量各不相同。TSR 过程中各种烃类反应方程可表述为（Pan et al.，2006）

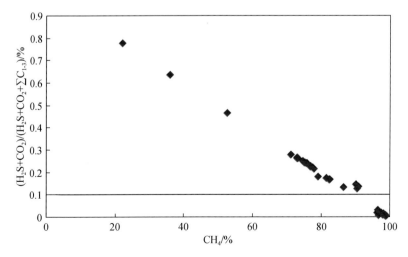

图 4　川东北地区天然气中 CH_4 含量与 $(H_2S+CO_2)/(H_2S+CO_2+\sum C_{1-3})$ 关系图

$$SO_4^{2-}+CH_4 \longrightarrow CO_3^{2-}+H_2S+H_2O$$
$$3SO_4^{2-}+4C_2H_6 \longrightarrow 3CO_3^{2-}+3H_2S+4CH_4+CO_2+H_2O$$
$$3SO_4^{2-}+2C_3H_8 \longrightarrow 3CO_3^{2-}+3H_2S+2CH_4+CO_2+H_2O$$
$$5SO_4^{2-}+4n\text{-}C_4H_{10}+H_2O \longrightarrow 5CO_3^{2-}+5H_2S+8CH_4+3CO_2$$

由上述方程可知，在 TSR 反应过程中生成大量酸性气体 H_2S 和 CO_2，且伴随水的参与和碳酸盐的生成，如 $CaCO_3$、$MgCO_3$。由于酸性气体生成速率与 CH_4 生成量相当，从而造成天然气组成中 CH_4 含量相对降低，而酸性气体相对含量增加。图 5 为川东北与川东地区天然气中 CH_4/CO_2 与（H_2S+CO_2）/（$H_2S+CO_2+\sum C_{1\text{-}3}$）关系图。从图中可知，在 CH_4/CO_2 值较大时，（H_2S+CO_2）/（$H_2S+CO_2+\sum C_{1\text{-}3}$）值较小，随着 CH_4/CO_2 值降低，（H_2S+CO_2）/（$H_2S+CO_2+\sum C_{1\text{-}3}$）值呈增加趋势。当 CH_4/CO_2 值小于 10 时，（H_2S+CO_2）/（$H_2S+CO_2+\sum C_{1\text{-}3}$）值呈倍数增加，即酸性气体相对含量较 CH_4 增加量快，其对应的 H_2S 和 CO_2 含量大于 5.0%。这样，TSR 一旦发生，不仅使得烃类发生氧化蚀变，生成大量 CH_4、H_2S、CO_2 和 H_2O，使得天然气变干，非烃气体 H_2S 和 CO_2 相对含量增加，但 CO_2 增加速率慢于 H_2S。虽然前人认为 TSR 作用使得烃类完全消耗，并生成 H_2S 和 CO_2（Machel et al.，1995；Cai et al.，2003；Krouse et al.，1988a），但热模拟实验结果表明 TSR 作用过程中会生成大量的 CH_4 以及 H_2S 和 CO_2（Pan et al.，2006；Zhang et al.，2008b，2007），说明 TSR 作用不仅使得烃类发生氧化蚀变生成 H_2S 和 CO_2，而且伴随大量 CH_4 气体的生成。随着 TSR 反应程度进一步加剧，CH_4 也会变得不稳定，并与硫酸盐反应生成 H_2S 和水（Cai et al.，2004）；反应可表述为

$$CaSO_4+CH_4 \longrightarrow CaCO_3+H_2S+H_2O$$

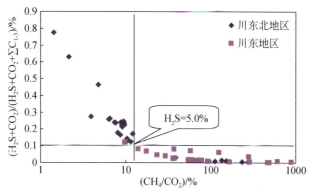

图 5　川东北与川东地区天然气中 CH_4/CO_2 与（$H_2S+CO_2/H_2S+CO_2+\sum C_{1\text{-}3}$）关系图

TSR 反应过程中也伴随稳定碳同位素分馏，因为随着烷烃气母质受热程度逐渐增加，母质中 $^{12}C-^{12}C$ 键、$^{12}C-^{13}C$ 键以及 $^{13}C-^{13}C$ 键间的键能各不相同。当烃类发生氧化蚀变时，^{12}C 更多参与了 TSR 反应，而 ^{13}C 则更多地保留在残留烃类中，使得反应后残留烃类相对富集 ^{13}C。随着 TSR 反应程度增加，H_2S 和 CO_2 含量增加，烃类氧化蚀变生成的 CH_4 碳同位素组成逐渐变重（图 6）。理论上，TSR 反应过程会使得烃类氧化蚀变后生成的 CH_4 碳同位素变重，而 CO_2 的碳同位素变轻（Pan et al.，2006；朱光有等，2006b）。然而，川东北地区天然气中 CO_2 的碳同位素组成明显偏重，$\delta^{13}C_{CO_2}$ 值一般大于 -8‰，其中大于 -2‰ 的占总样品数的 50%，特别在普光气田 $\delta^{13}C_{CO_2}$ 值基本均大于 -2‰（图 7）。天然气中较重

的 $\delta^{13}C_{CO_2}$ 值完全不同于 TSR 热模拟实验中 $\delta^{13}C_{CO_2}$ 值；在热模拟实验中 $\delta^{13}C_{CO_2}$ 值明显偏轻，一般 $\delta^{13}C_{CO_2}$ 值小于-30‰。造成天然气中 $\delta^{13}C_{CO_2}$ 值偏重的可能原因是 TSR 生成的 CO_2 与硫酸盐中 Mg^{2+}、Fe^{2+} 和 Ca^{2+} 等金属离子相结合并以碳酸盐的形式沉淀下来，反应方程表述为

$$CO_2 + Mg^{2+}（Ca^{2+}，Fe^{2+}）\longrightarrow MgCO_3（CaCO_3，FeCO_3）\downarrow + H_2O$$

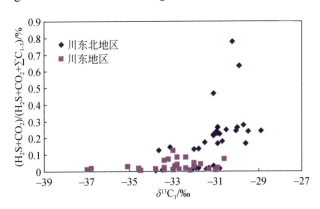

图 6   川东和川东北地区 $\delta^{13}C_1$ 与（H_2S+CO_2）/（$H_2S+CO_2+\sum C_{1-3}$）关系图

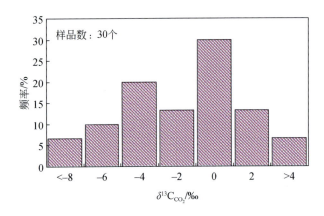

图 7   川东北地区天然气中 $\delta^{13}C_{CO_2}$ 值频率分布图

这些碳酸盐的形成使得残留 CO_2 的 $\delta^{13}C_{CO_2}$ 值变重，而碳酸盐中碳同位素组成变轻（朱光有等，2006b），反映了 CO_2 的碳同位素会在 TSR 成因和海相碳酸盐岩分解成因的 CO_2 之间互相转化（Giuliani et al.，2000；Krouse et al.，1988b），并使得碳同位素组成较轻的 CO_2 优先参与方解石的沉淀中。因为在储层中常发育灰岩晶洞，并形成大量方解石晶体或晶斑，这些方解石晶体或晶斑碳同位素组成普遍较轻，一般 $\delta^{13}C$ 值小于-2‰，特别是在膏岩地区方解石的 $\delta^{13}C$ 值最轻为-18.2‰，平均为-14.5‰，而灰岩的 $\delta^{13}C$ 值一般大于 2.0‰（朱光有等，2006b）。同时，TSR 反应使得天然气藏中水的 pH 值发生变化，随着 TSR 作用增强，pH 值呈减小趋势，气藏中地层水酸性增强，对碳酸盐岩储层具有较强的腐蚀性，再次生成 CO_2。普光气田在 6000m 左右储层孔隙度仍大于 20%，平均为 12%，证明酸性气体具有改善储层作用，使得大型孔洞发育，地层压力下降和气藏充满度降低（朱光有等，2006c）。通过酸性气体腐蚀碳酸盐岩生成的 CO_2 具有重的 $\delta^{13}C$ 值，当这部分 CO_2 与

TSR 残留 CO_2 和干酪根直接生成的 CO_2 混合后，使得 CO_2 含量增加，$\delta^{13}C$ 值变重。

对于 CO_2 含量小于 5.0% 的天然气，CO_2 含量与 $\delta^{13}C_{CO_2}$ 值之间具有较好的正相关性，且 $\delta^{13}C_{CO_2}$ 值为 -8‰ ～ -2‰。CO_2 含量与 $\delta^{13}C_{CO_2}$ 值具有较好的正相关性说明碳酸盐岩热分解生成 CO_2 量逐渐增加，且 $\delta^{13}C_{CO_2}$ 值越来越接近碳酸盐岩母质。因为海相碳酸盐岩在深埋情况下发生热分解形成的 CO_2 碳同位素很重，$\delta^{13}C_{CO_2}$ 值为（0 ± 3）‰（Dai et al.，1996）。

5　结论

通过对川东北地区天然气化学组分和稳定碳同位素分析，天然气为高演化油型裂解气。TSR 作用使得烃类发生裂解，并生成大量 CH_4、H_2S 和 CO_2，且 CO_2 与 H_2S 具有较好的正相关性，含量分别大于 5.0%。同时，TSR 作用使得烃类气体以甲烷为主，干燥系数明显偏高，甲烷碳同位素较单一热力作用偏重。川东北地区天然气中 CO_2 主要包括碳酸盐岩热分解和 TSR 作用，其中碳酸盐岩热分解生成的 CO_2 含量一般小于 5.0%，$\delta^{13}C_{CO_2}$ 值小于 -2‰，且 CO_2 含量与 $\delta^{13}C_{CO_2}$ 值具有正相关性；而 TSR 作用生成的 CO_2 含量大于 5.0%，$\delta^{13}C_{CO_2}$ 值多大于 -2‰，且 CO_2 含量与 $\delta^{13}C_{CO_2}$ 值具有较弱的负相关性，造成这种现象的主要原因是 TSR 生成的 CO_2 与硫酸盐中 Mg^{2+}、Fe^{2+} 和 Ca^{2+} 等金属离子以碳酸盐的形式沉淀，导致碳酸盐岩储层发生腐蚀并生成 $\delta^{13}C$ 重的 CO_2。利用 CH_4/CO_2 值和（H_2S+CO_2）/（$H_2S+CO_2+\sum C_{1-3}$）值能够较好地反映 TSR 进行程度；当 CH_4/CO_2 值和（H_2S+CO_2）/（$H_2S+CO_2+\sum C_{1-3}$）值分别小于 10 和大于 0.1 时，随着 TSR 作用增强，CH_4/CO_2 值减小，而（H_2S+CO_2）/（$H_2S+ CO_2+ \sum C_{1-3}$）值呈指数增加。

参 考 文 献

戴金星, 裴锡古, 戚厚发. 1992. 中国天然气地质学. 卷一. 北京: 石油工业出版社: 298.

马永生, 蔡勋育, 李国雄. 2005. 四川盆地普光大型气藏基本特征及成藏富集规律. 地质学报, 79(6): 858-865.

徐永昌. 1994. 天然气成因理论及应用. 北京: 科学出版社: 413.

朱光有, 张水昌, 梁英波, 马永生, 郭彤楼, 周国源. 2006a. 四川盆地高含 H_2S 天然气的分布与 TSR 成因证据. 地质学报, 80(8): 1208-1218.

朱光有, 张水昌, 梁英波, 戴金星, 李剑. 2006b. 川东北地区飞仙关组高含 H_2S 天然气 TSR 成因的同位素证据. 中国科学(D 辑), 35(11): 1037-1046.

朱光有, 张水昌, 马永生, 梁英波, 郭彤楼, 周国源. 2006c. TSR(H_2S)对石油天然气工业的积极性研究——H_2S 的形成过程促进储层次生孔隙的发育. 地学前缘, 13(3): 141-149.

Cai C, Worden R H, Bottrell S H, et al. 2003. Thermochemical sulphate reduction and the generation of hydrogen sulphide and thiols(mercaptans) in Triassic carbonate reservoirs from the Sichuan Basin, China. Chemical Geology, 202(1-2): 39-57.

Cai C, Xie Z, Worden R H, et al. 2004. Methane-dominated thermochemical sulphate reduction in the Triassic Feixianguan Formation East Sichuan Basin, China: Towards prediction of fatal H_2S concentrations. Marine and Petroleum Geology, 21(10): 1265-1279.

Dai J, Song Y, Dai C et al. 1996. Geochemistry and accumulation of carbon dioxide gases in China. AAPG Bulletin, 80(10): 1615-1626.

Dai J, Yang S, Chen H, et al. 2005a. Geochemistry and occurrence of inorganic gas accumulations in Chinese sedimentary basins. Organic Geochemistry, 36(12): 1664-1688.

Dai J, Li J, Luo X, et al. 2005b. Stable carbon isotope compositions and source rock geochemistry of the giant gas accumulations in the Ordos Basin, China. Organic Geochemistry, 36(12): 1617-1635.

Galimov E M. 1988. Sources and mechanisms of formation of gaseous hydrocarbons in sedimentary rocks. Chemical Geology, 71(1-3): 77-95.

Giuliani G, France-Lanord C, Cheilletz A, et al. 2000. Sulfate reduction by organic matter in Colombian Emerald Deposits: Chemical and stable isotope(C, O, H) evidence. Economic Geology, 95: 1129-1153.

Krouse H R, Viau C A, Eliuk L S, et al. 1988a. Chemical and isotopic evidence of thermochemical sulphate reduction by light hydrocarbon gases in deep carbonate reservoirs. Nature, 333(6172): 415-419.

Krouse H R, Viau C A, Eliuk L S, et al. 1988b. Chemical and isotopic evidence of thermochemical sulfate reduction by light hydrocarbon gases in deep carbonate reservoirs. Nature, 333: 415-419.

Ma Y, Huo X, Guo T, et al. 2007. The Puguang gas field: New giant discovery in the mature Sichuan Basin, southwest China. AAPG Bulletin, 91(5): 627-643.

Machel H G. 2001. Bacterial and thermochemical sulfate reduction in diagenetic settings-old and new insights. Sedimentary Geology, 140: 143-175.

Machel H G, Krouse H R, Sassen R. 1995. Products and distinguishing criteria of bacterial and thermochemical sulfate reduction. Applied Geochemistry, 10: 373-389.

Mougin P, Lamoureux-Var V, Bariteau A, et al. 2007. Thermodynamic of thermochemical sulphate reduction. Journal of Petroleum Science and Engineering, 58: 413-427.

Pan C, Yu L, Liu J, et al. 2006. Chemical and carbon isotopic fractionations of gaseous hydrocarbons during abiogenic oxidation. Earth and Planetary Science Letters, 246(1-2): 70-89.

Poreda R J, Jenden P D, Kaplan I R, et al. 1986. Mantle helium in Sacramento basin natural gas wells. Geochimica et Cosmochimica Acta, 50(12): 2847-2853.

Stahl W J, Carey J B D. 1975. Source-rock identification by isotope analyses of natural gases from fields in the Val Verde and the Delaware Basin, West Texas. Chemical Geology, 16: 257-267.

Tissot B T, Welte D H. 1984. Petroleum formation and occurrences. 2nd Edition. Berlin: Springer: 699.

Worden R H, Smalley P C, Oxtoby N H. 1995. Gas souring by thermochemical sulfate reduction at 140°C. AAPG Bulletin, 79(6): 854-863.

Xu S, Nakai S, Wakita H, et al. 1995. Helium isotope compositions in sedimentary basins in China. Applied Geochemistry, 10(6): 643-656.

Xu Y, Shen P. 1996. A study of natural gas origins in China. AAPG Bulletin, 80(10): 1604-1614.

Xu Y, Liu W, Shen P, et al. 1998. Geochemistry of Noble Gases in Natural Gases. Beijing: Science Press: 275.

Zhang T, Ellis G S, Wang K S, et al. 2007. Effect of hydrocarbon type on thermochemical sulfate reduction. Organic Geochemistry, 38(6): 897-910.

Zhang T, Zhang M, Bai B, et al. 2008a. Origin and accumulation of carbon dioxide in the Huanghua depression, Bohai Bay Basin, China. AAPG Bulletin, 92(3):341-358.

Zhang T, Ellis G S, Walters C C, et al. 2008b. Geochemical signatures of thermochemical sulfate reduction in controlled hydrous pyrolysis experiments. Organic Geochemistry, 39: 308-328.

渤海湾盆地 CO_2 气田（藏）地球化学特征及分布[*]

胡安平，戴金星，杨　春，周庆华，倪云燕

二氧化碳是一种重要的天然气资源，在一定的地质条件下可聚集成藏。中国东部渤海湾盆地在几十年的勘探过程中已发现了十几个 CO_2 气田（藏），其中高青 CO_2 气田是国内少数几个已经开发利用的 CO_2 气田之一。本文对渤海湾盆地典型 CO_2 气田（藏）进行系统的地质与地球化学特征分析，研究 CO_2 气田（藏）特征及分布规律，以期为今后勘探寻找 CO_2 富集有利区提供理论依据。

1　二氧化碳气田（藏）分布概况

许多学者根据 CO_2 含量对气藏进行了分类：唐忠驭把 CO_2 含量超过 80%至近 100%的气藏称为 CO_2 气藏[1]；沈平等将 CO_2 含量大于 85%的气藏称为 CO_2 气藏[2]；戴金星根据气藏的工业价值将 CO_2 含量超过 60%的气藏称为 CO_2 气藏，并且认为这些 CO_2 均为无机成因[3]。本文所研究的 CO_2 气藏为 CO_2 含量超过 60%的气藏。

中国无机成因 CO_2 气田（藏）主要分布在东部陆上裂谷盆地与东海及南海北部大陆架边缘盆地，包括松辽盆地、渤海湾盆地、内蒙古商都盆地、苏北盆地、三水盆地、珠江口盆地、莺歌海盆地、琼东南盆地以及北部湾盆地福山凹陷等。目前至少已发现 36 个具工业价值的 CO_2 气田（藏），其中 11 个位于渤海湾盆地，渤海湾盆地是 CO_2 气田（藏）发育的典型区域。

渤海湾盆地位于中国东部，地跨渤海及沿岸地区，盆地面积 $19.5 \times 10^4 km^2$。盆地内断裂活动是构造运动的基本形式，在地质历史演化过程中，主要断裂带控制重要油气田的分布。渤海湾盆地 CO_2 气田（藏）主要发育于黄骅坳陷和济阳坳陷（图 1），如黄骅坳陷旺 21、旺古 1、友爱村、翟庄子和齐家务 CO_2 气田（藏），济阳坳陷阳 25、八里泊、平方王、平南、花 17 和高青 CO_2 气田（藏）。除了这些 CO_2 含量高于 60%的 CO_2 气田（藏）外，渤海湾盆地还有很多高含 CO_2 的气井，如冀中坳陷留 58 井、宁古 1 井以及黄骅坳陷港西潜山地区的港 23 井、港 10-7 井等。本文着重讨论盆地内 CO_2 含量高于 60%的气田（藏）的成因及分布规律。

2　二氧化碳气田（藏）地球化学特征及成因

2.1　渤海湾盆地 CO_2 气田（藏）地球化学特征

表 1 为渤海湾盆地 CO_2 气田（藏）天然气组分及碳同位素组成[4-7]。可见，渤海湾盆

* 原载于《石油勘探与开发》，2009 年，第 36 卷，第二期，181～189。

表 1　渤海湾盆地 CO_2 气田（藏）天然气组分及碳同位素组成

凹陷	气田（藏）	井号	层位	深度/m	主要气体组分				碳同位素					$^{40}Ar/^{36}Ar$	R/Ra	幔源氦份额/%	资料来源
					N_2	CO_2	CH_4	C_{2+}	$\delta^{13}C_1$	$\delta^{13}C_2$	$\delta^{13}C_3$	$\delta^{13}C_4$	$\delta^{13}C_{CO_2}$				
黄骅坳陷	旺21	旺21	Es1	1734~1775	3.65	79.01	17.1	0.2									[3]
	旺古1	旺古1	O	2442~2535	2.96	95.09	1.95	0									
	友爱村	港87	O	2044~2109	0.31	88.12	11	0.31									
	友爱村	港2	O	2361~2362	1.85	88.59	8.86	0.49									
	翟庄子	港151	Es1	1632~1639	0.19	98.61	1.17		-28.6				-3.77	7037	3.62	45.97	[4]
	翟庄子	大15	Es1	2042~2056	0.17	97.86	1.94										
	齐家务	齐古1	O			67.35	15.29	13.9									[3]
	阳25	阳25	Es4	2793.9~2805	3.06	96.5	0.44	0	-42.51	-25.66			-4.38	3000	2.94	37.3	
	八里泊	阳2	O	2716~2760.8	0.06	98.59	1.35	0									
	八里泊	阳5	O	2611~2645.4		97.37	2.48										
济阳坳陷	平方王	滨4-6-6	Es4	1469.7~1481	0.33	72.5	23.52	3.53	-51.67	-33.17	-29.83	-28.53	-4.57	1791	2.76	35.01	[3] [5] [6]
	平方王	滨14-3-1	Es4	1453~1455	0.85	72.67	22.71	3.77	-52.73				-5.08	600	2.76	35.01	
	平方王	平气4	Es4	1459.4~1474.5	0.46	75.33	20.89	3.27	-51.67	-33.01	-30.02	-28.98	-4.52	1758	2.75	34.88	
	平方王	平9-3	Es4	1462.6~1489.2	0.25	73.87	22.46	3.36	-51.58				-4.47	317	2.76	35.01	
	平方王	平气12	Es4	1470.5~1498	0.63	74.2	21.63	3.39	-51.87				-4.36	1051	2.75	34.88	
	平方王	平12-61	Es4	1452.4~1487.6	0.38	79.17	17.13	3.19	-51.8	-33.08	-29.97	-29.04	-4.5	1478	2.58	32.71	
	平方王	平13-2	Es4	1453.6~1483.2	1.07	68.85	26.43	3.55	-52.69	-33.17	-29.8	-29.03	-4.74	1220	2.56	32.46	
	平方王	平13-4	Es4	1450.8~1486.4	1.21	74.92	19.04	4.26	-51.74	-33.19	-29.8	-28.62	-4.43	1722	2.54	32.2	
	平方王	平14-3	Es4	1467~1484.6	0.61	77.93	18.17	3.15	-51.82	-33.24	-29.89	-29.09	-4.32	1378	3.19	40.49	
	平南	滨古11	O	2229~2248.2	0.3	97.32	1.31	1.06					-5.9				[3]
	平南	滨古14	O	1980.2~2250	0.46	96.99	1.16	1.39	-47.5	-32.09	-29.61	-28.55	-4.76		2.00	25.32	
	平南	滨古24	O		0.88	74.65	17.11	7.36	-46.42	-32.66	-29.93	-28.99	-4.64		3.73	47.38	
	花17	花17	Es3	1965.1~1980	1.6	93.78	3.89	0.63	-54.39	-33.16	-31.25	-28.96	-3.41	770	3.18	40.36	
	花17	花17	Es3	2000~2009.6	2.04	92.69	3.82	1.45	-53.98		-29.46		-3.35	1054	3.21	40.75	
	高青	高气3	Ng	833.4~834.8	5.43	94.35	0.14	0.08	-35.00				-4.41		4.47	56.81	[3] [7]
	高青	高气53	Nq	811.4~817		99.5	0.5										

地 CO_2 气田（藏）天然气组分以 CO_2 为主，含量 67.35%～99.5%；其次为甲烷，含量 0.14%～26.43%；再次为氮气，含量 0.06%～5.43%。CO_2 的碳同位素组成较重为-5.9‰～-3.35‰；氦同位素比值 R/Ra（其中，R 为样品的 $^3He/^4He$ 值，Ra 为大气的 $^3He/^4He$ 值）均不小于 2，为 2.00～4.47；$^{40}Ar/^{36}Ar$ 值为 317～7037，黄骅坳陷港 151 井 $^{40}Ar/^{36}Ar$ 值最大，达到 7037；甲烷碳同位素组成有所差异，其中黄骅坳陷港 151 井甲烷碳同位素组成很重，达到-28.6‰，而济阳坳陷 CO_2 气藏的甲烷碳同位素组成较轻，为-54.39‰～-35‰，甲烷及其同系物碳同位素组成均按正序分布（$\delta^{13}C_1 < \delta^{13}C_2 < \delta^{13}C_3 < \delta^{13}C_4$）。

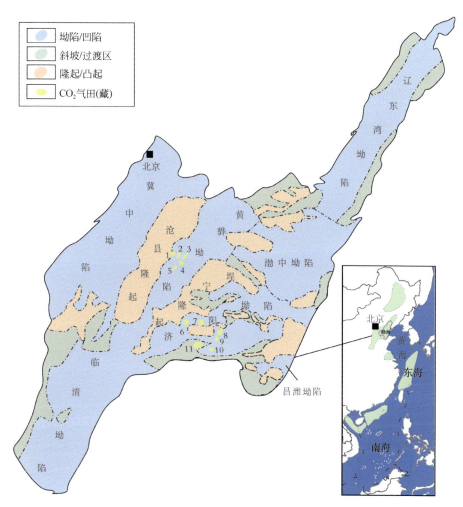

图 1   渤海湾盆地 CO_2 气田（藏）分布示意图

1.旺古 1；2.旺 21；3.友爱村；4.翟庄子；5.齐家务；6.八里泊；7.阳 25；8.平方王；9.平南；10.花 17；11.高青

    图 2 显示了 CH_4 含量、CO_2 含量、$\delta^{13}C_{CO_2}$ 值及 R/Ra 值间的相互关系。由图 2（a）可以看出，随着 CO_2 含量增加，CH_4 含量减少，几乎呈线性的负相关关系；由图 2（b）和（c）可知，CO_2 含量随着 $\delta^{13}C_{CO_2}$ 值和 R/Ra 值变大而增加，呈正相关关系；图 2(d)则显示 $\delta^{13}C_{CO_2}$ 值和 R/Ra 值存在正相关关系，随着 R/Ra 值变大 $\delta^{13}C_{CO_2}$ 值也变重。由此可知，CO_2 气藏的主要组分及同位素组成密切相关，CO_2 含量、$\delta^{13}C_{CO_2}$ 值和 R/Ra 值之间互呈正相关关系，

而 CO_2 含量与 CH_4 含量呈负相关关系。

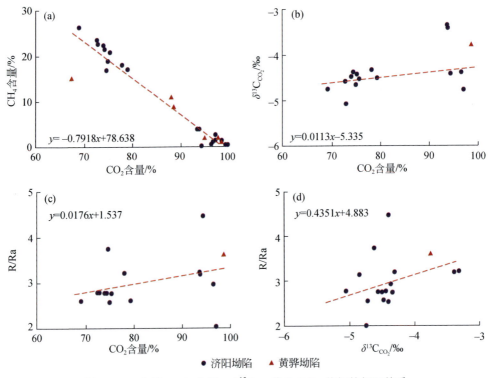

图 2　CH_4 含量、CO_2 含量、$\delta^{13}C_{CO_2}$ 值及 R/Ra 值间的相互关系

2.2　渤海湾盆地 CO_2 成因类型

关于 CO_2 的成因判别国内外许多学者都做了研究[8-22]。戴金星等早在 1986 年就提出 CO_2 含量大于 60% 时是无机成因的；含量为 15%～60% 时主要是无机成因的，部分是有机和无机混合成因的；含量小于 15% 时则是无机成因、有机成因和混合成因的皆有[8]。此后，戴金星于 1992 年又根据国内外 $\delta^{13}C_{CO_2}$ 数据，归总了 $\delta^{13}C_{CO_2}$ 的判别指标[9]：有机成因 CO_2 的 $\delta^{13}C_{CO_2}$ 值小于 -10‰，主要在 -30‰～-10‰；而 $\delta^{13}C_{CO_2}$ 值大于等于 -8‰ 则属于无机成因 CO_2，主要在 -8‰～-3‰。无机成因 CO_2 中，碳酸盐岩变质成因的 CO_2 其 $\delta^{13}C_{CO_2}$ 值接近于碳酸盐岩的 $\delta^{13}C_{CO_2}$ 值，在（0±3）‰；火山-岩浆成因和幔源的 CO_2 其 $\delta^{13}C_{CO_2}$ 值大多在（-6±2）‰。据此判断渤海湾盆地 CO_2 气藏的成因类型，毋庸置疑，气藏中的 CO_2 均为无机成因。再根据 $\delta^{13}C_{CO_2}$ 值分布特征，即大部分 $\delta^{13}C_{CO_2}$ 值分布在（-6±2）‰，说明绝大部分 CO_2 为火山-岩浆成因和幔源的 CO_2，也可能混有少量热变质成因的 CO_2。

何家雄等根据 CO_2 的碳同位素组成及伴生稀有气体氦同位素组成的特征，将 CO_2 又进一步划分为三大成因类型，即壳源型、壳幔混合型和火山幔源型[12, 13]。其中，壳源型又可分为壳源有机 CO_2 和壳源型岩石化学成因（无机）CO_2（图 3）。从图 3 可以看出，渤海湾盆地的 CO_2 气藏属于火山幔源无机成因。

由表 1 可知，渤海湾盆地 CO_2 气田（藏）天然气氦同位素比值 R/Ra 较高，为 2.00～4.47；$^{40}Ar/^{36}Ar$ 值也相对较高，除平方王气田平 9-3 井天然气 $^{40}Ar/^{36}Ar$ 值较低（317）接近

大气的 $^{40}Ar/^{36}Ar$ 值（295.5）外，其余各井天然气 $^{40}Ar/^{36}Ar$ 值均较高，济阳坳陷 CO_2 气田（藏）天然气 $^{40}Ar/^{36}Ar$ 值最高达到 3000，大部分都大于 1000，黄骅坳陷港 151 井天然气 $^{40}Ar/^{36}Ar$ 值更是达到了 7037。Mamyrin 等指出如果有地壳深部流体的加入，天然气 $^{3}He/^{4}He$ 值和 $^{40}Ar/^{36}Ar$ 值会明显增大[23]。徐永昌等提出 R/Ra 值大于 1 则说明有明显幔源氦加入，并且研究发现中国东部活动区具有明显高的 $^{3}He/^{4}He$ 值和相对高的 $^{40}Ar/^{36}Ar$ 值，反映深部物质沿活动带的运移聚集[15]。前人也对该区 $^{40}Ar/^{36}Ar$ 值相对较高的现象进行过研究，认为该区大部分井中天然气的 $^{40}Ar/^{36}Ar$ 高值不可能是由储集层的年代效应引起的，而很可能归因于地幔来源 Ar 的加入或因岩浆侵入而导致地壳岩石释放出的放射性成因 ^{40}Ar 的加入[4-6]。因此，该区 CO_2 气藏中高的 R/Ra 值和 $^{40}Ar/^{36}Ar$ 值说明有幔源物质的加入，为 CO_2 幔源无机成因提供了进一步的证据。

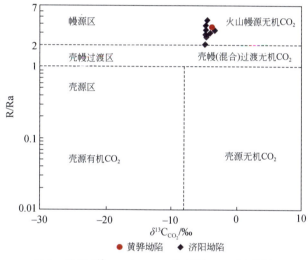

图 3　根据 $\delta^{13}C_{CO_2}$ 与 R/Ra 值判别 CO_2 成因图版

综上认为，渤海湾盆地黄骅坳陷和济阳坳陷 CO_2 气田（藏）均以幔源无机成因为主，可能有少量热变质成因的 CO_2 混入。

2.3　烷烃气成因探讨

从烷烃碳同位素组成特征来看，渤海湾盆地 CO_2 气田（藏）中的烷烃气成因各有不同。黄骅坳陷港 151 井的 $\delta^{13}C_1$ 值为-28.6‰，符合戴金星提出的无机成因甲烷碳同位素组成重（ $\delta^{13}C_1 > -30‰$ ）的特征[9]，且港 151 井附近缺少（高）过成熟煤成烷烃气源[3]，故认为港 151 井的甲烷是无机成因的；戴金星还指出，黄骅坳陷其他 CO_2 气藏中的烷烃气均具有典型的有机成因特征（ $\delta^{13}C_1 < -30‰$ ）[3]。因此，黄骅坳陷存在有机成因和无机成因两种不同类型的烷烃气。

济阳坳陷 CO_2 气藏烷烃气 $\delta^{13}C_1$ 值小于-30‰，且甲烷及其同系物均呈正序分布（ $\delta^{13}C_1 < \delta^{13}C_2 < \delta^{13}C_3 < \delta^{13}C_4$ ），说明烷烃气是有机成因的。除了阳 25 井 CO_2 气藏和高气 3 井 CO_2 气藏外，济阳坳陷其他 CO_2 气藏天然气 $\delta^{13}C_2$ 值均小于-32‰，符合戴金星提出的油型气 $\delta^{13}C_2$ 值小于-28.8‰的标准[5]，属于油型气。阳 25 井 $\delta^{13}C_2$ 组成较重，为-25.66‰，介于煤成气和油型气判别值中间；高气 3 井 $\delta^{13}C_1$ 组成较重，笔者认为可能是煤成气和油型气

混合所致。由此认为，济阳坳陷 CO_2 气藏中的烷烃气是有机成因的，并以油型气为主，阳25 井气藏和高气 3 井气藏可能有煤成气混合。

3　二氧化碳气藏分布规律

渤海湾盆地是一个大型裂谷型含油气盆地，黄骅坳陷和济阳坳陷为该盆地新生代断陷，新生代以来经历了古近纪的断陷阶段和新近纪以后的坳陷阶段并伴随着强烈的岩浆和断裂活动[24]。由上述可知，渤海湾盆地 CO_2 气田（藏）均为火山幔源型，火山活动及气源断裂体系是控制这类 CO_2 气田（藏）富集及运聚分布最重要、最直接的两大主控因素。该区存在多期岩浆活动，发育许多深大断裂，这为 CO_2 富集成藏提供了物质条件和通道。研究发现，火山幔源型 CO_2 气田（藏）的分布与高地温场、断裂分布、岩浆作用以及 R/Ra 异常值分布具有规律性关系，理清这些规律可为预测 CO_2 富集有利区提供依据。

3.1　高地温场与幔源型 CO_2 气田（藏）分布的关系

区域地温场是深部构造、断裂活动及岩浆作用等因素的综合反映，地热梯度和大地热流值均是地温场的表征值。黄骅坳陷和济阳坳陷地热梯度都明显高于周边隆起带[3]，由图 4

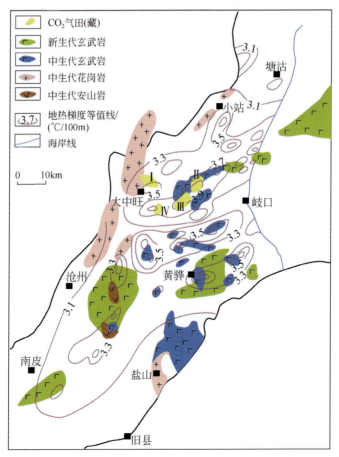

图 4　黄骅坳陷 CO_2 气田（藏）分布与地热梯度及火成岩分布叠合图[3]

Ⅰ.旺古 1、旺 21 CO_2 气藏；Ⅱ.友爱村 CO_2 气田；Ⅲ.翟庄子 CO_2 气田；Ⅳ.齐家务 CO_2 气田

可见，黄骅坳陷幔源 CO_2 气田（藏）分布与高地热梯度异常带相对应，均分布在地热梯度大于 3.5℃/100m 的区域。其中，翟庄子和齐家务 CO_2 气田更是分布在坳陷内地热梯度最高值（3.9℃/100m）区域。济阳坳陷具有较高的大地热流背景，现今平均热流值为（65.8±5.4）mW/m² [25]。由图 5 可见，济阳坳陷 CO_2 气田（藏）基本分布在大地热流值高于区域平均大地热流值的地区，平方王、平南、阳 25 和高青 CO_2 气田（藏）大致分布在大地热流值为 67～72mW/m² 的区域，花 17 气藏则分布在大地热流值大于 72mW/m² 的区域。可见，幔源无机成因 CO_2 气田（藏）分布通常与区域内相对高的地温场相对应。

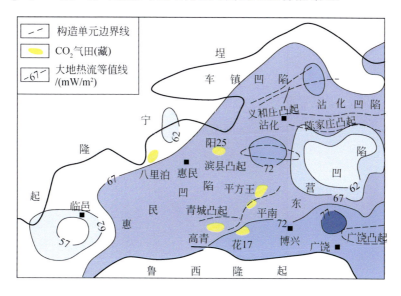

图 5　济阳坳陷 CO_2 气田（藏）分布与大地热流等值线 [25] 分布图

3.2　断裂与幔源 CO_2 气田（藏）分布的关系

无机成因气特别是幔源-岩浆气的分布主要与断裂有关，断裂相交的位置更是高纯度幔源型 CO_2 气藏发育的有利区。

在黄骅坳陷最深的海河断裂、徐庄子断裂、柏各庄断裂幔源气的显示并不明显，原因在于它们的新生代活动以走滑为主，伸展分量小，开启性差，但当其与北东-北北东向伸展断裂交汇后即成为幔源气上升的有利场所 [3]，如徐庄子断裂和港西断裂交汇部位发现翟庄子 CO_2 气田；徐庄子断裂和沈青庄断裂交汇部位发现大中旺 CO_2 气田（包括旺古 1 CO_2 气藏和旺 21 CO_2 气藏）（图 6）。北东向的港西断裂是新生代伸展性断层，控制了第三纪的沉积，该断层伸展强烈、开启性好，是幔源气上升的有利场所。位于港西潜山中部的友爱村 CO_2 气田和位于港西断裂西南端的齐家务 CO_2 气田均主要受港西断裂控制（图 6）。济阳坳陷的 CO_2 气田（藏）分布同样与断裂有密切关系，主要分布在北东向、近东西向和北西向断裂的交汇处。郯庐断裂是区内唯一切割上地幔岩石圈的断裂，这里地幔岩浆活动异常活跃，是幔源岩浆的物质来源。郯庐断裂是济阳坳陷 CO_2 气田（藏）的间接成气断裂 [26]；阳信断裂和石村断裂以及地幔隆起区上地幔-下地壳张性断裂，可能是连接郯庐断裂与本

区 CO_2 气田（藏）的桥梁[27]，是直接的成气断裂；高青-平南、商店-平方王、林樊家、齐河-广饶和郑店-青城等断裂是有利的输气断裂[26]。由图 7 可见，平方王、平南气田与高青-平南断裂相邻，且距林樊家、商店-平方王断裂与高青-平南断裂交汇处很近；八里泊气田位于阳信断裂与八里泊断裂的交汇部位；高青气田分布在高青-平南断裂与郑店-青城断裂交汇处；阳 25 气藏位于商店南断裂与商店-平南断裂交汇处；花 17 气藏可能与齐河-广饶断裂有关[28]。

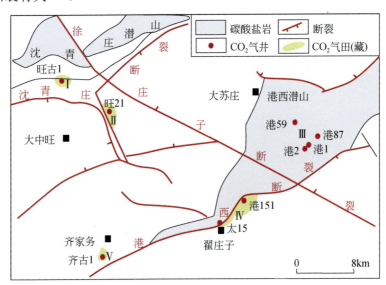

图 6　黄骅坳陷 CO_2 气田（藏）分布与断裂分布关系

Ⅰ. 旺古 1 CO_2 气藏；Ⅱ. 旺 21 CO_2 气藏；Ⅲ. 友爱村 CO_2 气田；Ⅳ. 翟庄子 CO_2 气田；Ⅴ. 齐家务 CO_2 气田

3.3　火成岩与幔源 CO_2 气藏分布的关系

对大量不同成分岩浆包裹体的分析表明，无论是基性还是酸性岩浆中的挥发组分均以水和 CO_2 为主。因此，岩浆活动总是伴随 CO_2 气体的释放，同时岩浆活动也为地壳中碳酸盐矿物的分解提供了热源[29]，这使得火山活动及火成岩的分布在空间上与 CO_2 气藏的分布有一定的相关性。渤海湾盆地有多期岩浆活动，气源充足。由图 4 和图 7 可见，火成岩的分布与 CO_2 气田（藏）的分布具有相关性，但黄骅坳陷和济阳坳陷与 CO_2 气田（藏）分布密切相关的岩浆活动期次、火成岩类型不同。

在黄骅坳陷，从新生代及中生代火成岩分布与幔源成因 CO_2 气田（藏）分布叠合图（图 4）可以看出，幔源成因 CO_2 的分布与新生代岩浆活动关系并不大，而明显受到中生代火成岩分布的控制。中生代火成岩要沿断裂带分布，于第三纪气藏形成之前活动，因此对该区第三纪无机成因气藏的贡献表现为：与中生代岩浆活动有关的无机成因气早期聚集，在第三纪遭受破坏，其气体再次运移在第三系圈闭中二次成藏；断裂带在新生代继续活动切过火成岩构造破碎，导致岩浆气的二次释放[3]。沿港西断裂带中生代玄武岩发育，大中旺地区中生代花岗岩广泛分布港西断裂、徐庄子断裂、沈青庄断裂，新生代活动强烈[3]，故翟庄子、友爱村、大中旺等 CO_2 气田（藏）的形成主要受中生代岩浆气二次成藏和二次释放的作用。

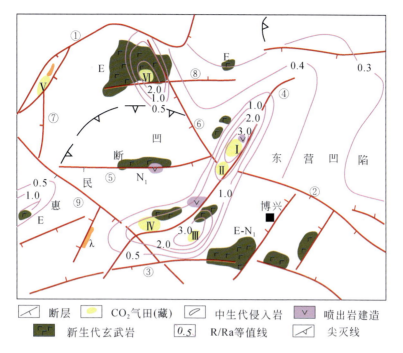

图7 济阳坳陷CO₂气藏与断裂、火成岩及R/Ra值分布关系[3]

CO₂气田（藏）：Ⅰ.平方王，Ⅱ.平南，Ⅲ.花17，Ⅳ.高青，Ⅴ.八里泊，Ⅵ.阳25；断层：①阳信断层，②石村断层，③齐河-广饶断层，④高青-平南断层，⑤林樊家断层，⑥商店-平方王断层，⑦八里泊断层，⑧商店南断层，⑨郑店-青城断层

由图7可见，济阳坳陷已发现的CO₂气田（藏）也分布在火成岩区及其附近，主要受新生代火成岩的控制。除八里泊气田分布于中生代侵入岩发育区外，花17、阳25气藏和高青气田都分布于新生代火成岩发育区及附近；而平方王、平南气藏与火成岩呈间接相关关系。平方王、平南气藏分布于高青-平南断层附近，高青-平南断层活动始于新生代早期，始新世早期进入活动的高峰期，在沙河街组沉积期曾引发过浅成侵入岩或玄武岩喷发作用，是幔源气的释气通道，可以让气体运移到距离火成岩岩体稍远的位置聚集成藏[3]。因此，平方王、平南气藏的形成与新生代岩浆活动仍有密切联系。

黄骅坳陷幔源成因CO₂与新生代火成岩分布关系不大，而主要与中生代岩浆活动相关的无机成因气的二次成藏和岩浆气二次释放有关，可能是因为黄骅坳陷强烈的伸展断裂活动不利于新生代岩浆期内幔源气体的富集。济阳坳陷新生代火成岩分布广泛，尤其是碱性玄武岩分布很广。前人研究指出，碱性玄武岩中CO₂含量最高的碱性岩浆活动区域是CO₂聚集的有利位置[30]，济阳坳陷幔源无机CO₂气藏恰好与新生代碱性岩浆活动密切相关。而从图7可看出，中生代火成岩在该区分布非常有限且主要发育侵入岩，与CO₂气藏关系不大。

3.4 R/Ra正异常与幔源CO₂分布的关系

壳源和幔源系统中³He/⁴He（R/Ra）值的差异为确定幔源物质对地壳系统的入侵程度提供了可能，许多学者利用氦同位素比值证明中国东部存在强烈的幔源氦入侵[3, 14]。戴春森等[31, 32]、Zhang等[33]通过对黄骅坳陷天然气氦同位素的分析指出，该区存在强烈的幔源氦入侵并且幔源氦自断裂交汇带向四周扩散。丁巍伟等[34, 35]通过对黄骅坳陷港西断裂流体包裹体的地球化学特征研究，发现包裹体中均有幔源氦的侵入，侵入份额受北东向港西断层和北西西向徐庄子断层的控制，氦同位素比值从港西断层和徐庄子断层交汇处向四周减小。孙明良等[36]通过对济阳坳陷天然气氦同位素组成的研究，认为天然气中氦同位素组成与坳陷内第三纪火成岩分布有十分密切的关系，天然气藏下伏地层或气藏附近有第三纪火成岩分布时，天然气具有较高的氦同位素比值，说明具有明显的幔源氦加入；而在无第三纪火成岩发育的地区，天然气中 R/Ra 值较低说明仅有很少量的幔源氦的混入。

由表 1 可知，渤海湾盆地黄骅坳陷和济阳坳陷 CO_2 气藏中氦同位素比值高 R/Ra 值分布区间为 2.00～4.47（标准化的空气 Ra 值为 $1.4×10^{-6}$），根据壳-幔二元复合公式可计算幔源氦加入的份额[9]：

$$f_m = (R_s - R_c) / (R_m - R_c) ×100\%$$

式中，f_m 为幔源氦份额（%）；R_m、R_c 为幔源、壳源氦同位素端元值，分别取 $1.1×10^{-5}$ 和 $2×10^{-8}$；R_s 为样品 $^3He/^4He$ 比值。

根据表 1 氦同位素比值计算黄骅坳陷和济阳坳陷 CO_2 气田（藏）幔源氦份额为 25.32%～56.81%，由此说明存在强烈的幔源氦入侵，是幔源-岩浆气入侵的有力证据。同时，由前文已知，R/Ra 值与气藏中 CO_2 含量及其碳同位素组成呈正相关关系，表明 CO_2 释放和幔源物质供给关系密切。

在空间分布上，幔源成因 CO_2 气田（藏）与氦同位素比值（R/Ra）正异常具有密切的对应关系。由图 7 可以明显看到，济阳坳陷的 CO_2 气田（藏）均分布在氦同位素比值正异常区内，基本都分布在 R/Ra 值大于 2.0 的幔源氦异常带。而从图 8 可以看出，黄骅坳陷氦同位素比值与研究区内 2 条断裂（北东向的港西断裂和北西西向的徐庄子断裂）密切相关，R/Ra 值异常中心位于港西断裂和徐庄子断裂的交汇处港 151 井，R/Ra 值最高达 3.62。由

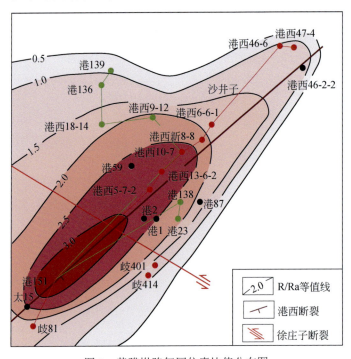

图 8　黄骅坳陷氦同位素比值分布图

图 9（a）可见，R/Ra 值由港 151 井沿港西断裂向两侧（北东和南西方向）降低，从图 9（b）则能看出，R/Ra 值自断裂交汇中心向南东和北西方向降低；同样，随着 R/Ra 值降低 CO_2 含量及其碳同位素值也减小。丁巍伟等研究黄骅坳陷港西断裂流体包裹体氦同位素组成后指出，太 15 井位于港西断裂和徐庄子断裂交汇处，显示 R/Ra 值正异常，R/Ra 值沿港西断裂自交汇中心向北东向降低且沿其他方向同样有降低的趋势[35]。由此可知，黄骅坳陷翟庄子

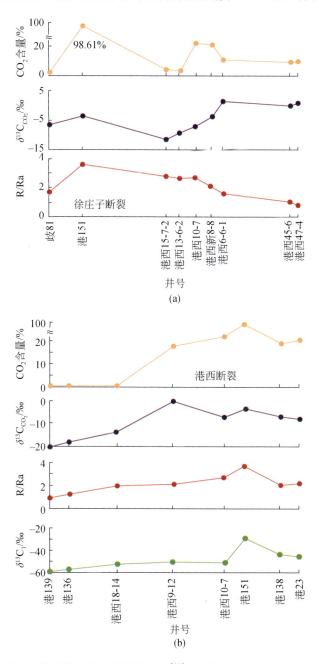

图 9　黄骅坳陷地球化学横剖面[32]（连井剖面位置见图 8）

CO₂气田（港151井、太15井）位于R/Ra值异常中心，并且R/Ra值及CO₂含量自断裂交汇中心向四周有降低的趋势，说明CO₂含量分布与R/Ra值分布具有相关关系。

由上可知，幔源-岩浆成因的CO₂气藏通常分布在幔源氦高异常带（R/Ra值大于2.00），因此氦同位素比值（R/Ra）异常带可作为预测无机成因CO₂气藏的一个指示。

4　结论

渤海湾盆地CO₂气田（藏）发育，主要分布在黄骅坳陷和济阳坳陷。气田（藏）中CO₂含量超过60%，$\delta^{13}C_{CO_2}$组成重，氦同位素R/Ra值均大于2.00，氩同位素$^{40}Ar/^{36}Ar$值高，大多数值大于1000；CO₂含量、$\delta^{13}C_{CO_2}$值和R/Ra值互呈正相关关系，而CO₂含量与CH₄含量呈负相关关系；CO₂气田（藏）以幔源无机成因为主，可能有少量热变质成因的CO₂混入。黄骅坳陷CO₂气田（藏）中存在有机成因与无机成因两种不同类型的烷烃气，而济阳坳陷CO₂气田（藏）中的烷烃气是有机成因的，并以油型气为主。

渤海湾盆地存在多期岩浆活动，发育许多深大断裂，这为CO₂富集成藏提供了物质条件和通道。火山幔源型CO₂气田（藏）在空间分布上具有一定的规律，通常分布在高地温场、断裂交汇部位、火成岩区及其附近、R/Ra值高异常带，掌握这些规律可为预测CO₂富集有利区提供依据。

参 考 文 献

[1] 戴金星, 倪云燕, 周庆华, 杨春, 胡安平. 中国天然气地质与地球化学研究对天然气工业的重要意义. 石油勘探与开发, 2008, (5): 513-525.

[2] 李祥权, 路慎强, 崔世凌. 济阳坳陷CO₂气藏主控因素分析. 大庆石油地质与开发, 2008, (2): 28-31.

[3] 戴金星. 中国煤成气潜在区. 石油勘探与开发, 2007, (6): 641-645,663.

[4] 丁巍伟, 戴金星, 初凤友, 韩喜球. 黄骅坳陷港西断裂带流体包裹体的地球化学特征. 岩石学报, 2007,(9): 2287-2295.

[5] 杜灵通, 吕新彪, 陈红汉. 济阳坳陷二氧化碳气藏的成因判别. 新疆石油地质, 2006, (5): 629-632.

[6] 邱隆伟, 王兴谋. 济阳坳陷断裂活动和CO₂气藏的关系研究. 地质科学, 2006, (3): 430-440.

[7] 何家雄, 夏斌, 王志欣, 刘宝明, 孙东山. 中国东部及近海陆架盆地不同成因CO₂运聚规律与有利富集区预测. 天然气地球科学, 2005, (5): 622-631.

[8] 丁巍伟, 戴金星, 杨池银, 陶士振, 侯路. 黄骅坳陷港西断裂带包裹体中氦同位素组成特征. 科学通报, 2005, (16): 94-99.

[9] 何家雄, 夏斌, 刘宝明, 张树林. 中国东部及近海陆架盆地CO₂成因及运聚规律与控制因素研究. 石油勘探与开发, 2005, (4): 42-49.

[10] 林松辉. 断裂及岩浆活动对幔源CO₂气成藏的作用——以济阳坳陷为例. 地球科学, 2005, (4): 473-479.

[11] 丁巍伟, 戴金星, 陈汉林, 杨池银. 黄骅坳陷新生代构造活动对无机成因CO₂气藏控制作用的研究. 高校地质学报, 2004, (4): 615-623.

[12] 郭栋, 邱隆伟, 姜在兴. 济阳坳陷火成岩发育特征及其与二氧化碳成藏的关系. 油气地质与采收率, 2004, (2): 21-24, 6.

[13] 杨池银. 黄骅坳陷二氧化碳成因研究. 天然气地球科学, 2004, (1): 7-11.

[14] 龚育龄, 王良书, 刘绍文, 李成, 韩用兵, 李华, 刘波, 蔡进功. 济阳坳陷大地热流分布特征. 中国科学(D辑: 地球科学), 2003, (4):384-391.

[15] 沈渭洲, 徐士进, 王汝成, 陆建军, 尹宏伟, 廖永胜, 张林晔. 济阳坳陷高含 CO_2 气藏的同位素特征和成因探讨. 南京大学学报(自然科学版), 1998, (3):57-62.

[16] 郑乐平, 冯祖钧, 廖永胜, 徐寿根. 济阳坳陷非烃类气藏(CO_2、He)的成因探讨. 南京大学学报(自然科学版), 1997, (1):80-85.

[17] 戴金星. 中国东部和大陆架二氧化碳气田(藏)及其气的类型. 大自然探索, 1996, (4): 20-22.

[18] 侯贵廷, 钱祥麟, 宋新民, 范亮星, 徐寿根. 济阳坳陷二氧化碳气田的成因机制研究. 北京大学学报(自然科学版), 1996, (6): 35-41.

[19] 孙明良, 陈践发, 廖永胜. 济阳坳陷天然气氦同位素特征及二氧化碳成因与第三纪岩浆活动的关系. 地球化学, 1996, (5): 475-480.

[20] 徐永昌, 沈平, 刘文汇, 陶明信. 东部油气区天然气中幔源挥发份的地球化学——II. 幔源挥发份中的氦、氩及碳化合物. 中国科学(D辑: 地球科学), 1996, (2): 187-192.

[21] 戴春森, 宋岩, 孙岩. 中国东部二氧化碳气藏成因特点及分布规律. 中国科学(B辑 化学 生命科学 地学), 1995, (7): 764-771.

[22] 戴春森, 戴金星, 宋岩, 施央申. 渤海湾盆地黄骅坳陷天然气中幔源氦. 南京大学学报(自然科学版), 1995, (2):272-280.

[23] 戴金星, 宋岩, 洪峰, 戴春森. 中国东部无机成因的二氧化碳气藏及其特征. 中国海上油气（地质）, 1994, (4):3-10.

[24] 戴春森, 戴金星, 杨池银, 王吉, 韩品龙. 黄骅坳陷港西断裂带无机成因 CO2 气的构造地球化学特征. 科学通报, 1994, (7):639-643.

[25] 戴金星. 各类烷烃气的鉴别. 中国科学(B辑 化学 生命科学 地学), 1992, (2): 185-193.

[26] 杜建国. 中国天然气中高浓度二氧化碳的成因. 天然气地球科学, 1991, (5): 203-208.

[27] 戴金星, 桂明义, 黄自林, 关德师. 楚雄盆地中东部禄丰—楚雄一带的二氧化碳气及其成因. 地球化学, 1986, (1): 42-49.

[28] 唐忠驭. 天然二氧化碳气藏的地质特征及其利用. 天然气工业, 1983, (3): 22-26, 6.

[29] 林松辉. 断裂及岩浆活动对幔源 CO_2 气成藏的作用——以济阳坳陷为例. 地球科学, 2005, 30(4): 473-479.

[30] 郭栋, 邱隆伟, 姜在兴, 等. 济阳坳陷火成岩发育特征及其与二氧化碳成藏的关系. 油气地质与采收率, 2004, 11(2): 21-24.

[31] 戴春森, 戴金星, 宋岩, 等. 渤海湾盆地黄骅坳陷天然气中幔源氦. 南京大学学报, 1995, 31(2): 272-280.

[32] 戴春森, 戴金星, 杨池银, 等. 黄骅坳陷港西断裂带无机成因 CO_2 气的构造地球化学特征. 科学通报, 1994, 39(7): 639-643.

[33] Zhang T W, Zhang M J, Bai B J. Origin and accumulation of carbon dioxide in the Huanghua Depression, Bohai Bay Basin, China. AAPG Bulletin, 2008, 92(3): 341-358.

[34] 丁巍伟, 戴金星, 杨池银. 黄骅坳陷港西断裂带包裹体中氦同位素组成特征. 科学通报, 2005, 50(16): 1768-1775.

[35] 丁巍伟, 戴金星, 初凤友, 等. 黄骅坳陷港西断裂带流体包裹体的地球化学特征. 岩石学报, 2007, 23(9): 2287-2295.

[36] 孙明良, 陈践发, 廖永胜. 济阳坳陷天然气氦同位素特征及二氧化碳成因与第三纪岩浆活动的关系. 地球化学, 1996, 25(5): 475-480.

中国东部 CO_2 气地球化学特征及其气藏分布[*]

廖凤蓉，吴小奇，黄士鹏

CO_2 是一类重要的非烃气体，具有很高的热稳定性，只有温度超过 2000℃时，CO_2 才会发生分解，因此 CO_2 能在地球深部高温高压环境下稳定存在，如我国东部地幔岩中的包裹体内就发现了 CO_2（杨晓勇等，1999）。

CO_2 是天然气的重要组分之一，具有一定的经济价值，用途较广泛。CO_2 的成因和来源是天然气研究的重要课题，国内外很多学者对其进行了广泛而深入的研究，取得了一系列成果（Smith and Ehrenberg，1989；Baker et al.，1995；Clayton，1995；戴金星等，1995；Dai et al.，1996；Wycherley et al.，1999；Zhang et al.，2008）。根据 CO_2 来源不同可以将其分为两大类：①有机成因，主要指有机质在演化过程中生成的 CO_2。近年来的研究表明，有机质受硫酸盐热化学还原（TSR）和细菌硫酸盐还原（BSR）作用会产生大量的 CO_2，如我国四川盆地飞仙关组天然气（谢增业等，2004）和加拿大阿尔伯达盆地泥盆系尼斯库组天然气（Hutcheon et al.，1995）中的部分 CO_2 来源于 TSR 反应。②无机成因，其又可以分为壳源和幔源成因两种。壳源无机成因 CO_2 主要来自碳酸盐岩受热分解，而幔源无机成因 CO_2 则与火山岩浆作用紧密相关，主要来自地幔脱气。

无机成因 CO_2 的释放主要集中于大洋中脊、大陆裂谷及地幔柱热点活动的地区，与深断裂及岩浆活动关系密切（戴春森等，1995）。目前，全球已发现的高含 CO_2 的天然气气田（藏）主要分布在岩浆和断裂活动十分频繁的环太平洋地区，如日本、中国东部、印度尼西亚、新西兰、菲律宾、越南、泰国、马来西亚、澳大利亚、墨西哥、美国和加拿大等地（朱岳年，1994），其中中国东部已发现的高含 CO_2 天然气主要分布在松辽、渤海湾等盆地以及部分现代构造岩浆活动区，如东北五大连池及长白山天池等（戴金星等，1995）。最近在北部湾盆地福山凹陷（Li et al.，2008）和内蒙古商都地区（非含油气盆地）（薛军民等，2010）均发现了无机成因 CO_2 气藏，表明中国东部 CO_2 气的成因类型和分布特征较为复杂。

因此，本文拟通过对中国东部松辽、渤海湾、苏北、三水、东海、珠江口、北部湾、莺琼等盆地和内蒙古商都地区以及部分现代构造岩浆活动区（温/冷泉）天然气中 CO_2 地球化学特征进行分析和研究，探讨中国东部 CO_2 气的成因、来源和分布。前人对我国东部地区含 CO_2 气藏的成因和分布已经进行了深入研究，本文在前人研究的基础上补充了近年来新发现的 CO_2 气藏（如北部湾福山凹陷和内蒙古商都地区 CO_2 气藏等），丰富和完善了中国东部 CO_2 气藏的分布特征，为预测 CO_2 富集有利区提供依据；同时，利用 $\delta^{13}C_{CO_2}$ 值和 R/Ra 值将 CO_2 气分为三个成因端元（有机成因、幔源无机成因及壳源无机成因），根据各自所占比例的不同来划分中国东部 CO_2 气的成因类型，进一步深化对中国东部 CO_2 气的成因认识。

---

* 原载于《岩石学报》，2012 年，第 28 卷，第三期，939～948。

1 地质背景

中国东部主要是指大兴安岭—太行山—武陵山—雪峰山一线以东部分，分布有松辽、渤海湾、苏北、三水、珠江口及莺琼等盆地（戴金星等，1995）。在大地构造特征上，中国东部主要表现为地幔隆起，幅度为 $2\sim4km$；地壳较薄，为 $22\sim35km$；发育一条大型超壳断裂带——郯庐断裂带（国家地震局地质研究所，1987），沿该断裂带壳幔连通性较高，幔源岩浆活动强烈，有利于幔源 CO_2 气的导出（陈永见等，1999）。中国东部在伸展作用下，形成了一系列断陷盆地，盆地流体中普遍含有丰度较高的幔源挥发分，且地温梯度普遍较高（徐永昌等，1998）。

自三叠纪起，中国东部在亚洲东缘库拉—太平洋板块北北西向持续俯冲作用下，北西—南东向挤压应力场奠定了以北北东向构造占主导的分布格局。自早、中侏罗世起中国东部经历了三期主要的岩浆活动：①晚侏罗世至早白垩世裂谷及火山活动期；②古近纪盆地伸展与岩浆活动期；③新近纪至第四纪岩浆活动期。其中，第三期岩浆活动范围最为广泛，此时中国东部构造应力场以近东西或北东东—南西西的挤压应力为主，导致深部熔融碱性玄武岩浆沿北西西向断裂裂隙喷溢，形成了中国东部北西西向展布的九条含幔源包体的构造-岩浆岩带（图1）（国家地震局地质研究所，1987）。

受多期次构造岩浆作用影响，中国东部一方面广泛发育高含 CO_2 的天然气田（藏），其储集层自奥陶系到新近系均有分布，储集岩主要为砂岩、碳酸盐岩及火山岩（戴春森等，1995），且不存在 TSR 等后期改造而造成 CO_2 含量的增加；另一方面在部分现代构造岩浆活动区发育温泉和冷泉，且 CO_2 常常是温（冷）泉气中的主要组分（戴金星等，1995）。

2 中国东部 CO_2 气地球化学特征

中国东部 CO_2 气的地球化学特征较为复杂，通过对其组分、稳定碳同位素组成和氦同位素特征的分析，可以为揭示其地球化学特征提供有益的信息。中国东部一些典型高含 CO_2 气的地球化学数据见表1。

2.1 组分特征

统计结果表明，中国东部 CO_2 气的含量分布范围较广，为 0.02%～99.92%，平均值为36.93%，主要分布区间为 0～10%，其次为 90%～100%，而 CO_2 含量在 40%～50%的样品数明显较少，在分布图上呈现典型的 U 字形特征（图2）。松辽、三水、珠江口、苏北等盆地 CO_2 气含量主要分布于 0～20%和 80%～100%两个区间，而莺琼盆地和渤海湾盆地则有相当一部分样品 CO_2 含量分布于 50%～80%，与上述盆地有所差异。

2.2 稳定碳同位素特征

中国东部 CO_2 气的 $\delta^{13}C_{CO_2}$ 值分布区间为-30.73‰～4.92‰，一般大于-20‰，在分布图上呈现典型的单峰式特征，峰值区间为-8‰～-2‰（图3）。$\delta^{13}C_{CO_2}$ 值大于 0 的样品较少，仅有 5 个，且全都分布于渤海湾盆地。中国东部各个盆地 CO_2 气的 $\delta^{13}C_{CO_2}$ 值分布区间有所不同，渤海湾盆地 $\delta^{13}C_{CO_2}$ 值分布区间较广，为-29.1‰～4.92‰；松辽盆地 $\delta^{13}C_{CO_2}$ 值分布区

图 1　中国东部新近纪和第四纪玄武岩带与无机成因 CO_2 气分布图

1. 商都；2. 农安村；3. 乾安；4. 万金塔；5. 孤店；6. 长岭；7. 旺 21；8. 旺古 1；9. 友爱村；10. 翟庄子；11. 齐家务；12. 阳 25；13. 八里泊；14. 平方王；15. 平南；16. 花沟；17. 高 53-高气 3；18. 丁家垛；19. 纪 1；20. 黄桥；21. 高岗；22. 沙头圩；23. 坑田；24. 石门潭；25. 温州 13-1；26. 惠州 18-1；27. 惠州 22-1；28. 番禺 28-2；29. 文昌 15-1；30. 乐东 15-1；31. 乐东 21-1；32. 乐东 8-1；33. 东方 1-1；34. 宝岛 19-2；35. 宝岛 15-3；36. 福山

表 1　中国东部一些高含 CO_2 天然气的地球化学数据

编号	玄武岩带	盆地/地点	气田（藏）	井号/样品号	层位	组分				碳同位素/（‰，PDB）		$^3He/^4He$/（×10^{-6}）	R/Ra	数据来源
						CH_4	C_{2+}	N_2	CO_2	$\delta^{13}C_1$	$\delta^{13}C_{CO_2}$			
I	鸡西-佳木斯-小兴安岭-呼玛带	五大连池CO_2气苗		科4				2.34	97.41		-3.96	4.17	2.98	戴金星等，1995
				A-4				0.24	99.45		-5.39	4.43	3.16	
				南1				16.79	83.06	-73.15	-5.02			
II	长白山-伊通-双辽-大兴安岭中南部带	松辽盆地	万金塔	万2	K_1q_3	0.61		0.37	99.02		-4.04	6.87	4.91	戴金星等，2009
			乾安	乾深8	K_1q_4	1.95		13.39	85.55		-3.93			
			长岭	长深1-2	K_1yc	18.60		3.20	77.80	-29.90	-5.80	2.66	1.90	
IV	蓬莱-无棣-张北-集宁带	渤海湾盆地	平方王	平气4	Es_4	20.89	2.99	0.46	75.33	-51.67	-4.52	3.85	2.75	戴金星等，1995
		内蒙古商都地区	商都	SZ5/g-01					97.23		-5.80	3.35	2.39	薛军民等，2010
				SZ5/g-02					97.85		-6.50	3.23	2.31	
				商探1/1-1					97.44		-5.20	1.69	1.21	
V	嵊县-溧阳-嘉山带	苏北盆地	丁家堆	苏东203	E_2d	2.65	0.11	5.09	92.06		-3.82	3.84	2.74	戴金星等，1995
			纪1	纪1	E_1t	0.81	0.18	5.31	92.32		-4.10	6.42	4.58	
			黄桥	苏174		0.64		0.06	99.20		-2.65			
VI	台北大屯-松溪带	东海盆地	温州13-1	WZ13-1-1	E_1l	4.76			94.47	-44.20	-4.00	10.10	7.21	Chen et al., 2008
					E_1l	1.19			98.59	-46.60	-4.20	12.30	8.79	
VII	火烧岛-澎湖列岛-厦门-长汀带	广东鹧鸪隆CO_2气苗		C-1		0		1.55	97.87		-4.15			戴金星等，1995
				E-1		0		2.60	96.14		-4.77			
				F		0		2.21	97.68		-3.39	3.09	2.21	
VIII	广州湾-广东南海带	三水盆地	沙头圩	水深9	$E_{1-2}b_3$				99.60		-2.80	6.02	4.30	徐永昌等，1996
		珠江口盆地	惠州18-1	18-1-1	Ep	0.79			95.71	-43.19	-3.60			向凤典，1994
			惠州22-1	22-1-1	Zj	0.42			99.53	-38.00	-4.30			
IX	琼州海峡两边玄武岩和火山带	北部湾盆地	福山	H3-4	E_2l_3	0.75	0	1.62	97.20	-44.98	-5.22			Li et al., 2008
				H5	E_2l_3	7.12	6.41	10.74	71.82		-5.22			
				H4-1	E_2l_3	19.00	15.34	2.76	61.60	-46.42	-5.22			
		莺琼盆地	乐东15-1	L1514-4	N_2y	28.14		6.52	63.90	-34.82	-5.76			Huang et al., 2003
				L1514-1	N_2y	9.54		4.27	85.06	-33.12	-4.78			
			乐东21-1	L2111-D	N_2y	8.71		6.63	83.97	-36.08	-4.18			
			宝岛19-2	宝岛19-2-2	E_3l	16.06	0	1.52	81.56	-39.30	-6.90	8.75	6.25	何家雄和刘全稳，2004

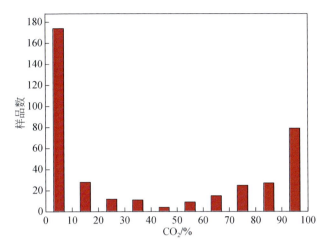

图 2　中国东部 CO_2 气含量分布图

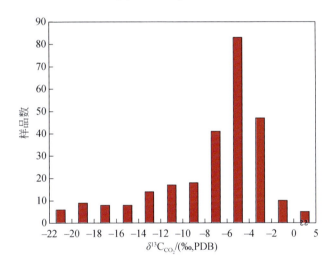

图 3　中国东部 CO_2 气 $\delta^{13}C_{CO_2}$ 值分布图

间为 -9.97‰～-2.65‰；苏北盆地 $\delta^{13}C_{CO_2}$ 值主要分布区间为 -16.36‰～-2.65‰，仅单个样品 $\delta^{13}C_{CO_2}$ 值为 -30.73‰（富 31 井，戴金星等，1995）；北部湾盆地 $\delta^{13}C_{CO_2}$ 值分布区间为 -10.08‰～-5.01‰；东海盆地 $\delta^{13}C_{CO_2}$ 值主要分布区间为 -5.03‰～-4‰，仅有个别样品 $\delta^{13}C_{CO_2}$ 值为 -22.2‰（LF-1 井，Chen et al.，2008）；珠江口盆地 $\delta^{13}C_{CO_2}$ 值分布区间为 -9.97‰～-2.65‰；莺琼盆地 $\delta^{13}C_{CO_2}$ 值分布区间为 -20.7‰～-0.56‰；三水盆地 $\delta^{13}C_{CO_2}$ 值分布区间为 -19.5‰～-4.6‰。

2.3　氦同位素特征

中国东部高含 CO_2 天然气伴生的氦其 R/Ra 值（R 指样品的 $^3He/^4He$ 值，Ra 指空气的 $^3He/^4He$ 值，一般取 1.4×10^{-6}，Mamyrin et al.，1970）最大可达 8.79（东海盆地丽水凹陷 WZ13-1-1 井，Chen et al.，2008），表现出典型幔源氦的特征。R/Ra 值最小为 0.011（云南省盘溪盘 3 温泉气，戴金星等，1995），显示壳源氦的特征。莺琼盆地天然气中 R/Ra 值除宝岛凹陷普遍较大（>4）外，其他区域 R/Ra 值均较小，最大仅为 1.56。东海盆地 R/Ra 值普遍较高，所有样品皆大于 4，渤海湾盆地天然气中 R/Ra 值主要分布于 0～1 和 2～4 两个区间，松辽、苏北、三水、珠江口等盆地 R/Ra 值主要分布区间为 2～4。总体上看，R/Ra 值为 0～1 的样品数最多，其次为 2～3（图 4）。

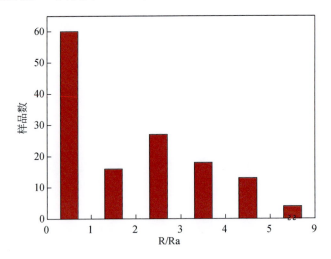

图 4　中国东部高含 CO_2 天然气伴生的氦同位素 R/Ra 值分布图

3　中国东部 CO_2 气成因鉴别

3.1　CO_2 气鉴别指标

CO_2 含量、碳同位素值（$\delta^{13}C_{CO_2}$）及伴生氦的同位素特征等是鉴别 CO_2 成因的有利工具。有机成因的 CO_2 含量一般小于 20%；当 CO_2 含量大于 60% 时，都是无机成因（戴金星等，1992）。

不同来源的 CO_2 具有不同的 $\delta^{13}C$ 值分布区间，国内外学者对此做过很多研究：Gould 等（1981）认为岩浆来源的 CO_2 的 $\delta^{13}C$ 值虽多变，但一般在（-7±2）‰；上官志冠和张培仁（1990）指出，变质成因 CO_2 的 $\delta^{13}C$ 值应与沉积碳酸盐岩的 $\delta^{13}C$ 值相近，即 -3‰～1‰，而幔源成因 CO_2 的 $\delta^{13}C$ 值平均为 -8.5‰～-5‰；Baker 等（1995）认为幔源成因 CO_2 的 $\delta^{13}C$ 值为 -7‰～-4‰，Ⅲ型干酪根降解形成的 CO_2 的 $\delta^{13}C$ 值为 -25‰～-10‰，而碳酸盐岩接触变质成因 CO_2 的 $\delta^{13}C$ 值为 -2‰～2‰；综合国内外各学者数据，戴金星等（1995）归纳为有机成因 CO_2 的 $\delta^{13}C_{CO_2}$ 值 <-10‰，主要分布在 -30‰～-10‰；无机成因 CO_2 的 $\delta^{13}C_{CO_2}$ 值 >-8‰，主要分布在 -8‰～3‰。无机成因 CO_2 中，碳酸盐岩变质成因 CO_2 的 $\delta^{13}C_{CO_2}$ 值接近于碳酸盐岩的 $\delta^{13}C$ 值，在（0±3）‰；火山-岩浆成因和幔源 CO_2 的 $\delta^{13}C_{CO_2}$ 值大多在（-6±2）‰。这些指标在近年来也被许多学者引用并证实（Li et al.，2008；Chen et al.，2008；Zhang et al.，2008）。

氦同位素值是鉴别天然气中是否有幔源组分参与的重要指标，一般认为当 R/Ra<1 时，天然气主要为壳源成因；R/Ra>1 则表明天然气中有显著幔源氦的加入（戴金星等，1995；徐永昌等，1998）。因此，可以根据氦同位素值来判断天然气中的 CO_2 是否有幔源组分的加入。

3.2　中国东部 CO_2 气成因鉴别

从 CO_2 气含量与 $\delta^{13}C_{CO_2}$ 值相关图（图 5）中可以看出，中国东部高含 CO_2 天然气大部分为无机成因，占所有样品数的 69.58%，且 CO_2 含量大于 90%的样品分布最为密集；其余样品主要为有机成因，其 CO_2 含量普遍较低；少部分气样落入有机和无机成因共存区和混合区；三水盆地水深 3 井天然气样品较为特殊（$\delta^{13}C_{CO_2}$ 值为-16.9‰，CO_2 气含量为 15.59%，徐永昌等，1996），落在典型有机成因区的右侧。

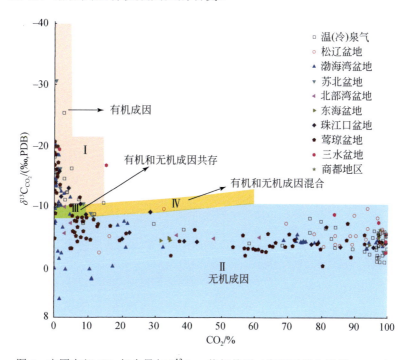

图 5　中国东部 CO_2 气含量与 $\delta^{13}C_{CO_2}$ 值相关图（底图据戴金星等，1992）

数据来源：向凤典，1994；戴金星等，1995，2003，2009；徐永昌等，1996；徐永昌，1997；Huang et al.，2003；何家雄和刘全稳，2004；Chen et al.，2008；Li et al.，2008；薛军民等，2010

中国东部温（冷）泉气中的 CO_2 与各盆地 CO_2 气田（藏）中 CO_2 的特征基本一致（图 5），大部分为无机成因。少部分温（冷）泉气中的 CO_2 表现出有机成因的特征，主要是人为的开发或自然的溶解使原有的无机成因气散失，混入了有机成因气（戴金星等，1994）。

根据 R/Ra 值和 $\delta^{13}C_{CO_2}$ 值可将 CO_2 气分为三个成因端元：有机成因、幔源无机成因（地幔脱气）和壳源无机成因（碳酸盐岩变质成因）。根据各自所占比例的不同，可以在 R/Ra 值和 $\delta^{13}C_{CO_2}$ 值相关图（图 6）上将中国东部 CO_2 气分为 4 个区。

A 区：$\delta^{13}C_{CO_2}$ 值均小于-8‰，R/Ra 值最大为 4.54，表明该区 CO_2 以有机成因为主，混有部分幔源或壳源无机成因。这种类型的 CO_2 主要见于渤海湾、莺琼等盆地和部分温（冷）泉区。在图 5 中落在典型有机成因区右侧的三水盆地水深 3 井天然气样品（$\delta^{13}C_{CO_2}$ 值为-16.9‰），其 R/Ra 值为 4.09，在图 6 中落入 A 区左上方。R/Ra 值指示了显著幔源氦的参与，而 $\delta^{13}C_{CO_2}$ 值却表明 CO_2 主要为有机成因，推测 CO_2 和 He 为不同时期形成的。由于 He 散失能力很强，结合三水盆地断裂发育、新生代火山活动强烈，因此有机成因 CO_2 可能为先期生成，后期又充注了部分幔源 He 和 CO_2，导致 CO_2 和 He 表现出不同源的特征，这可能也是该样品 CO_2 含量高于一般有机成因 CO_2 的原因（图 5）。

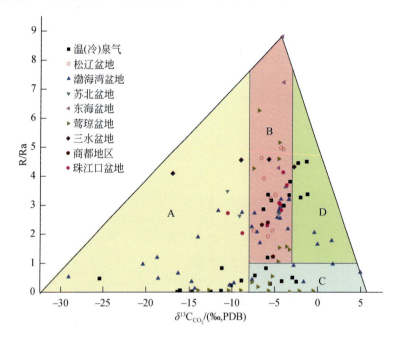

图 6   中国东部 CO_2 碳同位素与 R/Ra 关系图

数据来源：向凤典，1994；戴金星等，1995，2003，2009；徐永昌等，1996；徐永昌，1997；Huang et al.，2003；何家雄和刘全稳，2004；Chen et al.，2008；Li et al.，2008；薛军民等，2010

B 区：$\delta^{13}C_{CO_2}$ 值为-8‰～-3‰，R/Ra 值大于 1，表明该区 CO_2 以幔源无机成因为主，混有部分有机成因或壳源无机成因气。松辽盆地和内蒙古商都地区所有数据点都落在该区，渤海湾、三水、苏北、东海、北部湾等盆地及温（冷）泉大部分天然气样品也落在该区。东海盆地丽水凹陷天然气中 CO_2 的 $\delta^{13}C_{CO_2}$ 值为-5.03‰～-4‰，伴生 He 的 R/Ra 值为 4.62～8.79，表明这些 CO_2 主要为幔源无机成因。莺琼盆地宝岛地区 R/Ra 值为 4.25～6.25，表明幔源组分占据主导。

C 区：$\delta^{13}C_{CO_2}$ 值大于-8‰，R/Ra 值小于 1，表明该区 CO_2 以壳源无机成因为主，即碳酸盐岩变质成因，可能混有部分有机成因或幔源无机成因气。渤海湾盆地黄骅凹陷和莺琼盆地一些气样以及部分温（冷）泉气体都分布在本区，如落入该区的黄骅凹陷天然气样品其 $\delta^{13}C_{CO_2}$ 值为-7.72‰～4.92‰，分布范围较广，R/Ra 值略小于 1，表明气样中可能混入了少量的幔源无机成因 CO_2。该区莺琼盆地 CO_2 气 $\delta^{13}C_{CO_2}$ 值为-7.8‰～-0.56‰，R/Ra 值均明显较小（图 6），幔源 He 的贡献不显著，表明这些 CO_2 主要为碳酸盐岩变质成因，混入了部分有机成因气。

D 区：$\delta^{13}C_{CO_2}$ 值均大于-3‰，R/Ra 值大于 1，表明该区 CO_2 以幔源成因为主，混有部分壳源无机成因气。渤海湾黄骅凹陷部分 CO_2 气、三水盆地个别气样和部分温（冷）泉气体表现出这种特征。

总体上看，中国东部 CO_2 气在图 6 中主要分布在 B 区，表明中国东部 CO_2 气以幔源无机成因为主，混有部分有机成因和（或）壳源无机成因气。

4　中国东部 CO_2 气田（藏）的分布特征及成藏主控因素

中国东部 CO_2 资源较为丰富，截至 2009 年共发现 35 个气田（藏），主要为无机成因（戴金星等，2009）。近年来，内蒙古商都地区也发现了无机成因 CO_2 气藏（薛军民等，2010），该气藏位于非含油气盆地中，说明 CO_2 气在含油气盆地以外的有利区域也可成藏。因此，弄清楚中国东部 CO_2 气田（藏）的分布特征可以为预测 CO_2 富集有利区提供理论依据。综合分析表明，中国东部 CO_2 气田（藏）的分布与高地温场、断裂分布及岩浆作用具有规律性关系，理清这些规律可为预测 CO_2 富集有利区提供依据。

4.1　中国东部 CO_2 气田（藏）的分布特征

中国东部 CO_2 气田（藏）通常分布在大地热流值较高的区域。高热—热构造区是无机成因气发育的有利区域，一个盆地或地区的热状态是深部物质浅部入侵状态的直接反映，是量度无机成因气是否发育的一个标志（戴金星等，1995）。中国大陆除青藏高原外，整体上存在东热西冷的趋势，构造热状态的变化与无机成因气藏的区域展布具有良好的相关关系，如表 2 所示，CO_2 气田（藏）均分布于热流值均值大于 60 mW/m^2 的盆地中，而热流值小于 60 mW/m^2 的盆地中则无 CO_2 气田（藏）。

表 2　中国一些盆地大地热流值与 CO_2 气田（藏）分布

盆地	热流值均值/（mW/m^2）	CO_2 气田（藏）数
渤海湾盆地	67[1]	11
松辽盆地	70[1]	5
苏北	72[1]	3
三水	80[2]	3
莺琼	70[2]	6
珠江口	67.77[3]	4
东海	72.27[4]	2
鄂尔多斯	55[2]	无
四川	53[1]	无
准噶尔	55[2]	无
塔里木	44[1]	无

[1]据汪洋等，2001；[2]据徐永昌等，1998；[3]据饶春涛和李平鲁，1991；[4]据许薇龄等，1995

中国东部 CO_2 气田（藏）通常分布在深大断裂附近，断裂交汇部位。位于中国东部的郯庐断裂是一条深达莫霍面的活动性断裂带，在部分地段切入地幔（徐永昌，1997），且正好穿越或切过北部的五条 NW 至 NWW 向断裂，两者交汇部位构成了幔源-岩浆气对浅部的释放窗口，为幔源无机 CO_2 向地壳层运移提供了有利通道，使无机 CO_2 在一定条件下聚集成藏，因此郯庐断裂带及其附近是无机成因 CO_2 气成藏的有利区域（陈永见等，1999），中国东部松辽、渤海湾、苏北等盆地幔源无机成因 CO_2 气田（藏）分布在郯庐断裂带附近

（图 1）。与此不同的是，位于中国东部区与特提斯构造域交汇的海南岛西南红河大断裂西侧的莺歌海盆地，主要分布壳源无机成因 CO_2 气田（藏），这是由于红河大断裂在该区的深度和活动强度较郯庐断裂小和低，因此提供的幔源组分较少（徐永昌，1997）。

中国东部 CO_2 气田（藏）通常与岩浆岩伴生，这是因为一则岩浆活动总是伴随着 CO_2 的释放，二则岩浆活动也为碳酸盐岩热分解提供了热源。中国东部目前分布的 36 个无机成因 CO_2 气田（藏）和多处气苗中的 CO_2 主要为幔源无机成因（图 6），其在空间上与新近纪及第四纪北西西向玄武岩分布带展布一致，多发育于北西西向玄武岩分布带与北东-北北东向断裂带交汇处（图 1，表 3）。

表 3   新近纪和第四纪北西西向玄武岩分布带及其 CO_2 气田（藏）、气苗分布

编号	玄武岩带	CO_2 气田（藏）、气苗分布
I	鸡西-佳木斯-小兴安岭-呼玛带	五大连池幔源-岩浆气苗
II	长白山-伊通-双辽-大兴安岭中南部带	农安村、乾安、万金塔、孤店、长岭气田（藏）
III	宽甸-西辽河上游-达尔湖-阿巴嘎旗带	无
IV	蓬莱-无棣-张北-集宁带	商都、旺 21、旺古 1、友爱村、翟庄子、齐家务、阳 25、八里泊、平方王、平南、花沟、高 53-高气 3 气田（藏）
V	嵊县-溧阳-嘉山带	丁家垛、纪 1、黄桥气田（藏）
VI	台北大屯-松溪带	石门潭、温州 13-1 气田（藏）
VII	火烧岛-澎湖列岛-厦门-长汀带	广东鹧鸪窿幔源-岩浆气苗
VIII	广州湾-广东南海带	高岗、沙头圩、坑田、惠州 18-1、惠州 22-1、番禺 28-2 气田（藏）
IX	琼州海峡两边玄武岩带	文昌 15-1、乐东 15-1、乐东 21-1、乐东 8-1、东方 1-1、宝岛 19-2、宝岛 15-3、福山气田（藏）

4.2   中国东部 CO_2 气田（藏）成藏主控因素

影响中国东部 CO_2 气田（藏）成藏的因素有很多，其中深大断裂和岩浆活动是无机 CO_2 气富集、运聚和分布最重要、最直接的两大主控因素。

断裂带特别是向深部具有良好贯通性和开启性好的断裂，对于无机成因气的释放、运移和生成有多种功能。

一方面，深大断裂是幔源岩浆上升的有利通道，而且也是幔源气体的运移通道。例如，松辽盆地南部地区在地质历史时期经历了多期的构造运动和火山活动，基底断裂发育，数量多，延伸长，断距大，主要断裂延伸长度 10~80km，断距 400~5000m，且断裂长期活动，万金塔气田的 7 条主要断裂主要形成于晚侏罗世，并延续活动到侏罗纪末或早白垩世[①]；渤海湾盆地徐庄子断裂与港西断裂、柏各庄断裂和北堡断裂交汇带，断裂规模大，贯通与开启性好，存在大量幔源-岩浆成因 CO_2 气；苏北盆地无机成因气田（藏）含气构造都分布在北东向和北西向两组断裂的交汇点附近，黄桥气田位于北西向的嘉山-崇明断裂与一条北东向的断裂交汇处（戴金星等，1995）。

另一方面，断裂产生的热效应会使得碳酸盐岩发生分解产生壳源无机成因 CO_2。压性或压扭性断裂具有增温效应，一种是断裂活动的机械生热，另一种是动力学剪切生热，地

[①] 吉林石油地调指挥部.1980. 松辽盆地南部德惠凹陷侏罗系内幕勘探成果报告。

震活动时剪切热可以在断裂面产生上千度高温，这可能是碳酸盐岩变质分解产生 CO_2 气的根本原因（戴春森等，1994）。中国东部壳源无机成因 CO_2 主要分布在莺歌海盆地和渤海湾盆地黄骅凹陷（图 6）。莺歌海盆地为红河断裂南段莺歌海断裂走滑活动控制的盆地，其在新生代经历了多期压扭性活动，沿盆地 NNW 向轴部形成一组 SN 向展布的雁列泥拱带，泥拱带的发育与轴部次生剪切断裂长期剪切活动形成的高热流有关，这种高热流导致泥岩产生塑性流动并软化底辟，使岩石中碳酸盐矿物分解释出 CO_2，并于上部泥拱背斜中富集成藏（戴春森等，1995）。渤海湾盆地港西断裂东北段向深部产状变缓，具有铲式断层特征，断裂深部贯通性及开启性差，具有压性断裂的应力特征，断面产生的高温使碳酸盐矿物分解从而释放出 CO_2（戴春森等，1994）。

岩浆活动为无机成因气的形成创造了物质条件，一是岩浆本身在上升、冷却过程中释放出大量 CO_2；二是岩浆在途经碳酸盐岩地层时，碳酸盐岩由于岩浆烘烤而发生变质产生大量 CO_2。因此，一次岩浆的侵入或喷出实际上是一次 CO_2 气的成气或生气高峰期。例如，渤海湾盆地济阳坳陷新生代岩浆活动期次多，至少有始新世、渐新世、中新世早期、上新世和全新世五期，且前三期活动范围较广，时间相对较长，成气强度较大，因此至今已发现 4 个无机成因 CO_2 气藏；苏北盆地各坳陷古近纪发育多期岩浆活动，区内玄武岩沿两组断裂分布，在二者交汇处最为发育，在此处发育无机 CO_2 气田（戴金星等，1995）。北部湾盆地新生代具有 4 期岩浆活动，共有 4 期 9 个旋回，33 次喷发，始新世流沙港组沉积时期的岩浆活动是造成该区 CO_2 产生和聚集的主要原因（Li et al.，2008）。

尽管深大断裂与岩浆活动是无机 CO_2 气成藏的两大主控因素，但不同地区无机 CO_2 气藏的形成可能还有一些其他特定的地质因素。例如，莺歌海盆地古近系和新近系厚度大、沉降速率大、地温梯度大（4.5℃/km）（戴金星等，1997），在盆地中央发育独具特色的中央底辟构造带，底辟带发育 20 多个底辟构造，最大面积达 350km^2，最小面积也超过 10km^2，并伴有大规模的超压流体活动（解习农等，1999），莺歌海盆地的东方 1-1 气田和乐东大气田都位于该泥底辟带上。内蒙古商都地区位于郯庐断裂带之外，盆地内未发现烃类显示，该区与华北陆块北缘深断裂带相接，又与大兴安岭-太行山-武陵山深断裂系相邻，位于特殊的大地构造位置，火山活动发育，商都地区的 CO_2 气藏是在郯庐断裂带以外发现的为数不多的 CO_2 气藏之一，是在非含油气盆地中目前发现的唯一 CO_2 气藏，说明无机成因 CO_2 气藏成藏具有一定的广泛性，在类似地质背景区域均具有勘探无机成因 CO_2 气藏的远景（薛军民等，2010）。

5 结论

（1）中国东部 CO_2 气含量在分布图上呈现典型的 U 字形，主要分布区间为 0～10%，其次为 90%～100%；$\delta^{13}C_{CO_2}$ 值则呈现典型的单峰式分布，峰值为-6‰～-4‰；R/Ra 值为 0～1 的样品数最多，其次为 2～3。

（2）根据 CO_2 气含量、$\delta^{13}C_{CO_2}$ 值以及 R/Ra 值将中国东部 CO_2 气分为四种类型，结果表明中国东部 CO_2 气以幔源无机成因为主，混有部分有机成因气和（或）壳源无机成因气。

（3）中国东部已发现的 36 个 CO_2 气田（藏）在空间分布上与新近纪及第四纪北西西向玄武岩活动带展布一致，深大断裂和岩浆活动是无机成因 CO_2 气富集、运聚和分布最重要、最直接的两大主控因素。

参 考 文 献

陈永见, 刘德良, 杨晓勇, 戴金星. 1999. 郯庐断裂系统与中国东部幔源岩浆成因 CO_2 关系的初探. 地质地球化学, 27(1): 38-48.

戴春森, 戴金星, 杨池银, 王吉, 韩品龙. 1994. 黄骅坳陷、港西断裂带无机成因 CO_2 气的构造地球化学特征. 科学通报, 39(7): 639-643.

戴春森, 宋岩, 孙岩. 1995. 中国东部二氧化碳气藏成因特点及分布规律. 中国科学(B 辑), 25(7): 764-771.

戴金星, 裴锡古, 戚厚发. 1992. 中国天然气地质学(卷一). 北京: 石油工业出版社: 1-149.

戴金星, 戴春森, 宋岩, 廖永胜. 1994. 中国一些地区温泉中天然气的地球化学特征及碳、氦同位素组成. 中国科学(B 辑), 24(4): 426-433.

戴金星, 宋岩, 戴春森, 陈安福, 孙明良, 廖永胜. 1995. 中国东部无机成因气及其气藏形成条件. 北京: 科学出版社: 1-212.

戴金星, 宋岩, 张厚福. 1997. 中国天然气的聚集区带. 北京: 科学出版社: 172. .

戴金星, 陈践发, 钟宁宁, 庞雄奇, 秦胜飞. 2003. 中国大气田及其气源. 北京: 科学出版社: 126-152.

戴金星, 胡国艺, 倪云燕, 李剑, 罗霞, 杨春, 胡安平, 周庆华. 2009. 中国东部天然气分布特征. 天然气地球科学, 20(4): 471-487.

国家地震局地质研究所. 1987. 郯庐断裂. 北京: 地震出版社: 107-116.

何家雄, 刘全稳. 2004. 南海北部大陆架边缘盆地 CO_2 成因和运聚规律的分析和预测. 天然气地球科学, 15(1): 12-19.

饶春涛, 李平鲁. 1991. 珠江口盆地热流研究. 中国海上油气(地质), 6(5): 7-18.

上官志冠, 张培仁. 1990. 滇西北地区活动断层. 北京: 地震出版社: 162-164.

汪洋, 汪集旸, 雄亮萍, 邓晋福. 2001. 中国大陆主要地质构造单元岩石圈地热特征. 地球学报, 22(1): 17-22.

向凤典. 1994. 珠江口盆地(东部)的 CO_2 气藏及其对油气聚集的影响. 中国海上油气(地质), 8(3): 155-162.

谢增业, 田世澄, 李剑, 胡国艺, 李志生, 马成华. 2004. 川东北飞仙关组鲕滩天然气地球化学特征与成因. 地球化学, 33(6): 567-573.

解习农, 李思田, 胡祥云, 董伟良, 张敏强. 1999. 莺歌海盆地底辟带热流体输导系统及其成因机制. 中国科学(D 辑), 29(3): 247-256.

徐永昌. 1997. 天然气中氦同位素分布及构造环境. 地学前缘, 4(3-4): 185-190.

徐永昌, 沈平, 刘文汇, 陶明信, 孙明良, 杜建国. 1998. 天然气中稀有气体地球化学. 北京: 科学出版社: 1-227.

徐永昌, 沈平, 陶明信, 刘文汇. 1996. 东部油气区天然气中幔源挥发份的地球化学-I. 氦资源的新类型: 沉积壳层幔源氦的工业储集. 中国科学(D 辑), 26(1): 1-8.

许薇龄, 焦荣昌, 乐俊英, 周德雨. 1995. 东海陆架区地热研究. 地球物理学进展, 10(2): 32-38.

薛军民, 李玉宏, 魏仙样, 高兴军, 任战利. 2010. 内蒙古商都地区 CO_2 气成因及其意义. 吉林大学学报(地球科学版), 40(2): 245-252.

杨晓勇, 刘德良, 陶士振. 1999. 中国东部典型地幔岩中包裹体成分研究及意义. 石油学报, 20(1): 19-23.

朱岳年. 1994. 天然气中非烃组分地球化学研究进展. 天然气地球科学, 5(1): 1-29.

Baker J C, Bai G P, Hamilton P J, Golding S D, Keene J B. 1995. Continental-scale magmatic carbon dioxide seepage recorded by dawsonite in the Bowen-Gunnedah-Sydney Basin system, eastern Australia. Journal of Sedimentary Research, A65(3): 522-530.

Chen J P, Ge H P, Chen X D, Deng C P, Liang D G. 2008. Classification and origin of natural gases from Lishui Sag, the East China Sea Basin. Science in China Series D: Earth Sciences, 51(1): 122-130.

Chen Y J, Liu D L, Yang X Y, Dai J X. 1999. A primary study on the relationship between the Tancheng-Lujiang fault system and mantle-derived magmatogenetic. Geology Geochemistry, 27(1): 38-48.

Clayton C J. 1995. Controls on the carbon isotope ratio of carbon dioxide in oil and gas fields//Grimalt J O. Dorronsoro C. Organic geochemistry: Developments and applications to energy, climate, environment and human history. Proceedings 17th International Meeting on Organic Geochemistry, San Sebastian, Spain, 1073-1074.

Dai C S, Dai J X, Yang C Y, Wang J, Han P L. 1994. Tectonic geochemistry characteristics of inorganic CO_2 in Gangxi fault belt of Huanghua Depression. Chinese Science Bulletin, 39(7): 639-643.

Dai J X, Pei X G, Qi H F. 1992. Natural Gas Geology in China(Volume 1). Beijing: Petroleum Industry Press: 1-149.

Dai J X, Dai C S, Song Y, Liao Y S. 1994. Geochemical characters, carbon and helium isotopic compositions of natural gas from hot springs of some areas in China. Science in China Series B, 37(6): 758-767.

Dai J X, Song Y, Dai C S, Chen A F, Sun M L, Liao Y S. 1995. Forming Conditions of Inorganic Gas and Gas Reservoirs in Eastern China. Beijing: Science Press: 1-212.

Dai J X, Song Y, Dai C S, Wang D R. 1996. Geochemistry and accumulation of carbon dioxide gases in China. AAPG Bulletin, 80(10): 1615-1626.

Dai J X, Song Y, Zhang H F. 1997. Natural Gas Accumulation Belts and Zones in China. Beijing: Science Press:172.

Dai J X, Chen J F, Zhong N N, Pang X Q. Qin S F. 2003. Giant gas fields in China and their genesis. Beijing: Petroleum Industry Press: 126-152.

Dai J X, Hu G Y, Ni Y Y, Li J, Luo X, Yang C, Hu A P, Zhou Q H. 2009. Distribution characteristics of natural gas in eastern China. Natural Gas Geoscience, 20(4): 471-487.

Geological Institute, State Seismological Bureau. 1987. The Tancheng-Lujiang Fault. Beijing: Seismological Press: 107-1164.

Gould K W, Hart G N, Smith J W. 1981. Technical note: Carbon dioxide in the southern coalfields N. S. W.-A factor in the evaluation of natural gas potential. Proceeding of Australasian Institute of Mining and Metallurgy, 279: 41-42.

He J X, Liu Q W. 2004. The analysis and discussion to the characters on generative cause, migration and distribution of CO_2 in Ying-Qiong Basins in the north of the South China Sea. Natural Gas Geoscience, 15(1): 12-19.

Huang B J, Xiao X M, Li X X. 2003. Geochemistry and origins of natural gases in the Yinggehai and Qiongdongnan basins, offshore South China Sea. Organic Geochemistry, 34(7): 1009-1025.

Hutcheon I, Krouse H R, Abercrombie H J. 1995. Controls on the origin and distribution of elemental sulfur, H_2S, and CO_2 in Paleozoic hydrocarbon reservoirs in western Canada//Vairavamurthy A, Schoonen M A A. Geochemical Transformations of Sedimentary Sulfur. Washington D. C.: American Chemical Society: 426-438.

Li M J, Wang T G, Liu J, Lu H, Wu W Q, Gao L H. 2008. Occurrence and origin of carbon dioxide in the Fushan Depression, Beibuwan Basin, South China Sea. Marine and Petroleum Geology, 25(6): 500-513.

Mamyrin P A, Anutriyev G A, Kamenskii I L, Tolstikhin I N. 1970. Determination of the isotopic composition of atmospheric helium. Geochemistry International, 7: 498-505.

Rao C T, Li P L. 1991. Geothermal study on Pearl River Mouth Basin. China Offshore Oil and Gas(Geology), 6(5): 7-18.

Shangguan Z G, Zhang P R. 1990. Active Faults in Northwest Yunnan. Beijing: Seismological Press: 162-164.

Smith J T, Ehrenberg S N. 1989. Correlation of carbon dioxide abundance with temperature in clastic hydrocarbon reservoirs-relationship to inorganic chemical equilibrium. Marine and Petroleum Geology, 6: 129-135.

Wang Y, Wang J Y, Xiong L P, Deng J F. 2001. Lithospheric geothermics of major geotectonic units in China mainland. Acta Geoscientia Sinica, 22(1): 17-22.

Wycherley H, Fleet A, Shaw H. 1999. Some observations on the origins of large volumes of carbon dioxide accumulations in sedimentary basins. Marine and Petroleum Geology, 16(6): 489-494.

Xiang F D. 1994. Carbon dioxide reservoir and its significance to hydrocarbon accumulation in eastern Pearl River Mouth Basin. China Offshore Oil and Gas(Geology), 8(3): 155-162.

Xie X N, Li S T, Hu X Y, Dong W L, Zhang M Q. 1999. Conduit system and formation mechanism of heat fluids in diapiric belt of Yinggehai basin, China. Science in China Series D, 42(6): 561-571.

Xie Z Y, Tian S C, Li J, Hu G Y, Li Z S, Ma C H. 2004. Geochemical characteristics and origin of Feixianguan Formation oolitic shoal natural gases in northeastern Sichuan basin. Geochimica, 33(6): 567-573.

Xu W L, Jiao R C, Le J Y, Zhou D Y. 1995. Geothermal study on the contient shelf of the East China Sea. Progress in Geophysics, 10(2): 32-38.

Xu Y C. 1997. Helium isotope distribution of natural gases and its structural setting. Earth Science Fronties, 4(3-4): 185-190.

Xu Y C, Shen P, Tao M X, Liu W H. 1997. Geochemistry on mantle-derived volatiles in natural gases from eastern China oil/gas provinces(I)-A novel helium resource-commercial accumulation of mantle-derived helium in the sedimentary crust. Science in China Series D: Earth Sciences, 40(2): 120-129.

Xu Y C, Shen P, Liu W H, Tao M X, Sun M L, Du J G. 1998. Noble gas geochemistry in natural gas. Beijing: Petroleum Industry Press: 1-231.

Xue J M, Li Y H, Wei X X, Gao X J, Ren Z L. 2010. The genesis and significance of carbon dioxide gas in the Shangdou region of Inner Mongolia, China. Journal of Jilin University(Earth Science Edition), 40(2): 245-252.

Yang X Y, Liu D L, Tao S Z. 1999. Compositions and implications of inclusions in the typical mantle rocks from East China. Acta Petrolei Sinica, 20(1): 19-23.

Zhang T W, Zhang M J, Bai B J, et al. 2008. Origin and accumulation of carbon dioxide in the Huanghua depression, Bohai Bay Basin, China. AAPG Bulletin, 92(3): 341-358.

Zhu Y N. 1994. Research development of geochemistry of non-hydrocarbon components in natural gas. Natural Gas Geoscience, 5(1): 1-29.

四川盆地东部天然气中 CO_2 的成因和来源[*]

吴小奇，戴金星，廖凤蓉，黄士鹏

四川盆地东部是近年来天然气勘探的热点地区，该区天然气常具有较高含量的 H_2S 而被认为与硫酸盐热化学还原（TSR）相关，前人对该区烃类和 H_2S 的特征、成因及与 TSR 作用的关系进行了广泛深入的研究[1-11]。CO_2 作为一类重要的非烃气体，对于揭示天然气的成因和来源具有重要的意义[12-15]。近年来，川东北地区高含 H_2S 天然气中 CO_2 的特征和成因及其与 TSR 的关系成为关注的焦点。

尽管四川盆地 CO_2 绝大部分为有机成因[16]，如川东地区卧龙河气田天然气中 CO_2 的 $\delta^{13}C$ 值为-20.8‰～-12.2‰[17]。近年来的研究发现，川东北地区天然气中 CO_2 具有较高的 $\delta^{13}C$ 值，表现出无机成因气的特征，目前对这些 CO_2 成因和来源的认识存在较大的争议。虽然这些 CO_2 与 TSR 之间可能存在紧密联系[5, 7, 11]，但目前普遍认为这些 CO_2 主要不是 TSR 成因，而是来自碳酸盐岩储层。一方面，刘全有等[18]认为川东北地区天然气中较低含量的 CO_2（<5%）主要来自碳酸盐岩的高温分解，但其热源却不明确。尽管该区碳酸盐岩储层在侏罗纪中期至白垩纪末期经历过较高的温度（120～200℃[6]），但该温度尚不足以使其发生热分解。另一方面，更多学者倾向于川东北地区天然气中的 CO_2 主要来自碳酸盐岩的溶解，然而对溶解的具体机制认识不一，刘全有等[18]、王万春等[19]认为其主要来自酸性流体对碳酸盐岩储层的溶蚀，Huang 等[20]则提出了碳酸盐倒退溶解模式，但该模式并不能合理地解释那些未发生 TSR 地区天然气中含量明显偏低却同样具有高 $\delta^{13}C$ 值的 CO_2 的成因和来源。

碳酸盐岩储层的溶解往往伴随着次生孔隙的形成，Zhu 等[5]、Ma 等[7]研究认为川东北地区碳酸盐岩储层的溶蚀主要受酸性流体作用，次生方解石多数分布在白云石的溶蚀坑洞周围，在电子显微镜下可以观察到后期次生方解石交代白云石的现象，即次生方解石的形成晚于储层溶蚀作用；而碳酸盐倒退溶解模式[20]则认为，川东北地区飞仙关组储层在深埋阶段 TSR 成因的 CO_2 主要进入沉淀的方解石中，在之后的快速抬升阶段，流体对碳酸盐欠饱和而导致溶解作用发生和次生孔隙形成，即次生方解石的形成早于储层溶蚀作用。显然这两种观点是矛盾的。

因此，四川盆地东部特别是川东北地区天然气中 CO_2 的特征较为复杂，表明其成因和来源具有多样性。本次工作拟通过对川东地区中南部典型天然气样品中 CO_2 的含量和碳、氧同位素特征的分析，结合前人在川东北地区的工作来探讨 CO_2 的成因和来源及其与 TSR 的关系，为揭示四川盆地东部天然气的聚集成藏过程提供有益的信息。

---

[*] 原载于《中国科学》（D 辑：地球科学），2013 年，第 43 卷，第四期，503～512。

1　地质背景

四川盆地是一个呈北东向的菱形构造-沉积盆地，位于我国四川省东部和重庆市辖区（图 1）。盆地北侧以秦岭—米仓山—大巴山推覆造山带为界和华北板块相接，东南面以武陵山—雪峰山推覆造山带为界和"江南古隆起区"为邻，西面则以龙门山造山带为界紧邻青藏高原地块，构造上属扬子板块的一部分[21]。全盆地面积约 $19 \times 10^4 km^2$，是一个以海相碳酸盐台地沉积和陆相盆地碎屑沉积叠合的大型含油气区，盆地构造格架控制了天然气聚集区带的分布[21, 22]。作为世界上最早发现和利用天然气的地区，四川盆地是我国探明天然气储量最多、发现气田最多和产气最多的盆地[23]。全盆地共可分为四个油气聚集区：川东气区、川南气区、川西气区和川中油气区。

川东气区位于四川盆地东部，西邻华蓥山断裂，目前该区已发现了多个天然气探明储量超过 $300 \times 10^8 m^3$ 的大气田，如卧龙河、罗家寨、普光、铁山坡、渡口河等（图 1）。这些大气田均以碳酸盐岩为储集层，层位主要有石炭系黄龙组、二叠系长兴组、三叠系飞仙关组和嘉陵江组。川东地区发育多套烃源岩，其中主力气源岩是上二叠统和志留系烃源

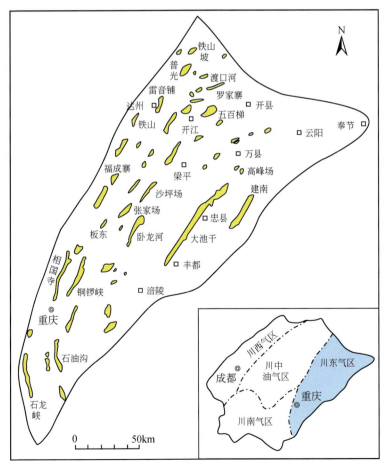

图 1　四川盆地东部天然气田及含气构造分布图

岩[24]。该区天然气的特征较为复杂，目前普遍认为长兴组、飞仙关组和嘉陵江组天然气主要来源于二叠系烃源岩，志留系也有一定贡献[7, 10, 11, 17]，石炭系天然气主要来自志留系烃源岩[17, 18]。

2　分析方法和测试结果

本次工作利用钢瓶采集四川盆地东部多口钻井的气样，采样时没有闻到或仅闻到很淡的臭鸡蛋味，表明这些样品中不含或仅含有微量的 H$_2$S。天然气组分和碳同位素组成的分析在中国石油勘探开发研究院廊坊分院进行，其中组分分析采用 HP 6890 型气相色谱仪，单个烃类气体组分通过毛细柱分离（PLOT Al$_2$O$_3$ 50m×0.53mm）。气相色谱仪炉温首先设定在 30℃保持 10min，然后以 10℃/min 的速率升高到 180℃。碳同位素组成采用 Delta plus GC/C/IRMS 同位素质谱仪进行测定，气体组分通过气相色谱仪分离，然后转化为 CO$_2$ 注入到质谱仪。单个烷烃气组分（C$_1$～C$_4$）和 CO$_2$ 通过色谱柱分离（PLOT Q 30m），色谱柱升温过程 35～80℃（升温速率 8℃/min），一直到 260℃（升温速率 5℃/min），在最终温度保持炉温 10min。一个样品分析三次，分析精度达到±0.5‰，标准为 V-PDB。氦同位素分析在中国科学院兰州地质研究所进行，采用 VG-5400MS 质谱计一次进样在线测量，测试精度为 3%～5%。具体测试结果见表1。

表 1　四川盆地东部天然气组分和碳、氦同位素组成

气田	井号	层位	组分/%								碳同位素组成/(‰, V-PDB)				^{3}He/^{4}He /(×10^{-8})	R/Ra	CO$_2$/^{3}He /(×10^8)
			CH$_4$	C$_2$H$_6$	C$_3$H$_8$	i-C$_4$	n-C$_4$	CO$_2$	N$_2$	He	$\delta^{13}C_1$	$\delta^{13}C_2$	$\delta^{13}C_3$	$\delta^{13}C_{CO_2}$			
张家场	张 2	C	96.75	0.36	0.03	0		1.75	0.83	0.023	-33.2	-33.7	-29.2	-14.8	1.25	0.009	60.87
	张 9	T$_1$j	98.81	0.35	0.03	0.01	0.01	0.04	0.71	0.018	-32.5	-32.5		-20.4	0.95	0.007	2.34
	张 23	P$_2$ch	96.70	0.27	0		0	1.82	0.66	0.015	-31.1	-33.3		-12.6	0.91	0.007	133.33
大池干	池 4	P$_1$	97.78	0.20	0.10		0.01	1.07	0.43	0.022	-32.1	-34.9		-15.9	1.11	0.008	43.82
	池 18	C	95.97	1.18	0.22	0	0.01	0.75	1.78	0.072	-37.5	-40.7	-36.9	-23.4	1.10	0.008	9.47
	池 26	T$_1$j	98.54	0.27	0			0.05	1.09	0.043	-31.9	-32.9		-18.6	0.28	0.002	4.15
	池 31	T$_1$j	97.75	0.22	0.01	0	0	0.71			-32.2	-32.8	-21.1	-16.7	1.11	0.008	
黄草峡	草 5	T$_1$j	98.15	0.68	0.15	0.01	0.02	0.02	0.88	0.045	-32.6	-36.4	-33.6	-20.4	1.50	0.011	0.30
板东	板 4	P$_2$ch	96.72	0.52	0.16	0.06	0.07	1.47	0.60	0.011	-32.8	-27.2	-25.3	-17.6	1.47	0.011	90.91
	板 5	T$_1$f	97.80	0.60	0.11	0.03	0.04	0.61	0.69	0.012	-33.3	-29.1	-22.1	-19.4	1.41	0.010	36.05
	板 16	C	97.10	0.59	0.05	0.01	0.01	1.17	1.02	0.040	-34.2	-36.5	-33.6	-18.8	2.50	0.018	11.70
新市	新 8	T$_1$f	98.24	0.31	0.02		0	0.08	1.33	0.001	-32.2	-33.5	-27.7	-19.3	0.96	0.007	83.33
福成寨	成 13	C	95.63	0.38	0.02		0	2.53	1.12	0.021	-32.9	-36.6		-17.3	0.71	0.005	118.78
	成 16	T$_1$f	98.09	0.34	0.02		0	0.24	1.23	0.031	-32.9	-35.6		-22.2	0.53	0.004	14.61
铁山	铁山 4	C	97.51	0.19	0.01			1.11	0.31	0.037	-32.0	-33.9		-19.8	4.70	0.034	6.38
	铁山 11	T$_1$f	97.53	0.20	0			0.80	0.76		-32.2	-31.9		-18.2	2.30	0.016	
双龙	双 15	P$_2$ch	97.91	0.54	0.10	0.03	0.02	0.84	0.63	0.150	-31.5	-29.0	-23.2	-14.8	1.50	0.011	3.73

续表

气田	井号	层位	组分/%								碳同位素组成 (/‰, V-PDB)				$^3He/^4He$ /($\times10^{-8}$)	R/Ra	$CO_2/^3He$ /($\times10^8$)
			CH_4	C_2H_6	C_3H_8	i-C_4	n-C_4	CO_2	N_2	He	$\delta^{13}C_1$	$\delta^{13}C_2$	$\delta^{13}C_3$	$\delta^{13}C_{CO_2}$			
相国寺	相6	P_2ch	98.19	0.58	0.04	0	0	0.11	1.02	0.048	−33.8	−34.9	−31.2	−18.5	1.60	0.011	1.46
	相14	C	97.28	0.82	0.08	0	0	0.23	1.50	0.070	−34.6	−37.0	−33.4	−16.8	2.23	0.016	1.47
	相15	P_1	98.28	0.54	0.07	0	0	0.22	0.84	0.037	−33.9	−35.2	−31.8	−21.4	1.96	0.014	3.03
	相18	C	97.34	0.77	0.07	0	0	0.20	1.52	0.068	−34.5	−37.4	−34.5	−20.0	2.02	0.014	1.46
沙罐坪	罐10	C	96.92	0.34	0.01	0	0	1.29	1.07	0.029	−31.8	−33.6		−15.8	1.50	0.011	29.66
高峰场	峰6	C	97.32	0.22	0		0	1.09	1.08	0.039	−32.6	−34.6		−15.2	0.88	0.006	31.76

3 天然气地球化学特征

3.1 组分特征

川东地区天然气以烃类为主要组分，其中甲烷占绝对优势，干燥系数（C_1/C_{1-4}）普遍很高，重烃气含量很低甚至部分重烃缺失。尽管不少学者研究认为川东北地区天然气干燥系数随着 H_2S 含量的增加而增大[2, 10, 11]，但川东地区低含 H_2S 气田天然气干燥系数同样很高[25]，本次工作中气样的 C_1/C_{1-4} 值普遍为 0.990～0.998。

川东地区天然气中非烃组分以 H_2S、CO_2 和 N_2 为主。H_2S 含量较高的天然气主要分布在下三叠统飞仙关组、嘉陵江组和上二叠统长兴组储层中，而下二叠统茅口组和石炭系黄龙组储层中的天然气 H_2S 含量普遍较低 [图 2（a）]。H_2S 含量的高低与储层是否发育膏盐沉积有一定的相关性[26]。川东地区天然气中较高含量的 H_2S 主要来自 TSR 反应[1, 5, 11]，而低含量（<1%）的 H_2S 则主要来自含硫化合物的热裂解（TDS）反应[27]。

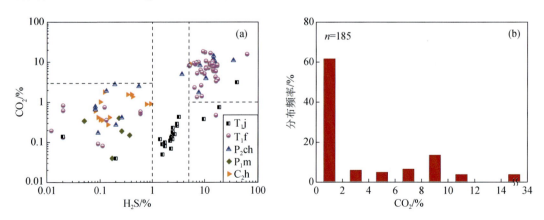

图 2　四川盆地东部天然气中 CO_2 含量与 H_2S 含量相关图（a）和 CO_2 含量分布频率（b）
数据来源：本次工作；文献 [1–3，5，8，10，11，18，19，25]

根据 H_2S 含量，可以将川东地区天然气分为如下三类 [图 2（a）]：①H_2S 含量小于 1%，其 CO_2 含量均小于 3%，这类样品分布在川东北地区部分气田如东岳寨[11]、沙罐坪、铁山[2]，以及川东中南部地区诸多气田如张家场、福成寨、黄草峡[2, 3]；②H_2S 含量为 1%～5%，其中分布的嘉陵江组气样具有较低的 CO_2 含量(<1%)，均来自川东中南部的卧龙河气田[1]；③H_2S 含量大于 5%，根据 CO_2 含量的差异又可以分为两类：一类 CO_2 含量较低，均小于 1%，其中 T_1f 和 T_1j 的样品分别来自渡口河和卧龙河；另一类 CO_2 含量均大于 1%，这类样品均位于川东北地区，如普光[11]、罗家寨[3]。

当 H_2S 含量小于 1%时，其与 CO_2 含量之间没有明显的相关性；当 H_2S 含量大于 1%时，其与 CO_2 含量之间基本呈正相关趋势 [图 2（a）]。四川盆地东部天然气中 CO_2 含量普遍较低，CO_2 含量小于 2%的气样约占总数的 61.62%，含量在 8%～10%的气样占 25%，CO_2 含量最大值为 32.04% [图 2（b）]。

3.2 烷烃气碳同位素组成

川东地区天然气中甲烷的碳同位素值较高，且分布范围较窄，而 C_1/C_{2+3} 值分布范围很大 [图 3（a）]，可能反映了以重烃气为主的 TSR 过程[11]。该区天然气样品主要表现出接近Ⅱ型干酪根生成天然气范围的特征，也有部分与Ⅲ型特征类似 [图 3（a）]。从图 3（b）中可以明显看出，乙烷碳同位素值较低（$\delta^{13}C_2<-29‰$），即主要为油型气的样品，其甲烷和乙烷碳同位素值普遍发生了倒转（$\delta^{13}C_1>\delta^{13}C_2$），而煤成气样品（$\delta^{13}C_2>-29‰$）的甲烷和乙烷碳同位素值未发生倒转，仍然为正序特征。

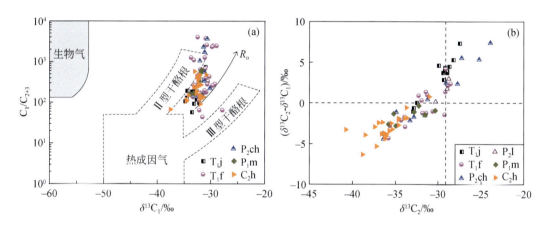

图 3　四川盆地东部天然气 C_1/C_{2+3}- $\delta^{13}C_1$ 图（a）和（$\delta^{13}C_2$- $\delta^{13}C_1$）- $\delta^{13}C_2$ 相关图（b）
数据来源：本次工作；文献 [1，8，10，11，17，18，25]

尽管 Cai 等[2]认为川东北地区硫酸盐优先与甲烷发生 TSR 反应，因此甲烷碳同位素值随着反应程度的增加而变大。然而从图 4 可以看出，尽管在 H_2S 含量大于 1%时，$\delta^{13}C_1$ 值与 H_2S 含量大致呈正相关 [图 4（b）]，但与 H_2S 含量小于 1% [图 4（a）] 时相比，$\delta^{13}C_1$ 值的分布范围没有明显差异，即在 $\delta^{13}C_1$ 值相近的情况下，H_2S 含量相差很大。

H_2S 含量较低的样品（如茅口组和黄龙组）普遍发生了甲烷和乙烷碳同位素倒转且具有较低的 $\ln(C_1/C_2)$ 值（<7），而 $\ln(C_1/C_2)$ 值较高（>7）的样品均具有较高的 H_2S 含量（普遍>14%）和较低的 $\delta^{13}C_1$- $\delta^{13}C_2$ 值（图 5），因此 TSR 不是甲烷和乙烷碳同位素倒转的原因，反而会使得已经倒转的样品变为正序。从图 5 中可以看出，对于反序

（$\delta^{13}C_1$-$\delta^{13}C_2$>0）的样品，随着 ln（C_1/C_2）值增大，$\delta^{13}C_1$-$\delta^{13}C_2$ 值逐渐降低趋近 0。重烃气发生 TSR 使得其含量锐减而残余重烃气碳同位素值变重，导致 ln（C_1/C_2）值增大的同时 $\delta^{13}C_1$-$\delta^{13}C_2$ 值减小[11]。因此，该区天然气发生甲烷和乙烷碳同位素倒转是在发生 TSR 反应之前。

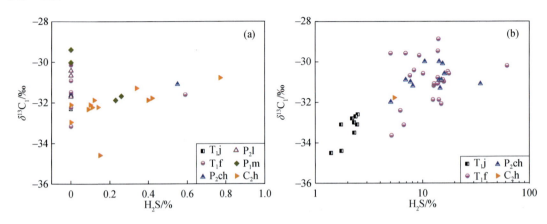

图 4　四川盆地东部天然气 $\delta^{13}C_1$-H_2S 含量相关图

（a）H_2S<1%；（b）H_2S>1%

数据来源：文献［1，8，10，11，18，19，25］

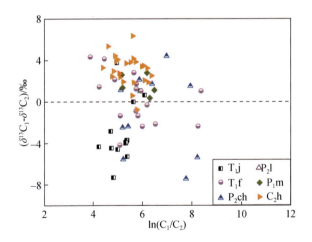

图 5　川东地区天然气 $\delta^{13}C_1$-$\delta^{13}C_2$ 与 ln（C_1/C_2）相关图

数据来源：本次工作；文献［1，8，10，17，18，25］

3.3　CO_2 碳同位素组成

马永生[9] 指出，H_2S 含量高的天然气中 CO_2 的碳同位素较轻，而 H_2S 含量低的样品中较重，并推测可能与气藏曾发生过 TSR 作用有联系；刘全有等[18] 研究认为，川东北地区天然气中 CO_2 含量与 $\delta^{13}C_{CO_2}$ 值具有一定的相关性。

统计表明，四川盆地东部天然气中 CO_2 的 $\delta^{13}C$ 值分布具有双峰式特征［图 6（a）］，除一个气样 $\delta^{13}C_{CO_2}$ 值（-8.2‰）为-12‰～-8‰，一类具有较低的 $\delta^{13}C_{CO_2}$ 值（-24‰～-12‰）

和较低的 CO_2 含量（普遍<3%），占总数的 34.4% [图 6（a）]，这类样品因为 H_2S 含量偏低而未作分析 [图 6（b）]；另一类则具有与四川省西部地震区温泉气相似的高 $\delta^{13}C_{CO_2}$ 值（-8‰~4‰），但 CO_2 含量明显低于温泉气，且 $\delta^{13}C_{CO_2}$ 值与 CO_2 含量之间没有明显的关系，这类样品中 H_2S 和 CO_2 含量之间具有一定的相关性，H_2S 含量大于 5%的样品其 CO_2 含量也普遍较高 [图 6（b）]。

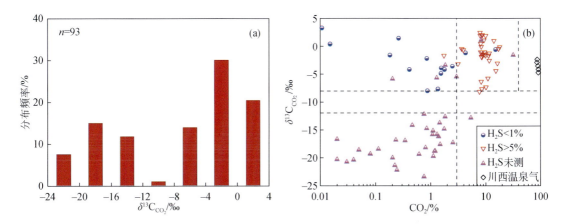

图 6　四川盆地东部天然气中 $\delta^{13}C_{CO_2}$ 值分布频率（a）和 $\delta^{13}C_{CO_2}$ 值与 CO_2 含量相关图（b）

天然气数据来源：本次工作；文献 [10, 11, 17–19, 25]；四川省西部温泉气数据来源：文献 [28]

一个有趣的现象是，尽管川东北地区天然气中 CO_2 普遍具有较高的 $\delta^{13}C$ 值[10, 11, 18, 19, 25]，但本文及胡安平等[17]的工作表明川东中南部地区天然气中 CO_2 均具有较低的 $\delta^{13}C$ 值（表 1）。

3.4　氦同位素组成

川东地区天然气样品的 R/Ra（R 为 $^3He/^4He$，Ra 为大气的 $^3He/^4He$ 值 1.4×10^{-6} [29]）值均小于 0.05（表 1），表现出典型壳源氦的特征，与具有显著幔源氦加入的温泉气（R/Ra>0.3）明显不同 [图 7（a）]。洋中脊等岩浆体系 $CO_2/^3He$ 值均为 10^9 量级，而壳源流体量级范围较广，为 10^5~10^{13} [30]。在 $CO_2/^3He$-R/Ra 图 [图 7（b）] 上，低 $CO_2/^3He$ 值、高 R/Ra

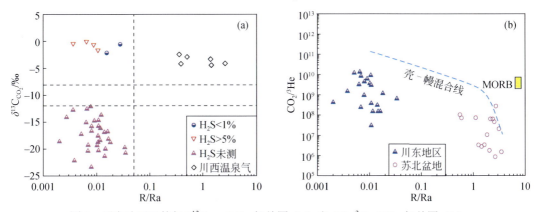

图 7　川东地区天然气 $\delta^{13}C_{CO_2}$-R/Ra 相关图（a）和 $CO_2/^3He$-R/Ra 相关图（b）

天然气数据来源：本次工作；文献 [17, 19]；温泉气数据来源：文献 [28, 32, 33]；壳-幔混合线据文献 [31]；MORB 为大洋中脊玄武岩，范围据文献 [34]；苏北盆地数据来自文献 [35]

值端元代表地幔端元，高 $CO_2/^3He$ 值、低 R/Ra 值端元代表地壳端元，活动大陆边缘的天然气在该图中表现出二端元混合的趋势[31]。四川盆地东部天然气 $CO_2/^3He$ 值和 R/Ra 值之间并没有明显的关系，R/Ra 变化范围很小（0.002～0.035，表 1），而 $CO_2/^3He$ 值变化范围可达 4 个数量级（$3.0×10^7$～$1.3×10^{10}$，表 1），与具有显著幔源组分加入的苏北盆地天然气特征明显不同，无法用壳、幔两端元混合模型来解释［图 7（b）］。因此，四川盆地天然气中 CO_2 均为典型壳源成因，无显著幔源组分的加入。

4　CO_2 的成因和来源

天然气中的 CO_2 根据成因可以分为有机成因和无机成因两类，前者主要由有机质分解和细菌活动形成，后者主要来自地幔/岩浆活动、碳酸盐岩热分解[13, 14]以及碳酸盐岩的溶解[20]。不同类型的 CO_2 表现出不同的特征：有机成因的 $\delta^{13}C_{CO_2}$ 值一般小于-10‰，而无机成因的 $\delta^{13}C_{CO_2}$ 值常为-8‰～3‰[13]。四川盆地东部天然气中 CO_2 特征较为复杂，表明其成因和来源具有多样性。考虑到 H_2S 和 CO_2 地球化学特征及地质背景的区域性差异，下面分三类分别进行探讨。

4.1　川东北地区低（不）含 H_2S 气藏

川东北地区发育一些低（不）含 H_2S（<1%）气藏，考虑到相应储层不含膏盐沉积和现今埋藏深度较大，因此这些 H_2S 不是 TSR 或 BSR 成因，而是 TDS 成因[27]。这些气藏中 CO_2 含量普遍较低，$\delta^{13}C_{CO_2}$ 值较高（-8‰～3.3‰）［图 6（b）］，表现出无机成因的特征，如未发生 TSR 的东岳寨地区 $\delta^{13}C_{CO_2}$ 值为 0.1‰～1.4‰[11]，这些 CO_2 与 TSR 没有明显联系，而川东中南部地区低（不）含 H_2S 气藏［图 6（b）中 H_2S 含量未测的样品］同样具有较低的 CO_2 含量（<3%），但 $\delta^{13}C_{CO_2}$ 值明显较低（<-8‰），表明其成因和来源与川东北地区 CO_2 明显不同。

Huang 等[20]提出了碳酸盐倒退溶解模式来解释川东北地区飞仙关组天然气中 CO_2 的成因，但该模式并不能合理地解释那些未发生 TSR 地区天然气中含量明显偏低却同样具有高 $\delta^{13}C$ 值的 CO_2 的成因和来源。刘全有等[18]认为川东北地区较低含量的 CO_2 主要来自碳酸盐岩的高温分解，尽管该区碳酸盐储层在侏罗纪中期至白垩纪末期经历过较高的温度（120～200℃[6]），但该温度尚不足以使其发生热分解。那究竟是什么因素导致高温的产生？

众所周知，峨眉山玄武岩的喷发是东吴运动在上扬子西缘最突出的表现，其分布范围通常被认为是一长轴近南北向的菱形，西南和西北分别以哀牢山-红河断裂带、小金河-龙门山大断裂与三江构造带相连，东北界大致为峨眉山-贵阳一线[36]。在四川盆地内部，峨眉山玄武岩的分布范围局限于川西南部如周公山[37]、华蓥山一带如开江[22, 36]等地区，且主要表现出隐伏特征。$^{40}Ar/^{39}Ar$ 定年结果表明，峨眉山大火成岩省镁铁质岩浆大规模喷发发生于（258.9±3.4）Ma，且持续时间较短，约 3Ma[38]。自中生代以来，四川盆地内缺乏岩浆活动。

四川盆地大地热流与岩浆活动有明显的对应关系。四川盆地出现最高热流值的时间和古热流的空间分布与峨眉山玄武岩的喷发及岩浆活动相关性较好，热流特征反映了东吴运动及峨眉山玄武岩喷发时岩浆活动的热效应[39]。古热流分布研究表明，在早二叠世（290Ma）时，峨眉山地区已经开始了拉张和岩浆活动，川东北的开江一带也存在一个相对高热流值

（约 70mW/m²）；在中晚二叠世（259Ma）即峨眉山玄武岩的主要喷发期附近，四川盆地西南及川东北的开江一带热流值超过 90mW/m²，这些地区是峨眉山玄武岩的喷发区域及隐伏玄武岩的分布区；此外，钻井热史恢复结果显示，中二叠统之下的地层在 259Ma 左右经历了极高的古地温[39]。然而，川东地区中南部则受影响很小，既没有岩浆活动的体现，也没有经历高的热流[39]。

因此，二叠纪峨眉山地幔柱的活动使得川东北地区处于高热流状态，岩浆活动尽管未给天然气带来显著的幔源组分，但高温岩浆的烘烤会使得碳酸盐岩发生分解而产生无机成因的 CO_2；而川东中南部地区则因为缺乏岩浆活动和热流较低而未发生碳酸盐岩热分解，天然气中的 CO_2 也主要表现出有机成因的特征。

4.2　川东北地区高含 H_2S 气藏

四川盆地东部特别是川东北地区发现了不少高含 H_2S 的气藏，这些 H_2S 被普遍认为是TSR 成因[1, 4, 6, 11]，而 CO_2 是 TSR 反应的主要副产物[3, 5, 40]，加上川东地区天然气中H_2S 含量大于 1%时其与 CO_2 含量之间呈正相关 [图 2（a）]，因此该区 CO_2 被认为与 TSR作用紧密相关[5, 11]。

TSR 过程产生的 CO_2 由烃类氧化而来，为典型有机成因，应当具有较低的 $\delta^{13}C_{CO_2}$ 值。TSR 反应会使得 CO_2 的 $\delta^{13}C$ 值降低[40]；随着 TSR 的进行，越来越多的烃类被氧化而使得CO_2 的 $\delta^{13}C$ 值越来越轻[41]。然而，川东地区 TSR 成因的天然气（H_2S>5%）具有较高的$\delta^{13}C_{CO_2}$ 值，表现出无机成因气的特征，与未发生 TSR 的天然气（H_2S<1%）基本一致甚至更高，明显重于有机成因 CO_2 的 $\delta^{13}C$ 值 [图 6（b）]。因此，川东地区天然气中的 CO_2不是 TSR 成因。Huang 等[20]研究指出，川东北地区飞仙关组天然气中的 CO_2 不仅在数量上相对于 H_2S 不足，而且这些 CO_2 中的绝大部分并不是来源于 TSR 反应。尽管在高热流作用下碳酸盐岩会发生分解，但从川东北地区低（不）含 H_2S 气藏可以看出，该区天然气中碳酸盐岩热分解成因的 CO_2 含量较低。因此，这些高含 H_2S 气藏中的 CO_2 绝大部分并不是碳酸盐岩热分解而来。

川东北地区高含 H_2S（>5%）气藏中 CO_2 含量普遍较高，$\delta^{13}C_{CO_2}$ 值（-7.7‰～2.4‰）与储层碳酸盐岩的 $\delta^{13}C$ 值（0.9‰～3.7‰[5]）类似，表明其形成与储层碳酸盐岩紧密相关。目前，业内倾向于认为这些 CO_2 主要来自碳酸盐岩的溶解，然而对溶解的具体机制认识不一，刘全有等[18]、王万春等[19]认为其主要来自酸性流体对碳酸盐岩储层的溶蚀，Huang等[20]则提出了碳酸盐倒退溶解模式，但这两种观点在次生方解石的形成与储层溶蚀作用发生的先后顺序上明显矛盾。

侏罗纪中后期至白垩纪末期，随着盆地的持续快速沉降，川东地区飞仙关组等碳酸盐岩储层温度不断升高，达到 TSR 发生的温度条件后，石膏等硫酸盐类溶解产生的 SO_4^{2-} 和烃类发生了热化学还原反应[6, 7]。TSR 反应产生的 CO_2 与地层水中的 Ca^{2+}（石膏溶于地层水形成）反应生成 $CaCO_3$ 沉淀（方解石），总反应式可表示为[41]

$$nCaSO_4 + C_nH_{2n+2} \longrightarrow nCaCO_3 + H_2S + (n-1)S + nH_2O$$

通过上述去膏化作用形成的方解石会继承 TSR 成因 CO_2 的碳同位素特征，即较低的$\delta^{13}C$ 值。在 TSR 发生的高温和高 CO_2 分压（P_{CO_2}）环境下，方解石将更趋向沉淀而不是溶解[20]。川东北地区飞仙关组膏盐层中发育硫磺晶体，且膏盐层中间呈大块状或晶簇状分

布的方解石 $\delta^{13}C$ 值低达-18.2‰~-10.3‰，平均为-14.5‰，这些方解石中的碳主要来自 TSR 成因的 CO_2[5, 6]。因此，川东北地区 TSR 成因的 CO_2 主要进入去膏化作用产生的次生方解石中。

随着 TSR 的进行，产生的 H_2S 越来越多并溶于水，一方面，S^{2-} 遇到地层水中的金属阳离子能快速沉淀，游离出的大量 H^+ 和其他酸根离子结合，便可生成大量具有腐蚀性的酸；另一方面，若阳离子不充分，H_2S 溶于水生成的氢硫酸对碳酸盐岩也有强烈的腐蚀作用[42]。因此，随着地层水酸性的逐渐增强，白云石会逐渐溶解并产生 CO_2。白云石的溶解反应可表示为

$$CaMg(CO_3)_2 + 4H^+ \longrightarrow Ca^{2+} + Mg^{2+} + 2CO_2 + 2H_2O$$

这种情况下形成的 CO_2 具有与储层白云岩、白云质灰岩等类似的碳同位素特征。川东北地区飞仙关组储层碳酸盐岩 $\delta^{13}C$ 值较高，为 0.9‰~3.7‰[5]，而普光气田天然气中 CO_2 的 $\delta^{13}C$ 值为-5.8‰~3.3‰[9]，与之相近且略小，表明这些 CO_2 中可能混入了少量 TSR 成因等有机成因的 CO_2。

根据黄思静等[43]的研究，在地层压力、P_{CO_2} 等相同的条件下，在 pH 值小到一定程度之前，白云石处于溶解区而方解石处于沉淀区。因此，随着白云石的逐渐溶解，产生的 CO_2 溶于水又会与 Ca^{2+} 产生方解石沉淀。这实际上是一种去白云岩化作用，其结果是造成溶液（地层水）中 Ca^{2+} 和 CO_3^{2-} 的减少，这又会进一步提高白云石的溶解度[44]。这种情况下形成的方解石相当于置换了储层碳酸盐岩中的白云石，因此一方面会使得碳酸盐岩储层发生溶蚀，另一方面在溶蚀产生的孔隙和裂缝内又常常会充填方解石。

川东北地区碳酸盐岩储层中次生方解石常分布在白云石的溶蚀坑洞周围，是硫化氢溶蚀的岩石学证据，在电子显微镜下可以观察到后期次生方解石交代白云石的现象[5,7]。Huang 等[20]通过对川东北地区飞仙关组天然气中 CO_2 特征的研究提出了碳酸盐倒退溶解模式，认为川东北地区飞仙关组储层在深埋阶段 TSR 成因的 CO_2 主要进入沉淀的方解石中，在后期快速抬升阶段流体对碳酸盐欠饱和而导致溶解作用的发生和次生孔隙的形成，即在深埋发生 TSR 阶段生成方解石，而在后期抬升阶段发生白云石的溶蚀和 CO_2 的生成。这显然与 Zhu 等[5] 和 Ma 等[7] 观察到的地质事实不符。

根据 Chacko 等[45] 汇总的碳同位素分馏系数，在 100~200℃ 范围内白云石与 CO_2 的分馏系数比方解石与 CO_2 的分馏系数高 2‰~3‰。川东北地区飞仙关组储层碳酸盐岩缝洞内充填的方解石 $\delta^{13}C$ 值为-1.4‰~1.0‰，略低于储层碳酸盐岩的 $\delta^{13}C$ 值（0.9‰~3.7‰）[5]，与上述碳同位素分馏系数是一致的。

总之，随着 TSR 反应程度的逐渐提高，H_2S 含量逐渐增大，通过去膏化作用形成的 CO_2 基本进入次生方解石中；随着 H_2S 不断溶于水、地层水酸性不断增强，通过去白云岩化作用产生的 CO_2 则越来越多。因此，这些 CO_2 尽管在含量上与 H_2S 具有一定的正相关性［图 2（a）］，但其总量明显少于应该产生的 CO_2 总量。即川东北地区高含 H_2S 气藏中的 CO_2 主要来自酸性流体作用下的去白云岩化，碳酸盐岩热分解的贡献较小。

4.3　川东中南部地区气藏

川东中南部地区天然气中的 CO_2 含量较低，且 $\delta^{13}C_{CO_2}$ 值均较低（<-8‰），表现出典型有机成因的特征，其中未经历 TSR 作用的天然气中的 CO_2 主要来自有机质分解。值得注意

的是，发生过 TSR 作用的卧龙河气田天然气也具有较低的 $\delta^{13}C_{CO_2}$ 值（-20.8‰～-12.2‰[17]）。

卧龙河气田天然气组分普遍含有丙烷甚至丁烷[1, 17]，而川东北地区飞仙关组气藏中的天然气基本不含丙烷[5]，表明卧龙河气田天然气所经历 TSR 的程度相对较低，其嘉陵江组天然气中 H_2S 含量普遍较低也说明了这一点 [图 2（a）]。川东北地区重烃气优先参与 TSR，随着重烃气的消耗及甲烷的生成，逐渐变为以甲烷为主的 TSR[11, 18]。因此，卧龙河气田天然气可能只经历了以重烃气为主的 TSR 反应。

卧龙河气田嘉陵江组天然气中 CO_2 含量也明显较低，甚至低于未发生 TSR 的天然气[图 2（a）]。这些天然气经历了 TSR 作用[1]，其中的 CO_2 具有较低的碳同位素值[18]，表明这些 CO_2 主要是 TSR 成因，同时也说明由于该气田 TSR 程度普遍相对较低，仅经历了去膏化作用，因此 CO_2 含量偏低；由于产生的 H_2S 相对较少，地层水酸性较弱，尚不足以发生去白云岩化作用而产生具有高 $\delta^{13}C$ 值的 CO_2。

5　结论

（1）四川盆地东部天然气以烃类为主，干燥系数普遍很高，非烃组分中 CO_2 含量大多小于 2%，H_2S 含量大于 1% 时其与 CO_2 含量之间呈正相关，当 H_2S 含量高于 5% 时 CO_2 含量普遍大于 1%；当 H_2S 含量小于 1% 时，CO_2 含量均低于 3%，且二者之间没有明显的相关性。

（2）川东地区天然气具有较高的甲烷碳同位素值，且 $\delta^{13}C_1$ 值与 H_2S 含量之间没有明显关系。煤成气样品表现出正序特征，而油型气样品则普遍发生了甲烷、乙烷碳同位素倒转。

（3）四川盆地东部天然气中 CO_2 的 $\delta^{13}C$ 值大致可以分为两类：一类具有较低的 $\delta^{13}C_{CO_2}$ 值（-24‰～-12‰），占总数的 34.4%；另一类则具有明显较高的 $\delta^{13}C_{CO_2}$ 值（-8‰～4‰），占 64.5%。川东地区天然气具有较低的 R/Ra 值，表现出典型壳源氦的特征，$CO_2/^3He$ 值分布范围较广，与幔源气体特征明显不同。四川盆地东部天然气中的 CO_2 均为典型壳源成因。

（4）四川盆地东部高 $\delta^{13}C_{CO_2}$ 值的天然气均位于川东北地区，其中低（不）含 H_2S 气藏中的 CO_2 主要来自二叠纪岩浆活动和高热流作用下碳酸盐岩热分解；对该区 TSR 反应程度较高的气藏而言，TSR 成因即通过去膏化作用形成的 CO_2 基本进入次生方解石中，气藏中的 CO_2 则主要来自碳酸盐岩储层在酸性较强的地层水作用下发生的去白云岩化，因而具有较高的 $\delta^{13}C$ 值。这些 CO_2 尽管在含量上与 H_2S 具有一定的正相关性，但主要并非 TSR 成因。

（5）四川盆地东部低 $\delta^{13}C_{CO_2}$ 值的天然气主要位于川东中南部地区，该区受峨眉山地幔柱活动影响较小，天然气中的 CO_2 主要表现出有机成因的特征，其中卧龙河气田天然气尽管经历了 TSR 作用，但反应程度相对较低，地层水酸性较弱，储层尚未发生去白云岩化，CO_2 仍以 TSR 成因为主，具有较低的 $\delta^{13}C$ 值。考虑到去膏化对 CO_2 的消耗，因此卧龙河气田天然气中 CO_2 含量较低，甚至低于未发生 TSR 地区的天然气。

参　考　文　献

[1] Cai C F, Worden R H, Bottrell S H, et al. Thermochemical sulphate reduction and the generation of hydrogen sulphide and thiols(mercaptans)in Triassic carbonate reservoirs from the Sichuan Basin, China. Chemical Geology, 2003, 202: 39-57.

［2］Cai C F, Xie Z Y, Worden R H, et al. Methane-dominated thermochemical sulphate reduction in the Triassic Feixianguan Formation East Sichuan Basin, China: Towards prediction of fatal H$_2$S concentrations. Marine and Petroleum Geology, 2004, 21: 1265-1279.

［3］谢增业, 田世澄, 李剑, 等. 川东北飞仙关组鲕滩天然气地球化学特征与成因. 地球化学, 2004, 33: 567-573.

［4］Li J, Xie Z Y, Dai J X, et al. Geochemistry and origin of sour gas accumulations in the northeastern Sichuan Basin, SW China. Organic Geochemistry, 2005, 36: 1703-1716.

［5］Zhu G Y, Zhang S C, Liang Y B, et al. Isotopic evidence of TSR origin for natural gas bearing high H$_2$S contents within the Feixianguan Formation of the northeastern Sichuan Basin, Southwestern China. Science in China Series D: Earth Sciences, 2005, 48: 1960-1971.

［6］朱光有, 张水昌, 梁英波, 等. TSR 对深部碳酸盐岩储层的溶蚀改造——四川盆地深部碳酸盐岩优质储层形成的重要方式. 岩石学报, 2006, 22: 2182-2194.

［7］Ma Y S, Cai X Y, Guo T L. The controlling factors of oil and gas charging and accumulation of Puguang gas field in the Sichuan Basin. Chinese Science Bulletin, 2007, 52(Supp. I): 193-200.

［8］Ma Y S, Zhang S C, Guo T L, et al. Petroleum geology of the Puguang sour gas field in the Sichuan Basin, SW China. Marine and Petroleum Geology, 2008, 25: 357-370.

［9］马永生. 普光气田天然气地球化学特征及气源探讨. 天然气地球科学, 2008, 19: 1-7.

［10］朱扬明, 王积宝, 郝芳, 等. 川东宣汉地区天然气地球化学特征及成因. 地质科学, 2008, 43: 518-532.

［11］Hao F, Guo T L, Zhu Y M, et al. Evidence for multiple stages of oil cracking and thermochemical sulfate reduction in the Puguang gas field, Sichuan Basin, China. AAPG Bulletin, 2008, 92: 611-637.

［12］戴金星, 裴锡古, 戚厚发. 中国天然气地质学(卷一). 北京: 石油工业出版社, 1992: 1-149.

［13］Dai J X, Song Y, Dai C S, et al. Geochemistry and accumulation of carbon dioxide gases in China. AAPG Bulletin, 1996, 80: 1615-1626.

［14］Wycherley H, Fleet A, Shaw H. Some observations on the origins of large volumes of carbon dioxide accumulations in sedimentary basins. Marine and Petroleum Geology, 1999, 16: 489-494.

［15］Zhang T W, Zhang M J, Bai B J, et al. Origin and accumulation of carbon dioxide in the Huanghua depression, Bohai Bay Basin, China. AAPG Bulletin, 2008, 92: 341-358.

［16］戴金星, 夏新宇, 卫延召, 等. 四川盆地天然气的碳同位素特征. 石油实验地质, 2001, 23: 115-121.

［17］胡安平, 陈汉林, 杨树峰, 等. 卧龙河气田天然气成因及成藏主要控制因素. 石油学报, 2008, 29: 643-649.

［18］刘全有, 金之钧, 高波, 等. 川东北地区酸性气体中 CO$_2$ 成因与 TSR 作用影响. 地质学报, 2009, 83: 1195-1202.

［19］王万春, 张晓宝, 罗厚勇, 等. 川东北地区富含 H$_2$S 天然气烃类与 CO$_2$ 碳同位素特征及其成因. 天然气地球科学, 2011, 22: 136-143.

［20］Huang S J, Huang K K, Tong H P, et al. Origin of CO$_2$ in natural gas from the Triassic Feixianguan Formation of Northeast Sichuan Basin. Science China Earth Sciences, 2010, 53: 642-648.

［21］刘德良, 宋岩, 薛爱民, 等. 四川盆地构造与天然气聚集区带综合研究. 北京: 石油工业出版社, 2000: 1-107.

［22］汪泽成, 赵文智, 张林, 等. 四川盆地构造层序与天然气勘探. 北京: 地质出版社, 2002: 1-287.

［23］童崇光. 四川盆地构造演化与油气聚集. 北京: 地质出版社, 1992: 1-128.

［24］Huang J Z, Chen S J, Song J R, et al. Hydrocarbon source systems and formation of gas fields in Sichuan Basin. Science in China Series D: Earth Sciences, 1997, 40: 32-42.

［25］胡安平. 川东北飞仙关组高含硫化氢气藏有机岩石学与有机地球化学研究. 杭州: 浙江大学, 2009: 81-133.

［26］江兴福, 徐人芬, 黄建章. 川东地区飞仙关组气藏硫化氢分布特征. 天然气工业, 2002, 22: 24-27.

［27］黄士鹏, 廖凤蓉, 吴小奇, 等. 四川盆地含硫化氢气藏分布特征及硫化氢成因探讨. 天然气地球科学, 2010, 21: 705-714.

［28］Dai J X, Dai C S, Song Y. Geochemical characters, carbon and helium isotopic compositions of natural gas from hot springs of some areas in China. Science in China Series B, 1994, 37: 758-767.

［29］Mamyrin B A, Anufrier G S, Kamensky I L, et al. Determination of the isotopic composition of helium in the atmosphere. Geochemistry International, 1970, 7: 498-505.

［30］Ballentine C J, Schoell M, Coleman D, et al. Magmatic CO_2 in natural gases in the Permian Basin, West Texas: Identifying the regional source and filling history. Journal of Geochemical Exploration, 2000, 69-70: 59-63.

［31］Poreda R J, Jeffrey A W A, Kaplan I R, et al. Magmatic helium in subduction-zone natural gases. Chemical Geology, 1988, 71: 199-210.

［32］王先彬, 陈践发, 徐胜, 等. 地震区温泉气体的地球化学特征. 中国科学 B 辑, 1992, 22: 849-854.

［33］Du J G, Cheng W Z, Zhang Y L, et al. Helium and carbon isotopic compositions of thermal springs in the earthquake zone of Sichuan, Southwestern China. Journal of Asian Earth Sciences, 2006, 26: 533-539.

［34］Poreda R J, Craig H, Arnórsson S, et al. Helium isotopes in Icelandic geothermal systems: I. ^{3}He, gas chemistry, and ^{13}C relations. Geochimica et Cosmochimica Acta, 1992, 56: 4221-4228.

［35］Xu Y C, Shen P, Tao M X, et al. Geochemistry on mantle-derived volatiles in natural gases from eastern China oil/gas provinces(I)—A novel helium resource-commercial accumulation of mantle-derived helium in the sedimentary crust. Science in China Series D: Earth Sciences, 1997, 40: 120-129.

［36］徐义刚, 钟孙霖. 峨眉山大火成岩省: 地幔柱活动的证据及其熔融条件. 地球化学, 2001, 30: 1-9.

［37］张若祥, 王兴志, 蓝大樵, 等. 川西南地区峨眉山玄武岩储层评价. 天然气勘探与开发, 2006, 29: 17-20.

［38］Hou Z Q, Chen W, Lu J R. Eruption of the continental flood basalts at ～259 Ma in the Emeishan Large Igneous Province, SW China: Evidence from laser microprobe ^{40}Ar/^{39}Ar Dating. Acta Geologica Sinica, 2006, 80: 514-521.

［39］Zhu C Q, Ming X, Yuan Y S, et al. Palaeogeothermal response and record of the effusing of Emeishan basalts in Sichuan basin. Chinese Science Bulletin, 2010, 55: 949-956.

［40］Pan C C, Yu L P, Liu J Z, et al. Chemical and carbon isotopic fractionations of gaseous hydrocarbons during abiogenic oxidation. Earth and Planetary Science Letters, 2006, 246: 70-89.

［41］Worden R H, Smalley P C. H_2S-producing reactions in deep carbonate gas reservoirs: Khuff Formation, Abu Dhabi. Chemical Geology, 1996, 133: 157-171.

［42］Ma Y S, Guo T L, Zhao X F, et al. The formation mechanism of high-quality dolomite reservoir in the deep of Puguang Gas Field. Science in China Series D: Earth Sciences, 2008, 51(Supp. I): 53-64.

［43］黄思静, 黄可可, 张雪花, 等. 碳酸盐倒退溶解模式的化学热力学基础——与 CO_2 有关的溶解介质. 成都理工大学学报(自然科学版), 2009, 36: 457-464.

［44］闫志为. 硫酸根离子对方解石和白云石溶解度的影响. 中国岩溶, 2008, 27: 24-31.

［45］Chacko T, Cole D R, Horita J. Equilibrium oxygen, hydrogen and carbon isotope fractionation factors applicable to geologic systems. Reviews in Mineralogy and Geochemistry, 2001, 43: 1-81.

四川盆地东部地区海相层系酸性气体中 CO_2 成因与碳同位素分馏机理[*]

刘全有，金之钧，吴小奇，刘文汇，高　波，张殿伟，李　剑，胡安平

天然气中 CO_2 主要可以分为两大成因类型，即有机成因与无机成因。有机成因 CO_2 包括生物作用来源与有机质在埋深过程中受热分解；而无机成因 CO_2 包括碳酸盐岩热分解、火山-幔源成因、岩石变质和陨石撞击等（Dai et al.，1996；Zhang et al.，2008b）。目前发现的无机 CO_2 主要是火山-幔源、碳酸盐岩热分解两种成因（Dai et al.，2005a）。根据对大量统计数据及实验测试资料的分析（Dai et al.，1996），一般有机成因 CO_2 在天然气组成中含量多低于 8%，其 $\delta^{13}C_{CO_2}$ 值多小于-10‰；而无机成因 CO_2 含量变化很大，其 $\delta^{13}C_{CO_2}$ 值一般大于-8‰，其中变质成因的 $\delta^{13}C_{CO_2}$ 值应与沉积碳酸盐岩的 $\delta^{13}C$ 值相近，$\delta^{13}C_{CO_2}$ 值为（0±3）‰，而幔源的 $\delta^{13}C_{CO_2}$ 值为（-6±2）‰。近年来，四川盆地海相层系天然气勘探取得了重要进展，天然气中普遍含有不等量的 CO_2，如普光气田海相碳酸盐岩储层中 CO_2 含量为 0.01%～18.03%，$\delta^{13}C_{CO_2}$ 值为-4.46‰～2.41‰，认为与古油藏发生硫酸盐热化学还原（TSR）有关（蔡立国等，2005；刘文汇等，2010）。尽管在四川盆地不存在深部气体的混入，但川东北地区天然气中 CO_2 具有较高的 $\delta^{13}C$ 值，表现出无机成因气的特征。然而，在 TSR 模拟实验中，生成的 CO_2 具有非常轻的碳同位素组成，一般 $\delta^{13}C_{CO_2}$ 值小于-30.0‰（Pan et al.，2006）。在理论上，TSR 作用过程中生成的 CO_2 应具有轻的碳同位素组成，因为 CO_2 中的碳主要来源于烃类（Cai et al.，2004；Mougin et al.，2007；Zhang et al.，2008a）。Worden 等（1995）认为随着烃类与硬石膏反应程度的增加，$\delta^{13}C_{CO_2}$ 值从-9‰减小到-15‰左右，大量有机 CO_2 沉淀并变为方解石。Fischer 等（2006）认为德国西北盆地二叠系碳酸盐岩气藏的低含量和轻碳同位素组成的 CO_2（$\delta^{13}C_{CO_2}$ 值为-20‰）主要为有机成因，而含量变化大且碳同位素重的 CO_2（$\delta^{13}C_{CO_2}$ 值为 0‰）可能与碳酸盐岩热分解有关。Huang 等（2010）认为 TSR 生成的 CO_2 在埋深阶段已经沉淀并形成方解石，在之后地层的快速抬升使得流体对碳酸盐欠饱和而导致溶解作用的发生和次生孔隙的形成，即次生方解石的形成早于储层溶蚀作用。Zhu 等（2005）、Ma 等（2007a）认为川东北地区碳酸盐岩储层的溶蚀主要是受酸性流体作用，次生方解石多数分布在白云石的溶蚀坑洞周围，在电子显微镜下可以观察到后期次生方解石交代白云石的现象，即次生方解石的形成晚于储层溶蚀作用。因此，对于四川盆地东部地区具有较重的 $\delta^{13}C$ 值的 CO_2 成因和来源的认识存在较大的争议。本文结合四川盆地热演化史、烃源岩热演化史，利用天然气烃类、非烃类化学组分、稳定同位素

---

* 原载于 *Organic Geochemistry*，2014 年，第 74 卷，22～32。

组成，对四川盆地东部地区海相层系酸性气体中 CO_2 成因与碳同位素组成开展研究，探讨天然气形成与聚集成藏过程中 CO_2 碳同位素分馏机理。

1　地质背景

四川盆地是一个呈北东向的菱形构造-沉积盆地，位于我国四川省东部和重庆市辖区，面积约 $23×10^4km^2$（图 1）。盆地北侧以秦岭—米仓山—大巴山推覆造山带为界和华北板块相接，东南面以武陵山—雪峰山推覆造山带为界和"江南古隆起区"为邻，西面则以龙门山造山带为界紧邻青藏高原地块，构造上属扬子板块的一部分。在燕山运动前，四川盆地以升降运动为主，没有强烈的水平挤压。燕山运动后的构造运动以强烈的水平挤压为特征，并形成了一系列褶皱带（Ma et al.，2007a）。四川盆地是一个以海相碳酸盐台地沉积和陆相盆地碎屑沉积叠合的大型含油气区，前震旦系至中三叠统以海相沉积为主，晚三叠世早期有海陆过渡相，之后均为陆相（图 2）。盆地中最古老的沉积岩——前震旦系陡山沱组和灯影组是在大规模的初次海侵期沉积的。寒武系由页岩、粉砂岩、灰岩和白云岩组成，为开阔-局限海沉积，对应着第二次大规模海侵（Ma et al.，2007b）。第三次海侵发生在晚奥陶世和早志留世，这次海侵形成了开阔海环境下黑色页岩的广泛沉积。发生在晚志留世的晚加里东造山运动（即东吴运动），形成了 NE 向延伸的中央隆起，并发生了沉积间断（Ma et al.，2007b）。因此，泥盆系只有少量沉积，石炭系沉积只发育在川东地区（Cai et al.，2003）。

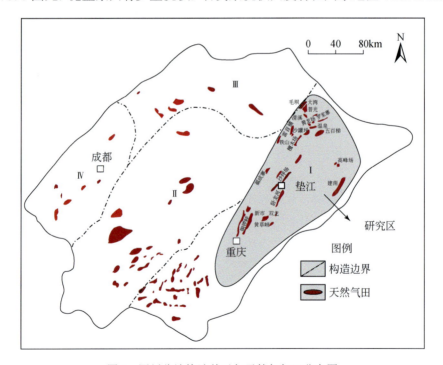

图 1　四川盆地构造单元与天然气气田分布图

Ⅰ.四川东部完整的断层褶皱带；Ⅱ.四川中部缓和的断层褶皱带；Ⅲ.四川北部平坦的断层褶皱带；Ⅳ.四川西部平坦的断层褶皱带

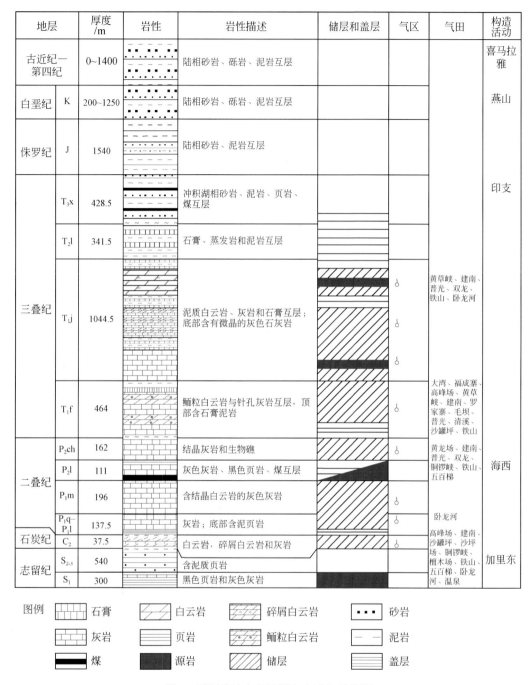

地层		厚度/m	岩性	岩性描述	储层和盖层	气区	气田	构造活动
古近纪—第四纪		0~1400		陆相砂岩、砾岩、泥岩互层				喜马拉雅
白垩纪	K	200~1250		陆相砂岩、砾岩、泥岩互层				燕山
侏罗纪	J	1540		陆相砂岩、泥岩互层				印支
三叠纪	T_3x	428.5		冲积湖相砂岩、泥岩、页岩、煤互层				
	T_2l	341.5		石膏、蒸发岩和泥岩互层				
	T_1j	1044.5		泥质白云岩、灰岩和石膏互层；底部含有微晶的灰色石灰岩			黄草峡、建南、普光、双龙、铁山、卧龙河	
	T_1f	464		鲕粒白云岩与针孔灰岩互层，顶部含石膏泥岩			大湾、福成寨、高峰场、黄草峡、建南、罗家寨、毛坝、普光、清溪、沙罐坪、铁山	
二叠纪	P_2ch	162		结晶灰岩和生物礁			黄草峡、建南、普光、双龙、铜锣峡、铁山、五百梯	海西
	P_2l	111		灰色灰岩、黑色页岩、煤互层				
	P_1m	196		含结晶白云岩的灰色灰岩				
	P_1q—P_1l	137.5		灰岩；底部含泥页岩			卧龙河	
石炭纪	C_2	37.5		白云岩，碎屑白云岩和灰岩			高峰场、建南、沙罐坪、沙坪场、铜锣峡、檀木场、铁山、五百梯、卧龙河、温泉	加里东
志留纪	S_{2-3}	540		含泥质页岩				
	S_1	300		黑色页岩和灰色灰岩				

图例　石膏　白云岩　碎屑白云岩　砂岩　灰岩　页岩　鲕粒白云岩　泥岩　煤　源岩　储层　盖层

图2　四川盆地东部地层与含油气系统图

印支运动发生在中晚二叠世（Ⅰ期）和晚三叠世（Ⅱ期），导致四川盆地由海相沉积向陆相沉积的转变。上三叠统须家河组（T_3x）为陆相沉积，主要由湖泊-冲积砂岩、薄层状页岩以及局部分布的煤层组成。侏罗系和白垩系沉积由陆相红色砂岩、泥岩和黑色页岩组成，厚度为2000～5000m（Cai et al.，2003）。在侏罗纪和晚白垩世之间的燕山运动时期，四川盆地边缘开始褶皱变形；喜马拉雅运动时期，来自太平洋板块的挤压使四川盆地完全隆升，在川东北地区形成了大量高陡构造,在这些高陡构造中发现了大量气田,如普光气田。

四川盆地是我国探明天然气储量最早、发现气田最多的盆地。本次研究区域位于四川盆地东部和东北部,西邻华蓥山断裂,目前该区已发现多个天然气探明储量超过 $300×10^8 m^3$ 的大气田,如卧龙河、罗家寨、普光、铁山坡、渡口河、建南等。这些大气田均以碳酸盐岩为储集层,层位主要有石炭系黄龙组、二叠系长兴组、三叠系飞仙关组和嘉陵江组。四川盆地东部主要烃源岩一般认为包括下寒武统、下志留统和上、下二叠统等三套海相烃源岩(Ma et al.,2007b;梁狄刚等,2008)。但是,由于研究地区几乎所有的钻井只钻穿三叠系储层,揭示二叠系的探井很少,导致下寒武统、下志留统以及二叠系烃源岩分析资料较少,主要是根据地表出露的地层进行相关测试分析。目前普遍认为长兴组、飞仙关组和嘉陵江组天然气主要来源于二叠系烃源岩,志留系也有一定贡献(Hao et al.,2008;Ma et al.,2007a;蔡立国等,2005),石炭系天然气主要来自志留系烃源岩(戴金星等,2003;韩克猷,1995)。

2 天然气样品采集与实验分析

所有气体样品均直接采自正在生产或测试的天然气井口。在采集样品前,首先对采样管线和不锈钢瓶进行 15~20min 的冲洗以便排除空气的污染。不锈钢瓶为一个半径为 10cm 的两端带有阀门开关的容器(体积大约为 $1000 cm^3$),其最大压力为 15 MPa。容器内采集的天然气压力一般为 3MPa。采完样品后,将钢瓶放入水中测试是否泄漏。对采集的天然气样品进行化学组分、稳定同位素组成分析。

气体化学组分测试在中国科学院地质与地球物理研究所兰州油气资源研究中心进行,由 MAT-271 质谱仪分析。分析的条件为:离子源:EI;电能:86eV;质量范围:1~350u;分辨率:3000;加速电压:8kV;发散强度:0.200mA;真空:$<1.0×10^{-7}$ Pa。根据《原谱分析方法通则》(GB/T 6041—2002)和《气体分析 标准混合气体组成的测定 比较法》(GB/T10628-89),样品化学组分通过标准样气体对比法计算出来。稳定碳同位素由 MAT-252 质谱仪分析测试. 分析条件为气相色谱柱:2 m 长的 Porapak Q 型柱子;加热温度:40~160℃,升温的速率:15℃/min;载气为纯净的氦气,$\delta^{13}C_{PDB}$ 的分析误差要小于 0.3‰。

3 天然气地球化学

3.1 化学组分

研究地区各天然气田天然气均以烃类气体为主,其次为 H_2S、CO_2 和 N_2(表 1)。天然气普遍较干,干燥系数 C_1/C_{1-3} 为 0.989~1.0。在四川盆地东部地区天然气中一般含有 H_2S,且含量变化大,为 0.00~62.17%;其中下三叠统最高,H_2S 含量为 0.01%~62.17%,平均为 9.06%,其次为二叠系,H_2S 含量为 0.02%~15.66%,平均为 5.37%,石炭系含量最低,H_2S 含量为 0~5.41%,平均为 0.62%。例如,普光气田 H_2S 含量很高,为 5.0%~62.17%,平均为 16.25%,其中普光 3 井 5448.3~5469m 和 5423.6~5443m 段 H_2S 含量最高,分别为 62.17% 和 45.55%。CO_2 含量变化也较大,为 0.01%~18.03%,其中下三叠统 CO_2 含量为 0~18.03%,平均为 5.68%,二叠系 CO_2 含量为 0.01%~11.55%,平均为 5.8%,石炭系含量最低,CO_2 含量为 0.41%~8.7%,平均为 1.82%。

3.2 稳定同位素组成

四川盆地东部地区烷烃气碳同位素组成如下(表 1): $\delta^{13}C_1$ 值为 -36.8‰～-27.0‰, $\delta^{13}C_2$ 值为 -41.8‰～-25.19‰, $\delta^{13}C_3$ 值为 -38.2‰～-22.8‰, 且普遍存在 $\delta^{13}C_1 > \delta^{13}C_2$, $\delta^{13}C_3 > \delta^{13}C_2$; $\delta^{13}C_{CO_2}$ 值为 -12.9‰～2.41‰, 其中石炭系产层的 $\delta^{13}C_{CO_2}$ 值为 -8‰～-1.6‰, 平均值为 -5.0‰, 二叠系长兴组 $\delta^{13}C_{CO_2}$ 值为 -6.4‰～-1.3‰, 平均值为 -3.1‰, 三叠系飞仙关组 $\delta^{13}C_{CO_2}$ 值为 -12.9‰～2.41‰, 平均值为 -3.7‰。

表 1 四川盆地东部地区海相层系天然气组分与碳同位素组成数据表

区域	气田	井名	层位	深度/m	气体组分/%						碳同位素/‰			
					CH_4	C_2H_6	C_3H_8	H_2S	CO_2	N_2	$\delta^{13}C_{CO_2}$	$\delta^{13}C_1$	$\delta^{13}C_2$	$\delta^{13}C_3$
E	GFC	Feng8	C_2	5194	94.36	1.06	0.1	0.08	1.22	3.26	-6.3	-33.8	-37.3	-35.0
E	GFC	Feng15	T_1f	3893	92.27	0.05	0.00	5.69	1.58	0.4	-3.4	-30.6	-31.8	-26.5
E	LM	Tiandong9	C_2	4588	95.82	1.27	0.42	0.04	1.67	0.79	-3.8	-34.6	-38.0	-36.4
E	LM	Tiandong5-1	T_1f	3570	90.79	0.19	0.02	5.82	2.45	0.71	-5.5	-32.8	-31.4	-26.0
E	SPC	Tiandong93	C_2	4977	95.46	0.88	0.05	0.01	2.59	0.98	-5.0	-35.1	-37.4	-34.5
E	SPC	Yuedong1	C_2	5171	96.66	0.84	0.07	0.05	1.76	0.67	-4.8	-33.4	-37.3	-35.2
E	WLH	Wo67	P_1m	3380	95.79	0.66	0.06	0.76	3.29	0.19	n.d	-31.7	-32.3	-26.3
E	WLH	Wo94	C_2	3850	97.05	0.88	0.11	0.14	1.44	0.52	-5.4	-32.4	-36.9	-33.2
E	WLH	Wo11	$T_1j_5^1$	1517	96.72	1.44	0.51	3.65	0.34	0.44	-5.4	-32.8	-29.4	-24.9
E	WLH	Wo12	$T_1j_4^3$	1615	96.74	1.42	0.5	0.20	0.33	0.51	-5.1	-33.4	-30.0	-25.8
E	WLH	Wo57	T_1j_3	1949	98.28	0.88	0.13	3.53	0	0.63	-10.5	-31.9	-32.0	-24.0
E	WLH	Wo32	$T_1j_5^1$	2227	90.21	1.46	0.59	5.34	0.72	6.56	-0.4	-33.4	-29.6	-24.7
E	WLH	Wo70	C_2	4254	97.06	0.82	0.1	0.15	1.46	0.55	-3.8	-36.8	-33.4	-25.1
E	WLH	Wo127	P_1q	4285	93.86	0.53	0.02	1.84	5.32	0.27	-2.2	-33.2	-35.5	-33.4
E	SL	Shuang13	T_1j^2	3360	98.15	0.85	0.18	0.38	0.11	0.66	n.d	-31.0	-31.4	-22.8
E	SL	Shuang15	P_2ch	4076	97.51	0.84	0.21	0.02	1.04	0.33	-3.4	-31.3	-30.8	-25.4
E	HCX	Cao14	T_1f	2173	97.1	1.12	0.36	n.d	0	1.25	-2.3	-32.1	-36.2	-32.9
E	HCX	Cao5	T_1j^1	2489	98.13	0.74	0.12	0.18	0.2	0.79	-5.9	-32.2	-34.3	-30.8
E	HCX	Cao30	T_1j^2	1003	97.83	1.01	0.27	0.82	0.16	0.7	-12.9	-32.7	-37.6	-34.8
E	XS	Xin18	T_1f	3392	98.03	1.04	0.24	0.01	0	0.69	-9.8	-32.8	-37.2	-34.0
E	TLX	Tong12	P_2ch	2750	98.58	0.79	0.05	0.016	0.21	0.37	-5.7	-34.5	-36.0	-33.4
E	TLX	Xiang22	C_2	2660	98.05	0.88	0.12	n.d	0.58	0.37	-5.8	-33.0	-35.1	-33.1
E	JN	Jian44-1	P_2ch	3600	87.26	0.20	0.02	3.21	8.87	0.42	-3	-33	-36.3	n.d
E	JN	Jian43	P_2ch	3483	91.09	0.21	0.02	1.71	6.44	0.51	-3.3	-32.4	-38.6	n.d
E	JN	Jianping1	T_1f^3	4617	96.19	0.20	0.03	0.35	2.54	0.65	-3.2	-32	-35.5	n.d
E	JN	Jianping2	P_2ch	4604	94.54	0.20	0.03	0.65	4.06	0.51	-2.9	-32	-37.6	n.d

区域	气田	井名	层位	深度/m	气体组分/%						碳同位素/‰			
					CH_4	C_2H_6	C_3H_8	H_2S	CO_2	N_2	$\delta^{13}C_{CO_2}$	$\delta^{13}C_1$	$\delta^{13}C_2$	$\delta^{13}C_3$
E	JN	Jian68	T_1f^3	3867	97.24	0.18	0.02	0.23	1.66	0.64	−7.1	−30.9	n.d	n.d
E	JN	Jian32-1	C_2	3744	92.72	1.24	0.34	n.d	1.00	4.58	−5.6	−37	−41.8	−38.2
E	JN	Jian10	T_1f^3	2941	96.40	0.19	n.d	0.25	2.67	0.46	−3.6	−32.9	−37.4	−36.8
E	JN	Jian31	T_1j^1		98.49	0.23	0.03	n.d	0.77	0.46	−6.1	−33.5	−35.4	−27.6
NE	WBT	Tiandong53	C_2	4442	90.72	0.28	n.d	5.41	8.7	0.3	−1.6	−31.8	−31.0	n.d
NE	WBT	Tiandong21	P_2ch	5012	86.43	0.08	0.00	5.02	8.24	0.22	−6.4	−32.0	−36.4	−35.8
NE	WBT	Tiandong51	C_2	5035	96.41	0.95	0.09	0.12	1.78	0.76	−4.2	−31.9	−37.2	−35.9
NE	SGP	Guang22	T_1f	3746	97.75	0.28	0.01	n.d	0.87	1.05	n.d	−33.0	−34.8	−31.0
NE	SGP	Guang19	C_2	4388	97.2	0.73	0.05	0.42	1.35	0.67	−7.7	−31.8	−36.2	−35.6
NE	TMC	Qili53	C_2	4806	97.39	0.61	0.02	0.40	1.55	0.43	−3.9	−31.9	−34.6	−33.7
NE	TMC	Qili28	C_2	5046	96.17	0.66	0.03	0.34	1.53	1.61	−4.9	−31.3	n.d	n.d
NE	LJZ	Luojia7#	T_1f		81.37	0.07	0	10.41	6.74	n.d	n.d	−31.5	−29.4	n.d
NE	FCZ	Cheng16#	T_1f		98.38	0.35	0.02	0.13	0.35	n.d	n.d	−33.5	−37.4	n.d
NE	FCZ	Cheng22#	T_1f		98.84	0.25	0.01	0.09	0.09	n.d	n.d	−33.8	−36.5	n.d
NE	TS	Tieshan4	C_2	4035	97.47	0.19	0.01	0.77	0.87	0.68	−8.0	−30.8	n.d	n.d
NE	TS	Tieshan5	T_1j^2	3326	98.60	0.23	0.01	0.20	0.60	0.51	n.d	−32.09	−33.7	n.d
NE	TS	Tieshan13	T_1f		97.96	0.24	0.01	0.59	0.50	n.d	n.d	−33	−34.7	n.d
NE	TS	Tieshan11	T_1f	2970	97.99	0.23	0.10	0.74	0.73	0.03	n.d	−33.0	−35.2	n.d
NE	TS	Tieshan21	P_2ch	3362	98.04	0.25	0.01	0.59	0.64	0.92	n.d	−31.43	−33.37	n.d
NE	LYP	Lei12	C_2	3772	96.55	0.69	0.15	0.15	0.41	2.00	−4.2	−34.6	−38.5	n.d
NE	HLC	Huanglong8	P_2ch	3593	96.32	0.16	0.01	0.55	2.49	0.46	−3.6	−31.1	−32.8	n.d
NE	WQ	Wenquan11	C_2		96.07	0.35	0.04	n.d	1.28	2.19	−5.7	−32.5	−38.8	n.d
NE	PG	Puguang2	T_1f	5102	75.63	0.11	0	15.82	7.96	0.44	n.d	−30.96	−28.81	n.d
NE	PG	Puguang2	T_1f	4985	74.46	0.22	0	16.89	7.89	0.51	n.d	−30.49	−29.07	n.d
NE	PG	Puguang2	T_1f^3	4826	76.69	0.19	0	14.8	7.89	0.4	n.d	−30.93	−28.51	n.d
NE	PG	Puguang2	P_2ch	5318	98.8	0.24	0	n.d	0.01	0.55	n.d	−30.61	−25.19	n.d
NE	PG	Puguang2	P_2ch	5282	75.05	0.24	0	15.66	8.57	0.43	n.d	−30.05	−27.67	n.d
NE	PG	Puguang3	T_1f^2	5469	22.06	0.05	0.00	62.17	15.32	0.29	−4.46	−30.22	n.d	n.d
NE	PG	Puguang3	T_1f^2	5443	36.01	0.00	0.00	45.55	16.65	0.59	n.d	−29.9	n.d	n.d
NE	PG	Puguang3	T_1f^3	5349	71.16	0.02	0.00	9.27	18.03	0.55	−0.18	−29.71	n.d	n.d
NE	PG	Puguang5	T_1f^3	4868	90.45	0.06	0.01	5.10	7.86	1.51	2.41	−33.66	n.d	n.d
NE	PG	Puguang5	T_1j^1	4500	89.02	0.05	0.07	n.d	8.27	0.79	1.09	−30.96	n.d	n.d
NE	PG	Puguang6	T_1f^2	5158	75.50	0.03	0.00	13.92	9.92	0.59	1.84	−29.49	n.d	n.d
NE	PG	Puguang6	T_1f^3	4892.8	89.88	0.06	0.02	6.62	8.62	1.36	1.96	−33.14	n.d	n.d
NE	PG	Puguang7-1	T_1f^1	5590	76.76	0.41	0.01	13.87	8.46	0.47	−2	−30.8	n.d	n.d
NE	PG	Puguang7-2	T_1f^2	5546.7	77.76	0.38	0.01	12.81	8.53	0.50	−1.1	−31.1	n.d	n.d

续表

区域	气田	井名	层位	深度/m	气体组分/%						碳同位素/‰			
					CH_4	C_2H_6	C_3H_8	H_2S	CO_2	N_2	$\delta^{13}C_{CO_2}$	$\delta^{13}C_1$	$\delta^{13}C_2$	$\delta^{13}C_3$
NE	PG	Puguang7-s1	T_1f^3	5464.2	78.83	0.03	0.00	7.56	9.83	0.30	-1.7	-30.7	n.d*	n.d
NE	PG	Puguang8	T_1f	5592.0	82.12	0.019	n.d	6.89	9.48	1.44	-1.1	-29.6	-30.6	n.d
NE	PG	Puguang8	P_2ch	5625.5	82.24	0.02	n.d	6.90	9.49	1.33	-1.5	-30.9	n.d	n.d
NE	PG	Puguang9	T_1f^3	5993.0	77.42	0.05	0.02	13.92	8.08	0.47	0.4	-31.1	n.d	n.d
NE	PG	Puguang9	P_2ch	6129.4	72.96	0.026	n.d	14.29	11.54	1.05	-1.3	-30.0	-31.5	n.d
NE	PG	Puguang9	T_1f^1	5993	77.29	0.02	n.d	13.69	8.32	0.67	-1.9	-31.1	n.d	n.d
NE	PG	Puguang9	P_2ch	6130	73.04	0.03	n.d	14.31	11.55	0.96	-2.6	-30.9	n.d	n.d
NE	PG	Puguang9	P_2ch	6175	72.84	0.03	n.d	14.98	11.21	0.93	-1.7	-30.9	n.d	n.d
NE	QX	Qingxi1	T_1f^3	4285	99.03	0.30	0.00	0.01	0.03	0.60	n.d	-27.0	n.d	n.d
NE	DW	Dawan2	T_1f	4900	74.95	0.03	n.d	14.06	10.04	0.89	-7.4	-28.9	n.d	n.d
NE	MB	Maoba6	T_1f^2	3970	73.85	0.41	0.01	14.2	7.67	1.28	-8.2	-31.9	n.d	n.d
NE	MB	Maoba6	T_1f^3	4841	75.17	0.43	0.01	14.96	8.45	0.87	-7.7	-32.1	n.d	n.d
NE	MB	Maoba4	T_1f^1	4102	67.31	0.37	0.01	12.73	16.31	3.15	-3.1	-31.2	n.d	n.d

注: n.d 表示无数据，#数据来自 Xie 等（2004）

4　讨论

4.1　烷烃气成因类型

天然气化学组分和碳同位素组成是判识煤成气和油型气的有效指标（Dai et al.，2005b；Galimov，1988；Liu et al.，2007；Stahl and Carey，1975；Xu and Shen，1996），一般 $\delta^{13}C_2$ 和 $\delta^{13}C_3$ 分别大于-28‰与-25‰为煤型气，反之则为油型气。图3为四川盆地不同类型天然气 $\delta^{13}C_1$ 与 $\delta^{13}C_2$ 关系图，从图中可知，四川盆地东部海相层系天然气明显不同于川中地区陆相天然气，川中地区与塔里木盆地和鄂尔多斯盆地的陆相层系天然气相似，表现为典型煤型气（Dai et al.，2005b，2009a，2009b；Liu et al.，2008），而四川盆地东部天然气与塔里木盆地和鄂尔多斯盆地海相具有相似性，表现为油型气特征。

虽然在普光气田天然气中有部分 $\delta^{13}C_2$ 值重于-28‰，如普光2井和普光6井部分层段，但其 $\delta^{13}C_1$ 与 $\delta^{13}C_2$ 关系明显不同于陆相层系的天然气。这样，普光气田仍然以油型气为主。Bernard 等（1978）天然气类型判识图版显示（图4），川中陆相层系天然气与塔里木盆地和鄂尔多斯盆地陆相层系天然气相似，随着热成熟度的增加，甲烷碳同位素呈变重趋势，天然气母质类型主要为III干酪根，而四川盆地东部地区的海相层系天然气则与塔里木盆地和鄂尔多斯盆地海相层系天然气较为类似，主要分布在II干酪根区域，说明它们主要来源于腐泥型有机质。四川盆地东部地区天然气 $\delta^{13}C_1$ 值变化范围相对较窄，而 $C_1/(C_2+C_3)$ 值变化很大，但 $\delta^{13}C_1$ 值并没有随着热成熟度的增加而增加。造成 $\delta^{13}C_1$ 值相对变化较小而 $C_1/(C_2+C_3)$ 值异常大的可能原因是 TSR（Hao et al.，2008）。为了进一步划分油型气类型，利

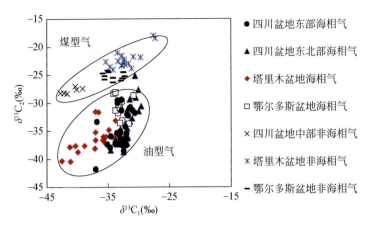

图3　四川盆地不同类型天然气$\delta^{13}C_1$与$\delta^{13}C_2$关系图

塔里木盆地和鄂尔多斯盆地海相层系数据来源于Liu等（2008，2009），鄂尔多斯盆地陆相天然气数据来源于Dai等（2005b）

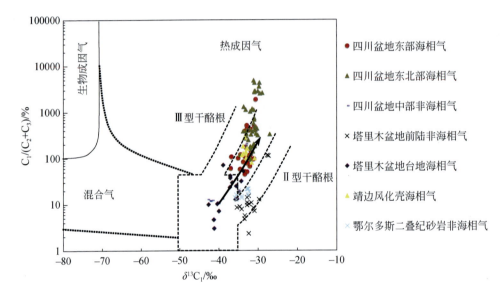

图4　四川盆地不同类型天然气$\delta^{13}C_1$与$C_1/（C_2+C_3）$在Bernard等（1978）图版变化

塔里木盆地和鄂尔多斯盆地海相层系数据来源于Liu等（2008，2009），鄂尔多斯盆地陆相天然气数据来源于Dai等（2005b）

用修订后的C_2/C_3与$\delta^{13}C_2-\delta^{13}C_3$图版（Liu et al.，2007）对四川盆地东部地区油型气进行了干酪根裂解气与原油裂解气识别（图5），四川盆地东部地区海相层系天然气已处于凝析油裂解阶段，这与该地区烃源岩热成熟度已处于高-过成熟相一致。由于普光气田天然气中丙烷以上含量甚微，无法在该图版显示，但天然气干燥系数C_1/C_{1-3}均大于0.999也说明成熟度很高（Hao et al.，2008；Ma et al.，2008b）。因此，四川盆地东部地区海相层系天然气主要来源于腐泥型有机质生成的原油裂解气。

4.2　CO_2来源与成因类型

四川盆地东部地区海相地层天然气中CO_2含量变化较大（表1），为0～18.03%，下三叠统和二叠系气藏中CO_2含量普遍高于石炭系，石炭系中CO_2含量低于5.0%。当CO_2与

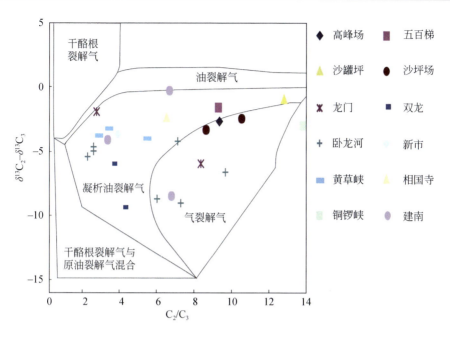

图 5　四川盆地东部地区油型气裂解气识别划分图

H_2S 含量均大于 5.0% 时，CO_2 与 H_2S 之间具有较好的正相关关系（图 6）。当 CO_2 含量小于 5% 时，CO_2 的 $\delta^{13}C$ 值随 CO_2 含量的增加而增加，这与塔里木盆地海相层系 CO_2 的变化趋势相似（图 7）。当 CO_2 含量大于 5.0% 时，CO_2 的 $\delta^{13}C$ 值随 CO_2 含量的增加呈微弱减小趋势，如普光气田、天东 21 井、大湾 2 井和毛坝 3 井，而这些气田或气藏均具有较高的 H_2S 含量，一般大于 5.0%，这说明四川盆地东部地区 CO_2 可能来源较为复杂。天然气中的 CO_2 可能有几种成因：有机质的热演化（Dai et al.，1996；Tissot and Welte，1984）、地幔脱气（Poreda et al.，1986；Zhang et al.，2008b）、有机酸等酸性流体溶蚀碳酸盐岩储层（Fredd and Fogler，1998；Lund et al.，1973；Ma et al.，2008a）、地壳中碳酸盐岩的高温分解（变质反应或岩浆升温过程）（Dai et al.，1996；Zhang et al.，2008b）、硫酸盐细菌还原（BSR）（Machel，2001；Machel et al.，1995）以及 TSR（Cai et al.，2003；Mougin et al.，2007；Zhu et al.，2005）。由于四川盆地为典型克拉通盆地，且古生界烃源岩热演化程度普遍很高（Ma et al.，2008b），这样川东北地区 CO_2 不存在地幔脱气、BSR 作用以及碳酸盐岩高温热分解。同时，$\delta^{13}C$ 值均大于 -8.0‰（Dai et al.，1996），有机质热演化形成的 CO_2 贡献有限。因此，四川盆地东部地区天然气中 CO_2 主要为有机酸等酸性流体溶蚀碳酸盐岩储层和 TSR 作用两种来源。在四川盆地东部地区，CO_2 含量小于 5% 的天然气主要分布在石炭系，CO_2 含量和 $\delta^{13}C$ 值与塔里木盆地塔中油气田海相碳酸盐岩产层中的相似。由于四川盆地东部地区石炭系储集体主要为角砾云岩、细粉晶云岩，膏盐岩不发育，未发现 TSR 发生的地质与地球化学证据，气藏中 H_2S 主要与有机质热分解有关（Cai et al.，2003）。同时，塔中油气田中天然气基本不含 H_2S，不存在 TSR 作用。这样，四川盆地东部地区含量小于 5.0% 且 $\delta^{13}C$ 值小于 -3‰ 的 CO_2 主要与有机酸等酸性流体溶蚀碳酸盐岩储层有关，可能也存在有机质热分解生成的 CO_2。四川盆地东部地区含量大于 5.0% 的 CO_2 地球化学特征与鄂尔多斯盆地靖边气田海相奥陶系风化壳具有相似性，已有地球化学证据表明靖边气田曾经发生过 TSR 改造，从而使得靖边气田天然气干燥系数高，甲烷碳同位素偏重（Cai et al.，2005），这些地球化学特征与四川盆地东部地区高含 H_2S 气藏基本相似。因此，对于四川盆地东部地区高含 H_2S 气藏的 CO_2 可能与 TSR 作用具有密切关系，可能由于存在 H_2S 形成的酸性流体对碳酸盐岩的溶蚀作用形成的 CO_2，具体机理后文揭示。

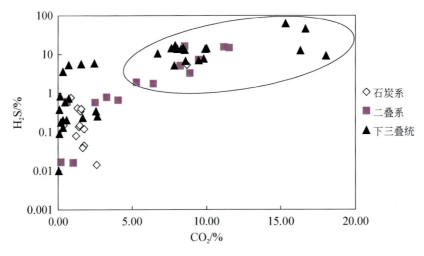

图 6   四川盆地东部地区天然气 H_2S 与 CO_2 关系图

4.3   TSR 改造对 CO_2 含量的影响

TSR 是指硫酸盐与有机质或烃类在一定温度条件下发生的化学还原反应。在这一反应过程中，伴随有大量气体生成。但是在不同反应阶段生成的气体产物略有不同，在 TSR 反应开始或对烃类氧化蚀变不完全时，气体产物为 CH_4、H_2S 和 CO_2（Pan et al.，2006；Worden and Smalley，1996；Worden et al.，1995）；反应方程可粗略表述为

$$SO_4^{2-}+HC（烃类）+H_2O \longrightarrow CH_4\uparrow+H_2S\uparrow+CO_2\uparrow$$

硫元素加入上述化学还原反应可以有效降低反应发生的活化能，使得烃类化合物变得不稳定并氧化蚀变生成大量 CH_4、H_2S、CO_2 和 H_2O（Zhang et al.，2008a）。当把大量烃类氧化蚀变为 CH_4、H_2S 和 CO_2，使得天然气干燥系数增大，酸性气体 H_2S 和 CO_2 相对含量增加。图 8 为四川盆地东部地区天然气中 CH_4/CO_2 与 $(H_2S+CO_2)/(H_2S+CO_2+\sum C_{1-3})$ 关系图。从图中可知，在 CH_4/CO_2 值较大时，$(H_2S+CO_2)/(H_2S+CO_2+\sum C_{1-3})$ 值较小，随着 CH_4/CO_2 值降低，$(H_2S+CO_2)/(H_2S+CO_2+\sum C_{1-3})$ 值呈增加趋势。当 CH_4/CO_2 值小于 10 时，$(H_2S+CO_2)/(H_2S+CO_2+\sum C_{1-3})$ 值呈倍数增加，即酸性气体相对含量较 CH_4 增加量快，其对应的 H_2S 和 CO_2 含量大于 5.0%。酸性气体（H_2S，CO_2）的生成是 TSR 反应一个最为显著的特点，但不同大小烃类分子发生 TSR 时，生成酸性气体量各不相同。TSR 过程中各种烃类反应方程可表述为（Pan et al.，2006）

$$SO_4^{2-}+CH_4 \longrightarrow CO_3^{2-}+H_2S+H_2O$$
$$3SO_4^{2-}+4C_2H_6 \longrightarrow 3CO_3^{2-}+3H_2S+4CH_4+CO_2+H_2O$$
$$3SO_4^{2-}+2C_3H_8 \longrightarrow 3CO_3^{2-}+3H_2S+2CH_4+CO_2+H_2O$$
$$5SO_4^{2-}+4n\text{-}C_4H_{10}+H_2O \longrightarrow 5CO_3^{2-}+5H_2S+8CH_4+3CO_2$$

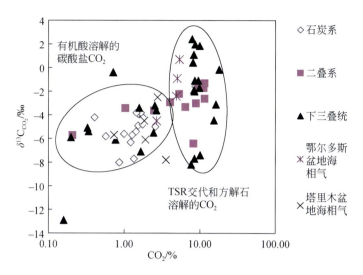

图7　四川盆地东部地区天然气中 CO_2 含量与 $\delta^{13}C_{CO_2}$ 关系图

塔里木盆地和鄂尔多斯盆地海相层系数据来源于 Liu 等（2008，2009）

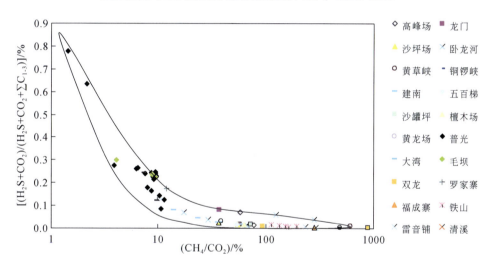

图8　四川盆地东部地区 CH_4/CO_2 与（H_2S+CO_2）/（$H_2S+CO_2+\sum C_{1-3}$）关系图

　　这样，TSR 一旦发生，不仅使得烃类发生氧化蚀变，生成大量 CH_4、H_2S、CO_2 和 H_2O，还使得天然气变干，非烃气体 H_2S 和 CO_2 相对含量增加，但 CO_2 增加速率慢于 H_2S。虽然前人认为 TSR 作用使得烃类完全消耗，并生成 H_2S 和 CO_2（Cai et al.，2003；Krouse et al.，1988；Machel et al.，1995），但热模拟实验结果表明 TSR 作用过程中会生成大量的 CH_4 以及 H_2S 和 CO_2（Pan et al.，2006；Zhang et al.，2008a，2007），说明 TSR 作用不仅使得烃类发生氧化蚀变生成 H_2S 和 CO_2，而且伴随大量 CH_4 气体的生成。随着 TSR 反应程度的进一步加剧，CH_4 也会变得不稳定，并与硫酸盐反应生成 H_2S 和水（Cai et al.，2004）；反应可表述为

$$CaSO_4+CH_4 \longrightarrow CaCO_3+H_2S+H_2O$$

　　由上述方程可知，在 TSR 反应过程中生成大量酸性气体 H_2S 和 CO_2，且伴随水的参与

有碳酸盐的生成,如 $CaCO_3$、$MgCO_3$ 等。由于酸性气体生成速率与 CH_4 生成量相当,天然气组成中 CH_4 含量相对降低,而酸性气体相对含量增加。

4.4 TSR 改造对 $\delta^{13}C_{CO_2}$ 值的影响

TSR 反应过程中也伴随稳定碳同位素分馏,因为随着烷烃气母质受热程度逐渐增加,母质中 $^{12}C—^{12}C$ 键、$^{12}C—^{13}C$ 键以及 $^{13}C—^{13}C$ 键间的键能各不相同。当烃类发生氧化蚀变时,^{12}C 更多地参与了 TSR 反应,而 ^{13}C 更多地保留在残留烃类中,使得反应后残留烃类相对富集 ^{13}C。随着 TSR 反应程度的增加,H_2S 和 CO_2 含量增加,烃类氧化蚀变生成的 CH_4 碳同位素组成逐渐变重(图 9)。理论上,TSR 反应过程会使得烃类氧化蚀变后生成的 CH_4 碳同位素变重,而 CO_2 的碳同位素变轻(Zhu et al.,2005)。然而,四川盆地东部地区天然气中 CO_2 的碳同位素组成明显偏重,通过对 58 个样品的统计,$\delta^{13}C_{CO_2}$ 值大于 -8‰ 的占总样品数的 91.37%,其中 $\delta^{13}C_{CO_2}$ 值为 -6‰~0‰ 的样品占 82.76%(图 10)。天然气中较重

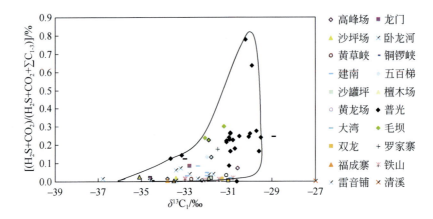

图 9 四川盆地东部地区天然气中 $\delta^{13}C_1$ 与(H_2S+CO_2)/($H_2S+CO_2+\sum C_{1-3}$)关系图

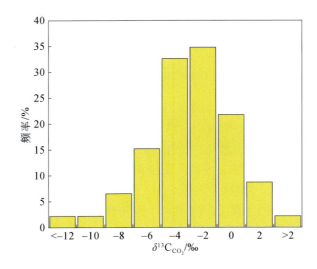

图 10 四川盆地东部地区天然气中 $\delta^{13}C_{CO_2}$ 值频率分布图(58 个样品统计)

的 $\delta^{13}C_{CO_2}$ 值完全不同于 TSR 热模拟实验中 $\delta^{13}C_{CO_2}$ 值；在热模拟实验中 $\delta^{13}C_{CO_2}$ 值明显偏轻，一般 $\delta^{13}C_{CO_2}$ 值小于-30‰（Pan et al.，2006）。造成天然气中 $\delta^{13}C_{CO_2}$ 值偏重的可能原因是 TSR 生成的 CO_2 与硫酸盐中 Mg^{2+}、Fe^{2+} 和 Ca^{2+} 等金属离子相结合并以碳酸盐的形式沉淀下来，反应方程表述为

$$CO_2+Mg^{2+}（Ca^{2+}，Fe^{2+}）\longrightarrow MgCO_3（CaCO_3，FeCO_3）\downarrow +H_2O$$

这些碳酸盐的形成使得残留 CO_2 的 $\delta^{13}C_{CO_2}$ 值变重，而碳酸盐中碳同位素组成变轻（Zhu et al.，2006），反映了 CO_2 的碳同位素会在 TSR 成因和海相碳酸盐岩溶蚀成因的 CO_2 之间互相转化（Giuliani et al.，2000；Krouse et al.，1988），并使得碳同位素组成较轻的 CO_2 优先参与方解石的沉淀中。因为在储层中常发育灰岩晶洞，并形成大量方解石晶体或晶斑，这些方解石晶体或晶斑碳同位素组成普遍较轻，一般 $\delta^{13}C$ 值小于-2‰，特别是在膏岩地区方解石的 $\delta^{13}C$ 值最轻为-18.2‰，平均为-14.5‰，而灰岩的 $\delta^{13}C$ 值一般大于 2.0‰（Zhu et al.，2005）。同时，TSR 反应使得天然气藏中水的 pH 值发生变化，随着 TSR 作用增强，pH 值呈减小趋势，气藏中地层水酸性增强，对碳酸盐岩储层具有较强的腐蚀性，再次生成 CO_2。普光气田在 6000m 左右储层孔隙度仍大于 20%，平均为 12%，证明酸性气体具有改善储层作用，使得大型孔洞发育（图 11），地层压力下降和气藏充满度降低。图 12 为四川盆地东部地区 H_2S 含量与气藏压力系数关系图，从图中可知，在高含 H_2S 气藏中，气藏压

图 11　四川盆地东部地区储层溶蚀与胶结作用地质证据

白云石重结晶形成丰富的晶间孔，经溶蚀作用晶间孔扩大且相互连通，内部充填沥青［普光 2 井飞仙关组（T_1f），2.5×4（-）］

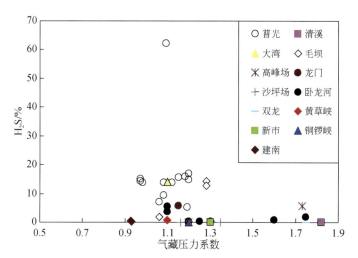

图 12　四川盆地东部地区 H_2S 含量与气藏压力系数关系图

力系数低，从侧面证明了高 H_2S 可能引起碳酸盐岩储层空间改善，气藏充满度降低。通过酸性气体腐蚀碳酸盐岩生成的 CO_2 具有重的 $\delta^{13}C$ 值，当这部分 CO_2 与 TSR 残留 CO_2 和干酪根直接生成的 CO_2 混合后，使得 CO_2 含量增加，$\delta^{13}C$ 值变重。当二者 CO_2 混合后其 $\delta^{13}C_{CO_2}$ 值主要取决于各自混合比例。根据普光 2 井埋藏史模拟，川东北地区二叠系烃源岩中三叠世进入生烃门槛，晚三叠世-早侏罗世早期达到生油高峰，晚侏罗世晚期-中白垩世早期原油开始裂解，中白垩世以后烃源岩基本进入过成熟阶段。下三叠统飞仙关组储层包裹体分析表明，普光气田存在晚三叠世-早侏罗世、中侏罗世、晚侏罗世-早白垩世三期油气充注，分别对应的无机（含烃盐水）均一温度为 106～116℃、146～156℃、180～195℃。尽管现今四川盆地东部地区长兴组与飞仙关组储层地层温度为 120～140℃，甚至更低，不利于轻组分烷烃气被氧化（甲烷，乙烷）（图 13）。但是，在中侏罗世-早白垩世地层温度高于 TSR 发生的门限温度 120～140℃。在中侏罗世-早白垩世，TSR 生成大量 H_2S 和 CO_2，大量 CO_2 的形成使得流体达到饱和状态，部分碳同位素较轻的 CO_2 优先参与形成方解石，从而导致该区域 CO_2 碳同位素偏重。因此，在四川盆地东部地区高含硫天然气藏至少经历两次调整，第一次随着地层不断埋深，气藏温度升高，TSR 作用逐步增强，生成的 H_2S 和 CO_2 含量增加；当流体中 CO_2 含量达到饱和程度，部分碳同位素较轻的 CO_2 优先参与形成方解石，气藏中残留 CO_2 表现为相对较重的碳同位素组成（$\delta^{13}C_{CO_2} < -3.0‰$），但其碳同位素组成应轻于碳酸盐岩热分解形成的 CO_2 [$\delta^{13}C_{CO_2} = (0±3)‰$]（Dai et al.，1996）。第二次由于四川盆地后期的整体地层抬升，气藏温度降低，TSR 作用逐步减弱或停止，TSR 生成的 H_2S 和 CO_2 含量递减，但是气藏温压降低使得流体转变为欠饱和状态（Huang et al.，2010），H_2S 等形成的酸性流体对碳酸盐岩储层和方解石溶蚀并释放 CO_2，并与 TSR 早期生成的 CO_2 混合，形成碳同位素组成较重的 CO_2（$\delta^{13}C_{CO_2} > -3.0‰$）。

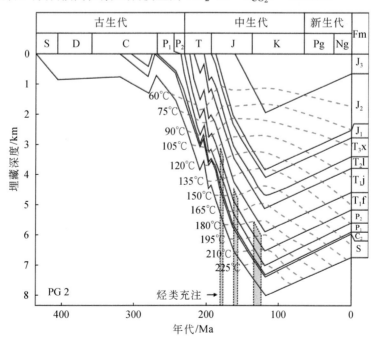

图 13　Petromodel 9.0 SP4 软件模拟的普光 2 井埋藏史与生烃史图

5　结论

根据对四川盆地东部地区天然气化学组分和稳定碳同位素研究，天然气为高演化油型裂解气。TSR 作用使得烃类发生裂解，并生成大量 CH_4、H_2S 和 CO_2，且 CO_2 与 H_2S 具有较好的正相关性，含量均大于 5.0%。同时，TSR 作用使得烃类气体以甲烷为主，干燥系数明显偏高，甲烷碳同位素较单一热力作用偏重。四川盆地东部地区天然气中 CO_2 主要来自酸性流体溶蚀碳酸盐岩储层和 TSR 作用，其中早期酸性流体溶蚀碳酸盐岩生成的 CO_2 含量一般小于 5.0%，$\delta^{13}C_{CO_2}$ 值小于-3‰，且 CO_2 含量与 $\delta^{13}C_{CO_2}$ 值具有正相关性；而 TSR 作用和地层抬升后酸性流体溶蚀碳酸盐岩储层生成的 CO_2 含量大于 5.0%，$\delta^{13}C_{CO_2}$ 值为-8‰～4‰，造成高含 CO_2 和分散的 $\delta^{13}C_{CO_2}$ 值的主要原因是 TSR 生成的 CO_2 与硫酸盐中 Mg^{2+}、Fe^{2+} 和 Ca^{2+} 等金属离子以碳酸盐的形式沉淀，使得残留 CO_2 碳同位素组成相对变重，而地层抬升后酸性流体欠饱和状态使得碳酸盐岩储层再次发生溶蚀作用并生成 $\delta^{13}C$ 重的 CO_2，从而使得 CO_2 含量增大，$\delta^{13}C$ 变重。一般 CO_2 含量大于 5.0%且 $\delta^{13}C$ 小于-3‰时，CO_2 主要与 TSR 作用有关，而一般 CO_2 含量大于 5.0%且 $\delta^{13}C$ 大于-3‰时，CO_2 主要为 TSR 生成 CO_2 与后期酸性流体溶蚀碳酸盐岩储层生成 CO_2 的混合物。

参 考 文 献

蔡立国, 饶丹, 潘文蕾, 张欣国. 2005. 川东北地区普光气田成藏模式研究. 石油实验地质, 27(5): 462-467.

戴金星, 刘德良, 曹高社. 2003. 华北陆块南部下寒武统海相泥质烃源岩的发现对天然气勘探的意义. 地质论评, (3): 322-329，338.

韩克猷. 1995. 川东开江古隆起大中型气田的形成及勘探目标. 天然气工业, 15(4): 1-5.

梁狄刚, 郭彤楼, 陈建平, 边立曾, 赵喆. 2008. 南方四套区域性海相烃源岩的分布. 海相油气地质, 13(2): 1-16.

刘文汇, 腾格尔, 高波, 张中宁, 张建勇, 张殿伟, 范明, 付小东, 郑伦举, 刘全有. 2010. 四川盆地大中型天然气田(藏)中 H_2S 形成及富集机制. 石油勘探与开发, 37(5): 513-522.

Bernard B B, Brooks J M, Sackett W M. 1978. Light hydrocarbons in recent Texas continental shelf and slope sediments. Journal of Geophysical Research, 83: 4053-4061.

Cai C F, Worden R H, Bottrell S H, Wang L S, Yang C C. 2003. Thermochemical sulphate reduction and the generation of hydrogen sulphide and thiols(mercaptans)in Triassic carbonate reservoirs from the Sichuan Basin, China. Chemical Geology, 202(1-2): 39-57.

Cai C F, Xie Z Y, Worden R H, Hu G Y, Wang L S, He H. 2004. Methane-dominated thermochemical sulphate reduction in the Triassic Feixianguan Formation East Sichuan Basin, China：Towards prediction of fatal H_2S concentrations. Marine and Petroleum Geology, 21(10): 1265-1279.

Cai C F, Hu G Y, He H, Li J, Li J F, Wu Y S. 2005. Geochemical characteristics and origin of natural gas and thermochemical sulphate reduction in Ordovician carbonates in the Ordos Basin, China. Journal of Petroleum Science and Engineering, 48(3-4): 209-226.

Dai J X, Song Y, Dai C S, Wang D R. 1996. Geochemistry and accumulation of carbon dioxide gases in China. AAPG Bulletin, 80(10): 1615-1626.

Dai J X, Chen J F, Zhong N N, Pang X Q, Qin S F. 2003. Large-size Gas Fields in China and their Sources.

Beijing: Science Press.

Dai J X, Yang S F, Chen H L, Shen X H. 2005a. Geochemistry and occurrence of inorganic gas accumulations in Chinese sedimentary basins. Organic Geochemistry, 36(12): 1664-1688.

Dai J X, Li J, Luo X, Zhang W Z, Hu G Y, Ma C H, Guo J M, Ge S G. 2005b. Stable carbon isotope compositions and source rock geochemistry of the giant gas accumulations in the Ordos Basin, China. Organic Geochemistry, 36(12): 1617-1635.

Dai J X, Ni Y Y, Zou C N, Tao S Z, Hu G Y, Hu A P, Yang C, Tao X W. 2009a. Stable carbon isotopes of alkane gases from the Xujiahe coal measures and implication for gas-source correlation in the Sichuan Basin, SW China. Organic Geochemistry, 40(5): 638-646.

Dai J X, Zou C N, Li J, Ni Y Y, Hu G Y, Zhang X B, Liu Q Y, Yang C, Hu A P. 2009b. Carbon isotopes of middlelower Jurassic coal-derived alkane gases from the major basins of northwestern China. International Journal of Coal Geology, 80(2): 124-134.

Fischer M, Botz R, Schmidt M, Rockenbauch K, Garbe-Schönberg D, Glodny J, Gerling P, Littke R. 2006. Origins of CO_2 in Permian carbonate reservoir rocks(Zechstein, (Ca2)of the NW-German Basin(Lower Saxony). Chemical Geology, 227(3-4): 184-213.

Fredd C N, Fogler H S. 1998. The kinetics of calcite dissolution in acetic acid solutions. Chemical Engineering Science, 53(22): 3863-3874.

Galimov E M. 1988. Sources and mechanisms of formation of gaseous hydrocarbons in sedimentary rocks. Chemical Geology, 71(1-3): 77-95.

Giuliani G, France-Lanord C, Cheilletz A, Coget P, Branquet Y, Laumomnier B. 2000. Sulfate reduction by organic matter in Colombian Emerald Deposits：Chemical and stable isotope(C, O, H)evidence. Economic Geology, 95: 1129-1153.

Hao F, Guo T L, Zhu Y M, Cai X Y, Zou H Y, Li P P. 2008. Evidence for multiple stages of oil cracking and thermochemical sulfate reduction in the Puguang gas field, Sichuan Basin, China. AAPG Bulletin, 92(5): 611-637.

Huang S J, Huang K K, Tong H P, Liu L H, Sun W, Zhong Q Q. 2010. Origin of CO_2 in natural gas from the Triassic Feixianguan Formation of Northeast Sichuan Basin. Science China Earth Sciences(Science in China Series D), 53(5): 642-648.

Krouse H R, Viau C A, Eliuk L S, Ueda A, Halas S. 1988. Chemical and isotopic evidence of thermochemical sulphate reduction by light hydrocarbon gases in deep carbonate reservoirs. Nature, 333(6172): 415-419.

Liu Q Y, Dai J X, Zhang T W, Li J, Qin S F, Liu W H. 2007. Genetic types of natural gas and their distribution in Tarim Basin, NW China. Journal of Nature Science and Sustainable Technology, 1(4): 603-620.

Liu Q Y, Dai J X, Li J, Zhou Q H. 2008. Hydrogen isotope composition of natural gases from the Tarim Basin and its indication of depositional environments of the source rocks. Science in China(Series D), 51(2): 300-311.

Liu Q Y, Chen M J, Liu W H, Li J, Han P L, Guo Y R. 2009. Origin of natural gas from the Ordovician paleo-weathering crust and gas-filling model in Jingbian gas field, Ordos Basin, China. Journal of Asian Earth Sciences, 35(1-2): 74-88.

Lund K, Fogler H S, Mccune C C. 1973. Acidization：Ⅰ. The dissolution of dolomite in hydrochloric acid. Chemical Engineering Science, 28(3): 691-700.

Ma Y S, Cai X Y, Guo T L. 2007a. The controlling factors of oil and gas charging and accumulation of Puguang gas field in the Sichuan Basin. Chinese Science Bulletin, 52(S1): 193-200.

Ma Y S, Guo X S, Guo T L, Rui H, Cai X Y, Li G X. 2007b. The Puguang gas field：New giant discovery in the mature Sichuan Basin, Southwest China. AAPG Bulletin, 91(5): 627-643.

Ma Y S, Guo T L, Zhao X F, Cai X. Y. 2008a. The formation mechanism of high-quality dolomite reservoir in the deep of Puguang Gas Field. Science China Earth Sciences(Science in China Series D), 51(zk1): 53-64.

Ma Y S, Zhang S C, Guo T L, Zhua G Y, Cai X Y, Li M W. 2008b. Petroleum geology of the Puguang sour gas field in the Sichuan Basin, SW China. Marine and Petroleum Geology, 25: 357-370.

Machel H G. 2001. Bacterial and thermochemical sulfate reduction in diagenetic settings-old and new insights. Sedimentary Geology, 140(1-2): 143-175.

Machel H G, Krouse H R, Sassen R. 1995. Products and distinguishing criteria of bacterial and thermochemical sulfate reduction. Applied Geochemistry, 10: 373-389.

Mougin P, Lamoureux-Var V, Bariteau A, Huc A Y. 2007. Thermodynamic of thermochemical sulphate reduction. Journal of Petroleum Science and Engineering, 58: 413-427.

Pan C C, Yu L P, Liu J Z, Fu J M. 2006. Chemical and carbon isotopic fractionations of gaseous hydrocarbons during abiogenic oxidation. Earth and Planetary Science Letters, 246(1-2): 70-89.

Poreda R J, Jenden P D, Kaplan I R, Craig H. 1986. Mantle helium in Sacramento basin natural gas wells. Geochimica et Cosmochimica Acta, 50(12): 2847-2853.

Stahl W J, Carey Jr B D. 1975. Source-rock identification by isotope analyses of natural gases from fields in the Val Verde and the Delaware Basin, West Texas. Chemical Geology, 16: 257-267.

Tissot B T, Welte D H. 1984. Petroleum Formation and Occurrences. Berlin: Springer.

Worden R H, Smalley P C. 1996. H_2S-producing reactions in deep carbonate gas reservoirs：Khuff Formation, Abu Dhabi. Chemical Geology, 133: 157-171.

Worden R H, Smalley P C, Oxtoby N H. 1995. Gas souring by thermochemical sulfate reduction at 140°C. AAPG Bulletin, 79(6): 854-863.

Xie Z Y, Tian S C, Li J, Hu G Y, Li Z S, Ma C H. 2004. Geochemical characteristics and origin of Feixianguang Formation oolitic schoal natural gases in northeastern Sichuan basin. Geochimica, 33(6): 567-573.

Xu Y C, Shen P. 1996. A study of natural gas origins in China. AAPG Bulletin, 80(10): 1604-1614.

Zhang T W, Ellis G S, Wang K S, Walters C C, Kelemen S R, Gillaizeau B, Tang Y C. 2007. Effect of hydrocarbon type on thermochemical sulfate reduction. Organic Geochemistry, 38(6): 897-910.

Zhang T W, Amrani A. Ellis G S, Ma Q S, Tang Y. C. 2008a. Experimental investigation on thermochemical sulfate reduction by H_2S initiation. Geochimica et Cosmochimica Acta, 72(14): 3518-3530.

Zhang T W, Zhang M J, Bai B J, Wang X B, Li L W. 2008b. Origin and accumulation of carbon dioxide in the Huanghua depression, Bohai Bay Basin, China. AAPG Bulletin, 92(3): 3341-3358.

Zhu G Y, Zhang S C, liang Y B, Dai J X, Li J. 2005. Isotopic evidence of TSR origin for natural gas bearing high H_2S contents within the Feixianguan Formation of the northeastern Sichuan Basin, southwestern China. Science in China Series D-Earth Sciences, 48(11): 1960-1971.

Zhu G Y, Zhang S C, Liang Y B, Ma Y M, Guo T L, Zhou G Y. 2006. Distribution of high H_2S-bearing natural gas and evidence of TSR origin in the Sichuan basin. Acta Geologica Sinica, 80(8): 1208-1218.

苏北盆地富 CO_2 天然气成因与油气地球化学特征[*]

刘全有，朱东亚，金之钧，孟庆强，吴小奇，俞　昊

0　前言

在超临界状态下，CO_2 密度接近于液体，对有机物质的溶解能力非常强（Hyatt，1984），这一特性已广泛应用于植物油的提取（Bereridge and Harrison，2001）、高分子聚合物的处理（Kazarian，2007）、制药等有机处理领域（Subramaniam et al.，1997）。已有研究把超临界 CO_2 用于油页岩的抽提来研究分子标志物等有机地球化学特征（Bondar and Koel，1998）；超临界 CO_2 对沉积物中有机质的提取效率超过索氏抽提法（Akinlua and Torto，2010）。实验表明，在压力低于 20MPa 时，CO_2 中主要萃取溶解 C_{20} 以下组分；随着压力的增加，剩余重质组分逐渐开始溶解（李孟涛等，2006）。Okamoto 等（2005）从沥青质组分中抽提出了高分子量的正构烷烃和芳烃。CO_2 的临界温度和压力分别为 30.98°C 和 7.38MPa。在地质条件下，按照静水和静岩压力梯度分别为 10 MPa/km 和 26 MPa/km 以及 20°C/km 的地温梯度来算，CO_2 在地表几百米深度之下就一直处于超临界状态。对油气来说，超临界态的 CO_2 也是一个非常好的溶剂，具有低黏度的特点（Diep et al.，1998），能溶解携带油气向浅部地层运移。CO_2 的存在除增加油气在深部流体中的溶解能力之外，还能降低油水之间的界面张力和原油黏度、减小油气运动阻力等（谷丽冰等，2007；李孟涛等，2006）。此外，深部流体较高的温度也能显著降低原油黏度，有利于油气在富水地层中的传输运移。Hoffmann 等（1988）在澳大利亚塔斯马尼亚岛锡钨矿中发现了 CO_2-水-重烃共存的包裹体，包裹体均一温度为 300～450°C，并认为 CO_2 是岩浆来源与非岩浆来源的混合成因；Dutkiewicz 等（2003）在加拿大埃利奥特湖 24.5 亿年的石英砂岩流体包裹体中发现了无机成因 CO_2、水、气态烃和液态烃共存，包裹体均一温度为 250～330°C。这些发现揭示了富 CO_2 流体与油气之间相互作用的存在。

在中国东部陆上诸多盆地发现了高含 CO_2 气藏，其成因分为三类，①与深部幔源火山活动有关的幔源 CO_2，其含量一般大于 80%，R/Ra 值大于 2，其主要与沟通深部的大断裂有关（Dai et al.，1996；Huang et al.，2015；Zhang et al.，2008；何家雄等，2005）；②壳源型 CO_2 主要与高热流体活动对含钙泥岩、碳酸盐岩的物理化学综合作用有关（Hao et al.，2000，2015；Huang et al.，2003；Liu et al.，2014；Schoell et al.，1996），其含量变化大，R/Ra 值小于 0.6；③壳幔混源型 CO_2 属于上述二者按照不同比例形成的混合 CO_2（Huang et

* 原载于 *Chemical Geology*，2017 年，第 469 卷，214～229。

al.，2004；何家雄等，2005）。这些富含 CO_2 气藏为单独成藏，不与原油共生。

1983 年，苏北盆地苏 174 井在下二叠统栖霞组钻遇高产 CO_2 工业气流，发现了高丰度 CO_2 的黄桥气田，目前已探明地质储量 $196.9 \times 10^8 m^3$，已开采 CO_2 为 $4.15 \times 10^8 m^3$。根据 Dai 等（2005b）研究，该气田 CO_2 含量大于 90%，$\delta^{13}C_{CO_2}$ 值为 -5.0‰，R/Ra=3.5，为深部地幔来源的 CO_2。最近，苏北盆地黄桥地区钻遇 9 口井均发现高含 CO_2 天然气与原油共生，原油呈凝析油状态。这些富含 CO_2 天然气中烷烃气的成因和来源以及与 CO_2 共生的原油的有机地球化学特征尚未引起关注。如果富 CO_2 天然气为深部地幔来源，那么这些幔源 CO_2 天然气是否通过深大断裂把烃源岩和致密砂岩中滞留烃类萃取并携带到油藏，油藏中原油与烃源岩和致密砂岩中滞留烃类的有机地球化学特征有何差别，这些都有待分析。

1　地质背景

黄桥地区位于江苏省泰兴市黄桥镇，构造上位于下扬子板块苏北盆地次一级构造单元南京凹陷东北端的黄桥复向斜带，处于苏北盆地南缘的斜坡部位。

黄桥地区在古生代处于较稳定的构造环境，印支运动使下扬子板块东部发生强烈褶皱、推覆，使得该区上古生界形成褶皱，出现中下古生界构造不协调发展（杨文采等，1999）。燕山运动中期，研究区内挤压与拉张并存，以挤压为主，在挤压应力持续作用下，发生剪切平移断裂，使得北东向构造带撕裂和分块（张渝昌和卫自立，1990）。燕山中期（燕山中期同时发生挤压和岩浆侵入？）发生区域性断裂活动，伴随大规模中酸性岩浆侵入与喷发（陈安定，2001）。燕山晚期-喜马拉雅期，苏北地区发生大规模裂陷与抬升，并伴有若干期基性岩浆活动，拉斑玄武质和碱性橄榄玄武质岩浆岩呈裂隙式喷发。同期，走向近南北向的滨海-桐庐隐伏深大断裂在黄桥地区与郯庐断裂近乎平行，延伸 500km 以上，宽 20～30km，倾向近乎直立，切开新近系至岩石圈底部，源自地幔层的深部剪切运动直接控制着黄桥地区的构造变形（张渝昌和卫自立，1990）。苏北盆地 CO_2 气藏主要分布在近东西向展布的天长-氾水-红庄断裂、沿江断裂与呈北东东向展布的基底断裂的交汇部位（陈沪生和张永鸿，1999）。黄桥地区 CO_2 油气田发育于近东西向沿江岩石圈断裂与呈北东东向展布的曲塘、塔子里控凹基底断裂的交汇部位（图 1）。

黄桥地区被第四系广泛覆盖，大部分地区缺失古近系、下白垩统、侏罗系和上三叠统，其余层系基本保存完整（图 2）。钻遇最老地层为下志留统高家边组（S_1g），尚未见底；上志留统茅山组（S_3m）之上为上泥盆统五通组（D_3w）所不整合覆盖；石炭系发育较齐全，依次发育下石炭统高骊山组（C_1g）、中石炭统黄龙组（C_2h）和上石炭统船山组（C_3c）；二叠系依次发育下二叠统栖霞组（P_1q）和孤峰组（P_1g）、上二叠统龙潭组（P_2l）和大隆组（P_2d），其中龙潭组主要由暗色泥岩、砂岩互层夹煤线构成，累计厚度为 142.5m，该层段泥岩为主力烃源岩，而砂岩为产油气层段；中生界大部缺失，仅发育下三叠统青龙组（T_1q）和上白垩统浦口组（K_2p），其中上白垩统浦口组为一套棕红色含膏泥岩，累计厚度 400m 左右，起到良好的封盖作用；新生界古近系全部缺失，仅发育新近系盐城组（Ny）和第四系东台组（Qd）。

近年来，黄桥地区溪桥断块上二叠统龙潭组钻遇 4 口井，天然气均高含 CO_2 且与凝析油共生产出，其中华泰 3 井（直井）产油 1.3t/d，产气 $2.5 \times 10^4 m^3$/d，无水；溪 3 井（直井）产油 1.4t/d，产气 $3.76 \times 10^4 m^3$/d，无水；溪平 1 井（水平井）产油 5.51t/d，产气 $5.56 \times 10^4 m^3$/d，

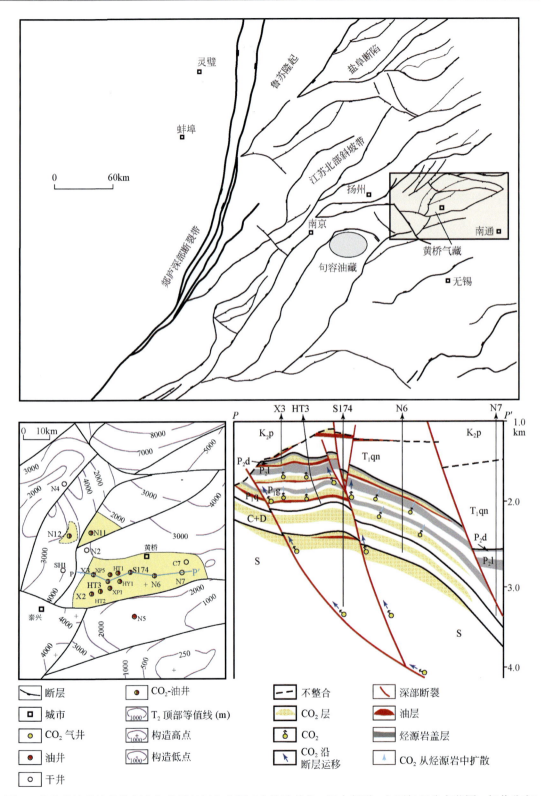

图1　苏北盆地构造单元划分与黄桥气田分布图（含构造单元、深大断裂、主要气田分布范围、气井分布）

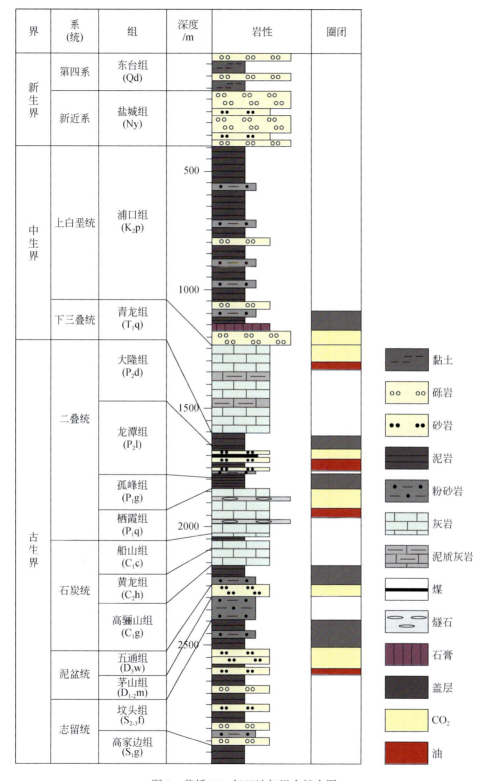

图 2　黄桥 CO_2 气田油气组合综合图

无水；溪平5井（水平井）产油3.0t/d，产气1.1×10⁴m³/d，产水18m³/d。原油密度0.7933～0.8255 g/cm³，为轻质油或凝析油。

2 分析方法

本研究中分析的所有样品都是直接从商业油气生产油田的井口收集的纯气相，在首次冲洗管线15～20min以去除空气污染后。使用一个直径为25cm的不锈钢圆筒（约1000cm³），配有两个最大压力为22.5MPa的截止阀来收集气体样品。容器内的压力一般保持在5.0MPa以上。收集样品后，将瓶子插入水中进行泄漏检查。

在实验室中，根据《质谱分析方法通则》（GB/T 6041—2002）和《气体分析 标准混合气体组成的测定 比较法》（GB/T10628—89），使用Finnigan MAT-271仪器测定了主要成分（包括CH_4、C_2H_6、C_3H_8、He、Ar）的丰度。通过与合成参考气体标准品进行比较计算浓度。分析条件如下：离子源：EI；电子能：86eV；质量范围：1～350u；分辨率：3000；加速电压：8kV；发射：0.200mA；真空度：＜1.0×10⁻⁷Pa。

使用Finnigan MAT-252仪器测量气体的稳定碳同位素组成。分析条件如下：气相色谱柱：Porapak Q（2m）；烘箱温度从40℃升至160℃，升温速率为15℃/min；纯氦气作为载气。$\delta^{13}C$值的分析误差小于0.3‰。每个样品测量三次，三次测量的结果取平均值。

在赛默菲尼根制造的Deltaplus XP质谱仪（GC-TC-IRMS）上进行稳定氢同位素分析。气相色谱（GC）的分析条件如下：ATC-2000型色谱柱（30m×0.32mm内径，2.5μm膜厚），初始流速为1.5ml/min，初始保持在30℃下5min。首先以8℃/min的升温速率升温至80℃，然后以4℃/min的升温速率升至260℃，最终保温时间为10min。质谱仪设置为：电子电离电压（EI）124eV，发射电流1.0mA，加速电压3kV，质量范围70。对于δ^2H_{VSMOW}，测量精度为3‰。每个气体样品测量三次，并对三次测量的结果取平均值。

3 天然气与原油地球化学特征

苏北盆地黄桥气田钻遇了富CO_2的天然气与原油相伴生，天然气组分以CO_2为主，含量为80.56%～99.30%，平均值为93.37%，烷烃气含量为0.51%～10.2%，平均值为0.37%，其中CH_4含量为0.45%～10.2%，平均值为0.36%，C_2H_6含量为0.03%～0.42%，平均值为0.14%，C_3H_8含量为0.005%～0.131%，平均值为0.03%，C_4H_{10}含量为0.01%～0.081%，平均值为0.02%，C_5等以上重烃气体含量更低（表1）。N_2含量为0.07%～10.95%，平均值为0.15%。H_2含量为0.01%～4.262%，平均值为0.528%，He含量为0.0096%～0.5709%，平均值为0.094%。CO_2碳同位素组成为-20.4‰～-1.7‰，其中溪平5井CO_2碳同位素最轻为-20.4‰，其余样品主要分布在-3.3‰～-1.7‰，平均值为-2.5‰，甲烷碳同位素组成为-42.6‰～-35.6‰，平均值为-39.7‰，乙烷碳同位素组成为-34.8‰～-29.6‰，平均值为-31.9‰，丙烷碳同位素组成为-30‰～-28.1‰，平均值为-29‰，烷烃气碳同位素组成为正序特征，即$\delta^{13}C_1 < \delta^{13}C_2 < \delta^{13}C_3$。由于乙烷等重烃气含量低于氢同位素检测下限，本次工作只分析了甲烷的氢同位组成，其值为-219‰～-186‰，平均值为-194.5‰。稀有气体同位素组成³He/⁴He值为0.76×10⁻⁶～4.91×10⁻⁶，⁴⁰Ar/³⁶Ar值为280～3152。

本次工作对苏北黄桥地区等地区的原油（溪平1井、苏174井、华泰3井及黄验1井）、上二叠统龙潭组储层抽提物以及下二叠统（P_1q）和上二叠统（P_2l，P_2d）烃源岩抽提物进

表 1　黄桥油气田天然气地球化学及碳同位素组成

| 井 | 深度/m | 地层 | 化学组分/% | | | | | | | | | 碳同位素/‰ | | | | | | $^{3}He/^{4}He$ /$(\times10^{-6})$ | $^{40}Ar/^{36}Ar$ | R/Ra | $CO_2/^{3}He$ | $CH_4/^{3}He$ |
			CO_2	CH_4	C_2H_6	C_3H_8	C_4H_{10}	H_2	N_2	He	Ar	$\delta^{13}C_{CO_2}$	$\delta^{13}C_1$	$\delta^{13}C_2$	$\delta^{13}C_3$	$\delta^{13}C_4$	$\delta^{2}H\text{-}C_1$					
华泰3	2292	P_1q	80.56	7.54	0.092	0.005	0.002	0.04	10.95	0.5709	0.1206	-1.7	-39.4	-32	-28.1		-187	4.54	2056	3.24	2.96×10^{9}	2.77×10^{8}
华泰2	2155	P_1q	98.95	0.57	0.035	0.015	0.009	0.01	0.29	0.0138	0.0060	-2.3	-39.9	-31.7	-28.7	-27.5	-190	4.66	3152	3.33	1.5×10^{11}	8.62×10^{8}
溪平5	1588	P_2l	86.34	10.20	0.42	0.03		0.02	2.91		0.0018	-20.4	-35.6					0.76	280	0.54	1.63×10^{15}	1.93×10^{14}
华泰1	2124	P_1q	99.22	0.48	0.03	0.014	0.01		0.13	0.0117	0.0052	-2.2	-39.2	-32.3	-29.3	-27.8	-186	4.73	535	3.38	2.06×10^{11}	1×10^{9}
黄验1	1934	P_1q	99.24	0.45	0.032	0.016	0.012		0.13	0.0106	0.0042	-2.4	-39.6	-31.2	-29	-27.3	-188	4.77	1015	3.40	1.95×10^{11}	8.86×10^{8}
苏174	2335	D_3w	99.30	0.47	0.031	0.014	0.01		0.07	0.0096	0.0054	-2.4	-39.2	-29.6	-28.7	-28.1	-189	4.91	1772	3.51	2.26×10^{11}	1.06×10^{9}
溪平1	2450	P_2l	95.94	2.37	0.254	0.131	0.081	0.01	1.04	0.0277	0.0058	-3.3	-42.6	-34.8	-30	-27.4	-203	2.63	1256	1.88	1.71×10^{11}	4.21×10^{9}
溪3	1552	P_2l	89.38	3.264	0.197	0.069	0.032	4.262	2.54	0.1089	0.0195	-3.3	-42.4				-219	2.75	340	1.96	5.58×10^{10}	2.04×10^{9}

行了分析。黄桥地区以轻质油或凝析油为主，原油密度为 0.7933～0.8255 g/cm³（表 2）。原油饱和烃组分为 90.06%～97.37%；砂岩储层砂岩抽提物中原油饱和烃组分为 53.69%～70.06%；下二叠统（P_1q）和上二叠统（P_2l，P_2d）烃源岩饱和烃组分为27.72%～44.58%。溪平 1 井、苏 174 井、黄验 1 井和华泰 3 井原油饱和烃的主峰碳分别为 nC_{17}、nC_{17}、nC_{16} 和 nC_{17}；储集砂岩中饱和烃的主峰碳数则较大，溪 1 井、溪 2 井（两口）和溪平 5 井储集岩中饱和烃的主峰碳分别为 nC_{22}、nC_{20}、nC_{25} 和 nC_{23}。

表 2　黄桥油气田天然气地球化学及碳同位素组成

井	深度/m	地层	提取物	密度/(g/cm³)	饱和度/%	芳香烃/%	非烃+沥青质/%	备注
溪平 1	2450	P_2l	原油	0.8043	93.93	5.54	0.53	油 5.51t/d，$CO_2$5.56× 10^4m³/d，无水
苏 174	2335	D_3w	原油	0.7933	97.37	2.53	0.11	
华泰 3	2292	P_1q	原油		91.57	7.99	0.44	油 1.3t/d，$CO_2$2.5× 10^4m³/d，无水
华泰 2	2155	P_1q	原油		90.06	9.07	0.87	
华泰 1	2124	P_1q	原油		90.61	8.86	0.53	
黄验 1	1934	P_1q	原油		91.57	7.99	0.44	
溪 3	1598	P_2l	原油	0.8255				油 1.4t/d，$CO_2$3.76× 10^4m³/d，无水
溪 1	1871	P_2l	砂岩		70.06	19.34	10.59	
溪 2	1550	P_2l	砂岩		61.25	9.45	29.29	
溪 3	1595	P_2l	砂岩		59.69	18.56	21.75	
溪平 5	1586	P_2l	砂岩		53.69	33.06	13.25	
溪 1	1810	P_2d	泥岩		44.58	20.06	35.36	
溪 1	1814	P_2d	泥岩		30.93	36.08	32.99	
溪 1	2056	P_2l	泥岩		27.72	22.83	49.46	
溪 1	2061	P_2l	泥岩		42.48	24.78	32.74	
溪 1	2073	P_1g	泥岩		41.49	16.41	42.1	
若神子火山口			原油		0.10～20.72	10.80～57.86	21.42～2.20	Yamanaka et al., 2000
瓜伊马斯			游离物+总提取物		44.25～54.5	26.6～34.33	18.9～21.43	Didyk and Simoneit, 1990
瓜伊马斯			原油		1.26～68.34	19.84～38.13	11.82～60.62	Schoell et al.，1990
黄石			原油		0.59～83.80	11.9～49.50	4.3～69.21	Clifton et al.，1990

4　讨论

4.1　CO_2 成因类型

本次研究结合了苏北盆地黄桥气田邻区的句容油气田浅层天然气（产出层位古近系）以及巴西桑托斯（Santos）油气田（马安来等，2015）和中国南海琼东南等富 CO_2 油气田的天然气（Huang et al.，2015，2004）进行了类比。根据 Whiticar 等（1986）建立的CO_2与甲烷碳同位素组成关系图，黄桥气田天然气CO_2与巴西 Santos 油气田和中国南海琼东南较为相似，主要分布在热降解气和深部CO_2区域，黄桥气田邻区的句容油气田天然气主要为湖相醋酸发酵区，也存在煤热解气和热解气与深部CO_2（图3）。据戴金星（1998）研究，我国CO_2的$\delta^{13}C$值的分布范围为-39‰～7‰，其中有机成因者主要为-39‰～-10‰，无机成因者主要为-8‰～7‰，而中国东部幔源-岩浆成因者大多为（-6±2）‰。按照戴金星建立的CO_2成因图版（图4），黄桥气田CO_2与巴西 Santos 油气田和中国南海琼东南CO_2较为相似，主要落入无机成因区域，而句容油气田CO_2主要落入有机成因区域。这样的鉴别结果与前人关于黄桥气田CO_2主要为深部幔源天然气基本一致（Dai et al.，2005b）。中国东部有关气藏中 CO_2 含量主要集中在低于 30%和高于 70%两部分，其中高浓度部分的$\delta^{13}C_{CO_2}$值为-8‰～2‰，属幔源非生物成因（Dai et al.，1996，2005b；Zhang et al.，2008）。因此，黄桥气田CO_2主要为深部无机CO_2成因。

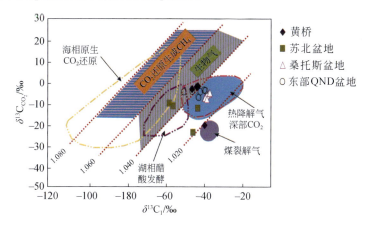

图3　黄桥气田CO_2与甲烷碳同位素组成关系图（Whiticar et al.，1986）

4.2　烷烃气成因类型

在沉积盆地中，腐殖型有机质主要由含芳环和杂环化合物构成，热裂解产物主要为有机质直接裂解，以生气为主，生油为辅（Behar et al.，1995；Berner et al.，1995；Lorant et al.，1998；Stahl and Carey，1975），而腐泥型有机质主要由长链脂肪族构成，在形成液态烃前期存在少量干酪根热裂解气，其后热裂解产物以液态烃为主，后期液态烃热裂解与干酪根热裂解均发生，且原油热裂解量远远大于干酪根直接热裂解（Tissot and Welte，1984）。这样，腐泥型有机质生成油型气的途径主要有两种：干酪根直接降解生成的干酪根裂解气和干酪根生成原油裂解形成的原油裂解气（James，1990；Prinzhofer and Battani，2003；Prinzhofer et al.，2000；Tang et al.，2000；Zhang et al.，2005）。Behar 等（1995）通过模拟实验建立了 ln（C_1/C_2）与 ln（C_2/C_3）鉴别干酪根裂解气与原油裂解气图版，但对于同一个区域或气藏，当天然气数据分布较为集中或呈菱形分布时，该图版很难进行不同阶段油型气的鉴别。李剑等（2015）通过模拟实验将不同热成熟度阶段 ln（C_1/C_2）与 ln（C_2/C_3）进行了重新绘制，从图5可知，除了溪平5井为干酪根裂解气外，黄桥地区天然气与 Santos 天然气分布在干酪根裂解气与原油裂解气之间，句容表现为原油裂解气。

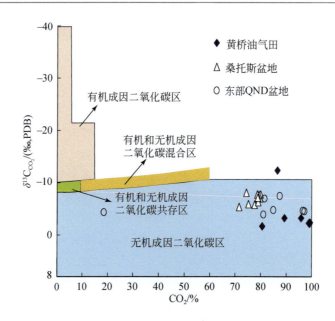

图 4　黄桥气田 CO_2 含量与其碳同位素组成关系图（戴金星，1998）

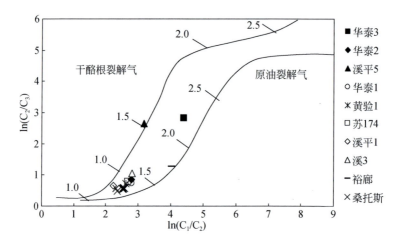

图 5　黄桥地区天然气 ln（C_1/C_2）与 ln（C_2/C_3）关系图（据李剑等，2015）

　　前人在大量不同沉积环境烷烃气氢同位素组成统计的基础上，提出不同沉积环境下的甲烷氢同位素组成不同（Schoell，1980；Shen et al.，1988），如陆相淡水环境生成的热成因甲烷的氢同位素组成小于-190‰，海相烃源岩形成的甲烷 δD_1 值重于-180‰，海陆交互相的半咸水环境中生成甲烷的 δD_1 值介于二者之间。考虑到热成熟度对天然气氢同位素组成的影响，淡水环境形成母质生成甲烷氢同位素组成会变重，但一般为-150‰（Liu et al.，2008）。根据 Schoell（1980）图版（图 6），黄桥甲烷主要为原油伴生气，而不是煤型气和无机甲烷。甲烷氢同位素组成小于-180‰，甲烷成烃母质环境表现为淡水沉积环境。从图 7 可知，黄桥地区天然气既不同于塔里木盆地典型海相腐泥型烃源岩形成的油型气，也不同

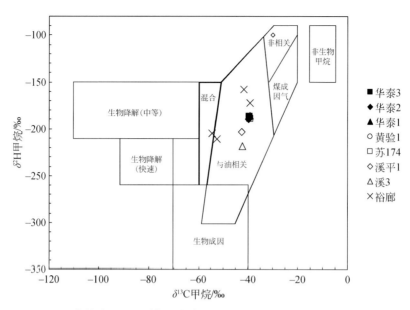

图6 黄桥地区甲烷碳氢同位素组成关系图（据 Schoell，1980）

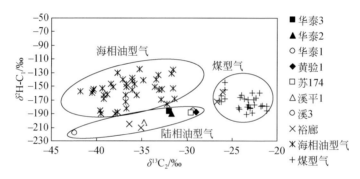

图7 黄桥地区乙烷碳同位素与甲烷氢同位素组成关系图

海相油型气与煤型气数据来源于 Liu 等（2008）

于典型陆相腐殖型烃源岩形成的煤型气。因为重烃烷气同位素组成更接近于母质特征，一般来自腐泥型有机质形成的油型气$\delta^{13}C_2$和$\delta^{13}C_3$轻于-28‰和-25‰，而来自腐殖型有机质形成的煤型气$\delta^{13}C_2$和$\delta^{13}C_3$重于-28‰和-25‰，高成熟油型气的$\delta^{13}C_2$值要略重于-28‰，但轻于-26‰（Dai et al.，2005a；Galimov，1988；Stahl and Carey，1975；Xu and Shen，1996）。从乙烷和丙烷碳同位素关系图看，黄桥气田烷烃气与 Santos 气田和句容油气田的低成熟原油裂解气较为相似，主要为油型气（图8）。因此，黄桥地区天然气成烃母质沉积环境应该为湖相淡水沉积环境下形成的腐泥型有机质，天然气类型为湖相腐泥型有机质形成的油型气。

为了进一步鉴别黄桥地区烷烃气为直接来自腐泥型有机质还是原油热裂解，我们利用 Prinzhofer 和 Battani（2003）、Prinzhofer 等（2000）建立的C_2/C_3与$\delta^{13}C_2$-$\delta^{13}C_3$之间关系图版对黄桥地区烷烃气成因类型进行鉴别。从$\delta^{13}C_2$-$\delta^{13}C_3$与C_2/C_3关系（图9）可知，黄桥地区烷烃气已处于油裂解气、油气裂解气阶段，只有苏174井与桑托斯气田较为相似，为干酪根裂解气，黄桥气田的邻区句容气田以干酪根裂解气为主。因为在干酪根裂解气中，C_2/C_3几乎是恒定的（有时会减小），而在原油裂解气中，C_2/C_3会急剧增加；相反，C_1/C_2

在干酪根裂解气中增加，而原油裂解气中几乎不变；随着热演化程度的增加，$\delta^{13}C_2$-$\delta^{13}C_3$ 将趋于零（James，1983，1990）。因此，黄桥地区烷烃气主要为油裂解气与油气裂解气，热成熟度高于桑托斯和句容地区的干酪根裂解气。

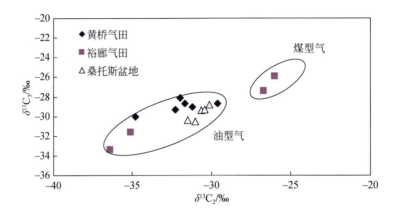

图 8   黄桥气田乙烷与丙烷碳同位素关系图

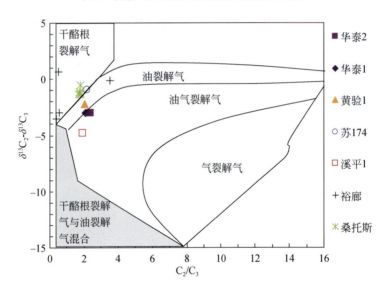

图 9   黄桥气田 C_2/C_3 与 $\delta^{13}C_2$-$\delta^{13}C_3$ 关系图（Prinzhofer 图版修订后）

4.3   壳-幔成因天然气鉴别

如前文论述，CO_2 主要为无机成因，而烷烃气则为有机成因。从黄桥地区天然气中 $^3He/^4He$ 值为 $0.94\times10^{-6}\sim4.67\times10^{-6}$ 说明存在深部幔源物质的供给。无机成因气主要包括深部通过深大断裂直接运移成藏以及在一定温度和压力作用下 CO_2 和 H_2 发生费-托反应合成（Berndt et al.，1996；Lancet and Anders，1970；Wakita and Sano，1983；Wang et al.，1997），但这些无机气以甲烷为主，乙烷等重烃含量很少，有时难以检测（Berndt et al.，1996；Horita and Berndt，1999；Janecky and Seyfried，1986；McCollom and Seewald，2001）。在火山活动过程中，会释放大量深部气体，化学组分以 CO_2、H_2 和 CH_4 为主，同时含有一定量的稀有气体，如 He、Ar 等（Welhan，1988）。由于含量稀少和化学性质上的惰性，稀有气体在地质作用过程中的丰度和同位素组成变化几乎不受复杂的化学反应影响，而主要取决于溶解、吸附和核反应等物理过程（Prinzhofer and Battani，2003）。稀有气体一般没有呈游离态聚集，它们以掺和物形式存在于天然气中，其含量不超过 1%（徐永昌等，1998）。天然气中幔源氦主要受深大断裂带、火山活动和岩浆活动控制，幔源挥发分的运移以直接与地幔相连的通道为途径（Xu et al.，1995a；徐永昌等，1998），^3He 为原始大气成因的氦，主要与深部地幔有关（Craig and Lupton，1976）。在本次研究中，我们选取不存在深部幔源流体侵入的鄂尔多斯盆地天然气为典型壳源端元（Dai et al.，2005a；Xu et al.，1995a），以环太平洋富含 He 天然气为幔源端元（Poreda and Craig，1989；Poreda et al.，1986；Wakita and Sano，1983；Xu et al.，1995a），利用 R/Ra 与 $CO_2/^3He$ 和 R/Ra 与 $CH_4/^3He$ 关系来识别有机成因与无机成因混合模式。如果天然气中 CO_2 为简单的壳源与幔源二端元混合，那么 R/Ra 和 $CO_2/^3He$ 应该表现为一定的相关性。如图 10 所示，在黄桥气田 CO_2 数据点落入以鄂尔多斯盆地为代表的典型壳源与以环太平洋周缘为代表的幔源之间的二元混合区域，$CO_2/^3He$ 值低于幔源下限，说明来自幔源的 CO_2 含量存在一定的损失，特别是华泰 3 井已经落入壳幔二端元混合区下方。尽管 CO_2 丢失途径很多，如以碳酸钙形式沉淀、石墨还原（Lollar et al.，1997），但是在特定条件下 CO_2 可以还原生成 CH_4（Horita and Berndt，1999；

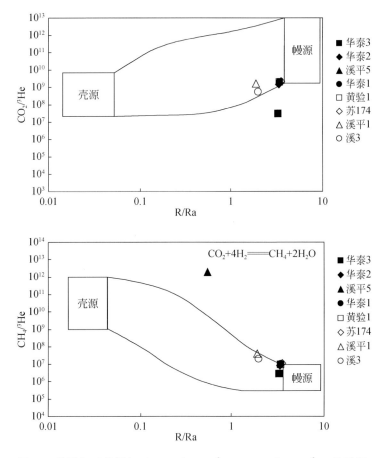

图 10　黄桥气田黄桥气田 R/Ra 与 $CO_2/^3He$、R/Ra 与 $CH_4/^3He$ 关系图

Wakita and Sano，1983）。此外，从 R/Ra 与 $CH_4/^3He$ 关系图可知，黄桥气田处于壳幔二端元混合区域，说明 CH_4 为壳源有机成因甲烷与幔源来源的甲烷形成的混合甲烷（Poreda and Craig，1989；Poreda et al.，1986；Wakita and Sano，1983；Xu et al.，1995a）（图 10）；因为有机成因气 $CH_4/^3He$ 一般为 $10^9 \sim 10^{12}$，且 R/Ra＜0.32（Dai et al.，2005b），而东太平洋洋中脊玄武岩、热泉气、火山喷气等典型无机气 $CH_4/^3He$ 为 $10^5 \sim 10^7$，且 R/Ra＞1.0（Dai et al.，2005b；Welhan，1988）。因此，黄桥气田高的 $CH_4/^3He$ 和 R/Ra 值可能主要与深部活动有关。但是，黄桥气田 $CH_4/^3He$ 值落入壳幔二端元混合的幔源顶端，暗示了部分甲烷可能存在。除了壳源有机成因与深部幔源甲烷外，幔源 CO_2 通过还原反应形成 CH_4，特别是溪平 5 井已经落入二端元混合区域外 CO_2 通过还原反应形成一定量的甲烷。因为火山活动过程中 CO_2 和 H_2 可以通过水岩反应合成甲烷。在日本海的油气田中也发现类似情况，$CH_4/^3He$ 高达 $10^{11} \sim 10^{14}$，CH_4 主要通过 CO_2 还原形成（Wakita and Sano，1983）。Suda 等（2014）通过对 Hakyuba Happo 温泉伴生气体分析，认为水岩反应能够生成甲烷气体，其中温度可以小于 150℃，这种甲烷碳同位素为-38.1‰～-33.2‰，甲烷氢同位素为-300‰～-210‰。这种通过低温水岩反应形成的甲烷碳氢同位素分布区域与黄桥地区天然气具有一定的相似性。但考虑到黄桥地区烷烃气含量相对较高，且烷烃气系列分布较为完整，即随着碳数增加，其含量逐步降低，暗示水岩反应形成甲烷的含量应该有限。黄桥地区水岩反应形成甲烷的含量与地球化学特征有待深入研究。因此，黄桥气田天然气存在有机气与无机气混合，且重烃气体主要为有机成因，而无机气主要为 CO_2 和 CH_4，后者包括幔源 CH_4 和费-托反应合成 CH_4。

4.4　富 CO_2 深部流体对原油有机地球化学特征的影响

既然黄桥气田富含 CO_2 天然气存在深部流体贡献，那么深部流体携带的热能是否对黄桥地区原油地球化学特征造成一定的影响？黄桥地区原油产出过程中多伴随 CO_2 的产出，如溪平 1 井日产油 5.51t，伴有 CO_2 日产量为 $5.56 \times 10^4 m^3$；溪 3 井日产油 1.4t，伴有 CO_2 日产量为 $3.76 \times 10^4 m^3$；华泰 3 井日产油 1.3t，伴有 CO_2 日产量为 $2.5 \times 10^4 m^3$。原油密度为 $0.7933 \sim 0.8255 g/cm^3$，为轻质油或凝析油。

根据黄桥地区原油、上二叠统龙潭组储层砂岩抽提物和下二叠统（P_1q）及上二叠统（P_2l，P_2d）泥岩族组分分析，原油饱和烃组分为 90.06%～97.37%，储层砂岩抽提物饱和烃组分为 53.69%～70.06%，烃源岩饱和烃组分为 27.72%～44.58%（表 2），三者族组分中饱和烃含量为原油＞砂岩抽提物＞泥岩，而泥岩中非烃+沥青质含量最高。从黄桥地区原油饱和烃、芳烃、非烃三者关系（图 11）可知，黄桥地区原油族组分与桑托斯盆地具有一定的相似性，既有典型原油族组分，也有非典型原油族组分分布特征，如溪平 1 和苏 174 井与全球典型原油具有相似性，而华泰 2、华泰 3、黄验 1 井分布在非典型原油范围。Simoneit（1990）认为，非典型原油族组分主要与热液作用有关，因为热液石油以芳烃或非烃+沥青质为主，芳烃和非烃+沥青质含量为 30%～98%（Didyk and Simoneit，1990；Kvenvolden et al.，1990；Simoneit，1990；Yamanaka et al.，2000），在美国黄石国家公园热液石油的芳烃和非烃+沥青质含量甚至可达 99% 以上（Clifton et al.，1990）。因此，黄桥地区深部流体携带能量对原油族组分具有一定的影响，但影响的不均一性导致黄桥地区原油族组分分布的差异性。正是这种深部流体携带能量在不同区域对油气影响的差异性，可能导致黄桥地区富 CO_2 通过

水岩反应形成的 CH_4 也具有一定的差异性。

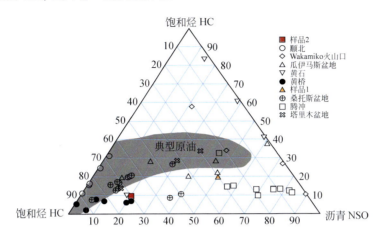

图 11　黄桥地区原油饱和烃、芳烃、非烃关系图

从饱和烃色谱分析结果来看，黄桥地区原油饱和烃色谱碳数分布在 $C_{13} \sim C_{34}$，主峰碳以 C_{16} 和 C_{17} 为主，表现为明显鼓包（UCM）的单峰型特征（图 12），C_{25} 以后正构烷烃丰度相对较低；同时，热变指数（thermal alteration index，CPI）为 $0.91 \sim 0.98$，Pr/Ph 值为 $1.10 \sim 1.47$，Pr/nC_{17} 值为 $0.55 \sim 0.77$，Ph/nC_{18} 值为 $0.53 \sim 0.64$（表 3）。这些原油具有鼓包型完整正构烷烃分布、非奇偶碳优势、主峰碳处于鼓包的高峰处，与热液成因石油具有类似特征（Simoneit，1990；Simoneit et al.，2004；Yamanaka et al.，2000）。从 P_2l 砂岩储层抽提物色谱看，饱和烃碳数分布在 $C_{13} \sim C_{39}$，主峰碳以 C_{20}、C_{23}、C_{25} 为主，具有明显鼓包的单峰型正态分布特征（图 13）。在溪平 5 井 P_2l 砂岩中呈现为双峰型特征，主峰碳分布为 C_{19} 和 C_{23}。CPI 为 $1.00 \sim 1.12$，Pr/Ph 值为 $0.21 \sim 0.87$，Pr/nC_{17} 值为 $0.74 \sim 1.11$，Ph/nC_{18} 值为 $0.94 \sim 1.05$。与原油相比，储层饱和烃碳数分布范围与原油基本相当，但储层饱和烃主峰碳数明显比原油高，且 CPI、Pr/nC_{17} 和 Ph/nC_{18} 值略高于原油，而 Pr/Ph 值低于原油，C_{25} 以后正构烷烃丰度较高。因此，原油正构烷烃以低碳数为主，高碳数正构烷烃丰度低。其可能的原因是，深部来的 CO_2 把分散在储层中的原油通过萃取方式聚集，开采过程中，富 CO_2 流体将轻质饱和烃中相对较轻碳数正构烷烃优先携带产出。在中国南海北部前陆边缘盆地深大断裂带附近就表现为 CO_2 把原油从深层油藏携带至浅层（Huang et al.，2015）。

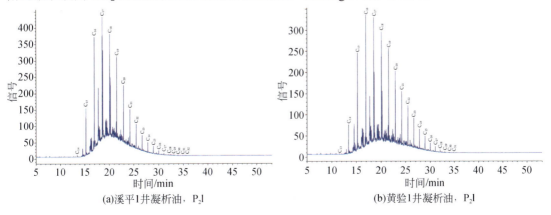

(a)溪平1井凝析油，P_2l　　　　　　　　(b)黄验1井凝析油，P_2l

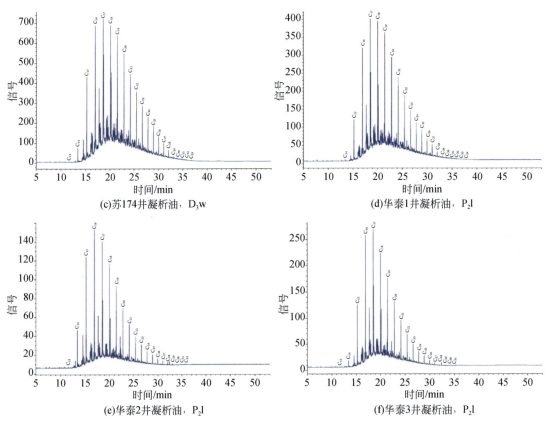

图 12　黄桥地区原油饱和烃色谱图

表 3　黄桥地区及其他地区原油中正构烷烃、类异戊二烯类烃及岩石可溶性有机萃取物分析数据

井	深度/m	地层	提取物	碳范围	峰值碳	CPI	Pr/Ph	Pr/nC_{17}	Ph/nC_{18}
溪平 1	2450	P_2l	原油	$C_{14}\sim C_{32}$	C_{17}	0.94	1.45	0.77	0.64
黄验 1	1934	P_1q	原油	$C_{13}\sim C_{33}$	C_{16}	0.96	1.10	0.55	0.59
华泰 1	2124	P_1q	原油	$C_{14}\sim C_{32}$	C_{17}	0.97	1.21	0.59	0.53
华泰 2	2155	P_1q	原油	$C_{13}\sim C_{32}$	C_{16}	0.98	1.38	0.56	0.54
华泰 3	2292	P_1q	原油	$C_{13}\sim C_{31}$	C_{16}	0.91	1.47	0.62	0.54
苏 174	2335	D_3	原油	$C_{13}\sim C_{33}$	C_{17}	0.92	1.22	0.62	0.58
溪 1	1871	P_2l	砂岩	$C_{13}\sim C_{36}$	C_{25}	1.05	0.64	0.87	0.98
溪 2	1550	P_2l	砂岩	$C_{13}\sim C_{38}$	C_{20}	1.00	0.72	1.11	1.05
溪 2	1554	P_2l	砂岩	$C_{17}\sim C_{39}$	C_{25}	1.12	0.21	0.74	0.94
溪平 5	1586	P_2l	砂岩	$C_{13}\sim C_{37}$	C_{19}, C_{23}	1.04	0.87	1.00	0.95

5　结论

对黄桥地区富 CO_2 油气藏中天然气组分、碳氢同位素以及稀有气体同位素组成分析的分析表明，该区天然气以 CO_2 为主，其含量超过 80%，为深部幔源成因。烷烃气体含量小

于 10%，但烷烃气系列较为完整，以甲烷为主，随着碳数增加重烃气体含量逐渐减少。烷烃气组分、碳同位素、氢同位素表明，黄桥地区烷烃气为油型气，热成熟度已处于油裂解气和油气裂解气阶段，成烃母质为湖相腐泥型有机质。根据 $CO_2/^3He$ 与 R/Ra、$CH_4/^3He$ 与 R/Ra 的典型壳幔二端元混合关系，黄桥地区来自幔源 CO_2 损失与 CH_4 增加具有一定的内在联系，幔源流体携带能量使得部分 CO_2 通过水岩反应形成无机 CH_4，从而使得 CH_4 具有三种不同来源：有机质热裂解气、幔源和水岩反应生成 CH_4。

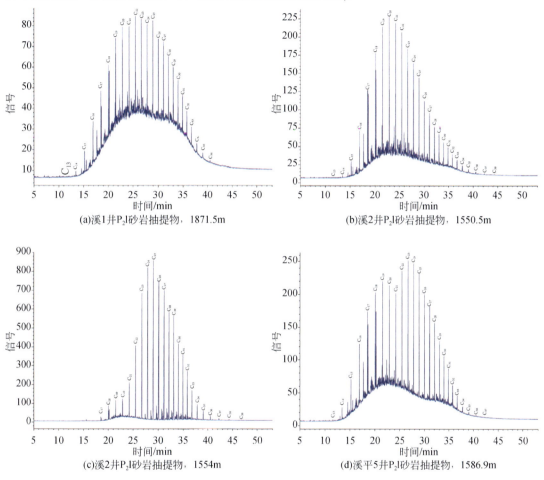

(a)溪1井P_2l砂岩抽提物，1871.5m
(b)溪2井P_2l砂岩抽提物，1550.5m
(c)溪2井P_2l砂岩抽提物，1554m
(d)溪平5井P_2l砂岩抽提物，1586.9m

图 13　黄桥地区上二叠统龙潭组储层抽提物饱和烃色谱图

黄桥地区富 CO_2 油气藏中原油为低密度轻质油，原油族组成以饱和烃为主；与储层和泥岩中族组成相比，饱和烃含量具有原油＞储层砂岩抽提物＞泥岩的特征。原油具有呈鼓包型完整正构烷烃分布、非奇偶碳优势、主峰碳处于鼓包高峰处等特征，与热液成因石油特征类似。其原因是，晚期深部幔源 CO_2 流体沿着深大断裂侵入并将分散在储层或烃源岩中的原油通过萃取方式并聚集成藏。同时，携带热量的幔源 CO_2 流体在运移过程中使得有机质和原油发生热蚀变，伴随有机质热解和水岩反应。

参 考 文 献

陈安定. 2001. 苏北箕状断陷形成的动力学机制. 高校地质学报, 7(4):408-417.

陈沪生. 张永鸿. 1999. 下扬子区及邻区岩石圈结构构造特征与油气资源评价.北京: 地质出版社.

戴金星. 1998. 天然气地质和地球化学论文集. 北京:石油工业出版社.

谷丽冰, 李治平, 欧瑾. 2007. 利用二氧化碳提高原油采收率研究进展. 中国矿业, 16(10): 66-69.

何家雄, 夏斌, 刘宝明, 张树林. 2005. 中国东部及近海陆架盆地 CO_2 成因及运聚规律与控制因素研究. 石油勘探与开发, 32(4): 42-49.

李剑, 谢增业, 魏国齐, 李志生, 王东良, 王志宏. 2015. 中国最大整装碳酸盐岩大气——安岳气田天然气地球化学特征与勘探潜力. 青岛: 第十五届全国有机地球化学学术会议.

李孟涛, 单文文, 刘先贵, 尚根华. 2006. 超临界二氧化碳混相驱油机理实验研究. 石油学报, 27(3): 80-83.

马安来, 黎玉战, 张玺科, 张忠民. 2015. 桑托斯盆地盐下 J 油气田 CO_2 成因、烷烃气地球化学特征及成藏模式. 中国海上油气, 27(5): 13-20.

徐永昌, 沈平, 刘文汇, 陶明信, 孙明良, 杜建国. 1998. 天然气中稀有气体地球化学. 北京: 科学出版社.

杨文采, 胡振远, 陈振炎, 倪诚昌, 白金, 方慧. 1999. 郯城-涟水综合地球物理剖面. 地球物理学报, 42(2): 206-217.

张渝昌, 卫自立. 1990. 苏北-南黄海盆地构造演化. 北京: 石油工业出版社.

Akinlua A, Torto N. 2010. Geochemical characterization of offshore Western Niger Delta source rock. Petroleum Science and Technology, 28(3): 236-247.

Behar F, Vandenbroucke M, Teermann S C, Hatcher P G, Leblond C, Lerat O. 1995. Experimental simulation of gas generation from coals and a marine kerogen. Chemical Geology, 126: 247-260.

Bereridge T, Harrison J E. 2001. Microscopic structural components of Sea Buckthorn(*Hippophae rhamnoides* L.) juice prepared by centrifugation. Lebensmittel-Wissenschaft und-Technologie, 34(7): 458-461.

Berndt M E, Allen D E, Seyfried W E. 1996. Reduction of CO_2 during serpentinization of olivine at 300 °C and 500 bar. Geology, 24(4): 351-354.

Berner U, Faber E, Scheeder G, Panten D. 1995. Primary cracking of algal and landplant kerogen: Kinetic models of isotope variations in methane, ethane and propane. Chemical Geology, 126(3-4): 233-245.

Bondar E, Koel M. 1998. Application of supercritical fluid extraction to organic geochemical studies of oil shales. Fuel, 77(3): 211-213.

Clifton C G, Walters C C, Simoneit B R T. 1990. Hydrothermal petroleum from Yellowstone National Park, Wyoming, U. S. A. Applied Geochemistry, 5(1-2): 169-191.

Craig H, Lupton J E. 1976. Primordial neon, helium and hydrogen in oceanic basalts. Earth and Planetary Science Letters, 31(3): 369-389.

Dai J, Song Y, Dai C, Wang D. 1996. Geochemistry and accumulation of carbon dioxide gases in China. AAPG Bulletin, 80(10): 1615-1626.

Dai J, Li J, Luo X, Zhang W, Hu G, Ma C, Guo J, Ge S. 2005a. Stable carbon isotope compositions and source rock geochemistry of the giant gas accumulations in the Ordos Basin, China. Organic Geochemistry, 36(12): 1617-1635.

Dai J, Yang S, Chen H, Shen X. 2005b. Geochemistry and occurrence of inorganic gas accumulations in Chinese sedimentary basins. Organic Geochemistry, 36(12): 1664-1688.

Didyk B M, Simoneit B R T. 1990. Petroleum characteristics of the oil in a Guaymas Basin hydrothermal chimney. Applied Geochemistry, 5(1-2): 29-40.

Diep P, Jordan K, Johnson K, Karl J, Beckman E J. 1998. CO_2-Fluorocarbon and CO_2-Hydrocarbon Interactions from First-Principles Calculations. Journal of Physical and Chemistry A, 102(12): 2231-2236.

Dutkiewicz A, Ridley J, Buick R. 2003. Oil-bearing CO_2-CH_4-H_2O fluid inclusions: Oil survival since the Palaeoproterozoic after high temperature entrapment. Chemical Geology, 194(1): 51-79.

Galimov E M. 1988. Sources and mechanisms of formation of gaseous hydrocarbons in sedimentary rocks. Chemical Geology, 71(1-3): 77-95.

Hao F, Zhang X, Wang C, Li P, Guo T, Zou H, Zhu Y, Liu J, Cai Z. 2015. The fata of CO_2 derived from thermochemical sulfate reduction(TSR)and effect of TSR on carbonate porosity and permeability, Sichuan Basin, China. Earth-Science Reviews, 141: 154-177.

Hao F, Li S, Gong Z, Yang J. 2000. Thermal regime, interreservoir compositional heterogeneities, and reservoir-filling history of the Dongfang Gas Field, Yinggehai Basin, South China Sea: Evidence for episodic fluid injections in overpressured basins?. AAPG Bulletin, 84(5): 607-626.

Hoffmann C F, Henley R W, Higgins N C, Solomon M, Summons E E. 1988. Biogenic hydrocarbons in fluid inclusions from the aberfoyle tin-tungsten deposit, Tasmania, Australia. Chemical Geology, 70(4): 287-299.

Horita J, Berndt M E. 1999. Abiogenic methane formation and isotopic fractionation under hydrothermal conditions. Science, 285, 1055-1057.

Huang B, Tian H, Huang H, Yang J, Xiao X, Li L. 2015. Origin and accumulaiton of CO_2 and its natural displacement of oils in the continental margin basins, northern South China Sea. AAPG Bulletin, 99(7): 1349-1369.

Huang B, Xiao X, Li X. 2003. Geochemistry and origins of natural gases in the Yinggehai and Qiongdongnan basins, offshore South China Sea. Organic Geochemistry, 34(7): 1009-1025.

Huang B, Xiao X, Zhu W. 2004. Geochemistry, origin, and accumulation of CO_2 in natural gases of the Yinggehai Basin, offshore South China Sea. AAPG Bulletin, 88(9): 1277-1293.

Hyatt J A. 1984. Liquid and supercritical carbon dioxide as organic solvents. Journal of Organic Chemistry, 49(26): 5097-5101.

James A T. 1983. Coorrelation of natural gas by use of carbon isotopic distribution between hydrocarbon components. AAPG Bulletin, 67(7): 1176-1191.

James A T. 1990. Correlation of reservoired gases using the carbon isotopic compositions of wet gas components. AAPG Bulletin, 74(9): 1441-1458.

Janecky D R, Seyfried W E. 1986. Hydrothermal serpentinization of peridotite within the oceanic crust: Experimental investigations of mineralogy and major element chemistry. Geochimica et Cosmochimica Acta, 50(7): 1357-1378.

Kazarian S. 2007. Enhancing high-throughput technology and microfluidics with FTIR spectroscopic imaging. Analytical and Bioanalytical Chemistry, 388(3): 529-532.

Kvenvolden K A, Rapp J B, Hostettler F D. 1990. Hydrocarbon geochemistry of hydrothermally generated petroleum from Escanba Trough, offshore California, U. S. A. Applied Geochemistry, 5: 83-91.

Lancet M S, Anders E. 1970. Carbon isotope fractionation in the Fischer-Tropsch synthesis of methane. Science, 170(3961): 980-982.

Liu Q, Dai J, Li J, Zhou Q. 2008. Hydrogen isotope composition of natural gases from the Tarim Basin and its indication of depositional environments of the source rocks. Science in China(Series D), 51(2): 300-311.

Liu Q, Jin Z, Wu X, Liu W, Gao B, Zhang D, Li J, Hu A. 2014. Origin and carbon isotope fractionation of CO_2 in marine sour gas reservoirs in the Eastern Sichuan Basin. Organic Geochemistry, 74: 22-32.

Lollar B S, Ballentine C J, O'Nions R K. 1997. The fate of mantle-derived carbon in a continental sedimentary basin: Integration of C/He relationships and stable isotope signatures. Geochimica et Cosmochimica Acta, 62(11): 2295-2307.

Lorant F, Prinzhofer A, Behar F, Huc A Y. 1998. Carbon isotopic and molecular constraints on the formation and the expulsion of thermogenic hydrocarbon gases. Chemical Geology, 147(3-4): 249-264.

McCollom T M, Seewald J S. 2001. A reassessment of the potential for reduction of dissolved CO_2 to hydrocarbons during serpentinization of olivine. Geochimica et Cosmochimica Acta, 65(21): 3769-3778.

Okamoto I, Li X, Ohsumi T. 2005. Effect of supercritical CO_2 as the organic solvent on cap rock sealing performance for underground storage. Energy, 30(11-12): 2344-2351.

Poreda R, Craig H. 1989. Helium isotope ratios in circum-Pacific volcainc arcs. Nature, 338(6215): 473-478.

Poreda R J, Jenden P D, Kaplan I R, Craig H. 1986. Mantle helium in Sacramento basin natural gas wells. Geochimica et Cosmochimica Acta, 50(12): 2847-2853.

Prinzhofer A, Battani A. 2003. Gas isotopes tracing: An important tool for hydrocarbons exploration. Oil & Gas Science and Technology–Rev. IFP, 58(2): 299-311.

Prinzhofer A A, Mello M R, Takaki T. 2000. Geochemical characterization of natural gas, a physical multivariable and its application in maturity and migration estimate. AAPG Bulletin, 84(8): 1152-1172.

Schoell M. 1980. The hydrogen and carbon isotopic composition of methane from natural gases of various origins. Geochimica et Cosmochimica Acta, 44(5): 649-661.

Schoell M, Hwang R, Simoneit B R T. 1990. Carbon isotope composition of hydrothermal petroleums from Guaymas Basin, Gulf of California. Applied Geochemistry, 5(1):65-69.

Schoell M, Schoellkopf N, Tang Y C, Hwang R, Baskin D K, Carpenter A B, Cathles L M, Huang B J. 1996. Formation and occurrence of hydrocarbons and nonhydrocarbon gases in the Yinggehai Basin and the Qiongdongnan Basin, the South China Sea. Chevron and CNOOC Research Report, 10-36, Beijing.

Shen P, Shen Q, Wang X, Xu Y. 1988. Characteristics of the isotope composition of gas form hydrocarbon and identification of coal-type gas. Science in China(Series B): 31: 734-747.

Simoneit B R T. 1990. Petroleum generation, at easy and widespead process in hydrothermal system: An overview. Applied Geochemistry, 5: 1-15.

Simoneit B R T, Lein A Y, Peresypkin V I, Osipov G A. 2004. Composition and origin of hydrothermal petroleum and associated lipids in the sulfide deposits of the Rainbow Field(Mid-Atlantic Ridge at 36°N). Geochimica et Cosmochimica Acta, 68(10): 2275-2294.

Stahl W J, Carey J B D. 1975. Source-rock identification by isotope analyses of natural gases from fields in the Val Verde and the Delaware Basin, West Texas. Chemical Geology, 16: 257-267.

Subramaniam V, Kirsch A K, Rivera-Pomar R V, Jovin T M. 1997. Scanning near-field optical microscopy and microspectroscopy of green fluorescent protein in intact *Escherichia coli* bacteria. Journal of Fluorescence, 7(4): 381-385.

Suda K, Ueno Y, Yoshizaki M, Nakamura H, Kurokawa K, Nishiyama E, Yoshino K, Hongoh Y, Kawachi K, Omori S, Yamada K, Yoshida N, Maruyama S. 2014. Origin of methane in serpentinite-hosted hydrothermal systems: The CH_4-H_2-H_2O hydrogen isotope systematics of the Hakuba Happo hot spring. Earth and Planetary Science Letters, 386: 112-125.

Tang Y, Perry J K, Jenden P D, Schoell M. 2000. Mathematical modeling of stable carbon isotope ratios in natural gases. Geochimica et Cosmochimica Acta, 64(15): 2673-2687.

Tissot B T, Welte D H. 1984. Petroleum Formation and Occurrences. Berlin: Springer.

Wakita H, Sano Y. 1983. ^{3}He/^{4}He ratios in CH_4-rich natural gases suggest magmatic origin. Nature, 305(5937): 792-794.

Wang X, Li C, Chen J, Guo Z, Xie H. 1997. On abiogenic natural gas. Chinese Science Bulletin, 42(16): 1327-1336.

Welhan J A. 1988. Origins of methane in hydrothermal system. Chemical Geology, 71(1-3): 183-198.

Whiticar M J, Faber E, Schoell M. 1986. Biogenic methane formation in marine and freshwater environments: CO_2 reduction vs. acetate fermentation-isotope evidence. Geochimica et Cosmochimica Acta, 50(5): 693-709.

Xu S, Nakai S, Wakita H, Xu Y, Wang X. 1995a. Helium isotope compositions in sedimentary basins in China. Applied Geochemistry, 10(6): 643-656.

Xu S, Nakai S I, Wakita H, Wang X. 1995b. Mantle-derived noble gases in natural gases from Songliao Basin, China. Geochimica et Cosmochimica Acta, 59(22): 4675-4683.

Xu Y, Shen P. 1996. A study of natural gas origins in China. AAPG Bulletin, 80(10): 1604-1614.

Yamanaka T, Ishibashi J, Hashimoto J. 2000. Organic geochemistry of hydrothermal petroleum generated in the submarine Wakamiko caldera, southern Kyushu, Japan. Organic Geochemistry, 31: 1117-1132.

Zhang H, Xiong Y, Liu J Z, Liao Y L, Geng A. 2005. Pyrolysis kinetics of Pure *n*-$C_{18}H_{38}$(I): Gaseous hydrocarbon and carbon isotope evolution. Acta Geologica Sinica, 79(4): 569-574.

Zhang T, Zhang M, Bai B, Wang X, Li L. 2008. Origin and accumulation of carbon dioxide in the Huanghua depression, Bohai Bay Basin, China. AAPG Bulletin, 92(3): 3341-3358.

中国四川盆地天然气中二氧化碳及其碳同位素的特征[*]

戴金星，倪云燕，刘全有，吴小奇，于　聪，龚德瑜，洪　峰，张延玲，严增民

0　引言

四川盆地是在克拉通基础上发育的大型叠合盆地，面积约 $18×10^4km^2$。盆地沉积岩发育，厚达 $6000～12000m$，是中国烃源岩层系发育最多的盆地，由于成熟度高，故烃源岩实际以气源岩为主，主要气源岩有 9 套（图 1）。发育众多的气源岩蕴藏着丰富的常规和非常规气资源量和储量，常规和非常规天然气剩余可采资源量达 $136404×10^8m^3$（Li et al.，2019）。至 2019 年底，盆地探明总地质储量 $57966×10^8m^3$，累计产气 $6488×10^8m^3$，但油累计产量很低，为 $729.6×10^4t$，气油当量比为 80：1（Dai et al.，2021）。盆地含气层多而叠置形成多个含气系统，常规的和致密油气产层 25 个（海相 18 个），页岩气产层 2 个（图 1），是中国迄今发现工业性油气层最多的盆地（Dai et al.，2018；Dai，2019）。至 2019 年底，盆地共发现气田 135 个（图 2），储量大于 $300×10^8m^3$ 的大气田 27 个，最大的气田也是中国最大的碳酸盐岩气田安岳气田，探明地质储量为 $11709×10^8m^3$，年产气 $120.13×10^8m^3$（Dai et al.，2021）。在 13 世纪四川盆地就开发了世界上第一个气田——自流井气田（Dai，1981；Meyerhoff，1970），Fryklund 和 Stark（2020）指出当累计产气量超过 50 亿桶油当量（$7931.66×10^8m^3$ 气），剩余可采资源量至少 50 亿桶油当量的沉积盆地就进入超级盆地之列，而称为一级超级盆地。若略低于此两项指标，则称为二级超级盆地。四川盆地剩余可采资源量为 $136404×10^8m^3$，超过指标值 $7931.66×10^8m^3$，而累计产气量为 $6569×10^8m^3$，略低于指标累计产气量，故应为二级超级盆地。Dai 等（2021）根据累计总产量中油和气占的百分比，把油和气比例为 20%～80% 的称为超级油气盆地，世界上大部分超级盆地属此类；当油比例大于 80% 称为超级油盆地；当气比例超过 80% 称为超级气盆地。四川盆地气比例为98.76%，是超级气盆地。此类盆地在超级盆地中占少数，美国阿巴拉契亚盆地也是超级气盆地，气比例为 88.85%（Dai et al.，2021）。

天然气中都或多或少含有 CO_2，一般天然气中 CO_2 含量较低；根据中国 9 个盆地 48 个大气田 1025 个气样组分分析，CO_2 平均含量为 3.58%（Dai et al.，2016），天然气中较低含量的 CO_2 往往广布在构造稳定的克拉通型盆地中，如中国鄂尔多斯盆地和四川盆地（Dai

* 原载于 *Frontiers in Earth Science*，2022 年，第十期，857～876。

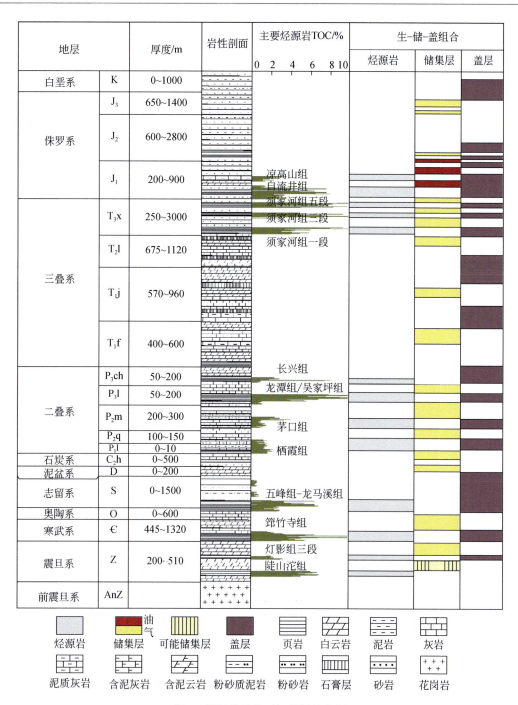

图 1　四川盆地生-储-盖层综合图

T₃x. 上三叠统须家河组；T₂l. 中三叠统雷口坡组；T₁j. 下三叠统嘉陵江组；T₁f. 下三叠统飞仙关组；P₃ch. 上二叠统长兴组；P₂m. 中二叠统茅口组；P₂q. 中二叠统栖霞组；P₁l. 下二叠统梁山组；C₂h. 中石炭统黄龙组

et al.，2017；Wu et al.，2017，2020）。但也有一些天然气中 CO_2 含量很高，其往往广布在构造活动强的裂谷型盆地、大断裂带，以及地史上的或近代的火山活动地带（Dai et al.，2000，2017），如中国三水盆地水深 9 井 CO_2 含量高达 99.55%；著名腾冲年轻火山区硫磺塘火山

期后气中 CO_2 含量为 96.0%～96.9%；美国洛杉矶盆地帝国（Imperial）CO_2 气田，位于几个流纹岩喷口附近,夹持于两个热泉带之间,1934～1954 年,累计天然气产量为 $18.4 \times 10^6 m^3$（Muffler and White，1968）。CO_2 是温室气体,污染环境,故其含量高就降低所在区天然气勘探的商业价值,如东海伸展盆地丽水凹陷在勘探井气中发现 CO_2 含量较高为 31%～98%,降低了勘探的商业性（Diao，2019）。

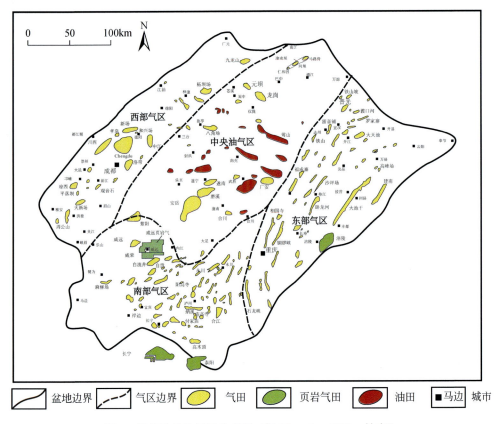

图2 四川盆地油气田分布图（据 Ni et al.，2021，补充）

根据气藏中 CO_2 含量的多少,可以对气藏进行分类。Tang（1983）把气藏中 CO_2 含量超过 80%至近 100%的称为 CO_2 气藏。Shen 等（1991）将气藏中 CO_2 含量大于 85%的称为 CO_2 气藏。Dai 等（2000）把气藏中 CO_2 含量在 90%至近 100%的称为 CO_2 气藏；含量在 60%～90%的称为亚 CO_2 气藏；含量为 15%～60%的称为高含 CO_2 气藏；含量微量至 15%的称为含 CO_2 气藏。国内外对 CO_2 气藏（田）研究较多（Muffler and White，1968；Qin and Dai，1981；Tang，1983；Song，1991；Dai et al.，2000）。美国帝国气田,1934～1954 年共产天然气 $18.4 \times 10^6 m^3$（Muffler and White，1968）。中国在 2019 年底探明 CO_2 地质储量 $2130 \times 10^8 m^3$,累计产出 CO_2 气 $127.5 \times 10^8 m^3$。中国东部陆上裂谷盆地、东海及南海北部大陆架边缘盆地,目前至少已发现 30 个具工业价值的 CO_2 气田（藏）（Zhang et al.，2019）。

二氧化碳碳同位素值（$\delta^{13}C_{CO_2}$）是识别有机成因和无机成因 CO_2 的重要参数,国内外许多学者对此做过研究。Shangguan 和 Zhang（1990）指出：变质成因 CO_2 的 $\delta^{13}C_{CO_2}$ 值与

沉积碳酸盐岩的 $\delta^{13}C$ 值相近，即在-3‰～1‰，而幔源的 $\delta^{13}C_{CO_2}$ 值为-8.5‰～-5‰。Shen 等（1991）认为无机成因 CO_2 的 $\delta^{13}C_{CO_2}>-7‰$。北京房山区花岗岩体里的石英二长闪长岩、等粒花岗闪长岩和斑状花岗闪长岩的石英气液包裹体中 $\delta^{13}C_{CO_2}$ 值分别为-3.8‰、-7.4‰和-7.8‰（Zhen et al.，1987）。Gould 等（1981）认为岩浆岩来源的 $\delta^{13}C_{CO_2}$ 值虽多变，但一般在（-7±2）‰，而 Pankina 等（1978）则认为 $\delta^{13}C_{CO_2}$ 值为-4.9‰～9.1‰。Moore 等（1977）指出太平洋中脊玄武岩包裹体中 $\delta^{13}C_{CO_2}$ 值为-6.0‰～-4.5‰。Dai 等（1989，1992，2000）结合以上学者观点，并根据中国不同成因的 212 个气样 CO_2 含量及对应 $\delta^{13}C_{CO_2}$ 值，同时还利用了澳大利亚、泰国、新西兰、菲律宾、加拿大、日本和苏联各种成因 100 多个 CO_2 含量及对应的 $\delta^{13}C_{CO_2}$ 值数据，编绘了 $\delta^{13}C_{CO_2}$-CO_2 含量有机成因和无机成因鉴别图。同时综合指出：有机成因的 $\delta^{13}C_{CO_2}$ 值<-10‰，主要在-30‰～-10‰；无机成因的 $\delta^{13}C_{CO_2}$ 值>-8‰，主要在-8‰～3‰。无机成因 CO_2 中，碳酸盐岩变质成因 CO_2 的 $\delta^{13}C_{CO_2}$ 值接近于碳酸盐岩的 $\delta^{13}C$ 值，在（0±3）‰；火山-岩浆成因和幔源 CO_2 的 $\delta^{13}C_{CO_2}$ 值大多在（-6±2）‰。同时，可用 $^3He/^4He$-$\delta^{13}C_{CO_2}$ 图来鉴别碳酸盐岩热变质成因或岩浆、幔源无机成因 CO_2（Etiope et al.，2011）。

CO_2 及 $\delta^{13}C_{CO_2}$ 值研究远逊于烷烃气（C_{1-4}）及 $\delta^{13}C_{1-4}$，一是因为烷烃气经济价值高，倍受研究重视；二是因为烷烃气具有联系性好的相似化学结构、彼此相近的化学特性，可以提供更多科学信息。因此，污染环境的 CO_2，研究滞后就不足为奇。

1　方法

在中国石油勘探开发研究院的 Thermo Delta V 质谱仪上测定了稳定的碳同位素组成。质谱仪与 Thermo Trace GC Ultra 气相色谱仪（GC）连接。使用熔融石英毛细管柱（PLOT Q 27.5m×0.32mm×10μm）在气相色谱仪上分离单个烃类气体组分（C_1～C_4）和 CO_2，然后在燃烧界面中将其转化为 CO_2，最后注入质谱仪。GC 烘箱的温度以 8°C/min 从 33°C 上升到 80°C，然后以 5°C/min 上升到 250°C，最终温度保持 10 min。分析气体样品一式三份，稳定的碳同位素值以δ表示法报告，单位为每密耳（‰）相对于维也纳 Peedee Belemnite（VPDB）。分子 $\delta^{13}C$ 分析中单个组分的精度为±0.3‰。

2　二氧化碳组分特征

表 1 和表 2 是四川盆地 22 个气田天然气地球化学参数。分析表 1 和表 2 中 243 个 CO_2 组分及其与相关参数的关系，可获得 CO_2 组分的特征。

2.1　二氧化碳含量低

由表 1 和表 2 及图 3 可见，243 个 CO_2 组分含量从 0.02%（新场气田 X21-H 井、大池干井气田 Chi31 井、威远页岩气田 We202 井、涪陵气田 JY6-2 井）至 22.90%（元坝气田 YB101 井），平均含量 2.96%，比中国已开发的 48 个大气田 1025 个气样 CO_2 平均含量 3.58%（Dai et al.，2016）还低。四川盆地 CO_2 含量低的特点降低了天然气勘探开发的风险性。

表 1　四川盆地天然气中 CO_2 及其碳同位素参数

气田	井	深度/m	地层	气体组分/%								$\delta^{13}C$/(‰, VPDB)					W/%	$^3He/^4He$/(×10⁻⁸)	R/Ra	参考文献
				CH_4	C_2H_6	C_3H_8	C_4H_{10}	C_5H_{12}	H_2S	CO_2	N_2	CH_4	C_2H_6	C_3H_8	C_4H_{10}	CO_2				
广安	Guangan7			88.79	6.95	1.86	0.67			0.46	0.79	-42.5	-28.0	-24.2	-23.1	-10.5	10.68			Li 等 (2007)
	Guangan12											-38.8	-25.5	-23.1	-22.9	-15.5				
	Guangan101			90.19	5.82	1.74	0.70			0.35	0.43	-38.2	-26.2	-25.1	-23.6	-18.6	9.16			
	Guangan106	1939~1951	T_3x^6	92.35	5.81	0.95	0.41			0.00	0.48	-39.2	-26.9	-26.0		-11.7	7.76			Tao 等 (2009)
	Guangan111	2130.5~2134.4		92.33	6.61	0.68	0.44			0.00	0.30	-39.9	-27.3	-26.7		-10.6	8.37			
	Guangan002-23	1708.4~1731.4	T_3x^4	92.08	5.90	1.02	0.38			0.00	0.50	-39.4	-26.9	-26.2		-11.3	7.93			
	Guangan21		T_3x^4	88.98	6.16	2.51	1.37			0.29	0.40	-40.2	-27.6	-26.4	-24.6	-7.9	11.28			
	Guangan56	2466	T_3x^6	91.05	5.17	1.84	0.78			0.34	0.40	-39.2	-27.4	-26.0		-11.6	8.56			
	Guangan128	2322~2327	T_3x^4	94.31	4.33	0.54	0.27			0.00	0.59	-37.7	-25.2	-23.3		-8.0	5.45			Dai 等 (2016)
八角场	Jiao33		T_3x^6	91.41	4.92	1.54	0.57			0.27	0.00	-39.5	-25.7	-24.4	-23.4	-9.8	7.69			
	Jiao47			89.60	6.22	2.02	1.36			0.29	0.64	-39.8	-25.7	-24.3	-23.1	-9.3	10.71			
	Jiao48		T_3x^2	87.53	6.26	2.65	0.58	0.24		0.27	1.96	-41.1	-26.2	-24.6	-23.8	-8.7	11.12			
	Jiao49		T_3x^4	96.26	2.85	0.53	0.19				0.11	-38.5	-27.2	-24.6	-23.1	-6.2	3.71			
	Jiao53											-40.1	-27.4	-24.6	-24.6	-8.8				
	Jiao13		T_3x^{2-4}	94.66	2.35	0.60	0.20			0.27	1.78	-39.8	-27.0	-25.6	-25.1	-11.5	3.33			Tao 等 (2009)
	Jiao23		T_3x^2	93.17	3.24	1.85				0.40	0.30	-38.4	-27.2	-24.6	-25.1	-15.5	5.46			
	Jiao47		T_3x^6	92.80	5.07	1.20	0.45	0.37		0.29	0.32	-39.5	-25.1	-21.7	-24.1	-14.4	7.64			
	Jiao2	2431.4~2462.4	J_1dn^1	84.34	9.10	3.71	1.29	0.80		0.35	0.46	-40.3	-32.8	-29.5	-31.8	-14.3	17.67			本文
	Jiao37	2657.4~2659.1	Jt^4	87.60	7.30	3.13	0.94	0.19		0.18	1.06	-43.1	-32.9	-30.2	-29.3	-19.1	13.20			

续表

气田	井	深度/m	地层	气体组分/%								δ¹³C/（‰，VPDB）					W/%	³He/⁴He（×10⁻⁸）	R/Ra	参考文献
				CH_4	C_2H_6	C_3H_8	C_4H_{10}	C_5H_{12}	H_2S	CO_2	N_2	CH_4	C_2H_6	C_3H_8	C_4H_{10}	CO_2				
	chuanxiao134-2		J_2S	93.08	5.02	0.82	0.40	0.04		0.44	0.16	−36.7	−24.4	−23.4	−19.3	−11.3	6.75	1.73	0.0124	Dai等（2003）
	chuanxiao162-2		J_3p	94.05	3.36	0.66	0.20	0.04		0.40	1.27	−34.5	−24.9	−27.4	−22.4	−6.8	4.53	2.94	0.0212	
	chuanxiao163		J_2q	94.21	2.90	0.50	0.16			1.41	0.83	−36.0	−21.7	−26.1	−19.1	−17.0	3.78	2.00	0.0144	
	chuanxiao254		J_3p	95.15	3.21	0.50	0.16	0.07		0.44	0.49	−35.5	−22.6	−21.8	−20.9	−10.2	4.14			
	chuanxiao37		J_2S	94.47	3.52	0.81	0.35	0.04		0.71	0.09	−36.1	−23.0	−25.5	−21.0	−16.9	5.00	1.58	0.0114	
	chuanxiao96	2625~2630	T_3x^5	95.19	2.95	0.74	0.83	0.10		0.74	0.18	−35.9	−22.9	−26.6	−22.3	−8.2	5.12	1.84	0.0132	
	chuanxiao96	3356		90.30	7.45	1.20	0.38			0.24	0.39	−38.9	−25.0	−22.3	−22.2	−11.7	10.17			
	chuanxiao93	2625~2630	T_3x^4	88.75	4.02	1.31	0.38	0.11		0.36	3.94	−35.0	−24.4	−21.6	−20.8	−22.6	6.56			本文
新场	X822	3383.58~3405.58	T_3x^4	93.41	3.78	0.93	0.38			0.46	0.85	−34.3	−23.1	−21.4	−19.9	−12.2	5.45			
	CH141		J_3p	95.41	3.16	0.76	0.29	0.08		0.06	0.23	−33.9	−24.4	−21.4	−20.2	−14.1	4.50			
	CH358-1		J_3p	96.33	2.59	0.53	0.20	0.06		0.04	0.23	−34.5	−24.2	−21.9	−20.7	−16.0	3.51			
	XQ111			94.75	3.69	0.84	0.30	0.10		0.09	0.23	−35.0	−23.7	−22.2	−21.5	−16.1	5.20			
	CX132			96.58	2.48	0.42	0.16	0.03		0.07	0.24	−33.8	−22.6	−21.9	−21.2	−16.3	3.20			
	CX170		J_2S	94.21	4.18	0.82	0.28	0.07		0.11	0.32	−35.0	−23.5	−20.8	−21.1	−17.1	5.68			Wu等（2017）
	CX628			93.59	4.28	1.00	0.39	0.12		0.05	0.54	−36.8	−25.4	−22.8	−22.8	−15.4	6.19			
	CX135		J_2q	92.73	4.42	1.09	0.50	0.17		0.20	0.89	−35.6	−23.5	−20.6	−20.5	−15.8	6.66			
	CX152			94.47	3.80	0.85	0.32	0.11		0.10	0.32	−35.4	−24.8	−22.2	−22.6	−16.1	5.38			
	XC23		T_3x^5	89.93	5.86	1.71	0.69	0.23		0.62	0.76	−39.1	−26.0	−21.6		−11.7	9.44			
	XC26			88.99	6.23	1.79	0.70	0.23		0.70	1.09	−40.2	−25.8	−21.4		−6.2	10.06			
	XC28		T_3x^4	94.35	4.17	0.41	0.12	0.00		0.96	0.00	−35.1	−20.4	−19.1		−8.9	4.98			

续表

气田	井	深度/m	地层	气体组分/% CH$_4$	C$_2$H$_6$	C$_3$H$_8$	C$_4$H$_{10}$	C$_5$H$_{12}$	H$_2$S	CO$_2$	N$_2$	δ^{13}C/(‰, VPDB) CH$_4$	C$_2$H$_6$	C$_3$H$_8$	C$_4$H$_{10}$	CO$_2$	W/%	^{3}He/^{4}He (×10^{-8})	R/Ra	参考文献
新场	X22			92.95	5.66	0.87	0.32	0.13		0.00	0.01	-33.4	-21.8			-4.9	7.51			Wu 等 (2017)
	X21-1H			94.77	4.08	0.70	0.27	0.10		0.02	0.03	-31.4	-21.1			-0.4	5.43			
	X5		T_3x^2	97.54	0.94	0.10	0.00	0.00		1.42	0.00	-31.6	-28.4	-28.2		8.1	1.07			
	X853			97.51	0.81	0.08	0.02	0.00		1.28	0.27	-31.8	-26.9	-25.7		-1.8	0.93			
	X856			97.10	0.70	0.07	0.02	0.00		1.40	0.62	-30.8	-27.0	-26.5		-0.8	0.81			
	XC6			97.39	1.06	0.12	0.00	0.00		1.43	0.00	-31.9	-26.4	-26.8		-7.5	1.21			
	CK1			94.57	0.31	0.02	0.00	0.00		4.78	0.30	-33.2	-34.8	-32.6		-3.7	0.35			
川西	A-8	5522~5557		84.27	0.28	0.01	0.00	0.00		9.96	0.55	-33.7	-32.5	-27.0		-1.1	0.34			Wu 等 (2020)
	A-2	5757~5837	T_2l^4	89.16	0.12	0.01	0.00	0.00		5.56	1.00	-31.8	-32.0			-7.3	0.15			
	A-5	5990~6071		82.23	0.16	0.01	0.00	0.00		15.25	0.83	-31.7	-31.5			-0.4	0.21			
	A-11	6142~6228		85.69	0.21	0.01	0.00	0.00		11.94	0.83	-31.4	-29.9			0.4	0.26			
	QX10	3707.64		93.57	3.85	0.59	0.16			1.55	0.23	-32.2	-22.8	-22.8	-20.4	-4.3	4.92			
	QX13	3934.5		93.49	3.90	0.63	0.19			1.47	0.25	-33.7	-24.1	-23.4	-21.2	-4.3	5.05			
	QX14	3410.85		96.5	1.57	0.12	0.03			1.55	0.23	-30.5	-24.1	-23.8		-5.0	1.78			
邛西	QX16	3374.2	T_3x^2	96.46	1.74	0.16	0.04			1.39	0.20	-30.8	-23.8		-20.6	-2.5	2.01			Dai 等 (2016)
	QX3	3524.5		93.3	3.91	0.63	0.18			1.67	0.25	-33.1	-23.0	-22.7		-3.3	5.06			
	QX4	3682		93.52	3.91	0.62	0.98			1.47	0.24	-32.9	-23.2	-23.0		-4.3	5.89			
	QX6	3360		95.95	2.48	0.30	0.08			0.92	0.21	-31.2	-23.2	-23.1	-20.9	-4.0	2.98			
平落坝	Pingluo3	3710	T_3x	97.14	1.98	0.24	0.08			0.76	0.54	-33.3	-21.7	-21.2	-20.3	-4.0	2.37			Fan 等 (2005)
	Pingluo6	3650		96.81	2.37	0.31	0.10			0.77	0.37	-33.5	-21.7	-22.6	-22.1	0.7	2.87			

续表

气田	井	深度/m	地层	CH$_4$	C$_2$H$_6$	C$_3$H$_8$	C$_4$H$_{10}$	C$_5$H$_{12}$	H$_2$S	CO$_2$	N$_2$	δ^{13}C CH$_4$	δ^{13}C C$_2$H$_6$	δ^{13}C C$_3$H$_8$	δ^{13}C C$_4$H$_{10}$	δ^{13}C CO$_2$	W/%	^{3}He/^{4}He (×10^{-8})	R/Ra	参考文献
平落坝	Pingluo6-1	3764		97.15	2.23	0.23	0.17			0.56	0.29	−33.6	−22.0	−22.6	−22.2	−6.8	2.71			Fan 等 (2005)
	Pingluo8	3594		97.16	2.01	0.24	0.09			0.24	0.48	−33.6	−21.6	−21.6	−20.0	−3.4	2.41			
	Pingluo10	3672		96.78	2.34	0.33	0.13			0.80	0.39	−33.7	−21.7	−22.7	−22.6	−4.3	2.89			
中坝	Zhong29	2269~2361		87.86	6.53	2.10	1.43			0.39	0.28	−34.8	−24.8	−23.7	−23.5	−10.5	11.45			
	Zhong31	2522~2590	T_3x^2	91.74	5.44	1.45	1.20			0.27	0.08	−36.4	−25.6	−24.0	−23.6	−14.5	8.82		0.018	
	Zhong34	2373~2409		90.71	5.53	1.65	0.67			0.49	0.78	−36.1	−26.0	−23.4		−11.3	8.65			
	Zhong39	2422.9~2461		87.82	6.36	2.7	2.31			0.32	0.03	−36.6	−25.6	−23.2		−9.8	12.95			
	Zhong21		T_2l^3							3.65						−8.3				
文兴场	Wen4	3791.8~3697	T_3x^2	92.64	5.24	0.95	0.33			0.76	0.22	−37.0	−24.1	−19.9		−10.3	7.04			
	Wen9	4495.8~4258.2		94.06	3.69	0.69	0.18			0.75	0.44	−34.8	−23.8	−19.2		−11.3	4.85			本文
龙岗	Longgang001-3	6104.4	T_1f	92.82	0.07	0.01				3.74	0.68	−29.8	−28.3		−22.1	−0.9	0.08			
		6353	P_3ch	88.80	0.04					5.35	0.44	−30.1	−30.8			−0.9	0.05			
	Longgang3	3264~3284	T_3x^6	92.62	4.42	0.90	0.33	0.05		0.39	1.18	−37.1	−25.4	−23.8		−12.12	6.15			
		5905~5917	T_1f^{1-3}	81.96	0.11					15.84	1.76	−31.0	−22.8			−0.6	0.13			
		6390~6408	P_3ch	77.48	0.07	0.01				20.21	1.53	−29.2				−2.3	0.10			
	Longgang12	3471~3483	T_3x^6	95.54	2.07	0.13	0.02			0.88	1.03	−37.8	−23.4	−22.2		−14.6	2.32			
		4030~4054	T_2l^4	81.10	2.20	0.43	0.04			8.65	0.31	−35.5	−26.2	−23.8	−21.7	−3.4	3.29			
		6130.1	T_1f	95.70	0.09					1.12	2.84	−30.5	−27.3			−11.4	0.09			

续表

气田	井	深度/m	地层	气体组分/%								$\delta^{13}C$/ (‰, VPDB)					W/%	$^3He/^4He$/(×10^{-8})	R/Ra	参考文献
				CH$_4$	C$_2$H$_6$	C$_3$H$_8$	C$_4$H$_{10}$	C$_5$H$_{12}$	H$_2$S	CO$_2$	N$_2$	CH$_4$	C$_2$H$_6$	C$_3$H$_8$	C$_4$H$_{10}$	CO$_2$				
	Longgang18	2708~2739	J$_2$s^1	33.78	1.08	0.36	0.16	0.04		0.12	63.62	-43.5	-36.8	-30.0	-27.6	-16.6	4.85			本文
		3472~3491	T$_3$x^6	93.83	4.4	0.55	0.15	0.02		0.38	0.5	-38.1	-23.6	-21.7	-23.6	-11.9	5.46			
		4808~4120	T$_2$l^4	94.34	0.79	0.07	0.02			4.59	0.12	-36.5	-35.5	-30.5	-27.1	-2.42	0.93			
			P$_3$ch										-31.1			-2.4				
	Longgang001-3	6141.77	T$_1$f	94.94	0.07					2.32	1.21	-29.4	-28.3			-3.4	0.07			
		6086.55		95.58	0.07					2.31	0.76	-26.6	-24.7			-8.0	0.07			
	Longgang001-6	6069.11		95.15	0.07					2.95	0.64	-28.3	-25.7			-5.1	0.07			
		6094.08		95.05	0.07					2.47	1.15	-28.2	-25.1			-3.9	0.07			
龙岗	Longgang2	5953~5990		91.90	0.05					4.77	4.77	-28.5	-25.4			1.5	0.05			Qin等 (2016)
	Longgang26	5558.98		95.23	0.10					4.27	0.26	-31.1	-29.8			-1.6	0.11			
	Longgang28	4694~4828		89.48	0.06					7.09	0.59	-29.1	-25.8			-1.0	0.07			
	Longgang61	6261~6330		94.95	0.08					1.84	0.09	-27.4	-22.2			1.9	0.08			
	Longgang001-2	6735~6828	P$_3$ch	93.88	0.06					3.76	2.28	-28.8	-25.4			-9.7	0.06			
	Longgang1	6202~6240		92.33	0.07					4.41	0.7	-29.4	-24.3			-17.2	0.08			
	Longgang2	6112~6124		89.03	0.06					6.07	0.31	-28.5	-21.7			1.2	0.07			
	Longgang8	6713~6731		83.8	0.05					8.63	0.25	-29	-22.1			1.6	0.06			
	Longgang11	6045~6143		84.56	0.07					6.08	0.17	-27.8	-27			2.8	0.08			

续表

气田	井	深度/m	地层	气体组分/% CH$_4$	C$_2$H$_6$	C$_3$H$_8$	C$_4$H$_{10}$	C$_5$H$_{12}$	H$_2$S	CO$_2$	N$_2$	δ^{13}C/(‰, VPDB) CH$_4$	C$_2$H$_6$	C$_3$H$_8$	C$_4$H$_{10}$	CO$_2$	W/%	^{3}He/^{4}He (×10^{-8})	R/Ra	参考文献
龙冈	Longgang26	5774~5796		92.88	0.08					4.71	0.64	-29.4	-23			-0.5	0.09			Qim 等 (2016)
	Longgang29	6020~6244		88.52	0.1	0.01				4.98	1.46	-29.3	-25.3			-1.5	0.12			
	Y2-cp1	3912~3935	J$_1$z	86.33	7.61	1.06				2.34	1.96	-40.9	-24.7			-0.9	10.04			Li 等 (2015)
	Y9	4035~4110		91.79	5.66	0.48				1.35	1.35	-38.3	-24.3	-22.3		-10	6.69			
	Y5c-1	3884~3920		92.94	3.63	0.5				0.51	1.88	-38.9	-25.2	-24		-1.3	4.44			
	Y11	4128		65.09	15.46	5.85				0.55	10.24	-42.2	-27.8			-25.4	32.74			
	A-1	4305~4327	T$_3$x^3	77.9	0.22	0.08				14.3	3.84	-29.9	-24.8	-24.8		-1.5	0.39			Wu 等 (2019)
	A-2	4069~4077	T$_3$x^4	98.09	0.89	0.07				0.87	0.07	-32.2	-25.9	-27.7		-7.5	0.98			
元坝	YB2	4350~4380	T$_3$x^3	95.38	1.13	0.06	3.01			2.43	0.8	-30.9	-25.2	-24.4		-2.5	1.26			Yin 等 (2013)
	YB3	4372~4410	T$_3$x^4	97.94	1.37	0.1	3.02			0.16	0.02	-31.4	-21.5	-23.9		-3.5	1.52			
	YB4	4666~4695		97.46	1.25	0.14	3.03			0.35	0.68	-31.7	-28	-26.9		-6.6	1.46			
	A3	4455~4479	T$_3$x^2	90.71	0.69	0.05				7.21	0.49	-30.3	-33	-33.4		-0.5	0.82			Wu 等 (2019)
	A-1	4533~4546		97.14	1.05	0.09				0.14	1.4	-31.8	-32.6	-32.7		-11.1	1.17			
	YB2	4600~4640		87.67	8.11	1.97				0.49	0.39	-32	-27	-23.4		-3.1	11.5			Yin 等 (2013)
	YB2	4512~4535		92.46	1	0.11				3.63	2.64	-31.1	-30.4	-24.9		-3.8	1.2			

续表

气田	井	深度/m	地层	气体组分/%								δ¹³C/（‰，VPDB）					W/%	³He/⁴He(×10⁻⁸)	R/Ra	参考文献
				CH_4	C_2H_6	C_3H_8	C_4H_{10}	C_5H_{12}	H_2S	CO_2	N_2	CH_4	C_2H_6	C_3H_8	C_4H_{10}	CO_2				
元坝	YB3	4167~4228	T_3x^1	95.56	2.36	0.28				0.59	1.12	-33.9	-24.4	-23.9		-5	2.76			Yim 等（2013）
	YB4	4825~4837	T_3x^2	97.86	0.91	0.08				0.53	0.53	-33.5	-29.7			-6.3	1.01			
	YB22	4403~4418		98.21	0.67	0.04				0.67	0.36	-34.5	-35.4			-2.6	0.72			
	YB27	4350~4370		80.71	1.11	0.11				1.43	16.45	-31.8	-30.8			-3.2	1.51			
	YL6	4427~4485		97.71	1.16	0.11				0.64	0.31	-31.3	-31.4	-31.7		-4.3	1.3			
	YL9	4585~4597		98.19	1.23	0.11				0.4	0	-31.4	-32	-32.1		-12.5	1.36			
	A5	4770~4782	T_2l^4	98.34	1.01	0.1				0.15	0.36	-31.2	-28.5	-27.5		-12.2	1.13			Wu 等（2019）
	A6	4713~4758										-35.6	-36.7	-31		0.9				
	YB1-c1	7330.7~7367.6	T_1f^{4-2}	86.23	0.04	0				6.22	0.3	-28.9	-25.3			-2.4	0.05			Hu 等（2014）
	A4	6787~6799	T_1f^3	75.65	0.07	0.03				14.1	9.27	-28.7	-25			-2.9	0.13			
	A5	6686~6720	P_3ch	61.98	0.04	0.004				22.90	15.06	-29.2	-28.6	-26.9		-0.4	0.07			Wu 等（2019）
	A7	7020~7030		99.15	0.47	0.02				0.07	0.28	-30.9	-29.7	-29		-8.1	0.49			
	A8	6625~6636		88.46	0.06	0				4.68	0	-28.3	-25.9			1	0.07			
	A9	6811~6880		92.57	0.05	0				6.04	0.84	-28.6	-25.4			0.5	0.05			

续表

气田	井	深度/m	地层	气体组分/%								$\delta^{13}C$/(‰, VPDB)					W/%	$^3He/^4He$/(×10⁻⁸)	R/Ra	参考文献
				CH_4	C_2H_6	C_3H_8	C_4H_{10}	C_5H_{12}	H_2S	CO_2	N_2	CH_4	C_2H_6	C_3H_8	C_4H_{10}	CO_2				
元坝	YB12	6692~6780		82.54	0.04	0				3.91	2.87	-30.6				-0.7	0.05			Wang等（2014）
	YB101	6955~7022		80.48	0.03	0				8.26	2.53	-31.2				-0.1	0.04			
	YB101	6955~7022		87.17	0.08	0.01				1.74	2.54	-31				-1.7	0.1			
	YB2	6545~6593		87.12	0.03	0				7.61	0.65	-30.5				-2.3	0.03			Hu等（2014）
	YB9	6836~6857		69.91	0.02	0.0				14.5	0.7	-28.4				2.5	0.04			
	YB11	6797~6917		80.55	0.05	0				11.8	0.23	-27.9	-25.2			3.3	0.06			
	Y104	6700~6726		87.09	0.04	0				5.23	0.52	-29.1	-25.6			-0.8	0.05			Li等（2015）
	Y123	6978~6986		46.89	0.01	0				15.7	7.74	-29.8				-3.9	0.02			
	Y123	6904~6918		78.04	0.04	0				11	1.9	-29.3	-29.9			-1.3	0.05			
	Y16	6950~6974		84.58	0.23	0.003				2.56	0.46	-29.7				-1.3	0.28			
	Y204	6523~6590		91.23	0.04	0.005				4.32	1.54	-29.4	-26			-1.4	0.05			
	Y205	6698~6711		89.56	0.04	0				4.79	0.59	-27.9				-0.9	0.04			
	Y27	6262~6319		89.03	0.09	0.002				5.06	1.22	-28.9	-26.6			-1.2	0.1			
	Y29	6808~6820		88.76	0.06	0				7.03	4.02	-28.9	-29.3			-3	0.07			

续表

气田	井	深度/m	地层	气体组分/% CH$_4$	C$_2$H$_6$	C$_3$H$_8$	C$_4$H$_{10}$	C$_5$H$_{12}$	H$_2$S	CO$_2$	N$_2$	δ^{13}C/(‰, VPDB) CH$_4$	C$_2$H$_6$	C$_3$H$_8$	C$_4$H$_{10}$	CO$_2$	W/%	^{3}He/^{4}He/(×10^{-8})	R/Ra	参考文献
普光	G2	4776~4826	T$_1$f^3	76.6	0.19	0	0		14.8	7.89	0.4	-30.9	-28.5			1.9	0.25			Guo 和 Guo (2012)
	G3	5295.8~5349.3		71.16	0.02	0.01	0		9.27	18	0.55	-29.7				-0.2	0.04			
	G3	5448.3~5469.2	T$_1$f^2	22.06	0.05	0	0		62.17	15.3	0.29	-30.2				-4.5	0.23			
	G5	4486~4500	T$_1$j^1	89.02	0.05	0.07	0.15			8.27	0.79	-31				1.1	0.3			
	G5	4830~4868	T$_1$f^3	75.24	0.03	0	0		11.26	12.7	0.74	-33.7				2.4	0.04			
	G6	4850.7~4892.8	T$_1$f$^{2-1}$	84.3	0.08	0.02	0		6.21	8.09	1.28	-33.1				2	0.12			
	G6	5030~5158	T$_1$f$^{2-1}$	75.5	0.03	0	0		13.92	9.92	0.59	-29.5				1.8	0.04			
	G8	5502~5592	T$_1$f-P$_2$c	81.75	0.01	0.01	0		6.15	9.19	2.8	-32.4				1	0.02			
	G9	5915.8~5993	T$_1$f$^{4-3}$	77.42	0.04	0.02	0		13.92	8.08	0.47	-31.1				0.4	0.08			
	G9	6110~6130	P$_3$ch	70.53	0.03	0	0	0	14.6	14.1	0.61	-31.3	-23.9			0.9	0.04			
卧龙河	Wo3	1288	T$_1$j$_1^5$	97.96	0.78	0.14	0.03	0		0.34	0.74	-34.8	-27.5	-24	-26.7	-17	0.97	1.93±0.17	0.01	本文
	Wo13	1570		92.4	0.8	0.2	0.16	0.09		0.46	0.78	-33.1	-28.7	-25.9	-24.2	-14.2	1.35	3.8±2.3	0.003	
	Wo5	1783~1890	T$_1$j$^{4-3}$	97.08	1.41	0.29	0.13	0.06		0.75	0.36	-33.5	-29.2	-24	-24.7	-12.2	1.95	1.87±0.37	0.008	
	Wo17		T$_1$j^5	98.3	0.87	0.14	0.01	0		0.03	0.63	-32.2	-29.3	-23.7		-20.8	1.04	4.86±0.25	0.03	
	Wo127	4245.5	P$_2^2$	92.02	0.26	0.01	0	0		5.29	0.32	-31.7	-32.8	-31.4		-12.8	0.29	5.0±2.3	0.04	
	Wo58	3752	C$_2$	97.13	0.46	0.05	0.01	0		1.44	0.66	-32.7	-36.3	-27.1		-13.8	0.54	1.69±30	0.01	
	Wo88	4372		97.02	0.52	0.06	0	0		1.38	0.86	-32.7	-34.6	-31.5		-16.2	0.6	1.63±10	0.01	
	Wo120	4439		96.4	0.65	0.06	0	0		1.19	1.65	-32.1	-36.1	-32		-18.8	0.74	1.46±0.13	0.01	
大池干井	Chi26	2020	T$_1$j$^{1-2}$	98.54	0.27					0.05	1.09	-31.8	-32.9			-18.6	0.27	0.28±1.0	0.002	
	Chi31		T$_1$j^1	97.75	0.22	0.01				0.02	0.71	-32.2	-32.8	-21.1		-16.7	0.24	1.11±0.17	0.008	

续表

气田	井	深度/m	地层	气体组分/%								δ¹³C/(‰, VPDB)					W/%	³He/⁴He (×10⁻⁸)	R/Ra	参考文献
				CH_4	C_2H_6	C_3H_8	C_4H_{10}	C_5H_{12}	H_2S	CO_2	N_2	CH_4	C_2H_6	C_3H_8	C_4H_{10}	CO_2				
大池干井	Chi4	3307	P_1^3	97.78	0.2	0.1	0.01			1.07	0.43	-32.1	-34.9			-15.9	0.32	1.11±0.15	0.01	本文
	Chi18	2671.5	C_2	95.97	1.18	0.22	0.01			0.75	1.78	-37.5	-40.7	-36.9		-23.4	1.47	1.10±0.34	0.01	
张家场	Zhang9	2762	T_1j	98.81	0.35	0.03	0.02	0.01		0.04	0.71	-32.5	-32.5			-20.4	0.41	0.95±0.94	0.007	
	Zhang23	3421.3	P_2^2	96.7	0.27	0.01	0	0		1.82	0.66	-33.1	-33.3			-12.6	0.29	0.91±1.5	0.06	
	Zhang2	4479.1	C	96.75	0.36	0.03	0	0		1.75	0.83	-33.2	-35.9	-29.2		-14.8	0.4	1.25±0.19	0.01	
板东	Ban5	2853	T_1j^8	97.8	0.6	0.11	0.03	0.03		0.61	0.6	-33.3	-29.1	-22.1	-26.9	-19.4	0.79	1.41±0.16	0.01	
	Ban4	3520	P_2^2	96.72	0.52	0.16	0.01	0.01		1.47	0.6	-32.8	-27.2	-25.3	-26.4	-17.6	0.72	1.47±0.11	0.01	
	Ban16	3937~3994.1	C	97.1	0.59	0.05	0.01	0		1.17	1.02	-34.2	-36.5	-33.6	0	-18.8	0.67	2.50±0.15	0.02	
相国寺	Xiang6	1592.5	P_2^2	98.19	0.58	0.04	0	0		0.11	1.02	-33.8	-34.9	-31.2		-18.5	0.63	1.60±0.17	0.01	Tao等(2009)
	Xiang15	1888	P_1^2	98.28	0.54	0.07	0.01	0		0.22	0.84	-33.9	-35.2	-31.8		-21.4	0.63	1.96±0.12	0.01	
	Xiang14	2226.5	C	97.28	0.82	0.08	0.003	0		0.23	1.5	-34.6	-37	-33.4		-16.8	0.93	2.23±0.15	0.02	
	Xiang18	2310.5	C	97.3	0.77	0.07	0.001			0.2	1.52	-34.5	-37.4	-34.5		-20	0.86	2.02±0.12	0.01	
安岳	Yue2	2178.6~2228.6	T_3x^2	87.2	7.59	2.38	1			0.87	0.7	-41.2	-26.7	-23.8	-24.5	-15.1	12.58			Qin等(2016)
	yue101	2246.5~2266		84.38	7.87	2.5	1.4			0.35	0.71	-41.3	-26.8	-23.7	-25.2	-12	13.95			
	Mo85	2095~2096.8	T_3x^4	91.37	6.06	1.29	0.56				0.51	-41.6	-27.1	-23.8	-24.4	-7.1	8.66			
	Mo64		T_2l									-42.5	-28.2	-25.3	-24.9	-12				
	Mo004-H2	3402.3	T_1j									-32.5	-33.2			-16.2				
	Mo160	3170.5	T_1j									-32.6	-34			-17.9				
	Moxi1	3891~3922	P_3sh									-32.3	-34.1			-16.3				
	Moxi8		龙王庙组上段	96.8	0.14					2.26	0.6	-32.4	-32.3			-5.3	0.14			Wei等(2015)
			龙王庙组下段	96.85	0.14					1.78	0.6	-33.1	-33.6			-3.9	0.14			
	Moxi9		龙王庙组	95.16	0.13					2.35	2.35	-32.8	-32.8			-2.8	0.14			

注：W 为温度成熟度系数。

表2 四川盆地页岩气中 CO_2 及其同位素参数

气田	井	深度/m	地层	气体组分/%								$\delta^{13}C$/(‰, VPDB)					W/%	$^3He/^4He$ /(×10⁻⁸)	R/Ra	参考文献
				CH_4	C_2H_6	C_3H_8	C_4H_{10}	C_5H_{12}	H_2S	CO_2	N_2	CH_4	C_2H_6	C_3H_8	C_4H_{10}	CO_2				
	Moxi1 1		龙王庙组上段	97.09	0.13					2.04	0.67	-32.5	-32.4			-3.8	0.13			
			龙王庙组下段	97.12	0.13					1.69	0.65	-32.6	-32.5			-4.2	0.13			
	Moxi13		龙王庙组	95.44	0.13					1.65	0.7	-32.7	-33			-5.3	0.14			
	Moxi17		龙王庙组	95.24	0.14					2.16	0.78	-32.7	-34.1			-4.1	0.15			
	Moxi008-H1		龙王庙组	95.15	0.14					3.34	0.7	-32.2	-33.3			-2.9	0.15			
	Moxi009X1		龙王庙组	96.5	0.14					2.37	0.67	-33	-33.3			-3.8	0.15			Wei等(2015)
	Moxi10		Z_1d^2	93.13	0.05					4.64	0.86	-33.9	-27.8			0.8	0.05			
安岳	Moxi11		灯四上段	92.75	0.05					4.49	0.88	-33.9	-27.6			0.1	0.05			
	Moxi17		Z_1d^4	92.45	0.03					5.42	1	-33.5	-28.9			0.6	0.03			
			Z_1d^2	89.88	0.04					6.85	2.21	-33.3	-27.5			-0.7	0.04			
	Gaoshi1	5130~5196	灯四下段	90.11	0.04					8.36	0.44	-32.7	-28.4			0.2	0.04			
		5300~5390	Z_1d^2	82.65	0.04					14.19	2.12	-32.3	-27.8			0.2	0.05			
	Gaoshi3		Z_1d^4	90.19	0.04					8.3	0.73	-33.1	-28.1			1.9	0.04			
			Z_1d^2	86.62	0.03					7.05	4.56	-32.6	-28			0.6	0.03			
	Gaoshi6		灯四下段	90.29	0.04					8.38	0.8	-32.9	-28.6			0.6	0.04			
	Gaoshi8		灯四上段	92.49	0.03					5.85	0.92	-32.8	-27.7			-0.7	0.03			

续表

气田	井	深度/m	地层	气体组分/%								$\delta^{13}C$/(‰, VPDB)					W/%	$^3He/^4He$/(×10^{-8})	R/R_a	参考文献
				CH$_4$	C$_2$H$_6$	C$_3$H$_8$	C$_4$H$_{10}$	C$_5$H$_{12}$	H$_2$S	CO$_2$	N$_2$	CH$_4$	C$_2$H$_6$	C$_3$H$_8$	C$_4$H$_{10}$	CO$_2$				
安岳	Gaoshi9		灯四下段	91.49	0.04					6.75	0.73	-33.2	-28.8			-1.2	0.04			Wei 等(2015)
			灯四上段	89.63	0.03					8.09	0.67	-33.5	-28.1			-0.4	0.03			
			灯四下段	91.71	0.03					6.55	0.63	-33.5	-27.7			0.4	0.03			
			Z_1d^2	91.21	0.03					6.41	1.72	-33.6	-27.3			-1.3	0.03			
	Gaoshi10		Z_1d^4	90.04	0.03					8.15	0.81	-33.4	-28.2			0.1	0.03			
			Z_1d^2	91.37	0.03					6.88	0.67	-33.4	-27.6			-0.7	0.03			
威远	Wei5	1318.5~1345.5	P_1^3 P_{12}^3	94.28	0.21	0.01				2.96	3.26	-34.3	-37.2			-15.8	0.23	3.03	0.022	
	Wei2	2836.5~3005	$Z_1d^4_2$ Zd^3	85.07	0.11					4.66	8.33	-32.5	-31			-11.2	0.13	2.9	0.021	
	Wei39	2833.5~2986		86.74	0.12					4.53	7.08	-32.4	-34			-14.6	0.14			Dai 等(2003)
	Wei100	2959~3041	$Z_1d^4_{2-1}$	86.8	0.13					5.07	6.47	-32.5	-31.7			-11.7	0.15			
	Wei106	2788.5~2875	$Z_1d^4_2$ $Zd3^3_1$	86.54	0.07					4.82	6.26	-32.5	-31.4			-14.5	0.08			
	Wei28	2800.6~2905.0	Z_1									-32.5	-31.6			-12.5				
威远页岩气	Wei201	3226~3736	Pc	67.03	0.21					1.23	26.7	-33.4	-32			-12.5	0.31			
	Wei201-H1	1520~1523	O_3w-S_1	99.09	0.48					0.42	0.43	-37.3	-38.2			-0.2	0.48	3.594±0.653	0.03	Dai 等(2014)
		2840		98.56	0.37					1.06		-35.4	-37.9			-1.5	0.38	3.684±0.697	0.03	
	Wei202	2595		99.27	0.68	0.02				0.02	0.01	-36.9	-42.8	-43.5		-2.2	0.71	2.726±0.564	0.02	
	Wei203	3137~3161		98.27	0.57					1.05	0.08	-35.7	-40.4			-1.2	0.58			

续表

气田	井	深度/m	地层	气体组分/%								$\delta^{13}C$/(‰, VPDB)					W/%	$^3He/^4He$/(×10^{-8})	R/R_a	参考文献
				CH_4	C_2H_6	C_3H_8	C_4H_{10}	C_5H_{12}	H_2S	CO_2	N_2	CH_4	C_2H_6	C_3H_8	C_4H_{10}	CO_2				
威远页岩气	W201	1523		97.92	0.44	0.01				0.41	0.83	-37.3	-38.3	-33.6		-7.3	0.45			Cao 等(2020)
	W201-H3	1952~3609		95.53	0.42	0.01				1.06	2.81	-35.3	-40.3	-37.5		-5.8	0.44			
	W204			97.97	0.33	0.01				0.65	0.56	-35	-38.7			-5	0.35			
	W204-H1-2	4702		97.4	0.32	0.01				1.33	0.62	-35.4	-39			-2.2	0.35			
	W204-H1-3	4702		97.37	0.31	0.01				1.35	0.63	-35.2	-38.3			-2.2	0.33			
长宁	N201	1520~1523		98.67	0.42	0.01				0.33	0.33	-28.9	-34.9	-36.7		-6.2	0.44			
	NH2-1	2790~4140		98.68	0.28					0.36	0.47	-27.9	-35	-35.6		-4	0.29			
	NH2-3	2453~3457		98.84	0.3					0.26	0.28	-28.3	-35.3	-38		-8.9	0.3			
	NH2-5			98.79	0.32					0.04	0.47	-26.3	-33.8	-37		-7.1	0.32			
	NH2-6	2448		98.89	0.33					0.23	0.22	-27.2	-34.2	-37.3		-3.2	0.33			
	NH2-7			98.9	0.32					0.03	0.44	-27.6	-34.4	-35.9		-8.4	0.32			
	NH3-1	2873~3973		99	0.3					0.05	0.33	-27.7	-34.4	-36.5		-3.8	0.3			
	NH3-2	2738~3837.8		98.61	0.29					0.4	0.36	-27.3	-34.8	-34.7		0.8	0.29			
	NH3-5	2700~4520		98.84	0.34					0.06	0.41	-28.9	-33.7	-34.9		-4.3	0.34			
	NH3-6	2930~4481		98.74	0.5					0.29	0.39	-29.8	-34.9	-35.3		-4.1	0.51			
	NH2-2	2322		93.41	0.28					0.88	0.3	-27.2	-34.2			-4.8	0.28			
	NH3-3	2650~3750		98.23	0.34					0.07	0.36	-29.3	-34.7	-37.2		-4.5	0.34			
	N211	2313~2341		98.53	0.32	0.03				0.91	0.17	-28.4	-33.8	-36.2		-9.2	0.37	1.867±0.453	0.03	Zhang 等(2018a)
涪陵	JY1	2408~2416	O_3w~S_1	98.52	0.67	0.05				0.32	0.43	-30.1	-35.5	-53.2		-1.4	0.73	4.851±0.944	0.03	Dai 等(2016)
	JY1-2	2320		98.8	0.7	0.02				0.13	0.34	-29.9	-35.9	-50		5.9	0.73	6.012±0.992	0.04	

续表

气田	井	深度/m	地层	气体组分/%								δ13C/(‰, VPDB)					W/%	3He/4He /(×10^{-8})	R/Ra	参考文献
				CH4	C2H6	C3H8	C4H10	C5H12	H2S	CO2	N2	CH4	C2H6	C3H8	C4H10	CO2				
涪陵	JY1-3	2799	O3w–S1	98.67	0.72	0.03				0.17	0.41	-31.8	-35.3	-50.5		6.1	0.76			Dai 等 (2016)
	JY6-2	2850		98.95	0.63	0.02				0.02	0.39	-31.1	-35.8	-65.7		8.9	0.66	2.870±1.109	0.02	
	JY7-2	2585		98.84	0.67	0.03				0.14	0.32	-30.3	-35.6	-58.2		8.2	0.71	5.544±1.035	0.04	
	JY82	2622		98.75	0.7	0.02				0.21	0.32	-30.5	-35.6	-64.8		7.8	0.73			
	JY9-2	2588		98.56	0.69	0.02				0.2	0.52	-30.7	-35.4	-50.1		8.9	0.72	5.297±1.086	0.04	
	JY11-2	2520		98.63	0.69	0.02				0.23	0.42	-30.4	-35.9	-59.4		8	0.71	5.649±1.225	0.04	
	JY12-2	2778		98.69	0.74	0.04				0.09	0.43	-29.8	-35.5	-62.7		5.7	0.79			
	JY13-2	2665		98.87	0.65	0.02				0.03	0.42	-30.3	-35.5	-65.2		3.2	0.68			
	JY12-3	2778		98.87	0.67	0.02				0		-30.5	-35.1	-38.4		1.7	0.7			
	JY29-2											-29.6	-35.4			-6.6				Feng 等 (2020)
	JY36-5			98.77	0.53	0.01				0.17	0.52	-30.6	-36.5	-37.5		1.4	0.54			
	JY44-2			98.89	0.45	0.01				0.09	0.56	-30.4	-36.2	-36.5		3.5	0.47			
	JY47-3			98.82	0.4	0.01				0.06	0.71	-30.5	-33.5	-36.5		10.4	0.42			
	JY52-1			98.42	0.37	0.01				0.46	0.74	-31.1	-36.4	-36.9		2.7	0.38			
	JY52-2			98.13	0.38	0.01				0.61	0.87	-30.5	-36.1	-36.1		3.8	0.39			
	JY56-6			98.1	0.46	0.01				0.44	0.99	-30	-36.4			5	0.48			
	JY59-5			98.91	0.44	0.01					0.64	-30.9	-36.8	-37.4		-5.8	0.46			
	JY63-1			98.37	0.39	0.01				0.55	0.68	-31.3	-36.5			2.6	0.41			
	JY63-3			98.76	0.46	0.01					0.77	-29.4	-35.4	-37.4		-2.1	0.48			

续表

气田	井	深度/m	地层	气体组分/%								δ¹³C/(‰，VPDB)					W/%	³He/⁴He/(×10⁻⁸)	R/Ra	参考文献
				CH_4	C_2H_6	C_3H_8	C_4H_{10}	C_5H_{12}	H_2S	CO_2	N_2	CH_4	C_2H_6	C_3H_8	C_4H_{10}	CO_2				
昭通	YH4-1			99.11	0.47	0.01				0.31	0.1	-27	-33.6			6.1	0.49			
	YH6-1			99.08	0.4	0.01				0.39	0.23	-27.8	-34.1	-36.2		4.2	0.42			
	YH6-8			99.3	0.45	0.01				0.2	0.05	-27	-34.5	-35.3		8	0.46			
	YH7-5			99.11	0.5	0.01				0.15	0.23	-27.3	-34.4	-35.2		-8.3	0.51			
	YS8	2391.2		98.08	0.3	0.02				0.54	1.06	-31.9	-34.9	-32.1		-4.7	0.32			Chen 等 (2020)
	YS8	2398.7		97.5	0.29	0.01				0.89	1.3	-27.6	-35.1			-3.3	0.3			
	YS8	2473.7	O_3w–S_1	98.23	0.32	0.01				0.44	0.99	-26.9	-34.2	-33		-2.6	0.34			
	YS8	2492		99	0.42	0.01				0.14	0.42	-29.6	-36.1			-3.1	0.44			
	YS8	2495.9		98.24	0.4	0.02				0.16	1.21	-30	-36	-33.1		-3.1	0.43			
	YS8	2510.4		98.33	0.61	0.03				0.14	0.89	-27.4	-35	-34.2		-0.1	0.65			
	Y8	2513.8		97.78	0.47	0.01				0.4	1.34	-29.5	-36.3			-2.3	0.49			
	Zhao104	2117.5		99.25	0.32	0.01				0.07	0.15	-26.7	-31.7	-33.1		3.5	0.34	1.958±0.445	0.01	Dai 等 (2016)

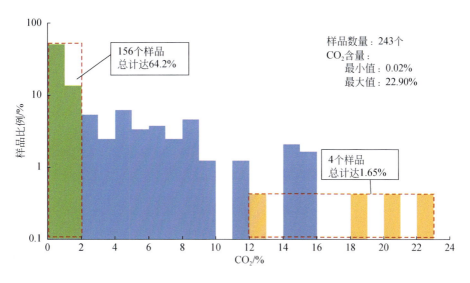

图 3   四川盆地气田天然气 CO_2 组分含量样品比例

2.2   克拉通型盆地二氧化碳

根据克拉通型鄂尔多斯盆地和裂谷型渤海湾盆地 CO_2 含量及 R/Ra 对比研究，编制了 CO_2-R/Ra 图（图4）（Dai et al.，2017），可见克拉通型盆地 CO_2-R/Ra 值与裂谷型盆地 CO_2-R/Ra 是不同的。克拉通型盆地 CO_2，具有 CO_2 含量低（一般＜5%）和 R/Ra 小（＜0.24）的组合特征；裂谷型盆地 CO_2，具有 CO_2 含量变化大（0.0n%～＞95%）和 R/Ra 变化大的组合特征（0.0n～n）。现把表 1 和表 2 中 41 组 CO_2-R/Ra 对应值气样投入图 4 中，可见均落入 C_1（鄂尔多斯盆地）和 C_2（四川盆地）克拉通型区，由此证明表 1 和表 2 CO_2-R/Ra 组合中

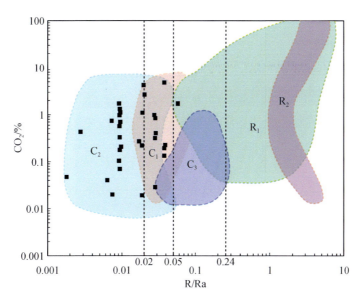

图 4   克拉通型盆地与裂谷型盆地 CO_2-R/Ra 对比图（Dai et al.，2017，补充）

C_2. 四川盆地（本文）；C_1. 鄂尔多斯盆地；C_3. Hugoton-Panhandle 区域；R_1. 渤海湾盆地；R_2. 松辽盆地

的 CO_2 为克拉通型。尽管表 1 和表 2 中有 202 个 CO_2 值还未分析 R/Ra，但 Ni 等（2014）研究表明，四川盆地 R/Ra 平均仅为 0.016，故 202 个未分析 R/Ra 的 CO_2 也归属为克拉通型 CO_2。

3 二氧化碳碳同位素（$\delta^{13}C_{CO_2}$）的特征

3.1 中国最重的二氧化碳碳同位素

由表 1、表 2 和图 5 可见，四川盆地天然气中 $\delta^{13}C_{CO_2}$ 区间值为 -25.4‰（元坝气田 Y11 井）至 10.4‰（涪陵气田 JY47-3 井），主频率峰在 -6‰～2‰。Dai 等（1992）指出中国 $\delta^{13}C_{CO_2}$ 值为 -39‰～7‰，但这是 30 年前的研究成果，近 30 年是否有变化？为此，根据作者近 30 年分析的 102 个，以及其他人报道的 508 个 $\delta^{13}C_{CO_2}$ 值（He，1995；Fu et al.，2004；Liao et al.，2012；Liu et al.，2016a；Deng et al.，2018；Zhang et al.，2018a，2018b；Xu et al.，2018；Zhang et al.，2018；Liu et al.，2018；Li et al.，2018；Diao，2019；She et al.，2021；Wei et al.，2021），以上 610 个 $\delta^{13}C_{CO_2}$ 值分布在松辽、渤海湾、三水、鄂尔多斯、四川、塔里木、东海和莺琼等盆地。在 610 个 $\delta^{13}C_{CO_2}$ 值中，高于 7‰的仅有 5 个，其值为 7.8‰～8.9‰（Xu et al.，2018）。故目前本文中 JY47-3 井的 $\delta^{13}C_{CO_2}$ 值为 10.4‰应是中国最高的 $\delta^{13}C_{CO_2}$，所以在中国 $\delta^{13}C_{CO_2}$ 值变化区间应为 -39‰～10.4‰，比世界上 $\delta^{13}C_{CO_2}$ 范围 -42‰～27‰（Barker，1983）窄，故中国 $\delta^{13}C_{CO_2}$ 区间值中，高低值还有扩展的可能。

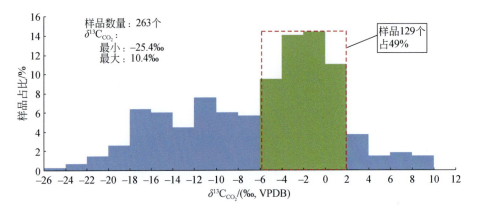

图 5 四川盆地天然气 CO_2 碳同位素组成分布频率图

3.2 鉴别不同成因二氧化碳的 $\delta^{13}C_{CO_2}$ 指标

$\delta^{13}C_{CO_2}$ 值是鉴别有机成因和无机成因 CO_2 的重要手段，还可鉴别两大成因中各次级成因。许多学者对此做过研究，提出划分各类 CO_2 成因的 $\delta^{13}C_{CO_2}$ 指标（表 3）。还有学者根据 $\delta^{13}C_{CO_2}$-CO_2（Dai et al.，1996）（图 6）、$\delta^{13}C_{CO_2}$-R/Ra（Etiope et al.，2011）和 $\delta^{13}C_{CO_2}$-$\delta^{13}C_1$（Milkov and Etiope，2018）来鉴别不同成因类型的 CO_2。从表 3 和图 6 可知：无机成因 CO_2 的 $\delta^{13}C_{CO_2}$ 比有机成因 CO_2 的 $\delta^{13}C_{CO_2}$ 大。这是由于有机成因 CO_2 的原始碳同位素组成轻，无机成因 CO_2 的原始碳同位素组成重（表 4），而有机成因和无机成因 CO_2 形成时，受各自原始碳同位素的组成制约并具有继承性。

表 3　不同成因 CO_2 的碳同位素组成

无机成因 $\delta^{13}C_{CO_2}$			有机成因 $\delta^{13}C_{CO_2}$			文献
上地幔脱气	火山-岩浆来源	碳酸盐岩矿物热变质或者有机酸溶解	微生物降解成因	有机质热降解成因	有机质裂解成因	
-7‰~-5‰						Hoefs（1978）
-8‰~-4‰						Jaroy 等（1978）
-5.3‰~-4.6‰						Cornides（1993）
	-9.1‰~-4.9‰	-3.5‰~3.5‰	<-20‰			Pankina（1978）
		-3‰~1‰				Shangguan 和 Zhang（1990）
	-7‰					Sano 等（2008）
				-25‰~-15‰		Hunt（1979）
		-3.7‰~3.7‰			-15‰~-9‰	Zhu 和 Wu（1994）
（-6±2）‰		（0±3）‰				Dai 等（1996）
>-8‰，主要为-8‰~3‰			<-10‰，主要为-30‰~-10‰			
-8‰~-4‰	-10‰~-4‰	-4‰~4‰	-25‰~-15‰		<-20‰	Liu 等（2016b）

表 4　各种含碳物质的 $\delta^{13}C$ 值（Dai et al.，2000）

碳类型	含碳物质	$\delta^{13}C$/‰
有机碳	中国石油	-34.57~-23.50
	中国煤炭	-30.80~-21.54
	中国泥岩干酪根	-30.86~-19.38
	中国碳酸盐岩干酪根	-35.04~-24.34
	陆生动植物	均值~-25.5
	海洋生物（包括浮游生物）	-22~-9.0
无机碳	钻石	-9~-2
	海洋无机碳	-1.0~2.0
	淡水中溶解的碳	-11.0~-5.0
	白云石	-2.29~2.66
	海相灰岩	-9.0~6.0
	非海相灰岩	-8.0~-3.0

　　由表 1、表 3 和图 6 可知：凡 $\delta^{13}C_{CO_2}$ 值<-10‰（少许为-10‰~-8‰）是有机成因，如广安气田、八角场气田、新场气田侏罗系气藏、中坝气田、文兴场气田、龙岗气田须家河组气藏、卧龙河气田、大池干井气田、张家场气田、板东气田、相国寺气田、安岳气田三叠系气藏和威远气田共 13 个气田的 CO_2 均为有机成因。根据表 1、表 3 和图 7，有机成因 CO_2 气可再分为几个亚类。以上 13 个气田中，广安气田、八角场气田、新场气田侏罗系

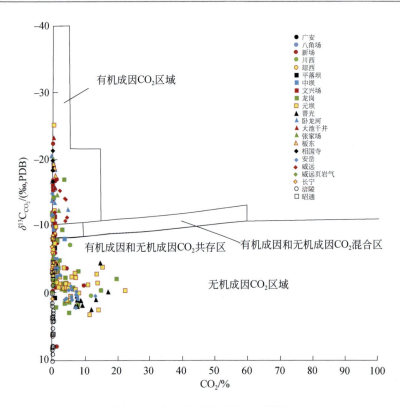

图 6   四川盆地天然气 CO_2 成因类型鉴别图（底图据 Dai et al., 1996）

气藏、中坝气田、安岳气田三叠系气藏属有机质热解成因气（油源伴生热解成因气），这些气田天然气为湿气，37 个气样的湿度（W）为 3.2%～17.7%，平均值为 7.8%，44 个气样的 $\delta^{13}C_{CO_2}$ 值为-22.6‰～-6.2‰，平均值为-12.8‰。广安气田、中坝气田和八角场气田须家河组气源岩 R_o 为 0.88%～1.15%（Dai et al, 2016），也佐证了这些气田 CO_2 为有机质热解成因。在这些有机质热解成因气田中，有个别井 $\delta^{13}C_{CO_2}$ 值表现出无机成因，如八角场气田角 49 井天然气 $\delta^{13}C_{CO_2}$ 值为-6.2‰，这是有机酸溶解碳酸盐形成的无机 CO_2；鄂尔多斯盆地铺 1 井天然气 $\delta^{13}C_{CO_2}$ 值为-6.39‰，也是有机酸溶解碳酸盐成因（Dai et al., 1992）。

文兴场气田、龙岗气田须家河组气藏、卧龙河气田、大池干井气田、张家场气田、板东气田、相国寺气田和威远气田中 CO_2 是裂解成因。34 个气样的 $\delta^{13}C_{CO_2}$ 值在-23.4‰～-10.3‰，平均值为-15.7‰；33 个气样的湿度为 0.08%～7.04%，平均值为 1.30%。与裂解成因 CO_2 共生的烷烃气往往为干气，这也佐证了 CO_2 为裂解成因。从图 7 可知：四川盆地有机成因气中仅有热解型成因 CO_2（OA）和裂解成因 CO_2（LMT），未见微生物降解型 CO_2（EMT）。

除了上述热降解成因和裂解成因 CO_2 外，表 1 中新场气田须家河组气藏和雷口坡组气藏、川西气田、邛西气田、平落坝气田，以及龙岗气田雷口坡组气藏、飞仙关组气藏和长兴组气藏，元坝气田二叠系气藏、飞仙关组气藏，普光气田，安岳气田龙王庙组气藏和灯影组气藏中，主体是干气，根据 120 个气样分析，$\delta^{13}C_{CO_2}$ 值为-17.2‰～8.1‰，平均值为 2.4‰；根据 118 个气样分析，湿度为 0.02%～11.5%，平均值为 1.02%。表 2 中都是页岩气，即威远页岩气田、长宁页岩气田、涪陵页岩气田和昭通页岩气田中，根据 55 个气样分析，

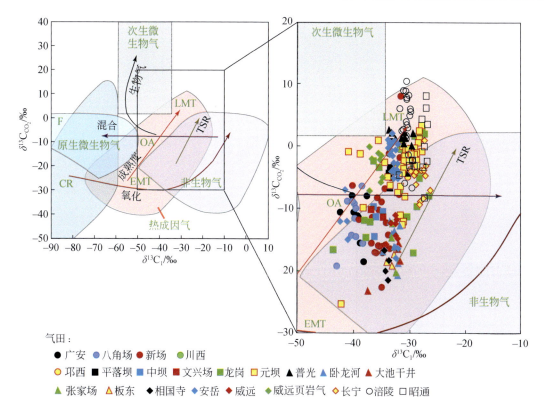

图 7 四川盆地气田天然气 $\delta^{13}C_1$ - $\delta^{13}C_{CO_2}$ 关系图（据 Milkov and Etiope, 2018 修改）

CR. CO_2 还原；EMT. 早期成熟热成因气；OA. 油源伴生热成因气；F. 甲基型发酵；LMT. 晚成熟热成因气

$\delta^{13}C_{CO_2}$ 值在 -9.2‰（N211 井）～10.4‰（JY47-3 井），平均值为 0.42‰；根据 54 个气样分析，湿度为 0.28%～0.79%，平均值为 0.47%。从表 3、图 6 可知，以上各气田中 CO_2 是无机成因的。无机成因 CO_2 可细分为：上地幔脱气型、火山-岩浆源型和碳酸盐岩（矿物）热变质或有机酸溶解型（表 3）。在此首先讨论 4 个页岩气田中 CO_2 成因类型。把表 1、表 2 中 $\delta^{13}C_{CO_2}$ 值、R/Ra 值和 $\delta^{13}C_{1-3}$ 值标入图 8 和图 9 中。从表 2 和图 8 可知，4 个页岩气田的烷烃气 $\delta^{13}C_1 > \delta^{13}C_2 > \delta^{13}C_3$ 属次生型负碳同位素系列（Dai et al., 2016），美国目前年产量最大 Marcellus 页岩气，当湿度小于 1.49% 时，则出现次生型负碳同位素系列（Jenden et al., 1993）。表 2 中 4 个页岩气田湿度为 0.28%（NH2-2 井）～0.79%（JY12-2 井），故均具负碳同位素系列。负碳同位素系列仅出现在过成熟区的裂解成因气中，气源岩 R_o 均大于 2%，如表 2 中长宁、昭通和涪陵页岩气田五峰组-龙马溪组 R_o 值在 2.1%～3.85%（Dai et al., 2014，2016；Guo and Zeng, 2015；Feng et al., 2020；Liu et al., 2016b）。由于五峰组-龙马溪组页岩中富含碳酸盐岩矿物（Dai et al., 2014，2016a；Feng et al., 2020），并处于过成熟阶段，两者组合成气作用，造就了碳酸盐岩矿物热变质成因型的无机成因 CO_2。从图 9 明显可见 4 个页岩气田 CO_2 是属碳酸盐岩矿物相关无机成因的。

现在研究表 1 中无机成因 CO_2 细分的类型。根据 CO_2 储集层的岩性（碎屑岩或碳酸盐岩），首先讨论储集层为碎屑岩的须家河组中无机成因 CO_2 类型。在川西坳陷须家河组四段（T_3x^4）钙屑砂岩广泛分布，钙屑中碳酸盐岩岩屑占 50% 以上（林小兵等，2007；林煜等，

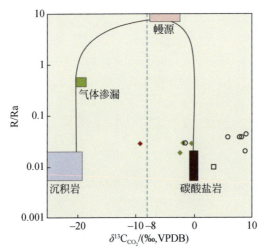

◆ 威远页岩气　　◆ 长宁页岩气　　○ 涪陵页岩气　　□ 昭通页岩气

图 8　四川盆地天然气 R/Ra-$\delta^{13}C_{CO_2}$ 对比图（据 Etiope et al.，2011，修改）

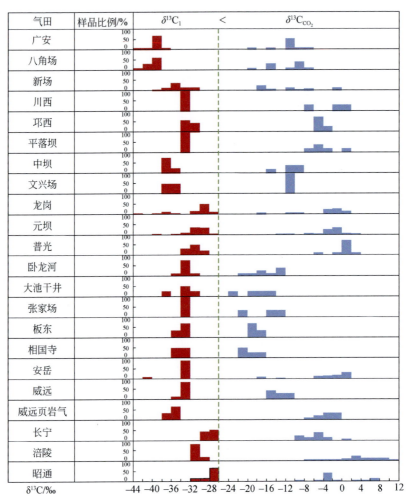

图 9　四川盆地天然气 $\delta^{13}C_1$ 和 $\delta^{13}C_{CO_2}$ 中 C 轻重比较

2012）。元坝地区须家河组三段（T_3x^3）也发育钙屑砂岩，在须家河组晚成岩阶段须三段泥岩压实过程中排出有机酸溶蚀碳酸盐岩屑（Ma，2012），形成元坝气田须家河组无机成因碳酸盐岩有机酸溶解型 CO_2（Dai et al.，2013）。但据表 1 中元坝气田须家河组气藏为干气，湿度值主体在 0.39%～1.51%，$\delta^{13}C_{CO_2}$ 值在-7.5‰～0.5‰，故元坝气田须家河组气藏中 CO_2 应还有碳酸盐岩矿物热变质成因型。平落坝气田和邛西气田须家河组气藏与元坝气藏相似，天然气为干气，故 CO_2 也应为碳酸盐岩矿物热变质成因。

在表 1 中，新场气田雷口坡组气藏，川西气田，龙岗气田雷口坡组气藏、飞仙关组气藏和长兴组气藏，元坝气田雷口坡组气藏、飞仙关组气藏，普光气田长兴组气藏，以及安岳气田龙王庙组气藏、灯影组（Z_2dn）气藏储集层均为碳酸盐岩，且天然气都为干气，故也应该属碳酸盐岩矿物热变质成因 CO_2 型。

由表 1 和表 2 中 $\delta^{13}C_{CO_2}$ 和 $\delta^{13}C_1$ 组合值编制了图 10。图 10 显示：18 个气田均具有 $\delta^{13}C_{CO_2}$ > $\delta^{13}C_1$，此特征在所有地质年代（从 Z_2dn～J_2s）气藏，各类型气（煤成气、油型气和页岩气）（图 6）中均具有。

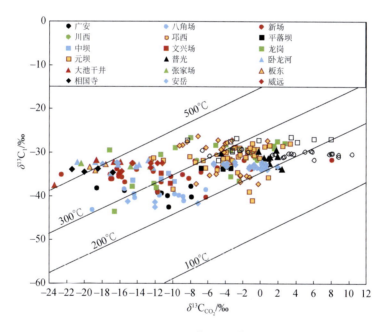

图 10 四川盆地天然气 $\delta^{13}C_1$ 和 $\delta^{13}C_{CO_2}$ 组合关系

4 结论

四川盆地是在克拉通基础上发育的大型叠合盆地，面积约 $18\times10^4km^2$。其具有优良的天然气地质条件：①沉积岩厚达 6000～12000m，烃源岩成熟度高，主要气源岩有 9 套，气油产量当量比 80∶1，故是个气盆地；②蕴藏着丰富的常规和非常规气资源量和储量，常规和非常规天然气剩余可采资源量为 $136404\times10^8m^3$，至 2019 年底探明天然气总地质储量 $57966\times10^8m^3$，盆地累计产气 $6488\times10^8m^3$；③含气层含气系统多，常规和致密油气产层 25 个（海相 18 个），页岩气产层 2 个；④2019 年底共发现气田 135 个，最大气田也是中国最大的碳酸盐岩气田安岳气田，探明地质储量 $11709 \times 10^8 m^3$，当年产气 $120 \times 10^8 m^3$。

四川盆地天然气中的 CO_2 组分有两个特征：①CO_2 含量低，18 个气田 243 个 CO_2 组分含量为 0.02%～22.90%，平均值为 2.96%，比中国已开发的 48 个大气田 1025 个 CO_2 组分平均值 3.58% 的还低；②克拉通型盆地 CO_2，典型特征为 CO_2 含量低（一般 <5%）和 R/Ra 小（<0.24），而裂谷型盆地 CO_2，典型特征为 CO_2 含量变化大（0.0n%～>95%），R/Ra 变化大（0.0n～n）。

根据四川盆地 263 个天然气样品的 $\delta^{13}C_{CO_2}$ 值及其与 R/Ra、$\delta^{13}C_1$、CO_2 含量及湿度的相关关系研究，$\delta^{13}C_{CO_2}$ 有三个特征：①在涪陵页岩气田发现中国最高 $\delta^{13}C_{CO_2}$ 值（10.4‰），使中国 $\delta^{13}C_{CO_2}$ 区间值从原为 -39‰～7‰，扩展为 -39‰～10.4‰。②根据 $\delta^{13}C_{CO_2}$ 指标鉴别出三种类型 CO_2：一是有机成因有机质热解型 CO_2，44 个 $\delta^{13}C_{CO_2}$ 值为 -22.6‰～-6.2‰，平均值为 -12.8‰，37 个湿度为 3.2%～17.7%，平均值为 7.8%；二是有机成因有机质裂解型 CO_2，34 个 $\delta^{13}C_{CO_2}$ 值为 -23.4‰～-10.3‰，平均值为 -15.7‰，33 个湿度为 0.08%～7.04%，平均值为 1.30%；三是无机成因碳酸盐岩（矿物）热变质或有机酸溶解型 CO_2，175 个 $\delta^{13}C_{CO_2}$ 值为 -17.2‰～10.4‰，平均值为 -1.8‰，172 个湿度为 0.02%～11.5%，平均值为 0.85%。③$\delta^{13}C_{CO_2} > \delta^{13}C_1$，此特征在所有地质年代（$Z_2dn$～$J_2s$）气藏，各类型气（煤成气、油型气、页岩气）中均具有。

参 考 文 献

林小兵, 刘莉萍, 魏力民. 2007. 川西丰谷地区须四段钙屑砂岩含气储层预测. 西南石油大学学报, 29(4): 82-84.

林煜, 吴胜和, 徐樟有, 倪玉强. 2012. 川西丰谷构造须家河组四段钙屑砂岩优质储层控制因素. 天然气地球科学, 23(4): 691-699.

Barker C. Petroleum Generation and Occurrence for Exploration Geologists. Earth Resources Foundation, University of Sydney, 1985.

Cao C, Zhang M, Li L, et al. 2020. Tracing the sources and evolution processes of shale gas by coupling stable (C, H) and noble gas isotopic compositions: Cases from Weiyuan and Changning in Sichuan Basin, China. Journal of Natural Gas Science and Engineering, 78: 103304.

Chen Z, Chen L, Wang G, Zou C, Gao W. 2020. Applying isotopic geochemical proxy for gas content prediction of Longmaxi shale in the Sichuan Basin, China. Marine and Petroleum Geology, 116(C8): 104329.

Cornides I. 1993. Magmatic carbon divide at the crust's surface in the Carpathian Basin. Geochemical Journal, 27: 241-249.

Dai J. 1981. Geographical distribution of oil and gas discovered in ancient China. Oil & Gas Geology, 2(3): 292-299.

Dai J. 2016. Giant coal-derived gas fields and their gas sources in China. Beijing: Science Press: 180-186, 210-214, 241-254.

Dai J. 2019. The four major onshore gas provinces in China. Natural Gas and Oil, 37(2): 1-6.

Dai J, Qi H, Hao S. 1989. Survey of Natural Gas Geology. Beijing: Petroleum Industry Press: 30-42.

Dai J, Pei X, Qi H. 1992. Natural Gas Geology of China. Volume 1. Beijing: Petroleum Industry Press: 46-50.

Dai J, Song Y, Dai C, et al. 1996. Geochemistry and accumulation of carbon dioxide gases in China. AAPG

Bulletin, 80(10): 1615-1626.

Dai J, Song Y, Dai C, et al. 2000. Conditions Governing the Formation of Abiogenic Gas and Gas Pools in Eastern China. Beijing: Science Press.

Dai J, Chen J, Zhong N, Pang X, Qin S. 2003. Large gas fields and their gas sources in China. Beijing: Science Press: 37-44.

Dai J, Liao F, Ni Y. 2013. Discussions on the gas source of the Triassic Xujiahe Formation tight sandstone gas reservoirs in Yuanba and Tongnanba, Sichuan Basin: An answer to Yinfeng et al. Petroleum Exploration and Development, 40(2): 250-256.

Dai J, Zou C, Liao S, Dong D, Ni Y, Huang J, Wu W, Gong D Y, Huang S P, Hu G Y. 2014. Geochemistry of the extremely high thermal maturity Longmaxi shale gas, southern Sichuan Basin. Organic Geochemistry, 74: 3-12.

Dai J, Ni Y, Huang S, Gong D, Liu D, Feng Z, Peng W, Han W. 2016. Origins of secondary negative carbon isotopic series in natural gas. Natural Gas Geoscience, 27(1): 1-7.

Dai J, Ni Y, Liu Q, Wu X, Gong D, Hong F, Zhang Y, Liao F, Yan Z, Li H. 2021. Sichuan super gas basin in southwest China. Petroleum Exploration and Development, 48(6): 1-8.

Dai J, Ni Y, Qin S, Huang S, Gong D. 2017. Geochemical characteristics of He and CO_2 from the Ordos(cratonic)and Bohaibay(rift)basins in China. Chemical Geology, 469: 192-213.

Dai J, Ni Y, Qin S, Huang S, Han W. 2018. Geochemical characteristics of ultra-deep natural gas in the Sichuan Basin, SW China. Petroleum Exploration & Development, 45(4): 619-628.

Deng Y, Hu G, Zhao C. 2018. Geochemical characteristics and origin of natural gas in Changxing-Feixianguan formtions from Longgang gas field in the Sichuan Basin, China. Natural Gas Geoscience, 29(6): 892-907.

Diao H. 2019. Sources of natural gas and carbon dioxide in Lishui Sag, East China Sea Basin. Shanghai Land & Resources, 40(4): 101-105.

Etiope G, Baciu C L, Schoell M. 2011. Extreme methane deuterium, nitrogen and helium enrichment in natural gas from the Homorod seep(Romania). Chemical Geology, 280: 89-96.

Fan R, Zhou H, Cai K. 2005. Carbon istopic geochemistry and origin of natural gas in Southern Part of the Western Sichuan Depression. Acta Geoscientica Sinica, 26(2): 157-162.

Feng Z, Hao F, Dong D, Zhou S, Li Z. 2020. Geochemical anomalies in the Lower Silurian shale gas from the Sichuan Basin, China: Iosights from a Rayleigh-type fractionation model. Organic Geochemistry, 142:103981.

Fryklund B, Stark P. 2020. Super basins—new paradigm for oil and gas supply. AAPG Bulletin, 104(12): 2507-2519.

Fu X, Li C, Wang X, Hao J. 2004. Forming conditions of CO_2 gas reservoir in Sanshui Basin. Natural Gas Geoscience, 15(4): 428-431.

Gould K W, Hart G N, Smith J W. 1981. Technical note: Carbon dioxide in the Southern coalfields N. S. W. -A factor in the evolution of natural gas potential. Proceeding of the Australasian Institute of Mining and Metallurgy, (279): 41-42.

Guo T, Zeng P. 2015. The structural and preservation conditions for shale gas enrichment and high productivity in the Wufeng-Longmaxi formation. Southeaster Sichuan Basin. Energy Exploration and Exploitation, 33(3): 259-276.

Guo X, Guo T. 2012. Theory and exploration practice of Puguang and Yuanba giant gas field in platform margin. Beijing: Science Press.

He J. 1995. Preliminary study on CO_2 natural gas in Yinggehai Basin. Nature Gas Geosciences, 29(6): 1-12.

Hoefs J. 1978. Some peculiarities in the carbon isotope composition of "juvenile carbon": Stable isotopes in the earth science. DSIR Bull, 200: 181-184.

Hu G, Yu C, Gong D, Tian X, Wu W. 2014. The origin of natural gas and influence on hydrogen isotope of methane by TSR in the Upper Permian changing and the Lower Triassic Feixinguan Formations in Northern Sichuan Basin, SW China. Energy Exploration Exploitation, 32: 139-158.

Hunt J M. 1979. Petroleum Geochemistry and Geology. San Francisco: W H Freeman and Co.

Javoy M, Pineau F, Iiyama I. 1978. Experimental determination of the isotopes fraction between gaseous CO_2 and carbon dissolved in tholeiitic magma. Contributions to Mineralogy & Petrology, 67: 35-39.

Jenden P D, Drazan D J, Kaplan I R. 1993. Mixing of thermogenic natural gas in northern Appalachian Basin. AAPG Bulletin, 77(6): 980-998.

Li D, Li W, Wang Z. 2007. The natural gas genesis type and gas-source at analysis of Guang'an gas field in the middle of Sichuan Basin. Geology of China, 34(5): 829-836.

Li J, Li J, Li Z, Zhang C, Cui H, Zhu Z. 2018. Characteristics and genetic types of the Lower Paleozoic natural gas, Ordos Basin. Marine & Petroleum Geology, 89: 106-119.

Li J, Zheng M, Guo Q, Wang S. 2019. Forth assessment for oil and gas resource. Beijing: Petroleum Industry Press: 203-270.

Li P, Hao F, Guo X, Zou H, Yu X, Wang G. 2015. Processes involved in the origin and accumulation of hydrocarbon gases in the Yuanba field, Sichuan Basin, Southwest China. Marine and Petroleum Geology, 59: 150-165.

Liao F, Wu X, Huang S. 2012. Geochemical characteristics of CO_2 gases in eastern China and the distribution patterns of their accumulations. Acta Petrologica Sinica, 28(3): 939-948.

Liu D, Zhang W, Kong Q, Feng Z, Fang C, Peng W. 2016a. Lower Paleozoic source rocks and natural gas origins in Ordos Basin, NW China. Petroleum Exploration and Development, 43(4): 540-549.

Liu Q, Jin Z, Li H, Wu X, Tao X, Zhu D, Meng Q. 2018. Geochemistry characteristics and genetic types of natural gas in central part of the Tarim Basin, NW China. Marine & Petroleum Geology, 89: 91-105.

Liu S, Lu X, Hong F, Fu X, San X, Wei L, et al. 2016b. Accumulation Mechanisms and Distribution Patterns of CO_2-containing Natural Gas Reservoirs in the Songliao Basin. Beijing: Science Press: 6-12, 41-47.

Ma R. 2012. Main controlling factors of gas accumulation in the calcarenaceous sandstone reservoirs in the 3rd member of the Xujiahe Formation in the YB area. Natural Gas Industry, 38(8): 56-62.

Meyerhoff A A. 1970. Developments in Mainland China. AAPG Bulletin, 54(8): 1949-1969.

Milkov A V, Etiope G. 2018. Revised genetic diagrams for natural gases based on a global dataset of $>20,000$ samples. Organic. Geochemistry, 125: 109-120.

Moore J G, Backelder N, Cunningham C G. 1977. CO_2 filled vesicle in mid-ocean basalt. Journal of Valcanology & Geothermal Research, (2): 309.

Muffler F J P, White D E. 1968. Origin of CO_2 in the salton sea geothermal system, southeastern California, U. S. A. XXIII international Geological Congress, 17: 185-194.

Ni Y, Dai J, Tao S. 2014. Helium signatures of gases from the Sichuan Basins, China. Organic Geochemistry, 74: 33-34.

Ni Y, Yao L, Liao F. et al. 2021. Geochemical comparison of the deep gases from the Sichuan and Tarim Basins, China. Frontiers Earth Science, 9: 1-22.

Pankina R G, Mekhtiyeva V L, Guriyeva S M. 1978. Origin of CO_2 in petroleum gases(from the isotopic composition of carbon). International Geology Review, 21(5): 535-539.

Qin S, Dai J. 1981. Discussion on distribution and origin of the gas pools containing high percentage of carbon dioxide of China. Petroleum Exploration and Development, (2): 34-42.

Qin S, Yang Y, Lu F, Zhou H, Li Y. 2016. The gas origin in Changxi-feixianguan gas pools of Longgang gas field in Sichuan Basin. Natural Gas Geoscience, 27(1): 41-49.

Sano Y, Urabe A, Wakita H, Chiba H, Sakai H. 2008. Chemical and isotopic compositions of gases in geothermal fluids in Iceland. Geochemical Journal GJ, 19(3): 135-148.

Shangguan Z, Zhang P. 1990. Active faults in northwestern Yunnan Province. Beijing: Seismology Press: 162-164.

She J, Li K, Zhang H, Shabbiri K, Hu Q, Zhang C. 2021. The geochemical characteristics, origin, migration and accumulation modes of deep coal-measure gas in the West of Linxing block at the eastern margin of Ordos Basin. Journal of Natural Gas Science & Engineering. 91.

Shen P, Xu Y, Wang X, Liu D, Shen Q, Liu W. 1991. Studies on geochemical characteristics of gas source rocks and natural gas and mechanism of genesis of gas. Lan Zhou: Gansu Science and Technology Press: 120-121.

Song Y. 1991. Origin of the natural gas in Wanjinta reservoir of the Songliao Basin. Natural Gas Industry, 11(1): 17-21.

Tang Z. 1983. Geologic characteristics of natural carbon dioxide gas pool and its utilization. Natural Gas Industry, 3(3): 22-26.

Tao S, Zou C, Tao X, Huang C, Zhang X, Gao X, Li W, Li G. 2009. Study on Fluid inclusion and gas accumulation mechanism of Xujiahe formation of Upper Triassic in the Central Sichuan Basin. Bulletin of Mineralogy, Petrology and Geochemistry, 28(1): 2-11.

Wei G, Xie Z, Song J, Yang W, Wang Z, Li J, Wang D, Xie W. 2015. Features and origin of natural gas in the Sinian-Cambrian of central Sichuan paleo-uplift, Sichuan Basin, SW China. Petroleum Exploration and Development, 42(6): 702-711.

Wei J, Wang Y, Wang G, Wei Z, He W. 2021. Geochemistry and shale gas potential of the Lower Permian marine-continental transitional shales in the Eastern Ordos Basin. Energy Exploration & Exploitation, 39(3): 738-760.

Wu X, Liu Q, Liu G, Wang P, Li H, Meng Q, Chen Y, Zhang H. 2017. Geochemical characteristics and genetic types of natural gas in the Xinchang gas field, Sichuan Basin, SW China. Acta Geologica(English Edition), 91(6): 2200-2213.

Wu X, Liu Q, Liu G, Ni C. 2019. Genetic types of natural gas and gas-source correlation in different strata of the Yuanba gas field, Sichuan Basin, SW China. Journal of Asian Earth Sciences, 181: 103906.

Wu X, Liu Q, Chen Y, Zhai C, Ni C, Yang J. 2020. Constraints of molecular and stable isotopic compositions on the origin of natural gas from Middle Triassic reservoirs in the Chuanxi large gas field, Sichuan Basin, SW

China. Journal of Asian Earth Sciences, 204: 104589.

Xu H, Zhou W, Cao Q, Xiao C, Zhou Q, Zhang H, Zhang Y. 2018. Differential fluid migration behavior and tectonic movement in Lower Silurian and Lower Cambrian shale gas systems in China using isotope geochemistry. Marine & Petroleum Geology, 89: 47-57.

Yin F, Liu R, Qin H. 2013. About origin of tight sandstone gas: To discuss with Academician Dai Jinxing. Petroleum Exploration and Development, 40(1): 125-128.

Zhang M, Tang Q, Cao C, et al. 2018. Oxygen hydrogen and carbon isotope studies for Fangshan granitic intrusion. Acta Petrologica Sinica, 3(3): 13-22.

Zhang M, Tang Q, Cao C, Lu Z, Zhang T, Zhang D, Li Z, Du L. 2018a. Molecular and carbon isotopic variation in 3.5 years shale gas production from Longmaxi Formation in Sichuan Basin, China. Marine & Petroleum Geology, 89: 27-37.

Zhang S, He K, Hu G, Mi J, Ma Q, Liu K, Tang Y. 2018b. Unique chemical and isotopic characteristics and origins of natural gases in the Paleozoic marine formations in the Sichuan Basin, SW China: Isotope fractionation of deep an high mature carbonate reservoir gases. Marine & Petroleum Geology, 89: 68-82.

Zhang S, Hu G, Liu S, et al. 2019. Chinese natural gas formation and distribution. Beijing: Petroleum Industry Press: 143-146.

Zhen S, Huang F, Jiang C, Zheng S. 1987. Oxygen hydrogen and cabon istope studies for Fangshan granitic intrusion. Acta Petrologica Sinica, 3(3): 13-22.

Zhu Y, Wu X. 1994. Geological Studying of Carbon Dioxide. Lan Zhou: Lan Zhou University Press: 1-13.

CO$_2$地质封存过程中储集层溶蚀与盖层裂缝胶结自封闭机制

——黄桥天然 CO$_2$气藏与句容油藏对比分析[*]

刘全有，朱东亚，周　冰，田海龙，孟庆强，吴小奇

0　前言

为了全面保护人类赖以生存的地球环境，遏制温室效应，碳达峰和碳中和理念在近几十年得到全球的关注（Dhanda and Hartman，2011；付允等，2008），特别是各国积极响应碳中和目标（胡鞍钢，2021）。采用各种技术手段确保实现碳中和和碳减排等已成全球面临的迫在眉睫的关键任务。目前，CO$_2$ 地质封存被认为是有效减少全球变暖和相关气候变化所需的大量 CO$_2$ 封存的最可行选择（Celia and Nordbottena，2009；Yang et al.，2010）。地质构造，如枯竭（或几乎枯竭）的油气藏、不可开采的煤层和盐水含水层，通常被认为是 CO$_2$ 储存的（Leung et al.，2014）。

最有效的封存地点是那些 CO$_2$ 不动的地点，因为它被永久地困在厚厚的低渗透性密封下，或者被转化为固体矿物，或者被吸附在煤微孔表面，或者通过物理和化学捕集机制的组合（Metz et al.，2005）。在低渗透性密封（盖层）下物理捕获 CO$_2$ 是在地质构造中储存 CO$_2$ 的主要手段。CO$_2$ 存储层上覆泥岩盖层破裂产生裂缝是制约 CO$_2$ 长期有效埋存的关键因素之一（Olden et al.，2012）。

世界范围内许多含油气盆地中都发现了深部来源大规模 CO$_2$ 的侵入和聚集成藏，如澳大利亚的奥特韦（Otway）盆地（McKirdy and Chivas，1992），中国南海北部陆缘盆地（Huang et al.，2015），也门的舍卜沃（Shabwa）盆地（Worden，2006），巴西的桑托斯盆地（马安来等，2015）。这些天然 CO$_2$ 气藏，已经稳定存在几十甚至数百个百万年。开展天然 CO$_2$ 气藏解剖是认识 CO$_2$ 地下长期高效埋存控制因素的重要方法。

中国东部的松辽、渤海湾、苏北、三水等油气盆地中都发现了多个天然 CO$_2$ 气藏（图1），多数气藏中 CO$_2$ 含量都高达 99%，并且往往都伴有油的产出。一些学者对这些盆地中的 CO$_2$ 成因、来源都进行了详细的研究，认为多数是与中新生代以来的岩浆火山活动有关的无机 CO$_2$（Dai et al.，1996；Huang et al.，2015；Zhang et al.，2008；Liu et al.，2016）。苏北盆地黄桥油气藏圈闭中有大量天然 CO$_2$ 聚集，主要储集层位为二叠系龙潭组砂岩。上覆二叠系大隆组泥岩盖层中发现很多裂缝，但多被方解石脉充填。邻近的句容油藏与之有

* 原载于 *Renewable and Sustainable Energy Reviews*，2023 年，第 171 卷，113000。

类似的储层和盖层条件，但没有天然 CO_2 的聚集。该油藏的储层储集空间和泥岩盖层封闭性是剖析 CO_2 长期地质安全封存的理想场所。

因此，本文选择苏北盆地典型的黄桥天然 CO_2 油气藏与邻近的无天然 CO_2 的句容油藏开展实例解剖与对比。①通过岩石学、矿物学和地球化学分析揭示富 CO_2 流体与储集岩石和盖层岩石相互作用特征；②论证富 CO_2 流体作用下泥岩盖层裂缝自封闭效应；③开展 CO_2 注入埋存过程数值模拟，明确 CO_2 注入埋存量和稳定性。

1　地质背景

黄桥富 CO_2 油气藏位于江苏省泰兴市黄桥镇，在构造位置上属于苏北盆地中的次一级构造单元南京坳陷东北端的黄桥复向斜带中（图 1）。燕山中期，黄桥地区处于挤压应力为主的应力场中，在挤压应力持续作用下，形成多条区域性近乎垂直的断裂并伴随大规模中酸性岩浆侵入与喷发。燕山晚期（J_3-K）-喜马拉雅期（E-N），苏北地区发生大规模裂陷与抬升，并伴有若干期基性岩浆侵入与喷发，导致深源幔源成因 CO_2 等气体大规模释放，并运移至盆地聚集（Liu et al.，2016）。

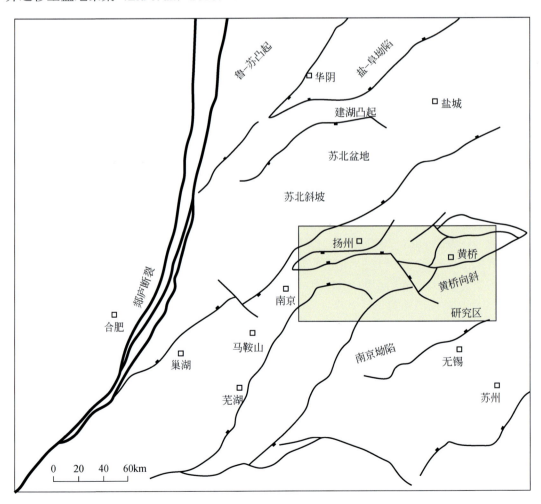

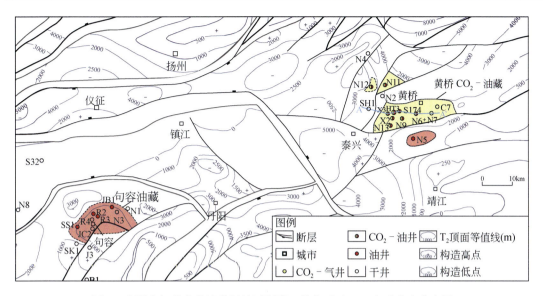

图 1　中国东部苏北盆地黄桥地区断裂、井位以及 CO_2 和油产出分布图

已经有多口钻井在黄桥 CO_2 油气藏揭示了垂向上多个层位 CO_2 与油共同聚集和产出（图 2 和图 3），也揭示了垂向上多层位捕获天然 CO_2 与天然地质封存（Zhu et al.，2018）。例如，在志留系坟头组（$S_{2-3}f$）、泥盆系五通组（D_3w）、石炭系船山组（C_3c）、二叠系龙潭组（P_2l）、三叠系青龙组（$T_{1-2}q$）等层位。其中，上二叠统龙潭组砂岩是 CO_2 和油最主要的储集层，如溪 3 井在龙潭组（P_2l）获得 CO_2 气 $3.5 \times 10^4 \sim 5.0 \times 10^4 m^3/d$（天然气 CO_2 含量 97.41%）和约 2.8t 凝析油/d。龙潭组砂岩储集层与上覆的大隆组泥岩构成最重要的储盖组合（图 2）。

与黄桥地区邻近的、位于黄桥东南部的句容油藏（图 1 和图 3）与黄桥地区具有相似的构造演化背景。句容油藏中已有多口钻井在上二叠统龙潭组等层位中见到丰富油显示和一定的油产量，如容 2 井在龙潭组获工业油流。上覆的大隆组泥岩构成优质的盖层。与黄桥 CO_2 油气藏不同的是，句容油藏中并没有发现深部 CO_2 的聚集（图 1 和图 3）。

2　样品和方法

对黄桥天然 CO_2 油气藏和不含 CO_2 的句容油藏开展地质对比解剖与数值模拟研究。对黄桥 CO_2 油气藏的 CO_2 和油的主要储层上二叠统龙潭组砂岩和上覆大隆组泥岩盖层进行了详细的钻井岩心样品采集，并开展岩石学、矿物学和地球化学分析测试。除了对句容油藏的龙潭组储层和大隆组盖层进行分析外，本文还开展句容地区 CO_2 注入与地质埋存数值模拟研究。

2.1　岩石、矿物与地球化学测试

对黄桥地区的苏 174、溪 2、溪 3、溪平 5 等钻井的上二叠统龙潭组砂岩、大隆组泥岩和裂缝方解石脉样品进行了取样，分别开展岩石薄片观测、扫描电镜观测、流体包裹体显微测温、碳氧同位素、稀土元素等分析测试。

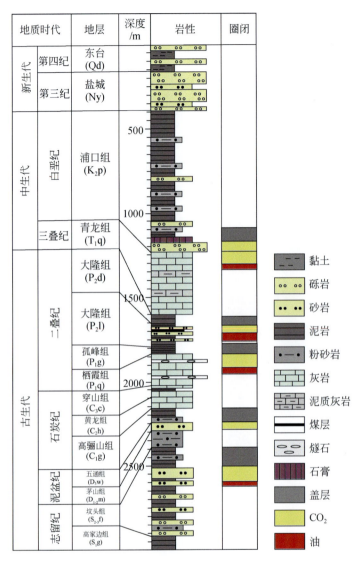

地质时代		地层	深度/m	岩性	圈闭
新生代	第四纪	东台(Qd)			
	第三纪	盐城(Ny)			
中生代	白垩纪	浦口组(K₂p)	500 / 1000		
	三叠纪	青龙组(T₁q)			
古生代	二叠纪	大隆组(P₂d)			
		大隆组(P₂l)	1500		
		孤峰组(P₁g)			
		栖霞组(P₁q)	2000		
	石炭纪	穿山组(C₃c)			
		黄龙组(C₂h)			
		高骊山组(C₁g)			
	泥盆纪	五通组(D₃w)	2500		
		茅山组(D₁₋₂m)			
	志留纪	坟头组(S₂₋₃f)			
		高家边组(S₁g)			

图例:
- 黏土
- 砾岩
- 砂岩
- 泥岩
- 粉砂岩
- 灰岩
- 泥质灰岩
- 煤层
- 燧石
- 石膏
- 盖层
- CO_2
- 油

图 2 华东苏北盆地黄桥地区综合柱状图

将用于薄片观察的样品进行双重抛光至约 0.03mm 厚,用于测量流体夹杂物温度至约 0.2mm 厚。使用徕卡 DM4500 显微镜对薄片的岩石学、矿物学和孔隙结构进行显微观察。流体夹杂物的测量在 Linkam-TH600 加热-冷却台上进行。温度调节后,以 15℃/min 的升温速率开始测量,然后在流体夹杂物接近均质化时,速率降至 1℃/min。温度测量精度为 ±1℃。

扫描电镜分析时,先处理好大小为 0.5～1cm 的新鲜断面小块,然后放在超声波清洗仪中除去断面上附着的残留碎屑,再放在干燥箱中烘干。然后在新鲜断面上镀金,固定在样品台上放入扫描电镜设备中进行观测。扫描电镜型号为 Zeiss EVO MA10。

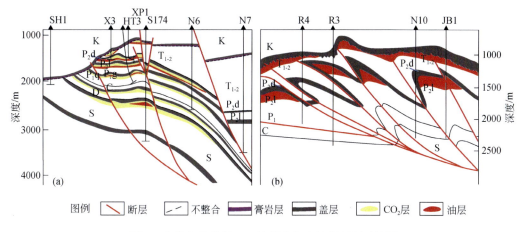

图 3 苏北盆地黄桥 CO_2 油藏和句容油藏剖面对比图

（a）黄桥 CO_2 油藏；（b）句容油藏

对于地球化学分析，将样品（碳酸盐样品和孔隙或裂缝填充方解石样品）研磨以通过 20～40 目筛，进行超声清洗和干燥。在双目立体显微镜下选择纯颗粒。然后将选定的颗粒研磨成小于 200 目孔的粉末，用于元素和同位素分析。

稀土元素通过 ICP-MS 获得，仪器为 Yokogava PMS-200。将 40mg 粉末样品放入装有 3ml（1+1）HNO_3 的溶解罐中。将罐子放在电热板上，将温度保持在 120℃一整天，然后将温度升高到 150℃，再保持一整天。将溶液蒸发至几乎干燥。然后加入 2ml（1+1）HNO_3，将罐子放在电热板上，将温度保持在 150℃ 2h。蒸至 1ml 后，将溶液输送到容量为 50ml 的 PE 瓶中。为了分析，最后将溶液用亚沸水稀释至 20g。

在南京大学内生金属矿床成矿机制研究国家重点实验室的 Gas Bench Ⅱ装置上进行了碳和氧同位素分析，该装置与 Mat 253 质谱仪相连。将约 200μg 粉末样品放入反应瓶中，然后用 He 填充。加入足够的 100% H_3PO_4 后，将温度保持在 72℃ 1h。然后，从样品中释放的 CO_2 被 He 带入 Mat 253 质谱仪进行分析。检测了所有 C 和 O 同位素丰度，并根据 NBS-18 和 NBS-19 标准进行了校准。NBS-18 和 NBS-19 标准品重复分析的重现性优于 ±0.1‰。

使用 Finnigan MAT Triton TI 进行锶同位素分析。将大约 100mg 粉末样品放入罐中，并加入 2ml 的 6mol/L HCl。将样品在 100～110℃的温度下溶解 24h。由 Aldrich 等（1953）首创的离子色谱技术用于分离锶同位素。以 HCl 为洗脱液，采用 Bio-Rad 公司（美国）生产的 AG 50W-X12 200～400 目离子树脂对锶同位素进行分离富集。根据质量分馏标准 $^{87}Sr/^{86}Sr$=0.1194 调整测得的 $^{87}Sr/^{86}Sr$ 值，分析 NBS987 标准样品的 $^{87}Sr/^{86}Sr$ 值平均值为 0.710273±0.000012。

2.2 CO_2 注入与地质封存数值模拟

句容油藏与黄桥天然 CO_2 油气藏在储盖组合上具有一致性，具有类似的构造、成岩演化过程，开展 CO_2 埋存数值模拟与天然 CO_2 气藏具有一定的可对比性。

1）裂缝方解石脉充填数值模拟

在天然CO_2黄桥气藏圈闭中，深部幔源CO_2从深部向浅层运移过程中，经过上二叠统龙潭组砂岩储层向上覆大隆组泥岩盖层运移，往往会在泥岩裂缝中沉淀充填方解石脉，从而使泥岩盖层封闭能力极大增强。本文采用 TOUGHREACT 数值模拟软件模拟富CO_2流体运移至泥岩盖层裂缝中沉淀方解石的过程。

黄桥气田成藏期主要包括三期，第一期在晚白垩世早期（约 90Ma），以油气充注为主；第二期在古近纪（约 60Ma），以油气充注为主，伴随深部CO_2聚集；第三期在新近纪（约 25Ma），CO_2充注并驱替深层早期形成的滞留烃类（王杰等，2008；Liu et al.，2017；Zhu et al.，2018）。因此，黄桥气田天然CO_2油气藏已稳定存在百万年之久。本次模拟的模型时间设置为万年尺度，足以满足CO_2长期安全封存。根据黄桥CO_2油气藏特征，构建砂岩储层（龙潭组）与泥岩盖层（大隆组）的二维储盖组合体系（图4）。模型中设定大隆组泥岩盖层厚度 50m，初始为水饱和状态。模型中选定 1 条（图4）垂直贯穿 50m 厚泥岩盖层的假想裂隙，开度为 2cm，所占体积比为 2%。根据黄桥富CO_2油气藏实际压力，模拟设置泥岩盖层顶部定压力边界为 15.5MPa，用以模拟上覆含水层。模型底部为储存CO_2的砂岩储集层，设定为一个体积无穷大的网格。由于储层中CO_2的聚集和压力累积，其孔隙压力应明显高于上覆盖层；设定储层网格的压力为 18MPa，CO_2相饱和度设置为 0.5。根据地层埋藏史曲线，上二叠统龙潭组砂岩和大隆组泥岩在新近纪以来埋藏深度在 1600m 左右，地层温度在 70℃左右。因此，模型中将地层温度设置为定值，均为 70℃。由于缺乏泥岩盖层中地层水测试数据，储层和盖层初始地层水离子含量由水-岩化学反应平衡得到，具体初始水各组分浓度如表1所示。由平衡结果可知，由于长时间的CO_2-水-岩相互作用，龙潭组砂岩储层中的水呈酸性，且具有较高浓度的钙离子及重碳酸根离子。

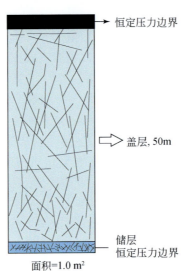

图4　大隆组泥岩二维裂缝分布模型图

表 1　初始储层和盖层地层水各离子浓度　　　　　（单位：mol/kg H_2O）

组分	泥岩盖层	砂岩储层
Ca^{2+}	0.1133×10^{-1}	0.4097
Mg^{2+}	0.1180×10^{-1}	0.5033×10^{-1}
Na^+	0.8727	0.2177
K^+	0.1783×10^{-3}	0.5515×10^{-5}
Fe^{2+}	0.9815×10^{-21}	0.2757×10^{-2}
$xSiO_2$（aq）	0.56×10^{-3}	0.3989×10^{-3}
CO_3^{2-}	0.5306×10^{-5}	0.1993×10^{-6}
HCO_3^-	0.1141×10^{-3}	0.2198×10^{-1}
Cl^-	0.9212	1.168
SO_4^{2-}	0.43×10^{-8}	0.3886×10^{-8}
pH	8.121	4.339

　　地层水在从下伏砂岩储层向上覆泥岩盖层入侵过程中，储层内高压富 CO_2 流体优先沿高渗通道（裂隙）向泥岩盖层中运移。富 CO_2 流体沿裂隙向上运移过程中，压力逐渐降低从而导致溶液中重碳酸钙逐渐分解形成碳酸钙［式（1）］。随着碳酸钙的不断形成，其在溶液中达到饱和并析出形成方解石沉淀。

　　裂隙中方解石脉的形成，势必造成其孔隙度和渗透率的不断降低。模型中假设裂隙具有统一的开度，并使用立方定律（Steefel and Lasaga，1994），结合裂隙内孔隙度变化对其渗透率变化进行计算［式（2）］。

$$Ca(HCO_3)_2 \rightleftharpoons CaCO_3 + CO_2 + H_2O \qquad (1)$$

$$k = k_i \left(\frac{\phi}{\phi_i} \right)^3 \qquad (2)$$

式中，k_i 和 ϕ_i 分别为裂隙初始渗透率和孔隙度，k 和 ϕ 分别为方解石脉形成后的渗透率和孔隙度。

　　2）油藏 CO_2 注入数值模拟

　　与黄桥天然 CO_2 油气藏类似，句容油藏的储集层和盖层分别是上二叠统龙潭组砂岩和大隆组泥岩，对句容油藏开展 CO_2 注入与封存过程的数值模拟。采用 TOUGHREACT 数值模拟软件进行模拟。模拟分析在起伏地层中、不同地质构造类型且含断裂存在的条件下，人工 CO_2 注入后 CO_2 的运移特征，评价不同位置钻井的注入潜力、沿断裂泄漏风险等。其中，利用 IGMESH 软件对地层的起伏特征以模型网格的方式对模型进行不规则网格剖分，以提高模拟效率。

　　a. 地质模型

　　选择句容油藏句北 1、N3、N10、容 3 井区域的 $10 \times 10m^2$ 区块作为本次模拟的目标区域（图 5）。模拟目标区北侧、东侧、南侧均有断裂出现，中部有一条 W-E 走向的大断裂，同时该大断裂在研究区南部形成多条 N-S 走向的小断裂分支。

　　依据图 5，对研究区边界点的坐标进行确定，建立了研究区域 1∶1 的实际三维地质模型，模型长 10km，宽 10km（图 6）。根据实际地质资料，通过给网格赋不同的属性值（岩性或断裂），刻画了研究区中部 W-E 走向的大断裂"D"和南部三条 N-S 走向的小分支断裂。断裂"D"贯穿目标层二叠系龙潭组及大隆组，三条 N-S 走向分支断裂只在二叠系大隆组内发育（图 6）。

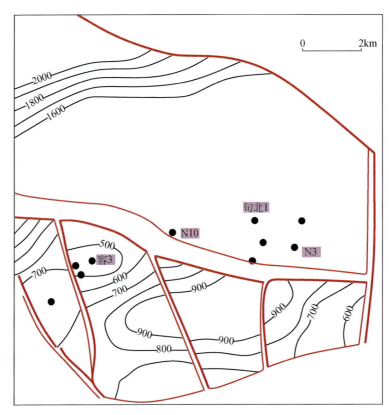

图 5　句容油藏数值模拟区域断裂与钻井位置（容 3 井）

图中数字处为等值线，单位为 m

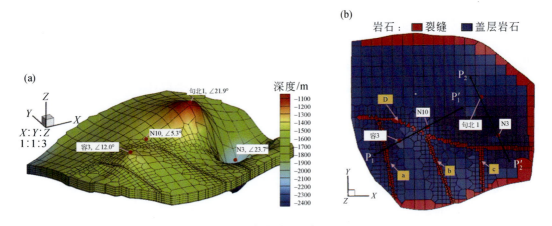

图 6　句容地区目标层

（a）三维概念模型；（b）二维俯视图

　　根据钻井中上二叠统龙潭-大隆组埋深和厚度，利用克里金法对各模型中所有网格的埋深和厚度进行插值，所得模型龙潭-大隆组的顶板埋深分布如图7所示。插值所得大隆组的平均厚度约为60m，龙潭组的平均厚度约为114m。模型为不规则网格剖分，在裂缝处剖分加密，这样能在保证计算精度的同时，减少模型的计算负担。模型中各单个网格的径向大小范围为100~500m。垂直剖面分为6层，其中盖层2层，储层4层。单层厚度约30m，模型总目标地层体积是$1.0×10^{10}m^3$。因为实际地层顶底板都是超低孔隙度和超低渗透率的泥岩层，因此模型的顶板和底板设置为隔水边界（非渗透性边界）。由于句容油藏成藏后构造改造弱，模型对侧边界设置为恒定的压力和温度的一类边界条件以削弱边界对整个研究区的影响。

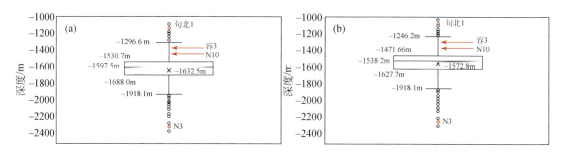

图7　地层顶板埋深分布图

（a）龙潭组储层；（b）大隆组盖层

　　选择CO_2注入井为容3井、N10井、N3井和句北1井，各井所在位置及平均倾角见图6（a）。CO_2的注入压力是注入井所在位置处储层顶部地层压力的1.5倍。容3井、句北1井、N10井和N3井的注入压力分别为204.9bar、171.4bar、215.1bar、344.9bar（1bar=10^5Pa）。按照实际CO_2注入工程的一般实施时间，设置CO_2注入30年后闭井停止注入。

　　b. 初始参数

　　句容油藏平均地温梯度为21.6℃/km，根据各网格的埋深可以得到该模型的初始温度[图8（a）]。模型的初始压力[图8（b）]由TOUGH2的EOS1模块通过已知井点的压力对全局进行模拟平衡得到。该模块可以保证每个网格初始地层压力的稳定，包括位置水头和压力水头，从而保证模型中初始动力场是稳定的。

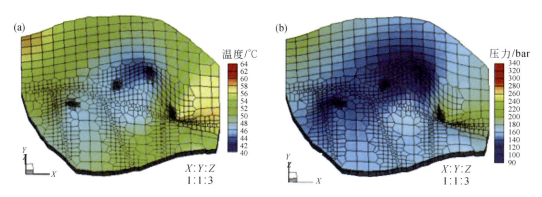

图8　句容地区CO_2注入模型

（a）初始地层温度分布；（b）初始压力分布

地层的孔隙度和渗透率为控制流体运移的关键参数。将模型基岩的孔隙度和渗透率设为目标区域岩心实测数据的平均值（表 2）。含裂缝岩石的孔隙度设为 1.0，渗透率设为 12.2mD（比基岩高 3 个数量级）。液相和气相（超临界 CO_2）的相对渗透率和毛细管压力函数分别设定为 van Genuchten-Mualem（VG）函数（van Genuchten，1980）。需要注意的是，由于岩性的不同，盖层与储层的 VG 函数参数可能存在较大差异，尤其是残余液相饱和度和毛细进入压力。模型中使用的物理参数详见表2。

表 2   句容地区 CO_2 注入模型初始物性参数

参数		盖层		储层
		基质	断裂带	
孔隙度/%*		3.75	100	6.53
渗透率/（$\times 10^{-3} \mu m^2$）**		0.0122	12.2	0.68
相对渗透率参数（van Genuchten 模型）	$M=1-1/n$	0.9167	0.9167	0.9167
	残余液体饱和度/%	60	25	5
	液体饱和度/%	99.9	99.9	99.9
	残余气体饱和度/%	5	3	1
毛管压力参数（van Genuchten 模型）	$M=1-1/n$	0.3	0.4118	0.3
	残余液体饱和度/%	55	20	1
	$(1/P_0)/Pa^{-1}$	0.5×10^{-6}	1.0×10^{-6}	0.5×10^{-5}
	P_{max}/Pa	3.0×10^{6}	2.0×10^{6}	1.0×10^{6}
	液体饱和度/%	99.9	99.9	99.9

注：M、n 为不确定参数；P_0 为参考压力；P_{max} 为压力最大值。*引自 Xu 等（2019）；**引自赖锦等（2016）。

3　结果

3.1　岩石学特征

苏北盆地黄桥 CO_2 油气藏和句容油藏上二叠统龙潭组储层主要是褐灰色的长石、石英细粒或中粗粒砂岩［图 9（a）～（c）］。黄桥 CO_2 油气藏龙潭组砂岩中常见丰富的溶蚀孔隙，较为疏松［图 9（a）、（b）］。与之相比，句容地区龙潭组砂岩普遍较为致密，很少见到溶蚀孔洞［图 9（c）］。龙潭组砂岩储层之上覆盖大隆组黑色泥岩，为油气藏的直接封盖层。黄桥 CO_2 油气藏上二叠统大隆组泥岩盖层中常见丰富的裂缝发育，被方解石脉胶结充填［图 9（d）～（f）］，裂缝中的方解石脉一般宽 1～5mm。裂缝方解石脉形状不规则，见较大的裂缝与多个小的裂缝脉体相互连接［图 9（e）、（f）］。黄桥地区上二叠统龙潭组砂岩储层和上覆大隆组泥岩盖层中都见裂缝被方解石脉充填［图 9（d）～（f）］，方解石脉多数为白色，少数为黄褐色，宽度一般 3～5mm，部分可达 1～2cm。

显微镜下观察发现龙潭组砂岩的碎屑成分主要是石英和长石［图 10（a）～（c）］，还常见云母、高岭石、黄铁矿等矿物。砂岩中的石英颗粒多发生一定程度的次生加大作用［图 10（d）］，而长石颗粒多发生一定的溶蚀作用［图 10（b）、（c）］，溶蚀改造后的砂岩中有丰富的粒间孔隙和长石颗粒的粒内溶蚀孔隙［图 10（e）～（i）］，粒间孔隙中常见放射状的片钠铝石产出［图 10（e）、（f）、（h）、（i）］。

  龙潭组砂岩中石英或长石颗粒之间的孔隙被碳酸盐岩矿物（方解石、白云石、菱铁矿等）胶结充填（图 9）。显微镜下观察方解石以自型晶为主，呈菱形形态，具有两个方向的完全节理。阴极射线下，方解石脉呈亮红色或者橘黄色荧光（图 9）。句容地区龙潭组砂岩中方解石胶结较为普遍；黄桥地区方解石胶结物部分见被溶蚀的现象，方解石溶蚀后呈港湾状形态（图 9）。

图 9   苏北盆地黄桥地区上二叠统龙潭组砂岩和大隆组泥岩盖层

（a）浅灰色中粗砂岩，溶蚀孔隙发育，见油斑，P_2l，溪 3 井；（b）浅灰色细砂岩，溶蚀孔洞发育，见油斑，P_2l，溪 1 井；（c）浅灰色细砂岩，致密，缺少溶蚀孔隙，P_2l，容 4 井；（d）黑色泥岩裂缝中充填方解石脉，P_2d，溪 3 井；（e）黑色泥岩裂缝中充填方解石脉，P_2d，溪 1 井；（f）黑色泥岩裂缝中充填方解石脉，P_2d，溪 3 井

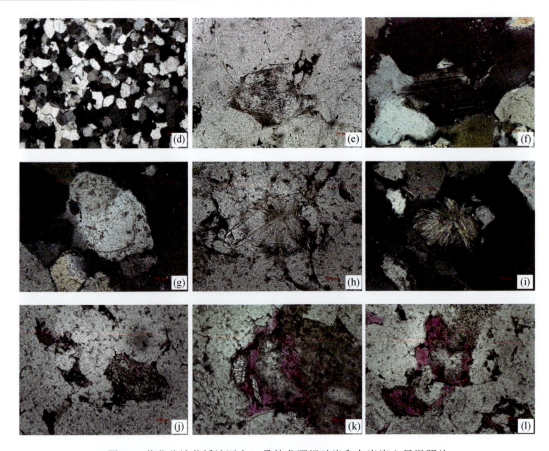

图 10　苏北盆地黄桥地区上二叠统龙潭组砂岩和灰岩岩心显微照片

（a）中粒石英砂岩，含黑云母，颗粒间泥质（绢云母、绿泥石等）充填，单偏光，×400 倍，S$_{2-3}$f，苏 174 井；（b）中粒石英砂岩，含黑云母，颗粒间泥质（绢云母、绿泥石等）充填，正交偏光，×400 倍，S$_{2-3}$f，苏 174 井；（c）中粒石英砂岩，含黑云母，颗粒间见放射状片钠铝石，单偏光，×400 倍，S$_{2-3}$f，苏 174 井；（d）细中粒石英砂岩，正交偏光，×50 倍，P$_2$l，苏 174 井；（e）砂岩中的长石颗粒发生次生蚀变，单偏光，×200 倍，P$_2$l，溪平 5 井；（f）砂岩中的长石颗粒发生次生蚀变，具有聚片双晶特征，正交偏光，×200 倍，P$_2$l，溪平 5 井；（g）砂岩中的石英颗粒见次生加大，正交偏光，×200 倍，溪 3 井；（h）砂岩孔隙中见放射状片钠铝石，单偏光，×200 倍，P$_2$l，溪 3 井；（i）砂岩孔隙中见放射状片钠铝石，正交偏光，×200 倍，P$_2$l，溪 3 井；（j）砂岩中的长石颗粒发生次生蚀变，发育粒内溶蚀孔隙和粒间孔隙，单偏光，×100 倍，铸体薄片，P$_2$l，溪 1 井；（k）砂岩中长石颗粒的次生蚀变和片钠铝石的形成，发育粒间孔隙和溶蚀孔隙，单偏光，×200 倍，P$_2$l，溪 3 井；（l）砂岩中长石颗粒的次生蚀变和片钠铝石的形成，发育粒间孔隙和溶蚀孔隙，单偏光，×100 倍，P$_2$l，溪 3 井

3.2　X 衍射矿物组成

对黄桥和句容地区上二叠统龙潭组砂岩和大隆组盖层泥岩的 X 衍射分析结果见表 3。根据表 3，龙潭组砂岩中主要矿物组成为石英、长石和黏土，含有一定量的碳酸盐岩矿物（方解石、白云石、菱铁矿）、石膏和黄铁矿。与句容地区相比，黄桥地区龙潭组砂岩中的石英和黏土含量相对较高，平均值分别为 64.8%和 22.3%；但钾长石、斜长石和方解石的含量显著较低，平均分别为 1.8%、6.3%和 1.8%。

大隆组泥岩盖层的主要矿物组成为石英、斜长石和黏土，平均值分别为36.3%、13.9%和 41.6%。此外，泥岩中还含有少量的钾长石、碳酸盐岩矿物、石膏和黄铁矿。

表3 苏北盆地黄桥和句容地区上二叠统龙潭组砂岩和大隆组泥岩 X 衍射矿物组成（单位：wt%）

样号	层位	矿物类型								
		石英	钾长石	斜长石	方解石	白云石	菱铁矿	石膏	黄铁矿	黏土
黄桥高含 CO_2 区域龙潭组砂岩										
X3-1	P_2l	64.3	1.5	5.5	—	1.3	1.9	1.3	2.1	22.1
X3-3	P_2l	67.5	2.2	6.8	2.5	—			1.5	19.5
XP1-8	P_2l	66.1	—	4.3	—	2.1	—	1.0	1.0	25.5
XP5-4	P_2l	56.7	1.3	4.7		1.2		1.8	1.6	32.7
XP5-5	P_2l	62.8	1.8	10.7	1.1	1.6	2.4	—	1.0	18.6
XP5-6	P_2l	71.6	2.1	5.8		1.5	1.2		2.5	15.3
平均	P_2l	64.8	1.8	6.3	1.8	1.5	1.8	1.4	1.6	22.3
句容不含 CO_2 区域龙潭组砂岩										
JB1-3	P_2l	57.7	3.5	8.7	5.5	0.5	2.3	1.3	2.5	18
JB1-5	P_2l	50.5	3	9.8	4.9	2.0	2.4	2.4	1.4	23.6
JB1-8	P_2l	51.8	4.8	10.9	5.7	—	4.4			22.4
R2-2	P_2l	60.7	3.7	8.2	5.3	1.5	1.5	2.1	1.5	15.5
R2-5	P_2l	48.8	6.6	12.9	7.7	—	2.7			21.3
平均	P_2l	53.9	4.3	10.1	5.8	1.3	2.7	1.9	1.8	20.2
黄桥高含 CO_2 区域大隆组泥岩										
X1-1	P_2d	41.2	1.1	11	—	—	2.1	1.2	3.9	39.5
X1-2	P_2d	30.5	—	12.9	—	—	1.1			55.5
X1-11	P_2d	41.1	—	10.9	—	2.2	—	1		44.8
X3-2	P_2d	34.6	2.5	22.3	2.1	—		5.8		32.7
X3-3	P_2d	32.2	—	10.7	—	—	2.3	6.1	4.1	44.6
X3-4	P_2d	38.1	2.1	15.8	1.1	1.2	2.5	1.8	4.7	32.7
平均	P_2d	36.3	1.9	13.9	1.6	1.7	2.0	3.2	4.2	41.6

3.3 流体包裹体

在苏北盆地黄桥和句容地区上二叠统龙潭组砂岩和大隆组泥岩方解石脉中可以见到丰富的流体包裹体。流体包裹体大小一般为 8～15μm，散布在方解石中，为原生流体包裹体 [图 11（a）、（c）]，包裹体形态为近菱形或长条形。

在方解石脉中都可以见到丰富的有机包裹体。有机包裹体大小一般为 10～15μm，液相部分呈褐黄色，在紫外光照射下发亮蓝色或蓝绿色荧光（图 11）。对有机包裹体中的气相部分做激光拉曼分析，结果表明气相部分的成分包含 CO_2、CH_4、C_2H_6、H_2S、N_2 等组分（图 11）。对方解石脉中不含油的纯盐水包裹体进行均一温度测定，均一温度（T_h）为 144.7～212.5℃（表 4）。

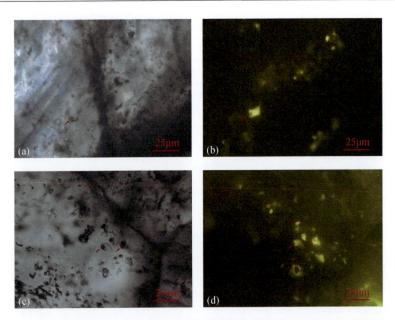

图 11　苏北盆地黄桥 CO_2 油气藏上二叠统大隆组泥岩中方解石脉流体包裹体特征

（a）泥岩裂缝方解石脉中的原生气液两相包裹体，P_2d，单偏光，×400 倍，苏 174 井；（b）（a）中的流体包裹体在紫外光激发下发亮黄色荧光，P_2d，紫外光，×400 倍；（c）泥岩裂缝方解石脉中的原生气液两相包裹体，P_2d，单偏光，×400 倍，溪 3 井；（d）（c）中的流体包裹体在紫外光激发下发黄色荧光，P_2d，紫外光，×400 倍，溪 3 井

表 4　苏北盆地黄桥地区上二叠统砂岩和泥岩中方解石脉以及二叠系海相灰岩的碳、氧和锶同位素值

序号	样号	钻井	深度/m	层位	样品类型	$\delta^{13}C_{\text{V-PDB}}$ /‰	$\delta^{18}O_{\text{V-PDB}}$ /‰	$^{87}Sr/^{86}Sr$	均一温度 T_h/℃
龙潭组砂岩储层和大隆组泥岩盖层裂缝中的方解石脉									
1	SS1-3-1	石狮 1 井	1355.8	P_2d	黑色泥岩中的方解石脉	−7.7	−16.4	0.713259	212.5
2	X1-1	溪 1 井	1809.6	P_2d	黑色泥岩中的方解石脉	0.6	−13.1	0.710964	198.5
3	X1-2	溪 1 井	1811	P_2d	黑色泥岩中的方解石脉	1.2	−13.0	0.710873	182.3
4	X1-7	溪 1 井	1818.6	P_2d	黑色泥岩中的方解石脉	−2.9	−13.5	0.710027	205.1
5	X1-10	溪 1 井	1846.6	P_2l	黑色泥岩中的方解石脉	−4.2	−11.5	0.711445	163.2
6	X1-11	溪 1 井	1851	P_2l	黑色泥岩中的方解石脉	−10.1	−16.0	0.710484	207.1
7	X1-21	溪 1 井	1878.7	P_2l	深灰色泥岩中的方解石脉	−2.8	−13.7	0.713186	191.3
8	X2-5	溪 2 井	2368.1	S_3m	深灰色砂岩中的方解石脉	−0.1	−12.2	0.711342	170.1
9	X3-1	溪 3 井	1538.1	P_2d	泥岩中的方解石脉	−4.3	−11.0	0.710779	148.3
10	X3-2	溪 3 井	1539	P_2d	泥岩中的方解石脉	−3.8	−13.6	0.712637	182.2
11	X3-3	溪 3 井	1543.5	P_2d	泥岩中的方解石脉	−11.4	−14.3	0.711084	198.3
12	X3-4	溪 3 井	1543.2	P_2d	泥岩中的方解石脉	−9.1	−13.2	0.709984	177.6
13	X3-5	溪 3 井	1593.6	P_2l	砂岩中的方解石脉	2.5	−10.4	0.712691	144.7
14	X3-8	溪 3 井	1596.9	P_2l	砂岩中的方解石脉	4.9	−10.8	0.712055	153.5
平均						−3.4	−13.1	0.711486	181.1

续表

序号	样号	钻井	深度/m	层位	样品类型	$\delta^{13}C_{\text{V-PDB}}$ /‰	$\delta^{18}O_{\text{V-PDB}}$ /‰	$^{87}Sr/^{86}Sr$	均一温度 $T_h/℃$
灰岩围岩									
1	S174-23	苏174井	1657.52	P_2l	灰色泥晶灰岩	3.4	-6.7	0.708095	
2	S174-14	苏174井	1947.56	P_1q	黑色泥晶灰岩	3.1	-5.0	0.707937	
3	S174-14	苏174井	1948.5	P_1q	深灰色泥晶灰岩	2.9	-6.7	0.707904	
4	S174-18	苏174井	1972.12	P_1q	褐灰色灰岩	3.9	-7.9	0.708209	
5	S174-19	苏174井	1972.21	P_1q	浅灰色灰岩	4.2	-6.0	0.707706	
平均						3.5	-6.5	0.707970	

3.4 地球化学

黄桥富 CO_2 油气藏中苏 174 井上二叠统栖霞组和龙潭组泥晶灰岩的碳同位素 $\delta^{13}C_{\text{V-PDB}}$ 为 2.9‰～4.2‰，平均为 3.5‰；氧同位素 $\delta^{18}O_{\text{V-PDB}}$ 为-7.9‰～-5.0‰，平均为-6.5‰。溪 1、溪 2、溪 3 和石狮 1 井龙潭组砂岩和大隆组泥岩中方解石脉的碳同位素 $\delta^{13}C_{\text{V-PDB}}$ 为-11.4‰～4.9‰，平均为-3.4‰；氧同位素 $\delta^{18}O_{\text{V-PDB}}$ 为-16.4‰～-10.4‰，平均为-13.1‰（表 4）。与二叠纪同时期海相灰岩相比，方解石脉与之有着较大的差异，具有较轻的碳氧同位素组成，并且其 $\delta^{13}C_{\text{V-PDB}}$ 具有随 $\delta^{18}O_{\text{V-PDB}}$ 降低而降低的趋势（图 12）。

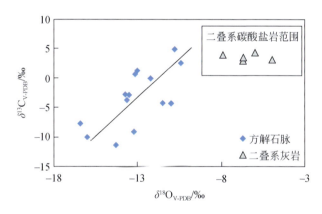

图 12 黄桥地区上二叠统龙潭组和大隆组方解石脉与灰岩碳、氧同位素组成

栖霞组和龙潭组泥晶灰岩的锶碳同位素 $^{87}Sr/^{86}Sr$ 值为 0.707706～0.708209，平均为 0.707970。龙潭组砂岩和大隆组泥岩中的方解石脉的锶碳同位素 $^{87}Sr/^{86}Sr$ 值为 0.709984～0.713259，平均为 0.711486（表 4）。与二叠纪海相灰岩相比，方解石脉具有显著高的 $^{87}Sr/^{86}Sr$ 值。

裂缝中充填方解石的总稀土元素含量（ΣREE）为 5.05～69.21μg/g，平均为 35.35μg/g（表 5）。与灰岩相比，稀土元素配分模式上具有一定轻稀土略亏损的特征 [图 13（a）、（b）]。方解石脉的一个显著特征是多数样品具有 Eu 正异常，δEu 为 0.97～7.05，平均为 3.36（表 5）。

表 5　黄桥天然 CO_2 储层 P_2d 泥岩方解石脉 REE 浓度

（单位：μg/g）

	样品	La	Ce	Pr	Nd	Sm	Eu	Gd	Tb	Dy	Ho	Er	Tm	Yb	Lu	ΣREE	LREE/HREE	δEu	δCe
P_2d 泥岩中的方解石脉	SS1-3-1	0.65	0.57	0.091	0.88	0.50	0.84	0.62	0.07	0.41	0.07	0.16	0.026	0.14	0.027	5.05	2.32	7.05	0.54
	SS1-3-2	0.73	0.61	0.081	0.93	0.53	0.87	0.99	0.36	2.05	0.54	0.87	0.11	0.69	0.10	9.46	0.66	5.60	0.57
	X1-1	1.63	5.16	1.05	8.66	8.07	5.55	9.00	2.14	13.20	2.42	5.78	0.89	5.01	0.65	69.21	0.77	3.07	0.91
	X1-2	7.98	16.30	2.19	10.70	4.77	1.98	4.94	1.06	6.14	1.07	2.47	0.37	1.90	0.25	62.11	2.41	1.92	0.90
	X1-3	1.85	5.34	0.98	6.95	5.95	4.05	7.84	1.92	10.95	1.84	4.16	0.63	3.53	0.47	56.43	0.80	2.79	0.92
	X1-4	7.98	16.30	2.19	10.70	4.77	1.98	4.94	1.06	6.14	1.07	2.47	0.37	1.90	0.25	62.11	2.41	1.92	0.90
	X1-5	1.70	2.85	0.31	1.10	0.17	0.16	0.16	0.024	0.12	0.022	0.056	0.008	0.056	0.005	6.74	14.08	4.39	0.90
	X1-6	2.06	5.52	0.91	5.24	3.82	2.54	6.68	1.69	8.69	1.25	2.54	0.37	2.05	0.29	43.66	0.85	2.37	0.93
	X2-1	0.57	1.46	0.23	1.38	1.22	0.42	3.49	1.19	7.36	1.30	3.09	0.54	3.36	0.43	26.05	0.25	0.97	0.92
	X3-2	0.65	1.80	0.36	2.90	1.69	1.75	1.61	0.26	1.23	0.19	0.40	0.044	0.25	0.036	13.16	2.28	5.00	0.85
	X3-3	6.98	12.40	1.83	10.20	3.65	2.61	4.83	1.09	7.21	1.58	3.94	0.56	2.85	0.43	60.16	1.68	2.93	0.80
	X3-4	3.81	8.27	1.24	6.64	2.61	0.78	3.64	1.04	7.88	1.75	4.72	0.81	4.42	0.65	48.26	0.94	1.19	0.88
	X3-5	1.14	2.16	0.27	1.24	0.70	0.29	1.82	0.61	3.74	0.66	1.57	0.27	1.71	0.22	16.39	0.55	1.21	0.89
	X3-6	1.13	2.80	0.55	4.60	4.22	3.13	5.17	1.30	8.26	1.51	3.58	0.54	3.04	0.40	40.21	0.69	3.15	0.82
	X3-7	0.62	0.44	0.051	0.54	0.36	0.70	1.33	0.47	3.31	0.60	1.37	0.20	1.06	0.16	11.21	0.32	4.75	0.57
	平均	2.63	5.47	0.82	4.84	2.87	1.84	3.80	0.95	5.78	1.06	2.48	0.38	2.13	0.29	35.35	2.07	3.22	0.82
二叠纪海相石灰岩	S174-1	1.41	2.39	0.32	1.34	0.28	0.062	0.53	0.042	0.33	0.045	0.19	0.014	0.30	0.028	7.27	3.93	0.76	0.83
	S174-2	1.46	3.06	0.33	1.30	0.21	0.036	0.23	0.056	0.32	0.051	0.15	0.021	0.20	0.016	7.44	6.17	0.76	1.02
	S174-3	1.44	2.85	0.31	1.15	0.25	0.03	0.30	0.048	0.25	0.037	0.13	0.044	0.21	0.013	7.06	5.84	0.51	0.98
	S174-4	1.001	21.00	3.09	13.40	2.98	0.46	3.37	0.45	3.00	0.63	1.80	0.29	2.21	0.32	64.00	4.30	0.68	0.83
	S174-5	11.40	21.80	2.53	9.15	1.68	0.35	1.62	0.27	1.38	0.24	0.86	0.14	0.76	0.12	52.31	8.69	1.00	0.94
	S174-6	8.92	15.44	2.26	8.77	1.46	0.29	1.30	0.21	1.06	0.19	0.69	0.11	0.61	0.098	41.39	8.71	0.99	0.79
	S174-7	6.41	12.10	1.42	5.25	0.99	0.30	1.17	0.16	0.90	0.15	0.55	0.087	0.53	0.076	30.10	7.29	1.32	0.93
	平均	6.01	11.23	1.47	5.77	1.12	0.22	1.22	0.18	1.031	0.19	0.63	0.10	0.69	0.096	29.94	6.42	0.86	0.90

注：ΣREE 为总稀土元素含量；LREE/HREE 为轻稀土浓度/重稀土浓度；$\delta Eu = Eu / \sqrt{Sm \cdot Gd_N}$；$\delta Ce = Ce / \sqrt{La \cdot Pr_N}$；$N$：由 PAAS 标准化

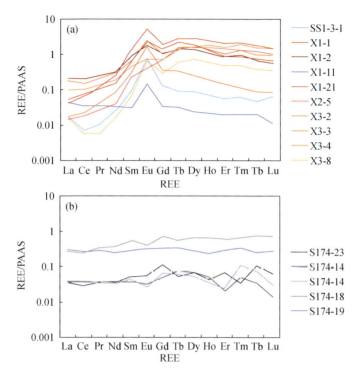

图 13　苏北盆地黄桥地区上二叠统稀土元素配分模式

（a）龙潭组和大隆组泥岩裂缝中的方解石脉；（b）灰岩

REE. 稀土元素含量；PAAS. 澳大利亚后太古代页岩（国际标准）

3.5　数值模拟

采用 TOUGHREACT 数值模拟软件对深部 CO₂ 流体沿裂隙向浅部盖层运移过程中，裂隙内方解石脉形成充填过程、裂隙孔隙度和裂隙渗透率变化过程进行了数值模拟（图 14）。模拟时间点分别为 1 年、10 年、100 年、1000 年和 10000 年。从图 14（a）中可以看出，泥岩裂缝中方解石脉充填裂缝体积随时间增加而逐渐增大。至 1000 年，充填度多数超过 0.50；至 10000 年，充填度多数超过 0.75。在泥岩盖层上部（0m 处），裂缝充填度最高，至 10000 年可达到 0.95 之上。

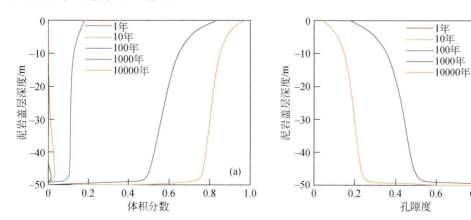

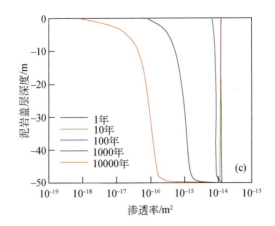

图 14　大隆组泥岩裂缝方解石脉充填过程以及裂缝孔隙度和渗透率模拟
（a）裂隙空间中方解石脉形成过程；（b）不同时刻裂隙孔隙度；（c）不同时刻裂隙渗透率

当设定含裂缝的泥岩盖层初始孔隙度和渗透率分别为 1.0 和 $1×10^{-14}m^2$。随着方解石的充填，裂缝孔隙度和渗透率 [图 14（b）、（c）] 随着模拟时间的增加而逐渐减小；至 10000 年，剩余裂缝孔隙比例大多小于 25%，渗透率多小于 $9×10^{-16}m^2$。在泥岩盖层上部（0m 处），至 10000 年，剩余裂缝比例小于 5%，渗透率小于 $1×10^{-18}m^2$。

针对苏北盆地句容油藏，通过 TOUGHREACT 软件，开展 30 年尺度 CO_2 持续注入模拟，模拟注入钻井为容 3 井、N10 井、N3 井和句北 1 井。从图 15 中可以看出，不同构造位置的钻井 CO_2 可注入量存在较大的差异。其中，地层起伏较大处的 N3 井具有最大的 CO_2 注入潜力，30 年注入 CO_2 量可达 $5.43×10^6t$；句北 1 井、容 3 井和 N10 井注入量差别不大，分别为 $1.42×10^6t$、$1.59×10^6t$ 和 $1.68×10^6t$，为 N3 井注入量的 1/4～1/3。

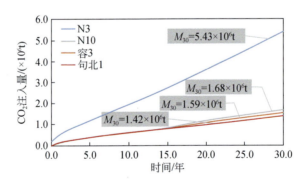

图 15　苏北盆地句容地区不同注入井位 CO_2 注入量差异

4　讨论

4.1　富 CO_2 流体对储层溶蚀作用/长石溶蚀形成片钠铝石，方解石溶蚀

前期研究表明，黄桥地区 CO_2 是伴随岩浆火山活动产生的，来自深部地幔（Liu et al.，2004，2017）。深部幔源 CO_2 沿断裂裂缝向盆地浅部地层运移过程中与地层水混合，形成富 CO_2 热液流体。深部富 CO_2 进入上二叠统龙潭组砂岩储层中，对砂岩储层中的长石和碳酸

盐岩胶结物都产生显著的溶蚀作用。溶蚀作用使砂岩储层中产生丰富的次生溶蚀孔隙，增强了储层的储集性能。

1）长石的溶蚀

CO_2从深部向盆地浅部运移过程中，部分CO_2溶解到水中可形成富HCO_3^-的酸性流体，酸性流体往往引起砂岩储层中长石等可溶性矿物的溶蚀，并伴有石英、黏土等新矿物的沉淀，进而使储集砂岩的孔隙度和渗透率发生改变。

Shiraki 和 Dunn（2000）的模式实验结果表明，CO_2注入砂岩储层后，长石发生蚀变并向高岭石转变，白云石等碳酸盐岩矿物将发生溶解从而使储层孔隙度增加。Bertier 等（2006）以比利时东北部 Westphalian 和 Buntsandstein 砂岩为例，开展了超临界CO_2-水-岩反应实验，认为CO_2的注入会导致砂岩储集层中的白云石、铁白云石以及铝硅酸盐的溶蚀，从而改善储层储集物性。而 Lu 等（2011）的实验结果表明，CO_2的引入会导致硅酸盐矿物的溶解，从而改善储层孔隙度，但是沉淀出来的水铝英石、伊利石、高岭石的沉淀会在一定程度上填充孔隙。

在富CO_2流体作用下，长石溶蚀作用可以用下面的式子表示：

$$4NaAlSi_3O_8（钠长石）+2CO_2+4H_2O === Al_4Si_4O_{10}(OH)_8（高岭石）+8SiO_2+2Na_2CO_3$$

长石溶蚀后形成的高岭石，可以以自生矿物的形式充填在砂岩等孔隙空间中，也可以进一步转化成伊利石或绿泥石，其反应式如下：

$$3Al_4Si_4O_{10}(OH)_8（高岭石）+4K^+ === 2K_2Al_6Si_6O_{20}(OH)_4（伊利石）+4H^++6H_2O$$

$$Al_4Si_4O_{10}(OH)_8+2Fe^{2+} === 2FeAl_2SiO_5(OH)_2（绿泥石）+4H^++2SiO_2$$

黄桥地区二叠统龙潭组长石石英砂岩储层中的CO_2大量溶解在地层水中，形成较高含量的HCO_3^-离子，对长石形成较强的溶蚀作用。例如，溪平 1 井二叠系龙潭组砂岩地层水中的HCO_3^-离子含量达到 18011.79mg/L（表 6）。志留系砂岩储层也存在类似现象，如苏 174 井志留系砂岩地层水中的HCO_3^-离子含量达到 12932mg/L。因此，富CO_2流体能对所在层位长石颗粒产生显著的溶蚀作用。

表 6 苏北盆地黄桥地区志留系和上二叠统砂岩储层中地层水主要阴阳离子组成

井号或剖面	地质年代	阳离子/（mg/L）				阴离子/（mg/L）			
		Ca^{2+}	Mg^{2+}	Na^+	K^+	Cl^-	SO_4^{2-}	CO_3^{2-}	HCO_3^-
溪平 1 井	P_2l	37.99	62.24	7568.85	83.56	6150.72	1520.34	0.00	7160.63
溪平 1 井	P_2l	0.00	227.12	17101.78（含 K）		14492.00	2814.79	0.00	18011.79
苏 174 井	$S_{2-3}fn$	58.00	31.00	1500.00	31.60	425.00	264.00	0.00	3318.00
苏 174 井	$S_{2-3}fn$	6.00	10.00	6340.00	132.00	1746	422	330	12932
华泰 3 井	P_2l	486.62	142.33	135.86	125.19	170.90	1133.50	0.00	1570.70

在富CO_2及HCO_3^-作用下，黄桥地区砂岩中的长石发生了显著的次生溶蚀作用，溶蚀作用在长石颗粒中形成大量微小的次生溶蚀孔隙。例如，溪平 5 井 P_2l 砂岩中的长石颗粒在单偏光下可见次生溶蚀作用［图 10（e）］，在正交偏光下仍能发现长石聚片双晶的现象［图 10（f）］。长石溶蚀之后形成丰富的粒内溶蚀孔隙和粒间孔隙［图 10（g）～（i）］。扫描电镜下也可发现溪 3 井、溪 1 井 P_2l 砂岩具有大量微小溶蚀孔隙的溶蚀残余长石颗粒［图

16（a）、（b）]。溶蚀长石颗粒内部和边缘见自生石英和高岭石的沉淀 [图 16（a）、（b）]，是长石次生蚀变后的产物。与句容地区相比，黄桥龙潭组砂岩中长石含量相对较少，石英和黏土矿物相对较多（表 3，图 17），是长石溶蚀消耗形成自生石英和黏土矿物的结果。

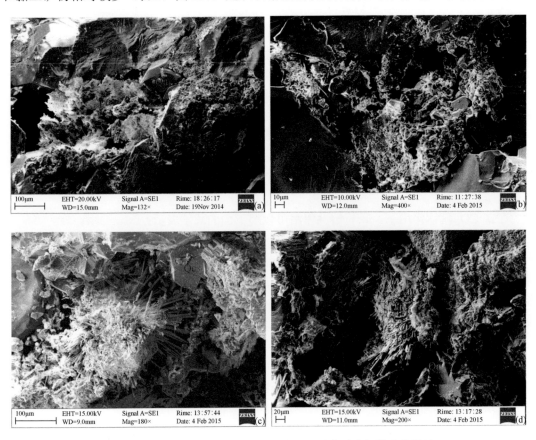

图 16　苏北盆地黄桥地区上二叠统龙潭组储集砂岩扫描电镜照片

Qc. 碎屑石英；Qa. 自生石英；F. 长石；K. 高岭石；D. 片钠铝石

（a）砂岩中的长石颗粒发生蚀变，形成自生石英和高岭石，长石蚀变残余部分富含孔隙，溪 3 井，P₂l；（b）砂岩中的长石颗粒发生蚀变，形成自生石英和高岭石，长石蚀变残余部分富含孔隙，溪 1 井，P₂l；（c）砂岩中的长石颗粒发生蚀变，形成片钠铝石和高岭石，溪 3 井，P₂l；（d）砂岩中的长石颗粒发生蚀变，形成片钠铝石和高岭石，溪平 1 井，P₂l

　　在富 CO_2 及 HCO_3^- 作用下，碳酸钙的溶解度显著增加，导致地层中方解石的溶蚀。黄桥地区上二叠统龙潭组砂岩中方解石含量低于句容地区（表 3，图 17），与富 CO_2 流体作用下方解石的溶蚀密切相关。显微镜下可观察到龙潭组砂岩中方解石被溶蚀的现象。

　　2）片钠铝石

　　片钠铝石一般认为是高含 CO_2 地层中的典型矿物（Worden，2006）。黄桥地区 CO_2 气藏主要聚集和产出层位志留系和二叠系砂岩中都发现了大量放射状的片钠铝石 [图 10（e）、（f）、（h）、（i）]。在中国东部其他 CO_2 气藏中也相继发现了与高含量 CO_2 有关的片钠铝石（Gao et al.，2009）。表明深部 CO_2 一部分以气田或气藏等资源形成存在，另外一部分与含水的储集岩发生物理化学作用，以片钠铝石、铁白云石等碳酸盐矿物形式被固化在岩石中。高玉巧和刘立（2007）研究表明，在 CO_2 气藏中，片钠铝石与气相 CO_2 具有相同的碳来源。

在富 CO_2 流体作用下，砂岩中的长石发生溶蚀，转变成为片钠铝石，并伴随自生石英（Worden，2006）。反应式如下：

NaAlSi$_3$O$_8$（钠长石/Albite）+CO_2+H$_2$O$\Longrightarrow$NaAlCO$_3$(OH)$_2$（片钠铝石）+3SiO$_2$

在富 CO_2 流体溶蚀作用下，溪 3 井上二叠统龙潭组砂岩中长石多被溶蚀，在石英颗粒间形成丰富的晶间孔隙，孔隙中发现大量的放射状片钠铝石矿物 [图 10（h）、（i），图 16（c）、（d）]。片钠铝石附近往往可见蚀变后的长石残余 [图 10（h），图 16（c）、（d）]，并见自生石英和高岭石的形成 [图 16（c）、（d）]。除上二叠统龙潭组砂岩外，苏 174 井在志留系砂岩中也发现片钠铝石的存在。岩石学研究表明，在 85~100℃温度下，长石与石英在 CO_2 和高 NaCl 盐水条件下反应形成榴辉石（Worden，2006）。黄桥地区富 CO_2 流体温度一般大于 100℃，最高可达 180℃，仍见片钠铝石的存在。因此，高 CO_2 分压环境中，片钠铝石能在较高温度范围内形成。因此，富 CO_2 流体在砂岩储层中不仅可以以流体形式存在，而且也会转化为以片钠铝石为主的矿物形式固定下来。

3）方解石胶结物溶蚀

在富 CO_2 流体作用下，除长石发生溶蚀之外，黄桥地区上二叠统龙潭组砂岩中方解石胶结物也发生了一定程度的溶蚀作用，许多方解石胶结物溶蚀之后呈港湾状形态，并伴有次生孔隙的形成。与句容地区龙潭组砂岩相比，黄桥地区砂岩中的方解石含量显著降低（表 3，图 17）。黄桥地区和句容地区龙潭组砂岩中的方解石平均含量分别为 1.8% 和 5.8%，前者是后者的约 1/3。黄桥地区 CO_2 油气藏龙潭组砂岩储层中方解石含量显著降低是方解石胶结物被 CO_2 流体溶蚀消耗的结果。

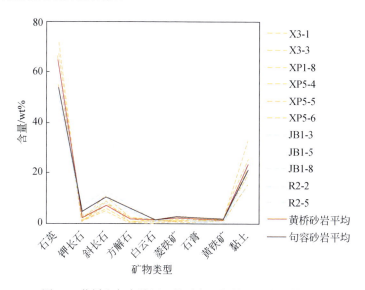

图 17　黄桥和句容地区二叠系龙潭组储层砂岩矿物组成

4）富 CO_2 流体对储层的改善

黄桥地区许多钻井都在上二叠统龙潭组砂岩中获得 CO_2 和油产出，如溪 3 井；而邻近的句容地区龙潭组砂岩中则很少见到 CO_2 的聚集和产出，如句北 1 井。溪 3 井龙潭组砂岩 28 个样品孔隙度为 2.50%~12.31%，平均为 9.97%；渗透率为 0.086×10^{-3}~815.676×10^{-3}μm^2，平均为 122.833×10^{-3}μm^2。句北 1 井龙潭组砂岩 9 个样品孔隙度为 0.89%~1.50%，平均为 1.14%；渗透率为 $0.011 \times 10^{-3} \sim 0.015 \times 10^{-3} \mu m^2$，平均为 $0.016 \times 10^{-3} \mu m^2$。通过对比发现，溪 3 井无论孔隙度和渗透率都好于句北 1 井，平均孔隙度和渗透率分别是句北 1 井的 8.7 倍和 7677 倍，表明 CO_2 溶蚀改造作用对储层发育具有重要的意义。

4.2　泥岩盖层中方解石脉流体示踪

1）流体温度和组分

大隆组泥岩和龙潭组砂岩中方解石脉的均一温度反映了方解石脉沉淀流体的温度。流体包裹体测温结果表明，不同样品均一温度平均值的范围为 $144.7 \sim 212.5 ℃$，平均为 $181.05 ℃$。根据埋藏史结果，上二叠统龙潭组和大隆组最大埋深约为 3000m 和 2500m，按地表温度 20℃ 以及地温梯度 3.0℃/100m 计算，最大埋藏温度分别为 110 和 95℃。流体包裹体实测温度表明，龙潭组和大隆组方解石脉的形成温度都远高于最高埋藏温度。这样的流体类型为自盆地深部向浅部运移而来的热液流体（Davis and Smith，2006）。

受中新生代以来的火山-岩浆活动触发，来自深部地幔的大规模 CO_2 向苏北盆地浅部地层运移，导致盆地中广泛的富 CO_2 热液流体活动，形成脉体中较高的流体包裹体温度记录。

根据激光拉曼结果，流体包裹体的气相组分以 CO_2 为主（图 18），表明为深部富 CO_2 热液流体。这些方解石脉中捕获有丰富的烃类包裹体，在紫外光下发亮黄色/亮绿色的荧光（图 11），表明深部 CO_2 热液流体从下部向上运移过程中溶解携带了地层中的烃类组分。

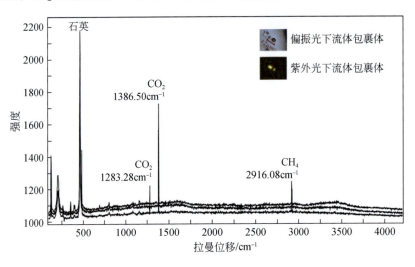

图 18　黄桥地区二叠系流体包裹体激光拉曼图谱（Liu et al.，2017）

2）碳氧同位素

研究选取的二叠系栖霞组和龙潭组灰岩均为致密均匀的泥晶灰岩，其间可见碎屑颗粒、纹层等原始沉积结构，代表了海水环境中发育形成的灰岩。根据测试结果，黄桥地区二叠系灰岩的 $\delta^{13}C_{V-PDB}$ 和 $\delta^{18}O_{V-PDB}$ 变化范围分别为 2.9‰～4.2‰和-7.9‰～-5.0‰。这些灰岩的碳氧同位素组成都与同时期海水成因灰岩较为一致（Veizer et al.，1999）（图 12）。

与二叠系灰岩相比，大隆组和龙潭组方解石脉的碳氧同位素组成均偏轻（表 4，图 12），表明方解石脉不是来源于二叠系灰岩。通常情况下，方解石与沉淀方解石的流体之间存在氧同位素的平衡分馏作用（$1000\ln\alpha=2.78 \times 10^6/T^2 -2.89$，其中 α 为氧同位素数值，T 为温度）

（O'Neil et al., 1969），其氧同位素组成受形成温度和流体氧同位素组成控制。如果流体本身具有较轻的氧同位素组成，如大气降水，其沉淀形成的方解石也具有较轻的氧同位素组成；此外，如果方解石在较高温度流体中沉淀形成，也会具有较轻的氧同位素组成。裂缝方解石脉具有比地层温度显著较高的流体包裹体均一温度，表明方解石脉的较轻的氧同位素组成是高温下方解石与水溶液之间平衡分馏的结果。方解石脉的$\delta^{18}O_{V-PDB}$值具有随均一温度增高而降低的趋势（图19），也表明较高的温度是影响氧同位素的主要原因。

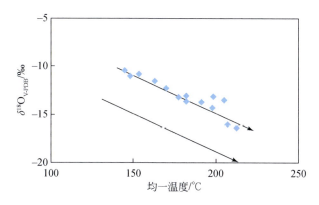

图19　黄桥地区二叠系龙潭组和大隆组泥岩裂缝方解石脉$\delta^{18}O_{V-PDB}$与均一温度关系图

根据方解石氧同位素与流体包裹体均一温度关系（图20），沉淀形成方解石的流体的氧同位素组成$\delta^{18}O_{SMOW}$变化范围为5‰～8‰，表明为浓缩的地层流体。结合其富含CO$_2$的特征，该流体判断为富CO$_2$热液流体。

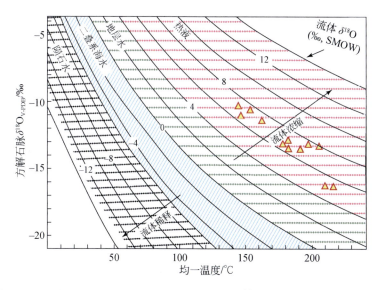

图20　黄桥地区二叠系龙潭组和大隆组泥岩裂缝方解石脉$\delta^{18}O_{V-PDB}$、均一温度与流体类型判识图

二叠系海水氧同位素$\delta^{18}O_{SMOW}$范围据Veizer等（1997）确定

方解石的碳同位素组成由溶液中的碳酸根或CO$_2$决定。部分方解石脉的碳同位素组成具有显著负偏的特征，$\delta^{13}C_{V-PDB}$最低可达-11.4‰。黄桥地区幔源成因深部来源CO$_2$的

$\delta^{13}C_{V-PDB}$ 值为-6.50‰～-2.87‰（Liu et al.，2017；Zhou et al.，2000）。单纯幔源来源 CO_2 并不能使方解石脉碳同位素组成低至-11.4‰。通常有机成因碳的影响，可使方解石具有极偏轻的碳同位素组成（Jiang et al.，2014），因此，方解石脉显著偏轻的碳同位素组成可能受有机碳的影响。超临界 CO_2 萃取实验和流体包裹体研究表明，幔源 CO_2 侵入过程中能溶解携带有机组分（Zhu et al.，2018），这些有机组分的影响使富 CO_2 流体中沉淀的方解石具有较轻的碳同位素组成。方解石脉的 $\delta^{13}C_{V-PDB}$ 具有随 $\delta^{18}O_{V-PDB}$ 值降低而降低的特征（图12），表明随着富 CO_2 热液流体活动强度（温度）的增加，与有机组分的相互作用增强，导致更多的有机成因碳进入方解石中。

3）锶同位素

通常碳酸盐岩中的锶来自海水，其 $^{87}Sr/^{86}Sr$ 值与同时期海水一致。本次测试的二叠系栖霞组（T_1q）和龙潭组（P_2l）灰岩的 $^{87}Sr/^{86}Sr$ 值为 0.707706～0.708209，位于二叠系海相灰岩的范围内（Veizer et al.，1999），表明为正常海水沉积形成的灰岩。大隆组和龙潭组方解石脉的 $^{87}Sr/^{86}Sr$ 值为 0.709984～0.713259，显著高于二叠系碳酸盐岩的 $^{87}Sr/^{86}Sr$ 值，表明方解石不是来源于二叠系灰岩。

砂泥质碎屑岩中通常含有较多的放射性成因 ^{87}Sr，因而具有较高的 $^{87}Sr/^{86}Sr$ 值，如从大西洋中部 Alpha 洋脊晚新生代沉积物中分离出的硅酸盐碎屑物质组分的 $^{87}Sr/^{86}Sr$ 值为 0.713100～0.725100（Winter et al.，1997）。对黄桥地区来说，富 CO_2 深部流体在从深部向浅部运移过程中会经过多层砂泥质碎屑岩层位，特别是进入并在龙潭组砂岩储层中长期聚集过程中，会与之发生强烈的相互作用，溶蚀长石和方解石胶结物（图10）；流体因此会具有较高的 $^{87}Sr/^{86}Sr$ 值。

受断裂/裂缝的影响，龙潭组砂岩储层中的富 CO_2 流体沿着裂缝释放，从其中沉淀出的方解石具有较高的 $^{87}Sr/^{86}Sr$ 值。方解石脉的 $^{87}Sr/^{86}Sr$ 值具有随着氧同位素 $\delta^{18}O_{V-PDB}$ 降低而升高的趋势（图21），表明随流体活动强度（温度）增加，流体与围岩相互作用增强，从而获得更高的 $^{87}Sr/^{86}Sr$ 值。

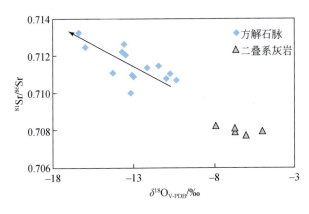

图21　黄桥地区二叠系龙潭组和大隆组泥岩裂缝方解石脉 $^{87}Sr/^{86}Sr$ 值与 $\delta^{18}O_{V-PDB}$ 关系图

4）稀土元素

黄桥地区二叠系栖霞组和龙潭组灰岩中的稀土元素含量一般较低，不具有显著的 Eu 和 Ce 异常（表5）。灰岩中较低稀土元素含量及其平缓的配分模式［图13（b）］是继承了当时海水的特征（Nothdurft et al.，2004；胡文瑄等，2010）。大隆组和龙潭组裂缝中的方解石脉具有重稀土相对富集的特征［图13（a）］，其稀土元素配分模式与灰岩有着显著差别，也表明方解石脉不是来源于灰岩。

方解石脉的一个显著特征是具有一定程度的Eu正异常［图13（a）］，其δEu为0.97～7.05，平均值为3.22（表5）。碳酸盐岩矿物Eu正异常的特征通常与深部热液流体成因有关（胡文瑄等，2010）。

在较高温度的还原环境下，Eu^{3+}被还原成为Eu^{2+}（Cai et al.，2008），流体Eu^{2+}/Eu^{3+}值强烈受控于温度的大小，并在250℃时Eu^{2+}/Eu^{3+}达到平衡（Bau and Moller，1992）。由于Eu^{2+}比Eu^{3+}的离子半径大（分别为0.117nm和0.095nm），Eu^{2+}比Eu^{3+}不但更不易于被吸附，而且通常情况下还比较难于进入造岩矿物中（Cai et al.，2008）。因此，较高温下Eu能以Eu^{2+}的形式在流体中相对富集。随着温度的逐渐降低，富集的Eu^{2+}逐渐转化为Eu^{3+}；后者离子半径与Ca^{2+}的离子半径（0.10mn）较为接近，能较容易地取代Ca^{2+}进入碳酸盐岩矿物中，导致热液成因白云石表现出Eu正异常。虽然流体中Eu正异常是高温下（＞250℃）流体岩石相互作用导致稀土活化的结果（Hecht et al.，1990），但所沉淀碳酸盐岩矿物中要形成Eu正异常需要在低于200℃的条件下沉淀（Bau，1991）。

热液流体中Eu正异常会在所沉淀的方解石脉中被继承下来，导致黄桥地区裂缝中充填的方解石具有Eu正异常的特征。方解石脉Eu正异常程度δEu随着氧同位素组成变轻而增高（图22），表明流体活动强度（温度）逐渐增加。

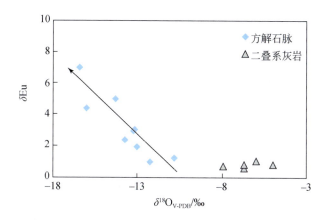

图22　黄桥地区二叠系龙潭组和大隆组泥岩裂缝方解石脉Eu正异常δEu与δ^{18}O$_{V-PDB}$关系图

4.3　盖层自封闭效应

根据岩石矿物学和地球化学特征，认为在黄桥地区二叠系龙潭组砂岩储层中聚集的CO$_2$会对储层矿物（长石、方解石等）产生显著的溶蚀改造作用。储层中的富CO$_2$流体后期再通过上覆泥岩盖层裂缝释放，在裂缝中沉淀形成方解石脉。数值模拟结果也表明，储层中CO$_2$沿着泥岩盖层裂缝渗流，会逐渐在裂缝中产生方解石的沉淀充填，导致裂缝孔隙度和渗透率显著降低（图14）。由此，推测储集岩中的CO$_2$经泥岩盖层裂缝泄漏过程中会在裂缝中产生方解石的沉淀充填，形成自封闭作用，进一步阻止储层中CO$_2$沿裂缝的持续泄漏。

由此，深部富 CO_2 流体作用不但能对储层溶蚀改造形成次生孔隙，而且还对上覆泥岩盖层中的裂缝产生方解石充填；基于这样一个储层和盖层协同成岩过程，提出突发断裂/裂缝触发下盖层自封闭模式（图23）。

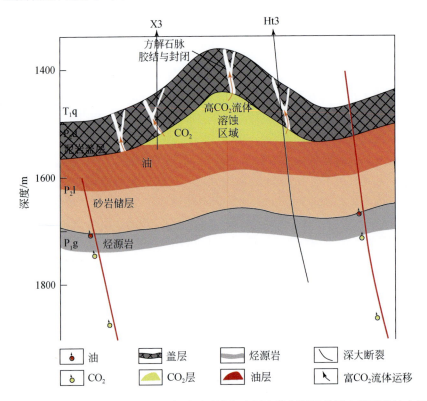

图23　黄桥地区二叠系龙潭组砂岩储层溶蚀与上覆大隆组泥岩盖层中的裂缝被方解石脉充填的自封闭模式

首先，随着新生代以来的岩浆-火山活动（Liu et al.，2004），深部幔源 CO_2 沿着深大断裂侵入苏北盆地（Liu et al.，2017）。在黄桥地区，CO_2 萃取携带深部地层中的油气组分进入二叠系龙潭组等砂岩储层中，在适当圈闭部位聚集成藏（Zhu et al.，2018）。其盖层为龙潭组顶部和大隆组的泥岩。

其次，幔源 CO_2 与储层地层水混合形成富 CO_2 流体。富 CO_2 流体在龙潭组储层中对储层中的长石和方解石胶结物等进行溶蚀，形成丰富的次生孔隙，并导致片钠铝石、石英、高岭石等次生矿物的沉淀形成（图10）。

再次，随着龙潭组砂岩储层中聚集的 CO_2 和烃类越来越多，局部圈闭形成超压，或者受局部构造活动影响，上覆泥岩盖层产生突发性破裂形成断裂裂缝。储层中的 CO_2 和烃类沿着裂缝发生泄漏。在裂缝泄漏过程中，压力显著降低，CO_2 从流体中溢出，pCO_2 分压也随之显著降低。随着 pCO_2 分压降低，$CaCO_3$ 在流体中的溶解度大幅减小，从而导致方解石从溶液中沉淀形成方解石脉。

最后，方解石脉不断沉淀，逐渐充满整个裂缝，使裂缝逐渐封闭。同时，沿裂缝泄漏过程中，储层压力逐渐降低。于是，一段时间之后，不再有流体和烃类的泄漏，形成盖层的自封闭效应。幔源 CO_2 侵入油藏盖层的自封闭效应表明这类油藏会一直具有相对较好的保存条件。

在富 CO_2 流体溶蚀龙潭组砂岩储层及其在盖层裂缝中沉淀方解石充填自封闭的过程中，流体及所沉淀的方解石地球化学指标与流体活动强度或温度具有显著的相关关系。富 CO_2 流体强度越强或者温度越高，流体本身会具有更高的 Eu 正异常；同时，富 CO_2 流体与烃类相互作用越强烈，会有更多的有机组分随 CO_2 迁移，使沉淀的方解石脉具有更轻的碳同位素组成。随着强度或温度增高，富 CO_2 流体对储层砂岩中的长石或方解石等溶蚀能力越强，从而获得更高的 $^{87}Sr/^{86}Sr$ 值，并被裂缝中沉淀的方解石继承下来。

4.5 CO₂ 注入与埋存意义

1）人工 CO_2 注入稳定性

针对句容油藏，模拟注入 CO_2 之后不同钻井位置处压力的变化和 CO_2 饱和度的变化指示了 CO_2 注入之后地下埋存的稳定性。模拟计算 CO_2 注入后地层压力最大值的变化特征（图 24）。N3 井所在位置地层埋深较深，在 1.5 倍原位地层压力条件下进行模拟，模拟得到初始注入 CO_2 的量最高，达 5.43×10^6t（图 15）；模拟注入压力和压差也最高，分别达 344.9bar 和 95.51bar [图 24（d）]。句北 1 井注入压力最小，仅为 171.4bar [图 24（c）]。

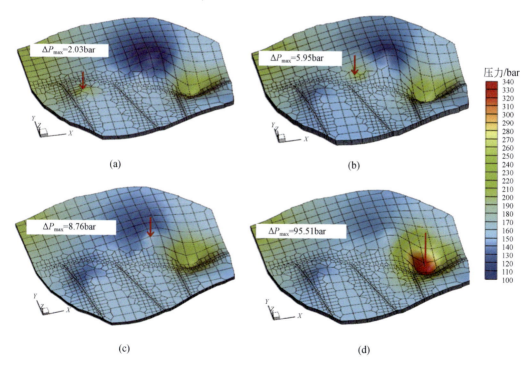

图 24 句容油藏模拟 CO_2 注入 30 年地层压力分布（ΔP_{max} 为地层压力最大值的变化）

（a）句容 3 井；（b）N10 井；（c）句北 1 井；（d）N3 井

CO_2 注入之后会从注入井位向周围扩散。容 3 井和 N10 井在模拟 CO_2 注入之后向四周扩散较慢，扩散范围相对较小 [图 25（a）、（c）]。句北 1 井与 N3 井 CO_2 注入后扩散较快，

扩散范围较大 [图 25（b）、（d）]。N3 井和句北 1 井 CO_2 注入之后引起的压力差较大，特别是 N3 井压力差高达 95.51bar，并且处于地层倾斜位置，所以扩散速度相对较快。

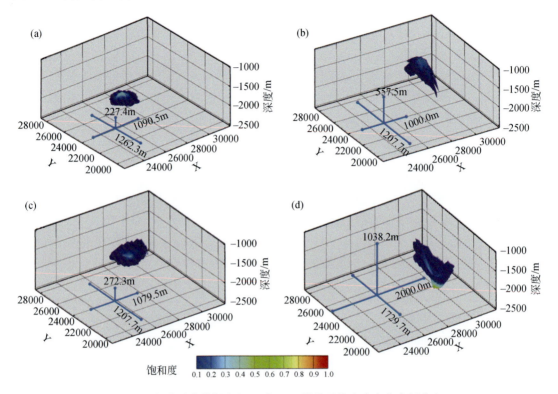

图 25　句容油藏模拟注入 30 年 CO_2 扩散及饱和度变化空间分布

（a）容 3 井；（b）句北 1 井；（c）N10 井；（d）N3 井

N3 井持续注入 CO_2 20 年之后，继续模拟至 200 年和 300 年的气相 CO_2 饱和度分布（图 26），以明确注入之后稳定埋存状态。以 N3 井为例，N3 井注入 CO_2 之后，CO_2 向西北部迁移。由于 N3 井 CO_2 注入压力差较大，西北部处于较大地层倾斜部位，同时受浮力的影响，CO_2 优先沿倾斜地层向西北方向浅部地层迁移。至此后的 200 年和 300 年，CO_2 饱和度逐渐减小。

（a）　　　　　　　　　　　　（b）

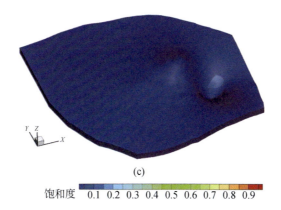

(c)

饱和度　0.1　0.2　0.3　0.4　0.5　0.6　0.7　0.8　0.9

图26　N_3井单井注入CO_2 20年后气相CO_2饱和度随时间分布

（a）20年；（b）200年；（c）300年

2）CO_2埋存意义

CO_2在低渗透性泥岩或盐岩盖层之下地质圈闭中的物理封存，是CO_2在地下地层中安全有效存储的主要方式（Gunter et al.，1993；Metz et al.，2005）。断裂和裂缝的发育会导致圈闭封盖层的破坏，进而导致埋存的CO_2发生泄漏，是CO_2长期埋存面临的主要风险，也是评价CO_2埋存选址安全性的重要因素。断裂或裂缝的形成可能是由于地下构造的活动或圈闭中压力超过盖层所能承受的范围（Streit et al.，2005）。

CO_2地下埋存圈闭上覆盖层发生破裂之后的自封闭效应对评价CO_2长期安全埋存具有重要的意义。数值模拟表明，CO_2从储层沿裂缝进入泥岩盖层后，会逐渐在泥岩盖层裂缝产生方解石的沉淀充填，使孔隙度和渗透率显著降低（图14）；模拟至10000年之后，泥岩盖层裂缝孔隙度下降至0.05～0.2，渗透率降低了2～4个数量级。孔隙度和渗透率的下降极大地限制了富CO_2流体进一步沿断层、裂隙的泄漏，从而增强了盖层的封闭性，使其重新具有封闭能力。

以苏北盆地黄桥CO_2油气藏为例，该区CO_2自新生代开始注入圈闭（Liu et al.，2017；王杰等，2008），其封存在泥岩盖层之下已经超过60Ma。此过程中，会经历构造作用，大隆组泥岩盖层不可避免地产生构造裂缝。盖层中裂缝的形成虽然会导致富CO_2流体的短暂泄漏，但从富CO_2流体中沉淀出来的方解石会逐渐充填在裂缝中，使盖层重新保持封闭能力（图23）。

邻近不含CO_2的句容油藏开展CO_2注入与地下埋存数值模拟结果也表明，砂岩储层与上覆泥岩盖层的储盖组合具有良好的储集与封存CO_2的能力。储层内断裂的存在和地层的起伏对CO_2的扩散运移影响显著，特别是在倾斜地层中CO_2向周围扩散运移较快（图25）。根据可注入CO_2量的大小（图15）、注入后压力差的大小和向周围的扩散迁移速度（图24和图25），认为N3井为最优CO_2注入井。模拟N3井注入CO_2 20年，分别经历200年和300年时间，所注入的CO_2因在储层中向周围扩散，其饱和度逐渐降低（图26）。尽管泥岩盖层中断裂和裂缝发育，但储层中注入的CO_2饱和度高点位置固定，说明CO_2并没有沿着断裂裂缝很快泄漏。这与CO_2逐渐在上覆泥岩裂缝中沉淀导致裂缝自封闭效应密切相关（图23）。

5 结论

苏北盆地黄桥天然 CO_2 油气藏中，CO_2 对二叠系龙潭组砂岩储集层产生了显著的溶蚀改造作用。砂岩中的长石发生溶蚀，转化成为片钠铝石；方解石胶结物也因溶蚀而大幅减少。同时，产生大量次生溶蚀孔隙，且孔隙度是无 CO_2 改造区域的 8.7 倍，使储层储集能力显著增强。

地球化学示踪结果表明，龙潭组砂岩储集层中富 CO_2 流体沿裂缝向泥岩盖层运移，能对泥岩盖层中的裂缝产生方解石充填作用，使盖层产生自封闭作用。数值模拟表明，10000 年之后，裂缝被方解石充填度多数超过 75%，最大可达 95%。

对句容油藏开展 CO_2 注入与埋存数值模拟，30 年最大注入量可达 $5.43 \times 10^6 t$，引起的地层压力变化高达 95bar。注入 CO_2 至此后的 200 年和 300 年，CO_2 在储集层中向四周逐渐扩散运移，气相 CO_2 饱和度逐渐降低。但并没有沿着断裂裂缝快速散失，与在泥岩盖层中方解石沉淀导致的裂缝自封闭效应密切相关。

已有油藏圈闭的砂岩储层与上覆泥岩盖层组合是良好的 CO_2 埋存场所。注入 CO_2 不但能通过溶蚀作用增强储集能力，而且还能在上覆泥岩盖层中产生方解石的胶结充填，增强了封盖能力。这种储盖组合和流体岩石相互作用的物理化学行为能确保 CO_2 长期安全有效地下埋存。

参 考 文 献

付允, 马永欢, 刘怡君, 牛文元. 2008. 低碳经济的发展模式研究. 中国人口·资源与环境, 18(3): 14-19.

高玉巧, 刘立. 2007. 含片钠铝石砂岩的基本特征及地质意义. 地质论评, 53: 104-110.

胡鞍钢. 2021. 中国实现 2030 年前碳达峰目标及主要途径. 北京工业大学学报（社会科学版）, 21: 1-15.

胡文瑄, 陈琪, 王小林, 曹剑. 2010. 白云岩储层形成演化过程中不同流体作用的稀土元素判别模式. 石油与天然气地质, 31: 810-818.

赖锦, 王贵文, 范卓颖, 等. 2016. 非常规油气储层脆性指数测井评价方法研究进展. 石油科学通报, 1(3): 330-341.

马安来, 黎玉战, 张玺科, 张忠民. 2015. 桑托斯盆地盐下 J 油气田 CO_2 成因、烷烃气地球化学特征及成藏模式. 中国海上油气, 27: 13-20.

王杰, 刘文汇, 秦建中, 张隽, 申宝剑. 2008. 苏北盆地黄桥 CO_2 气田成因特征及成藏机制. 天然气地球科学, 19: 826-834.

Aldrich L T, Doak J B, Davis G L. 1953. The use of ion exchange columns in mineral analysis for age determination. American Journal of Science, 251(5): 377-387.

Bau M, 1991. Rare earth element mobility during hydrothermal and metamorphic fluid-rock interaction and the significance of the oxidation stae of europium. Chemical Geology, 93: 219-230.

Bau M, Moller P. 1992. Rare earth element fractionation in metamorphogenic hydrothermal calcite, magnesite and siderite. Mineralogy and Petrology, 45: 231-246.

Bertier P, Swennen R, Laenen B, Lagrou D, Dreesen R. 2006. Experimental identification of CO_2-water-rock interactions caused by sequestration of CO_2 in Westphalian and Buntsandstein sandstones of the Campine Basin（NE-Belgium）. Journal of Geochemical Exploration, 89: 10-14.

Cai C, Li K, Li H, Zhang B. 2008. Evidence for cross formational hot brine flow from integrated $^{87}Sr/^{86}Sr$, REE and fluid inclusions of the Ordovician veins in Central Tarim, China. Applied Geochemistry, 23: 2226-2235.

Celia M A, Nordbottena J M. 2009. Nordbottena practical modeling approaches for geological storage of carbon dioxide. Ground Water, 47: 627-638.

Dai J, Song Y, Dai C, Wang D. 1996. Geochemistry and accumulation of carbon dioxide gases in China. AAPG Bulletin, 80: 1615-1625.

Davis G R, Smith L B J. 2006. Structurally controlled hydrothermal dolomite reservoir facies: An overview. AAPG Bulletin, 90: 1641-1690.

Dhanda K K, Hartman L P. 2011. The ethics of carbon neutrality: A critical examination of voluntary carbon offset providers. Journal of Business Ethics, 100: 119-149.

Gao Y, Liu L, Hu W. 2009. Petrology and isotopic geochemistry of dawsonite-bearing sandstones in Hailaer basin, northeastern China. Applied Geochemistry, 24: 1724-1738.

Gunter W D, Perkins E H, Mccann T J. 1993. Aquifer disposal of CO_2-rich gases: Reaction design for added capacity. Energy Conversion and Management, 34: 941-948.

Hecht L, Freiberger R, Albert G H. 1990. Rare earth element and isotope (C, O, Sr) characteristics of hydrothermal carbonates: Genetic implications for dolomite-hosted talc mineralization at Göpfersgrün (Fichtelgebirge, Germany). Chemical Geology, 155: 115-130.

Huang B, Tian H, Huang H, Yang J, Xiao X, Li L. 2015. Origin and accumulation of CO_2 and its natural displacement of oils in the continental margin basins, northern South China Sea. AAPG Bulletin, 99: 1349-1369.

Jiang L, Worden R H, Cai C F. 2014. Thermochemical sulfate reduction and fluid evolution of the Lower Triassic Feixianguan Formation sour gas reservoirs, northeast Sichuan Basin, China. AAPG Bulletin, 85: 947-973.

Leung D Y, Caramanna G, Maroto-Valer M M. 2014. An overview of current status of carbon dioxide capture and storage technologies. Renewable and Sustainable Energy Reviews, 39: 426-443.

Liu M, Cui X, Liu F. 2004. Cenozoic rifting and volcanism in eastern China: A mantle dynamic link to the Indo-Asian collision?. Tectonophysics, 393: 29-42.

Liu Q, Dai J, Jin Z, et al. 2016. Abnormal carbon and hydrogen isotopes of alkane gases from the Qingshen gas field, Songliao Basin, China, suggesting abiogenic alkanes?. Journal of Asian Earth Sciences, 115: 285-297.

Liu Q Y, Zhu D Y, Jin Z J, Meng Q Q, Wu X Q, Yu H. 2017. Effects of deep CO_2 on petroleum and thermal alteration: The case of the Huangqiao oil and gas field. Chemical Geology, 469: 214-229.

Lu P, Fu Q, Seyfried Jr W E, Hereford A, Zhu C. 2011. Navajo Sandstone-brine-CO_2 interaction: Implications for geological carbon sequestration. Environmental Earth Sciences, 62: 101-118.

Mckirdy D M, Chivas A R. 1992. Nonbiodegraded aromatic condensate associated with volcanic supercritical carbon dioxide, Otway Basin: Implications for primary migration from terrestrial organic matter. Organic Geochemistry, 18: 611-627.

Metz B, Davidson O, de Coninck H, Loos M, Meyer L. 2005. IPCC special report on carbon dioxide capture and storage, Intergovernmental Panel on Climate Change, Geneva (Switzerland). Working Group III. Cambridge University, London: 195-276.

Nothdurft L D, Gregory E W, Balz S K. 2004. Rare earth element geochemistry of Late Devonian reefal carbonates, Canning Basin, Western Australia, confirmation of a seawater REE proxy in ancient limestones. Geochimica et Cosmochimica Acta, 68: 263-283.

O'Neil J R, Clayton R N, Mayeda T K. 1969. Oxygen isotope fractionation in divalent metal carbonates. Journal of Chemical Physics, 51: 5547-5558.

Olden P, Pickup G, Jin M, Mackay E, Hamilton S, Somerville J, Todd A. 2012. Use of rock mechanics laboratory data in geomechanical modelling to increase confidence in CO_2 geological storage. International Journal of Greenhouse Gas Control, 11: 304-315.

Shiraki R, Dunn T L. 2000. Experimental study on water-rock interactions during CO_2 flooding in the Tensleep Formation, Wyoming, USA. Applied Geochemistry, 15: 265-279.

Steefel C I, Lasaga A C. 1994. A coupled model for transport of multiple chemical species and kinetic precipitation/dissolution reactions with applications to reactive flow in single phase hydrothermal system. American Journal of Science, 294: 529-592.

Streit J, Siggins A, Evans B. 2005. Predicting and monitoring geomechanical effects of CO_2 injection, Carbon Dioxide Capture for Storage in Deep Geologic Formations—Results from the CO_2 Capture Project// Benson S M. Geologic Storage of Carbon Dioxide with Monitoring and Verification. London: Elsevier Science: 751-766.

van Genuchten M T. 1980. A closed-form equation for predicting the hydraulic conductivity of unsaturated Soils. Soil Science Society of America Journal, 44: 892.

Veizer J, Bruckschen P, Pawellek F, Diener A, Podlaha O G, Carden G A, Jasper T, Korte C, Strauss H, Azmy K, Ala D. 1997. Oxygen isotope evolution of Phanerozoic seawater. Palaeogeogr Palaeoclimat Palaeoecol, 132: 159-172.

Veizer J, Ala D, Azmy K, Bruckschen P, Buhl D, Bruhn F. 1999. $^{87}Sr/^{86}Sr$, $\delta^{13}C$ and $\delta^{18}O$ evolution of Phanerozoic seawater. Chemical Geology, 61: 59-88.

Winter B L, Johnson C M, Clark D L. 1997. Strontium, neodymium, and lead isotope variations of authigenic and silicate sediment components from the Late Cenozoic Arctic Ocean: Implications for sediment provenance and the source of trace metals in seawater. Geochimica et Cosmochimica Acta, 61: 4180-4200.

Worden R H. 2006. Dawsonite cement in the Triassic Lam Formation, Shabwa Basin, Yemen: A natural analogue for a potential mineral product of subsurface CO_2 storage for greenhouse gas reduction. Marine and Petroleum Geology, 23: 61-77.

Xu T, Zhu H, Feng G, et al. 2019. Numerical simulation of calcite vein formation and its impact on caprock sealing efficiency-Case study of a natural CO_2 reservoir. International Journal of Greenhouse Gas Control, 83: 29-42.

Yang F, Bai B J, Tang D Z, Dunn-Norman S, Wronkiewicz D. 2010. Characteristics of CO_2 sequestration in saline aquifers. Petroleum Science, 7: 83-92.

Zhang T, Zhang M, Bai B, Wang X, Li L. 2008. Origin and accumulation of carbon dioxide in the Huanghua depression, Bohai Bay Basin, China. AAPG Bulletin, 92: 341-358.

Zhou L, Yang S, Lei Y. 2000. Formation laws of inorganic gas pools in the Northern Jiangsu Basin. Acta Geologica Sinica（English Edition）, 74: 674-679.

Zhu D, Liu Q, Meng Q, Jin Z. 2018. Enhanced effects of large-scale CO_2 transportation on oil accumulation in oil-gas-bearing basins—Implications from supercritical CO_2 extraction of source rocks and a typical case study. Marine and Petroleum Geology, 92: 493-504.

塔里木盆地天然气氮气来源及其对高氮气藏勘探风险的意义[*]

刘全有，金之均，陈践发，Bernhard M Krooss，秦胜飞

0 前言

N$_2$ 是天然气中最常见的非烃组分之一，较其他非烃组分的物性更接近烃类。20 世纪 50 年代以前，主要从气体组分和产状方面研究天然气中的氮；从 50 年代开始，利用其他地球化学和同位素地球化学方法研究氮的文献陆续发表，同时在世界各地发现了许多高含氮天然气藏（Dai et al.，1992；Hoering and Moore，1958；Littke et al.，1995；Stahl，1977）。人们根据天然气各组分含量、组分浓度比以及同位素组成等特征并结合地质资料对比研究天然气中的氮（Dai et al.，1992；Krooss et al.，1995；Xu，1994；Zhu et al.，2000；Zhu and Shi，1998）。戴金星等统计了我国 1000 多个气样的分析结果，N$_2$＜4%的样品占 76%，N$_2$＜8%的样品占 86%（Dai et al.，1992）。世界范围内对非烃天然气的研究日趋注重，可望解决一系列地质理论及生产实践中因非烃气体含量过高而带来的投资风险问题。N$_2$ 和甲烷的分子尺寸小于重烃，在成藏过程中容易发生运移和保存（Getz，1977），因此可以发现一些高氮含量的大型气藏。作为中国最大的内陆含油气盆地，塔里木盆地天然气中 N$_2$ 含量相对较高（如东河塘气田）且分布较为复杂，这会给天然气勘探带来一定的风险。因此，划分塔里木盆地天然气中氮的成因类型和区域分布特征对塔里木盆地天然气勘探具有重要意义。本文的研究目的是：①划分塔里木盆地氮的成因类型；②研究盆地内氮含量变化；③为钻探前预测气藏质量和类型提供地球化学依据。本文对塔里木盆地 107 份天然气样品进行了组分和同位素组成测定，并收集了部分氮同位素数据（Chen et al.，2001，2000；Liu and Xia，2005；Wang et al.，2002；Xu et al.，1995a）。

1 地质背景

塔里木盆地位于新疆南部，是中国最大的内陆盆地，面积约 56 万 km^2，平均海拔约 1000m。盆地主要由古生代海相克拉通，以及叠置的库车、阿瓦提、塔西南和塔东南 4 个中新生代陆相前陆盆地组成（Jia and Wei，2002）。构造上，塔里木盆地可分为 3 个隆起和 4 个坳陷，自北向南依次为库车坳陷、塔北隆起、北部坳陷、塔中隆起、西南坳陷、塔南隆起和东南坳陷（图 1）。库车坳陷为中新生代断陷，沉积地层最大厚度超过 8000m，古生界缺失或很少发育；塔北隆起垂向上为早古生代—早中生代古背斜及中生代—新生代北倾单斜；北部

---

* 原载于 *Journal of Petroleum Science and Engineering*，2012 年，第 84 卷，112～121。

坳陷为古生代坳陷；塔中隆起为早古生代—晚中生代隆起；西南坳陷为古生代—新生代坳陷，古生界最大地层厚度超过 12000m，中新生界最大地层厚度超过 6000m（Chen et al.，2000）。塔里木盆地有两套主力烃源岩：寒武系—奥陶系（C-O）腐泥型烃源岩和三叠系—侏罗系（T-J）腐殖型烃源岩（Chen et al.，2000；Huang，1999；Liang et al.，2003；Liu et al.，2008a；Zhang et al.，2000）。寒武系—奥陶系烃源岩位于盆地台盆区，而三叠系—侏罗系烃源岩主要分布于前陆区，盆地中部不发育。虽然塔里木盆地古生界几乎全部为海相地层，但主力烃源岩主要为总有机碳（TOC）含量在 1.24%～2.28%的泥质碳酸盐岩（Zhang et al.，2000）。石炭系海陆过渡相沉积由红色、深灰色黏土岩夹灰岩组成，由于生烃潜力差、分布有限，被认为是次要烃源岩（Huang，1999）。储集层包括寒武系、奥陶系、志留系、石炭系、三叠系、侏罗系、白垩系、古近系和新近系（Chen et al.，2000；Huang，1999；Jin et al.，2009；Liu et al.，2008b）。寒武系—奥陶系烃源岩普遍为高、过成熟阶段（Huang et al.，1999；Zhang et al.，2002），而三叠系—侏罗系烃源岩基本为成熟阶段，仅部分地区达到高成熟阶段，如拜城凹陷（$R_o > 2.5\%$）（Liang et al.，2003；Liu et al.，2008c；Qin et al.，2007）（图 2）。

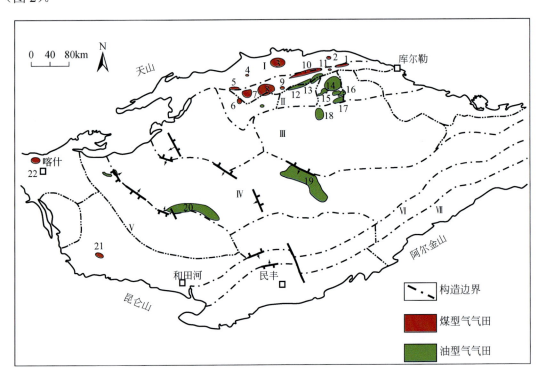

图 1   塔里木盆地构造单元划分及气田分布

Ⅰ. 库车坳陷；Ⅱ. 塔北隆起；Ⅲ. 北部坳陷；Ⅳ. 塔中隆起；Ⅴ. 西南坳陷；Ⅵ. 塔南隆起；Ⅶ. 东南坳陷；1. 提尔根；2. 迪那；3. 克拉2；4. 大宛齐；5. 却勒1；6. 玉东；7. 羊塔克；8. 英买力；9. 红旗；10. 牙哈；11. 台2；12. 东河塘；13. 雅克拉；14. 轮南；15. 轮古；16. 解放渠；17. 吉拉克；18. 哈得；19. 塔中；20. 和田河；21. 柯克亚；22. 阿克1

2   天然气样品和分析方法

本研究中的样品都是从井口直接收集。首先冲洗管线 15～20min 以去除空气污染，接着使用直径为 25cm、最大压力为 22.5MPa 且配有两个阀门的不锈钢气瓶（约 10000cm^3）收集气体样品。容器内压力一般保持在 5.0MPa 以上。收集样品后，将钢瓶置于水中检查是否发生泄漏。

实验室采用 HP5890-II 气相色谱仪分析天然气组分，该色谱仪配备 CFAII+PorapakQ（f=3mm×1.5m），5Å 分子筛（f=3mm×3m）色谱柱和火焰电离检测器（FID；250℃）。分析时设置初始温度为 40℃，持续 5min，并以 70℃/min 的速率加热至 130℃ 并保持 8min。

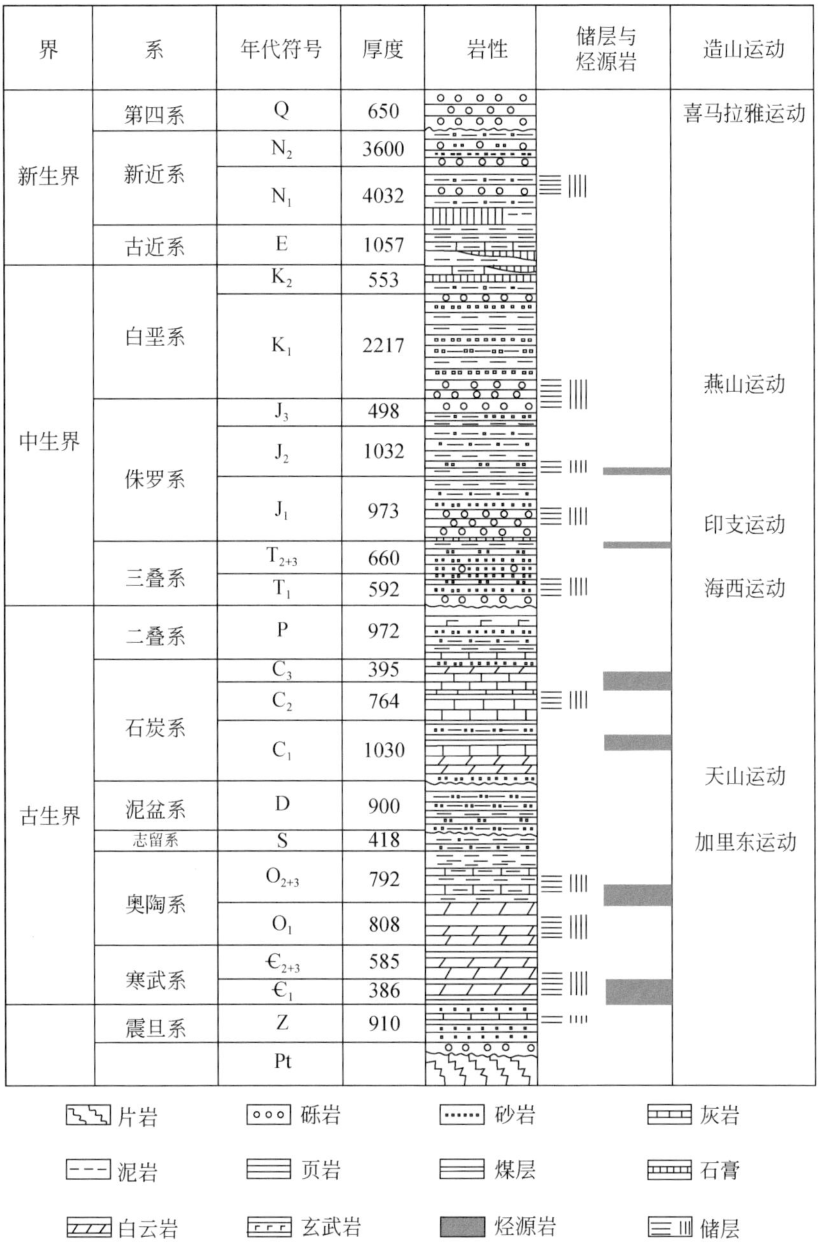

界	系	年代符号	厚度	岩性	储层与烃源岩	造山运动
新生界	第四系	Q	650			喜马拉雅运动
	新近系	N$_2$	3600			
		N$_1$	4032			
	古近系	E	1057			
中生界	白垩系	K$_2$	553			燕山运动
		K$_1$	2217			
	侏罗系	J$_3$	498			
		J$_2$	1032			
		J$_1$	973			印支运动
	三叠系	T$_{2+3}$	660			海西运动
		T$_1$	592			
古生界	二叠系	P	972			天山运动
	石炭系	C$_3$	395			
		C$_2$	764			
		C$_1$	1030			
	泥盆系	D	900			加里东运动
	志留系	S	418			
	奥陶系	O$_{2+3}$	792			
		O$_1$	808			
	寒武系	€$_{2+3}$	585			
		€$_1$	386			
	震旦系	Z	910			
		Pt				

图例：片岩　砾岩　砂岩　灰岩　泥岩　页岩　煤层　石膏　白云岩　玄武岩　烃源岩　储层

图 2　塔里木盆地地层柱状图及含油气系统（修改自 Chen et al.，2000）

采用高纯度 H_2 作为载气。根据相对于标准气体的保留时间来识别峰。使用两个带有热钛箔（约 800℃）的吸气剂将稀有气体（即 He、Ne）与其他主要成分（如烃类、CO_2 和 N_2）分离。分离后，用 VG5400 稀有气体质谱仪分析惰性气体。在样品分析之间重复测量空气标样，以校正质谱仪的质量歧视。使用与样品相同的程序制备空白样，在样品分析之前、之后和期间进行测量（Xu et al.，1995a，1995b）。

使用 Finnigan MAT-252 仪器测量样品的稳定碳、氮同位素组成。分析条件如下：气相色谱柱：PorapakQ（2m）；以 15℃/min 的速率从 40℃加热到 160℃；以纯氦气作为载气。$\delta^{13}C$ 值的分析误差小于 0.3‰。每个样品测量三次，取三次测量结果的平均值。

3　结果

本研究对来自塔里木盆地不同井的 107 个气样进行了组分以及碳、氢、氮稳定同位素和氦同位素组成分析，重点探究塔里木盆地天然气中氮含量及其同位素组成的分布情况。

3.1　组分

塔里木盆地天然气以烃类气体为主，N_2 和 CO_2 含量相对较低（表 1）。在 107 个气样中，烃类气体（$C_1 \sim C_4$）含量大于 70% 的样品超过 90%；小于 70% 的样品仅为 9 个。干燥系数（C_1/C_{1-4}）在 $0.40 \sim 1.00$ 变化很大，表明具有不同成熟度的多个来源。N_2 是古生界气藏中含量第二的气体组分（最高 N_2 含量：DH1-6-8 井 52.56%）。N_2 含量低于 5% 的样品占总数的 54.4%，大于 20% 的样品仅有 12 个（图 3），主要分布在台盆区的古生界和中生界，包括塔中、轮南、哈得、东河塘等。新生界气藏中 N_2 含量相对较低（通常 <5%）。大多数气体（~90%）的 CO_2 含量低于 10%。

表 1　塔里木盆地天然气组分和同位素特征

气田	井	地层	天然气组分/%								同位素组成/‰				$^3He/^4He$ 值/（$\times 10^{-8}$）
			C_1	C_2	C_3	C_4	CO_2	N_2	Ar	He	$\delta^{13}C_1$	$\delta^{13}C_2$	$\delta^{13}C_3$	$\delta^{15}N$	
迪那	DN102	N	74.24	10.46	4.9	1.84	1.5	5.58	0.013	0.02	-33.5	-21.1	-19.7		
大宛齐	#DW101	N	95.63	1.83	0.33	0.24	0.04	1.93			-31.8	-22.5	-21.0	4.4	
	DW105-25	N-K	84.65	2.92	0.89	1.02	0.06	8.52	0.013	0.0949	-28.5	-19.6	-13.2		5.67
	DW109-19	$N_{1-2}K$	90.04	5.49	1.5	0.95	0	2.01			-29.7	-21.9	-21.2		
	DW117-3	$N_{1-2}K$	88.31	4.72	1.53	0.91	0	4.53			-32.8	-21.6	-21.2		
红旗	HQ1	E	55.96	11.55	12.53	7.22	0.2	4.96	0.009	0.006	-32.4	-22.3	-21.4		
	HQ2	E	77.78	9.9	3.83	1.44	0	3.91	0.011	0.006	-33.4	-22.6	-22.2	8.0	
	YM6	$N_1 j$	71.43	11.11	5.17	1.26	2.82	8.21	0.004	0.007	-31.4	-24.4	-20.5	23.3	8.2
克拉 2	KL203	E	97.86	0.82	0.05	0.03	0.66	0.58			-27.3	-18.5	-19.0		
	KL2-7	E	98.41	0.8	0.05	0.02	0.05	0.69			-27.6	-18.0	-19.9		
	KL2-8	E	97.96	0.82	0.05	0.02	0.54	0.62			-27.3	-18.5	-19.5		
台 2	Tai2	$N_1 j$	84.79	6.78	1.47		1.02	4.88	0.007	0.0045	-29.2	-21.4	-18.2	16.0	
	Tai2	E	79.17	11.55	5.35		1.42	0.62	0.005	0.023	-37.4	-29.8	-25.3	-6.0	

续表

气田	井	地层	天然气组分/%								同位素组成/‰				$^3He/^4He$ 值/($\times 10^{-8}$)
			C_1	C_2	C_3	C_4	CO_2	N_2	Ar	He	$\delta^{13}C_1$	$\delta^{13}C_2$	$\delta^{13}C_3$	$\delta^{15}N$	
提尔根	TRG1	E	85.36	7.03	2.98	2.25	0.28	2.1			−35.4	−22.7	−20.9		
	TRG-2	K	80.54	12.36	3.44		0.08	2.25	0.010	0.0064	−27.2	−24.2	−21.8	11.0	
	TRG101	K	86.65	6.31	2.74	1.76	0.31	2.22			−32.8	−23.4	−21.1		
牙哈	YH1	E	71.74	2.15	0.62	0.39		16.52	0.018	0.1318	−33.4	−21.9	−17.5		3.81
	YH1	K	77.65	7.91	2.92	2.61	1.59	3.16	0.006	0.007	−30.9	−21.8	−22.3		
	YH102	E	85.24	5.38	0.91	0.45	0.19	6.85	0.004	0.017	−32.9	−22.3	−18.6	12.0	4.14
	YH104	E	82.93	8.73	1.61	0.89	0.87	4.17	0.031	0.0007	−32.0	−21.0	−18.2	6.2	3.39
	YH-23-1-5	E	77.67	4.47	1.10	1.03	3.88	10.37	0.021	0.0814	−30.7	−21.1	−19.2		3.46
	YH3	E	81.88	10.08	3.23	1.29	0.63	2.23			−38.7	−24.7	−22.3		4.27
	YH4	N_1j	82.20	9.38	2.56	0.66	0.87	3.99		0.0006	−34.3	−23.9	−20.5	25.5	3.36
	YH23-1-14	E+K	85.89	6.23	2.24	1.61	0.26	3.77			−32.3	−23.2	−20.4		
	YH23-1-18	E+K	86.46	5.8	2.17	1.37	0.47	3.74			−31.7	−23.0	−20.6		
	YH701	€	86.2	5.66	2.24	1.68	0.22	4			−32.8	−23.3	−21.0		
	YH7x-1	€-O	75.15	10.06	4.32	1.80	0.87	4.17	0.031	0.0007	−44.3	−27.5	−26.2	3.4	6.12
英买力	YM19	E	88.23	5.74	1.24	0.56	0.46	3.42		0.0002	−33.6	−21.7	−21.3		8.69
	YM7	E	86.63	8.01	1.38	0.56	0.32	2.97			−33.5	−22.1	−23.9		7.31
	YM7-H1	E	90.14	4.62	1.27	1.25	0.12	2.58			−32.4	−22.7	−19.8		
	YM9	E	83.59	7.46	1.54		0.54	5.80			−33.0	−21.3	−19.7		8.41
	YM2	S	45.61	14.72	15.62	9.53	5.55	4.01			−42.4	−38.2	−34.3		26
羊塔克	#YTK5	E	90.55	1.71	0.57	0.37	0.88	4.94	0.011	0.0655	−34.1	−26.7	−32.5	6.7	
	YTK5-2	E	83.1	6.94	3.67	3.08	0.14	3.09			−34.2	−24.1	−22.8		
	YTK5-3	E+K	85.97	6.91	2.76	1.75	0.32	2.29			−34.7	−23.6	−21.6		
玉东	YD2	K	86.38	7.82	1.93		0.16	3.04	0.011	0.023	−37.5	−23.8	−22.4	−1.0	
却勒1	QL1	K	84.38	6.8	3.23	2.92	0.17	2.5			−31.2	−23.9	−22.8		
阿克1	AK1	T	77.16	0.21	0	0.03	13.33	8.97	0.093	0.038	−22.6	−19.9	−20.3		76.90
柯克亚	KS102	J–K	79.16	7.83	4.58	2.85	0	1.69	0.004	0.004	−29.3	−25.8	−25.1		
雅克拉	SC2	O	79.42	6.45	2.88	1.68	3.72	4.41		0.0700	−40.9	−32.2	−31.0		
	Sha13	O	59.23	3.49	1.28	0.58	4.45	32.78		0.9400	−45.7				
	Sha3	Pt	84.19	5.13	0.16		5.41	6.23		0.0300					5.9
	Sha6	€	82.79	1.38	0.34	0.05	9.53	6.47		0.3400	−40.6	−29.6			
	Sha7	€	88.84	5.08	1.89	0.35	0.23	2.69		0.0400	−41.9	−31.7	−29.8		
	S7	K	85.23	4.39	1.56	0.62	2.15	9.42	0.055	0.0005	−39.7	−32.7	−30.2	0.0	18.6
	Sha3	K	62.50	20.72	8.46	3.88	0.38	2.30			−40.5	−29.7	−26.3		5.31

续表

气田	井	地层	天然气组分/%								同位素组成/‰				$^3He/^4He$ 值/ $(\times 10^{-8})$
			C_1	C_2	C_3	C_4	CO_2	N_2	Ar	He	$\delta^{13}C_1$	$\delta^{13}C_2$	$\delta^{13}C_3$	$\delta^{15}N$	
雅克拉	YK1	K	83.47	4.95	1.71	0.73	2.41	5.61	0.058	0.0006	-40.5			-0.8	23.2
	S45	E	83.60	8.93	2.36		0.66	3.66	0.007	0.0001	-21.8	-24.3	-20.8	18.0	
东河塘	DH1	C	89.47	7.25	1.6	0.47	0.3	0.89	0.002	0.003	-40.4	-37.7	-34.2		
	DH11	C	36.77	6.17	3.37	4.3	24.53	24.7	0.020	0.03	-42.8	-33.6	-32.4		8.5
	DH12	O	41.11	3.54	2.14	1.01	17.95	31.3	0.065	0.044	-32.4	-32.9	-23.8		
	DH1-6-8	C	27.56	1.62	1.05	1.29	10.36	52.56	0.090	0.0004	-43.4	-34.4	-31.4	14.6	6.63
	DH23	P	82.92	6.52	2.65	0.68	2.38	4.29	0.021	0.022	-40.0	-32.2	-30.3		
哈得	HD113	C	19.31	4.4	9.75	3.45	5.89	52.45	0.29	0.054	-24.4	-36.5	-33.5		
	HD2-7	C	24.16	16.03	13.57	6.77	1.05	33.78	0.153	0.035	-35.9	-36.7	-33.4		
轮南	LN101	T	91.26	2.56	1.50	0.50	0.28	2.98			-38.9	-34.5	-31.2		8.29
	LN10-2	T	74.86	3.49	1.11	1.17	1.18	17.11	0.031	0.2525	-42.7	-40.3	-32.6		
	LN2-25-H1	T	67.93	3.70	1.12	1.42	0.25	22.61	0.021	0.3029	-45.4	-39.2	-26.4		5.71
	Ln2-23-2	T	74.26				0.62	7.41			-39.9			1.7	
	LN23	T	88.40	3.26	1.74	0.66	3.65	2.08		0.0002	-36.1	-34.5	-32.0		5.56
	LN2-33-1	T	81.83	3.48	2.25	1.22	0.64	8.47	0.029	0.01	-32.0	-35.8	-31.9		
	LN2-34-5	T	74.62	5.35	1.55	1.04		14.49	0.029	0.1115	-39.8	-29.5	-28.3		
	LN26	T1	87.53	2.87	0.51	0.3	1.64	6.60		0.0053	-43.7	-39.6	-33.0	3.6	8.6
	Ln3-2-9	T	86.38	2.78	1.30	0.65	0.09	7.75	0.043	0.0006	-36.7			1.4	7.86
	LN3-H1	T	74.79	2.86	0.64	0.39		20.33	0.019	0.2064	-42.7	-38.6	-35.3		
	LN3-H5	T	62.30	5.78	1.37	2.08	1.32	24.56	0.026	0.0789	-43.0	-39.4	-29.3		8.33
	Ln5	T	52.27	12.82	11.34	7.07	0.48	7.70	0.047	0.0009	-39.4	-30.7	-28.4	1.7	7.98
	LN10	O	88.32	5.15			2.07	4.45		0.0024	-37.3	-36.6	-32.1		
解放渠	Jf100	T	88.23	2.62	1.14	0.54	0.24	6.71	0.028	0.0006	-36.4	-35.1	-33.0	3.3	6.31
	JF1-13-4	T	73.63	3.71	1.98	0.79	1.02	18.04	0.022	0.016	-35.4	-36.1	-33.8		
	JF138	T	73.18	3.56	1.05	1.19	1.05	18.68	0.021	0.2064	-43.4	-39.6	-30.1		6.78
	Jf1-6-4	T	88.16	2.85	1.23	0.55	0.22	6.35		0.0007	-35.6			6.3	6.3
	JF127	O	94.58	1.01	0.42	0.14	1.42	2.39		0.0004	-34.4	-33.2	-30.8		
轮古	STM5-3	T	90.89	2.56	1.20	0.69	0.44	3.58	0.018	0.0006	-36.4			4.0	5.57
	LG13	O	95.12	1.5	0.33	0.31	1.6	1.14			-33.8	-33.2	-29.2		
	LG15-18	O	61.96	7.37	6.12	4.08	7.14	7.12	0.034	0.031	-41.3	-37.9	-34.5		
	LG16-2	O	92.8	2.05	0.89	0.38	1.64	1.71	0.017	0.004	-34.3	-36.1	-33.4		
	LG201	O	86.06	2.21	1.26	0.71	4.86	4.09	0.04	0.012	-35.6	-37.1	-34.0		
吉拉克	JLK102	T	87.03	3.18	1.45	1.36	0.16	6.83			-34.9	-34.9	-32.0		
	JN1	T	81.38	3.44	2.31	1.82	0.18	8.11	0.016	0.009	-16.7	-24.8	-27.0		
	JN4-H2	T	80.94	3.86	2.46	1.2	1.34	8.62	0.029	0.014	-35.8	-36.1	-33.2		

续表

气田	井	地层	天然气组分/%								同位素组成/‰				$^3He/^4He$值/$(\times10^{-8})$
			C_1	C_2	C_3	C_4	CO_2	N_2	Ar	He	$\delta^{13}C_1$	$\delta^{13}C_2$	$\delta^{13}C_3$	$\delta^{15}N$	
吉拉克	JN4	T	83.62	2.95	2.43	1.29	0.068	7.93			-35.7	-31.7	-26.6	6.0	
	LN58-1	T	85.91	2.81	1.57	1.43	1.32	6.52			-35.9	-34.0	-32.0		6.3
	LN59-H1	C	94.45	1.14	0.2	0.21	0.34	3.66			-38.9	-37.7	-34.6		
	JLK107	C_3	94.13	0.80	0.37	0.13	0.02	3.91			-33.9				1.92
和田河	#MA3	C	79.95	0.34	0.00	0		9.06			-35.8	-36.6	-32.2	1.0	
	MA4	O	80.35	1.87	1.59	1.63	1.36	10.39	0.213	0.044	-37.2	-38.2	-34.5		
	MA4-H1	O	84.14	1.6	0.68	0.37	0.09	12.8	0.249	0.048	-37.1	-36.7	-32.1		
塔中	TZ103	T	86.11	2.25	0.63		0.93	9.37	0.024	0.024	-41.0	-39.4	-30.8		
	TZ1	O	80.11	3.44			0.32	16.12	0.054	0.054	-43.4			-10	4.5
	TZ117	S	69.68	6.16	3.75	2.22	0.57	14.35	0.046	0.014	-40.0	-38.8	-33.2		
	TZ16-6	O	41.00	5.16	8.64	9.07	3.56	25.97	0.168	0.035	-41.2	-40.5	-33.0		
	TZ22	C	77.79	5.91	3.38	2.55	1.00	7.74							4.47
	TZ242	O	89.88	1.64	0.56	0.35	1.84	5.59	0.049	0.005	-37.1	-35.3	-32.1		
	TZ26	O	84.83	1.42	0.55		1.31	11.54	0.01	0.0099	-41.1	-39.4	-32.1	-15.0	
	Tz103	C	86.11	2.25	0.63		0.93	9.37	0.024	0.024	-30.7	-40.7	-33.2	-9.0	
	TZ411	C_3	72.87	8.94	3.32	1.50	0.92	11.74							5.53
	TZ4-18-7	C	72.42	5.03	2.38	0.86	0.74	17.47	0.071	0.018	-42.6	-40.4	-33.6		
	#TZ421	C_1	66.37	1.56	0.65	0.85	1.57	28.40			-44.5	-39.9	-33.5	4.0	4.43
	TZ4-37-H18	C	82.68	2.32	0.84	0.52		12.98	0.057	0.0843	-35.3	-31.6	-28.6		
	TZ45	O	85.63	4.44	1.24		3.20	4.78	0.006	0.038	-41.0	-39.4	-30.8	-15.0	
	TZ4-7-H22	C	58.86	4.89	1.29	0.88		32.27	0.031	0.2331	-41.6	-38.1	-33.8		3.73
	Tz4-8-30	C	74.81	3.10	1.28	0.85	0.76	18.45	0.050	0.0006	-44.1	-38.8	-31.5	-4.3	4.25
	Tz4sp-3	C	63.88	6.66	4.43	3.22	0.47	19.25	0.061		-43.7	-39.6	-33.0	-3.6	4
	#TZ6	C	75.79	1.99	0.98	0.32	3.04	17.84		0.0009	-42.3	-41.4	-35.2	2.4	
	TZ62	O	90.03	1.52	0.68	0.46	2.76	4.41	0.045	0.006	-37.1	-31.6	-30.1		
	TZ621	O	87.31	1.87	1.11	1.17	1.91	4.16	0.034	0.007	-36.6	-31.7	-29.2		

3.2　碳、氮同位素

塔里木盆地天然气$\delta^{13}C_1$值变化较大，新生界天然气$\delta^{13}C_1$值较重，为-38‰～-21‰，古、中生界天然气$\delta^{13}C_1$值较轻，一般为-45‰～-30‰。新生界中天然气$\delta^{13}C_2$值重于-28‰；中生界除塔西南和库车坳陷南缘地区外，天然气$\delta^{13}C_2$值一般轻于-28%；而古生界中的天然气普遍具有较轻的$\delta^{13}C_2$组成，且轻于-28‰。新生界天然气氮同位素（$\delta^{15}N$中值=12‰）一般重于古、中生界氮同位素（$\delta^{15}N$中值=1.7‰）。

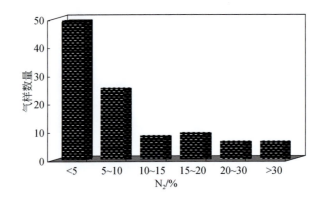

图 3　塔里木盆地天然气氮气含量分布直方图

3.3　$^3He/^4He$ 值

塔里木盆地天然气中氦同位素比值（$^3He/^4He$）均小于大气（1.39×10^{-6}），变化范围为 $1.92 \times 10^{-8} \sim 76.90 \times 10^{-8}$，大部分在 $1.92 \times 10^{-8} \sim 8.69 \times 10^{-8}$。4 个样品的比值大于 18×10^{-8}，其中 2 个样品来自白垩系气藏（S7：18.6×10^{-8}，YK1：23.2×10^{-8}），YM2 志留系气藏的比值为 26×10^{-8}，阿克 1 三叠系气藏的比值为 76.90×10^{-8}。

4　讨论

4.1　塔里木盆地天然气地球化学特征

根据甲烷及其同系物的碳同位素组成，可以清楚地区分塔里木盆地烃类气体的两种成因类型（图 4）。来自腐泥型有机质的油型气碳同位素通常较轻，而来自腐殖型有机质的煤成气碳则较重（Liu et al.，2008b）。这种差异随着碳数的增加而变大，即在乙烷和丙烷中比在甲烷中表现得更明显。来自腐殖型有机质的天然气 $\delta^{13}C_2$ 一般大于-28‰，而来自腐泥型有机质的天然气 $\delta^{13}C_2$ 通常小于-28‰。这种分类与对中国沉积盆地腐殖质来源的天然气的

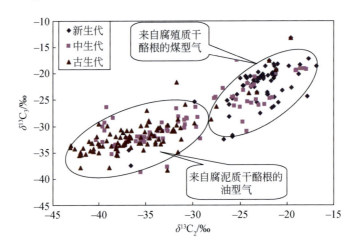

图 4　塔里木盆地天然气 $\delta^{13}C_2$-$\delta^{13}C_3$ 关系图

经验观察一致（Dai et al., 2005；Xu and Shen, 1996）。与油型气相比，煤成气中甲烷碳同位素更重（Liu et al., 2008b），但两种类型天然气的 $\delta^{13}C_1$ 在-39‰～-33‰范围内存在重叠。故不能仅根据 $\delta^{13}C_1$ 来区分两种天然气类型。塔里木盆地新生界天然气主要来源于侏罗系煤和三叠系泥质岩。中生界天然气来源不同，库车坳陷天然气来自侏罗系煤和三叠系泥质岩，而塔北隆起区天然气来自寒武系—奥陶系泥质碳酸盐岩。古生界天然气主要来源于寒武系—奥陶系泥质碳酸盐岩，且主要分布在盆地中部（塔中、吉拉克、解放渠、轮古、和田河），其次是塔北隆起（Liu et al., 2008b）。

4.2　塔里木盆地 N_2 的来源

根据前人的研究结果（Dai et al., 2005；Xu et al., 2002），煤成气的 $\delta^{13}C_2$ 和 $\delta^{13}C_3$ 值分别大于-28‰和-25‰（图4）。因此，塔里木盆地新生界天然气主要为煤成气。相比之下，古生界和中生界天然气 $\delta^{13}C_2$ 和 $\delta^{13}C_3$ 值大多分别低于-34%和-28%，属于油型气。只有塔西南（AK1、KS102）和库车坳陷南缘（却勒1、羊塔克、玉东、牙哈、提尔根等油藏）少数天然气碳同位素组成较重，表现为煤成气。烷烃碳同位素组成随着分子量的增加而变重，说明天然气中的烃类来源于有机物的热分解（Chung et al., 1988；Dai et al., 2005, 2004）。较低的 He 浓度（<0.3%）和 $^3He/^4He$ 值（$n\times10^{-8}$[①]）也表明塔里木盆地的天然气主要是来自壳源，没有大量深部气体的混入（Xu et al., 1995a, 1996；Xu and Shen, 1996）。仅和田河、雅克拉、东河塘、阿克1气田和 YM2 气藏天然气的 $^3He/^4He$ 值达到 $n\times10^{-7}$。某些气田，特别是阿克1气田较高的 $^3He/^4He$ 值可能是由于南天山和西昆仑山之间活跃的汇聚边缘将地幔挥发分通过地壳运移到气藏中（Jia and Wei, 2002；Zheng et al., 2005）。根据 N_2 与 $\delta^{13}C_2$、N_2 与 $\delta^{15}N$ 和 $\delta^{15}N$ 与 $\delta^{13}C_2$ 相关图（图5），可将 N_2 分为以下3类：①N_2 含量低（N_2 <5%），碳、氮同位素组成较重（$\delta^{13}C_2$ >-26‰，$\delta^{15}N$ >5.0‰）的新生代煤成气，包括英买力、红旗、提尔根、牙哈、克拉2、羊塔克、大宛齐等气田；②N_2 含量适中（N_2 <20%），碳同位素组成较轻（$\delta^{13}C_2$ =-36‰～-29‰，$\delta^{15}N$ =-6.0‰～6.0‰）的古生代和中生代油型气，分布于雅克拉、和田河、轮古、解放渠、吉拉克等气田；③N_2 含量高（N_2 >20%）、碳同位素组成轻（$\delta^{13}C_2$ <-34‰）、氮同位素组成变化较大（-15‰<$\delta^{15}N$ <15‰）的油型气，主要分布在塔中、东河塘、哈得、轮南等古生界和中生界气藏。

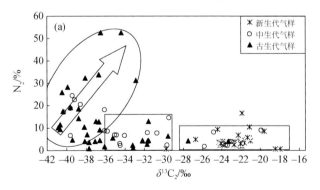

---

① $n\times10^{-8}$ 表示 8 个数量级，一般 n 为 1～10。

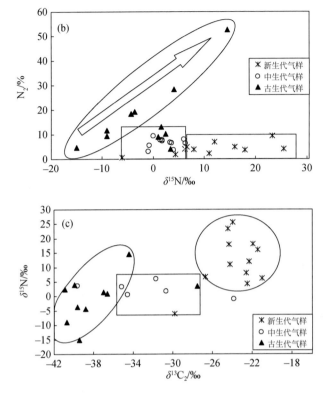

图 5 塔里木盆地天然气地球化学特征

1）N_2 含量低，碳、氮同位素组成较重的煤成气

塔里木盆地天然气 N_2 含量普遍较低。107 个样品中 N_2 含量低于 5% 的样品占 47.66%（图 6）。库车坳陷 N_2 含量一般低于 5%，包括英买力、红旗、提尔根、牙哈、克拉 2、羊塔克和大宛齐等气藏，且其碳同位素组成明显偏重，$\delta^{13}C_1 > -35‰$，$\delta^{13}C_2 > -28‰$，$\delta^{13}C_3 > -25‰$。重的碳同位素组成和烃类气体占总组分的绝对优势，说明天然气样品母质类型为腐殖型有机质（Chung et al.，1988；Galimov，1988；Schoell，1983）。这些天然气 $\delta^{15}N$ 较重，大多高于 4‰。Boigk 等（1976）认为随着成熟度的增加，$\delta^{15}N$ 趋于变重。当成熟度处于高

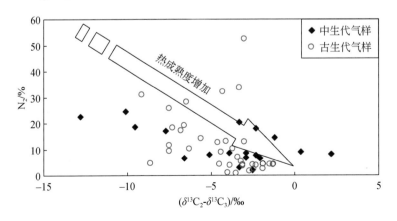

图 6 $\delta^{13}C_2 - \delta^{13}C_3$ 与 N_2 含量关系图

-过成熟阶段时，$\delta^{15}N$ 值明显偏重，达到 $4‰<\delta^{15}N≤18‰$（Zhu et al.，2000）。Drechsler（1976）通过实验也证明 $\delta^{15}N$ 值会随着热成熟度的增加变重，当上石炭统煤加热到 650℃时，$\delta^{15}N$ 值为 2.5‰，而当温度达到 1000℃时，$\delta^{15}N$ 值会高于 5‰。因此，我们推测煤成气中的 N_2 主要来源于成熟和高成熟阶段的含铵蒙脱石以及过成熟阶段无烟煤芳香族和杂环结构的热降解，因为煤的热解表明存在两个对应于煤样中的氮生成率的峰（Liu et al.，2008c），前者大约 730℃指示氮可能来自无机物，如含铵黏土矿物（Krooss et al.，2005），后者在1050℃主要来源于有机物的热降解。

2）N_2 含量适中，碳、氮同位素组成较轻的油型气

塔北地区和塔中隆起天然气 N_2 含量差异较大（N_2=2%～20%），碳、氮同位素组成较轻（$\delta^{13}C_1$=-40‰～-30‰，$\delta^{13}C_2$=-36‰～-29‰，$\delta^{15}N$=-6.0‰～6.0‰），主要包括雅克拉、和田河、轮古、解放渠、吉拉克、轮南、塔中等气田。从碳同位素组成上看，主要表现为油型气（$\delta^{13}C_2<-29‰$，$\delta^{13}C_3<-25‰$）。气态烷烃碳同位素组成的变化是由有机质中同位素非均质性以及生气过程中的碳同位素发生分馏导致的（Clayton，1991；Galimov，1988；Liu et al.，2008b；Prinzhofer and Huc，1995）。因此，烷烃气的碳同位素组成反映了烃源岩的热成熟度水平。N_2 含量随着碳同位素差值$\Delta\delta^{13}C_{2-3}$（$\delta^{13}C_2-\delta^{13}C_3$）的变小而降低，而碳同位素差值随着成熟度的升高而变小（James，1983，1990）。因此，N_2 含量较低的为高成熟阶段天然气，而 N_2 含量较高的为低成熟度天然气，如 JF138 井$\Delta\delta^{13}C_{2-3}$=-9.5‰，N_2 含量为 18.68%。高成熟度下 N_2 含量较低的现象表明，气藏中可能存在烃类的热裂解使得 N_2 被稀释。中欧盆地的富 N_2 藏主要出现在缺乏烃源岩的地区。天然气中较高的 N_2 含量可能是由含铵黏土矿物、蒸发岩和有机物热分解造成的（Jurisch and Krooss，2008；Krooss et al.，2005）。页岩和泥岩在变质作用过程中从含铵黏土矿物中释放出的氮的$\delta^{15}N$ 值一般为 $1‰≤\delta^{15}N<4‰$（Jenden et al.，1988），来源于蒸发岩中形成的$\delta^{15}N$ 约为 4‰（Prasolov et al.，1987），而来自过成熟阶段有机质（$R_o>2.0\%$）的$\delta^{15}N$ 则更重（Krooss et al.，1995；Littke et al.，1995）。刘全有等认为塔北、塔中隆起地区天然气为原油裂解气（Liu et al.，2008b），包括和田河、轮古、解放渠、吉拉克等地区（图7）。

根据塔里木盆地烃源岩特征，该地区天然气应由寒武系—奥陶系泥质碳酸盐岩中干酪根的初次裂解和原油二次裂解气共同形成，较高的 N_2 含量可能与其中高成熟阶段下干酪根裂解的贡献较大有关。寒武系烃源岩处于高成—过成熟阶段（R_o=1.64%～3.36%），尤其是满加尔凹陷，普遍超过 3.0%（塔东 1 井 R_o=3.36%）。塔北隆起西部和北部坳陷中部中上奥陶统烃源岩成熟度适中，R_o 值在 0.8%～1.3%；北部坳陷两侧和台北隆起东部地区中上奥陶统烃源岩成熟度较高，R_o 值大于 2.0%。塔中隆起地区中上奥陶统烃源岩 R_o 值普遍低于 1.3%。满加尔凹陷中上奥陶统烃源岩 R_o 值最高，为 2.0%～3.0%（图8）（Zhang et al.，2004）。从北部坳陷东南部到塔北隆起西北部，油型气从原油二次裂解气变为初次裂解气，这与塔北隆起从东南到西北的满东、吉拉克、解放渠、桑塔木气田天然气热成熟度变化相对应，也与从东到西的草 2、轮南、雅克拉、东河塘气田天然气热成熟度变化相对应（Liu et al.，2008b）。

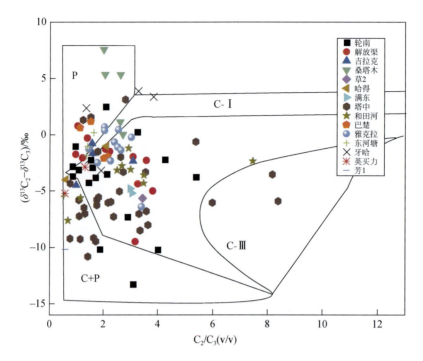

图 7　$\delta^{13}C_2 - \delta^{13}C_3$ 与 C_2/C_3 关系图

P. 干酪根裂解气；C-Ⅰ. 油裂解气；C-Ⅱ. 凝析油裂解气，C-Ⅲ. 气裂解气；C+P.干酪根裂解气与原油裂解气混合

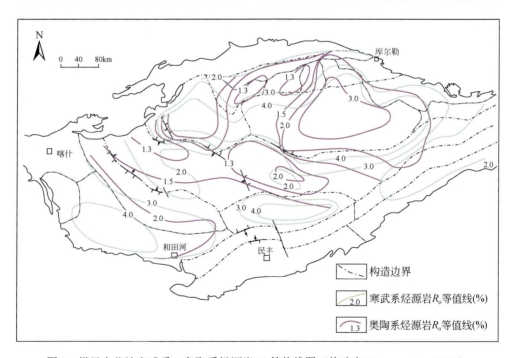

图 8　塔里木盆地寒武系—奥陶系烃源岩 R_o 等值线图（修改自 Zhang et al.，2004）

4.2.3　N_2 含量高，轻碳同位素、氮同位素变化较大的油型气

塔里木盆地在古生界和中生界（特别是古生界）天然气中 N_2 含量普遍较高，且碳、氮

同位素组成较轻。在塔中、东河塘、哈得、轮南等气田，天然气 N_2 含量超过 20%，碳同位素组成较轻（$\delta^{13}C_1 < -40‰$、$\delta^{13}C_2 < -34‰$），为典型的油型气，氮同位素组成变化较大（$-15‰ < \delta^{15}N < 15‰$）。根据盆地烃源岩特征可以确定上述地区天然气主要来源于寒武系—奥陶系泥质碳酸盐岩。随着 N_2 含量的增加，碳和氮同位素组成逐渐变重〔图 5（a）、（b）〕。Kettel（1983）研究了德国异常高含 N_2 气藏中 N_2 含量和稳定同位素组成，认为 N_2 含量与烃源岩热成熟度有关。在塔里木盆地高含 N_2 天然气中，$\delta^{15}N$ 值变化较大；塔中地区 $\delta^{15}N$ 最轻，一般 $\delta^{15}N < -15‰$（Tz45 井 $N_2 = 4.78‰$，$\delta^{15}N = -15‰$），而 N_2 含量最高的东河塘气田 $\delta^{15}N$ 较重，在 DH1-6-8 井 $\delta^{15}N$ 重达 14.6‰。前人研究表明，来自有机质热解作用生成的 $\delta^{15}N$ 为 $-19‰ \sim -2‰$（Zhu et al.，2000），并随着热成熟度的增加而变重（Jurisch and Krooss，2008；Wellmam et al.，1968）。有机物热分解产生的 N_2 具有较高的 N_2/Ar 值，$N_2/Ar > 84$；$\delta^{15}N$ 值超过 $-10‰$，并且随着热成熟度的增加而变得更重。同时，当天然气 $\delta^{15}N$ 值为 $-10‰ \sim -2‰$ 时，N_2 可能来源于成熟—过成熟有机质（$R_o \approx 0.6\% \sim 2.0\%$），在过成熟阶段（$R_o > 2.0\%$）$\delta^{15}N$ 值可达 18‰（Zhu et al.，2000）。因此，塔里木盆地塔中、东河塘、哈得、轮南等地区天然气中异常高 N_2 含量主要由高—过成熟寒武系—奥陶系的泥质碳酸岩造成。N_2 含量高的天然气热成熟度相对于 N_2 含量适中的天然气较低，这是由于大量石油裂解气注入天然气藏中（Liu et al.，2008b；Zhao et al.，2005）。最近，法国研究人员取得了不同热成熟度有机质中氮同位素分馏的实验成果（Ader et al.，2006；Boudou et al.，2008；Li et al.，2009）。他们认为，在 $600 \sim 800℃$ 的实验条件下，NH_3 热分解最先产生的 N_2 的 $\delta^{15}N$ 可低至 $-11‰$，而最后产生的 N_2 的 $\delta^{15}N$ 可大于 30‰。最轻的 $\delta^{15}N$ 值与低 N_2 含量与 NH_3 处于开放系统有关，而较重的 $\delta^{15}N$ 值和高 N_2 含量可能与早期 N_2 损失和后期 N_2 积累有关（Li et al.，2009）。

塔里木盆地 N_2 含量变化较大，尤其是雅克拉、和田河、东河塘、阿克 1 等气田，由于 $^3He/^4He$ 值为 $n \times 10^{-7}$，并且 N_2 和 $^3He/^4He$ 以及 N_2 和 He 在这些地区中出现一定的正相关性〔图 9（a）、（b）〕，所以存在深部气体混入的可能。在我国西部的前陆盆地，天然气中 $^3He/^4He$ 值有时表现为 $n \times 10^{-7}$，与盆地构造处于次稳定状态有关（Xu et al.，1995a，1996）。当天然气长距离运移时，N_2 丰度会增加且 $\delta^{15}N$ 会变轻。Prasolov（1990）认为来源于深部地壳或上地幔的 N_2，其 $\delta^{15}N$ 值集中在 $-20‰ \sim 1‰$。未来，还需更详细的工作来探究塔里木盆地是否存在深部气体。

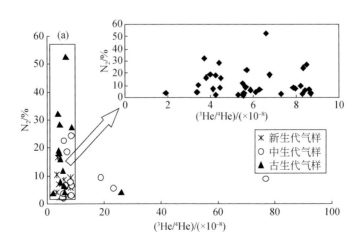

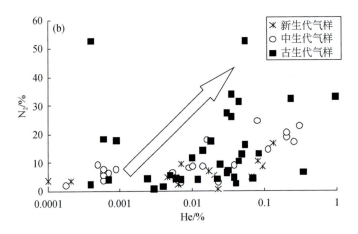

图 9　N₂ 含量和 ³He/⁴He 关系图，（a）以及 N₂ 和 He 含量关系图（b）

5　N₂ 分布及其对高 N₂ 区勘探风险的意义

塔里木盆地天然气中 N₂ 含量主要受烃源岩成熟度和干酪根类型控制，N₂ 含量预测分布如图 10 所示。通常情况下，煤成气的 N₂ 含量相对较低（N₂＜5.0%），当 R_o=0.6%～1.5% 时，N₂ 含量在 2.0%～5.0%；当 R_o＞1.5% 时，N₂ 含量小于 2.0%。在高/过成熟阶段，N₂ 浓度往往较低，这是因为该阶段会产生更多来自干酪根的烷烃气，从而降低了气藏中 N₂ 浓度（Liu et al.，2007）。腐殖型烃源岩主要分布在库车坳陷及盆地周边（Liang et al.，2003），

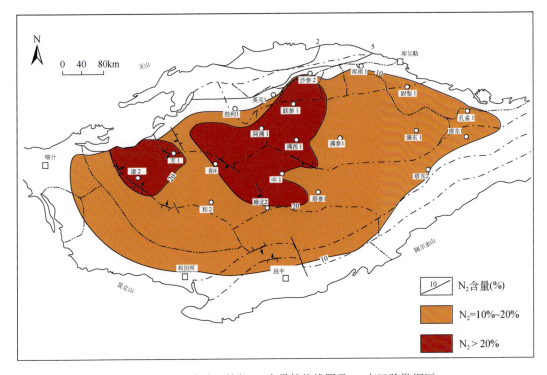

图 10　塔里木盆地天然气 N₂ 含量等值线图及 N₂ 高风险勘探区

因此该地区天然气含氮量较低，一般低于 5.0%。油型气中 N_2 含量变化大，当烃源岩处于过成熟阶段时（$R_o>2.0\%$）时，N_2 含量为 10%～20%；而当烃源岩处于成熟-高成熟阶段时（$R_o=1.2\%$～2.0%），N_2 含量较高，甚至超过 20%。这是由于在成熟-高成熟阶段（$R_o=1.2\%$～2.0%），只有较少的原油裂解气进入气藏，N_2 分子优先富集，形成高含 N_2 藏（$N_2>20\%$），而在高/过成熟阶段会产生大量原油裂解气并聚集到气藏中，使得气藏中 N_2 浓度降低。结合寒武系—奥陶系烃源岩热成熟度和天然气勘探成果，塔里木盆地高 N_2 含量区（$N_2>20\%$）分布在盆地中部和西南部。例如，东河塘气田 N_2 含量为 23.95%～52.56%，平均值为 32.23%；哈得气田 N_2 含量为 44.41%～63.39%，平均值为 53.90%。塔中地区西部存在高 N_2 含量井（$N_2>20\%$），如 TZ421 井、TZ4-7-H22 井、TZ4sp-3 井等。虽然天然气中 N_2 浓度较高不会对工人健康和设备损坏造成威胁，也应重视高 N_2 含量天然气带来的经济勘探风险。

6　结论

通过对塔里木盆地 107 个天然气样品的统计分析，发现塔里木盆地天然气中 N_2 含量分布变化较大。根据气态烷烃碳同位素组成，塔里木盆地天然气有油型气和煤成气两种成因类型。油型气来源于寒武系—奥陶系腐泥质，碳同位素组成较轻。而煤成气来自三叠系—侏罗系腐殖质，碳同位素组成较重。煤成气中 N_2 含量一般低于油型气。根据 N_2 含量、$\delta^{13}C_2$ 和 $\delta^{15}N$ 特征，可区分出三组 N_2 类型：① N_2 含量低（$N_2<5\%$），碳、氮同位素组成较重（$\delta^{13}C_2>-26\permil$，$\delta^{15}N>5.0\permil$）的新生代煤成气，包括英买力、红旗、提尔根、牙哈、克拉 2、羊塔克、大宛齐等气田，N_2 来源于含铵蒙脱石和无烟煤的芳杂环结构的热降解；② N_2 含量适中（$N_2<20\%$），碳同位素组成较轻（$\delta^{13}C_2=-36\permil$～$-29\permil$，$\delta^{15}N=-6.0\permil$～$6.0\permil$）的古生界和中生界油型气，分布于雅克拉、和田河、轮古、解放渠、吉拉克等气田，N_2 可能来源于含铵黏土矿物、蒸发岩和高—过成熟期有机质的热分解；③ N_2 含量高（$N_2>20\%$）、碳同位素组成轻（$\delta^{13}C_2<-34\permil$）、氮同位素组成变化较大（$-15\permil<\delta^{15}N<15\permil$）的古生界和中生界油型气，主要分布在塔中、东河塘、哈得、轮南等气田。N_2 主要来源于寒武系—奥陶系成熟—高成熟阶段的泥质碳酸盐岩。过成熟阶段的 N_2 含量相对成熟和高成熟阶段较低，这是由原油二次裂解产生的烷烃气体混合造成的。未来勘探中，应注意盆地中部和西南地区存在高 N_2 风险（$N_2>20\%$）的可能。

参 考 文 献

张水昌, 梁狄刚, 张宝民. 2004. 塔里木盆地海相油气的生成. 北京: 石油工业出版社.

郑建京, 刘文汇, 孙国强, 等. 2005. 稳定、次稳定盆地天然气稀有气体氦同位素特征及其构造学内涵. 全国有机地球化学学术会议.

Ader M, Cartigny P, Boudou J P, et al. 2006. Nitrogen isotopic evolution of carbonaceous matter during metamorphism: Methodology and preliminary results. Chemical Geology, 232(3-4): 152-169.

Boigk H, Hagemann H W, Stahl W, Wollanke G. 1976. Isotopenphysikalische Untersuchungen zur Herkunft und Migration des Stickstoffs nordwestdeutscher Erdgase aus Oberkarbon und Rotliegend. Erdol und Kohle-Erdgas-Petrochemie, 29(3): 103-112.

Boudou J P, Schimmelmann A, Ader M, et al. 2008. Organic nitrogen chemistry during low-grade metamorphism. Geochimica et Cosmochimica Acta, 72(4): 1199-1221.

Chen C, Mei B, Zhu C. 2001. Nitrogen isotopic composition and distribution of natural gases in Tarim Basin. Geology Geochemistry, 29(4): 46-49.

Chen J, Xu C, Huang D. 2000. Geochemical characteristics and origin of natural gas in Tarim Basin, China. AAPG Bulletin, 84(5): 591-606.

Chung H M, Gormly J R, Squires R M. 1988. Origin of gaseous hydrocarbons in subsurface environments: Theoretic considerations of carbon isotope distribution. Chemical Geology, 71(1-3): 97-104.

Clayton C. 1991. Carbon isotope fractionation during natural gas generation from kerogen. Marine and Petroleum Geology, 8(2): 232-240.

Dai J, Pei X, Qi H. 1992. Natural Gas Geology of China. Beijing: Petroleum Industry Press: 298.

Dai J, Xia X, Qin S, Zhao J. 2004. Origins of partially reversed alkane $\delta^{13}C$ values for biogenic gases in China. Organic Geochemistry, 35(4): 405-411.

Dai J, Li J, Luo X, et al. 2005. Stable carbon isotope compositions and source rock geochemistry of the giant gas accumulations in the Ordos Basin, China. Organic Geochemistry, 36(12): 1617-1635.

Drechsler M. 1976. Entwicklung einer probenchemischen methode zur präzisionsisotopen analyse am Stickstoff biogener sedimente. Aussagender Stickstoffisotopenariationen zur genese des Stickstoffs in Erdgasen. Diss, Akad, D. Wiss.

Galimov E M. 1988. Sources and mechanisms of formation of gaseous hydrocarbons in sedimentary rocks. Chemical Geology, 71(1-3): 77-95.

Getz F A. 1977. Molecular nitrogen: Clue in coal-derived-methane hunt. The Oil and Gas Journal, 75(17): 220-221.

Hoering T C, Moore H. 1958. The isotopic composition of the nitrogen in natural gases and associated crude oils. Geochimica et Cosmochimica Acta, 13: 225-232.

Huang C. 1999. Characteristics of the condensate gas reservoirs in the north part of Tarim Basin and a discussion on their formation mechanism. Natural Gas Industry, 19(2): 28-33.

Huang D, Liu B, Wang T, et al. 1999. Genetic type and maturity of Lower Paleozoic marine hydrocarbon gases in the eastern Tarim Basin. Chemical Geology, 162(1): 65-77.

James A T. 1983. Coorrelation of natural gas by use of carbon isotopic distribution between hydrocarbon components. AAPG Bulletin, 67(7): 1176-1191.

James A T. 1990. Correlation of reservoired gases using the carbon isotopic compositions of wet gas components. AAPG Bulletin, 74(9): 1441-1458.

Jenden P D, Kaplan I R, Poreda R J, Craig H. 1988. Origin of nitrogen-rich natural gases in the California Great Valley: Evidence from helium, carbon and nitrogen isotope ratios. Geochimica et Cosmochimica Acta, 52(4): 851-861.

Jia C, Wei G. 2002. Structural characteristics and petroliferous features of Tarim Basin. Chinese Science Bulletin, 47(Special Issue): 1-11.

Jin Z, Zhu D, Hu W, et al. 2009. Mesogenetic dissolution of the middle Ordovician limestone in the Tahe oilfield of Tarim basin, NW China. Marine and Petroleum Geology, 26(6): 753-763.

Jurisch A, Krooss B M. 2008. A pyrolytic study of the speciation and isotopic composition of nitrogen in carboniferous shales of the North German Basin. Organic Geochemistry, 39(8): 924-928.

Kettel D. 1983. The east Gronitrogen Massif, Detection of an intrusive body by means of coalification. Geo. Mijnbouw., 62: 204-210.

Krooss B M, Littke R, Müller B, et al. 1995. Generation of nitrogen and methane from sedimentary organic matter: Implications on the dynamics of natural gas accumulations. Chemical Geology, 126(3-4): 291-318.

Krooss M B, Friberg L, Gensterblum Y, et al. 2005. Investigation of the pyrolytic liberation on molecular nitrogen from Palaeozoic sedimentary rocks. International Journal of Earth Sciences, 94(5-6): 1023-1038.

Li L, Cartigny P, Ader M. 2009. Kinetic nitrogen isotope fractionation associated with thermal decomposition of NH_3: Experimental results and potential applications to trace the origin of N_2 in natural gas and hydrothermal systems. Geochimica et Cosmochimica Acta, 73(20): 6282-6297.

Liang D, Zhang S, Chen J, Wang F, Wang P. 2003. Organic geochemistry of oil and gas in the Kuqa depression, Tarim Basin, NW China. Organic Geochemistry, 34(7): 873-888.

Littke R, Krooss B M, Idiz E, Frielingsdorf J. 1995. Molecular nitrogen in natural gas accumulations: Generation from sedimentary organic matter at high temperatures. AAPG Bulletin, 79(3): 410-430.

Liu Q, Liu W, Dai J. 2007. Characterization of pyrolysates from maceral components of Tarim coals in closed system experiments and implications to natural gas generation. Organic Geochemistry, 38(6): 921-934.

Liu Q, Dai J, Li J, Zhou Q. 2008a. Hydrogen isotope composition of natural gases from the Tarim Basin and its indication of depositional environments of the source rocks. Science in China(Series D), 51(2): 300-311.

Liu Q, Zhang T, Li J, et al. 2008b. Genetic types of natural gas and their distribution in Tarim Basin, NW China. Journal of Nature Science and Sustainable Technology, 1(4): 603-620.

Liu Q, Krooss B M, Liu W, et al. 2008c. CH_4/N_2 ratio as a potential alternative geochemical tool for the prediction of thermal maturity of natural gas in Tarim Basin. Earth Science Frontiers, 15(1): 209-216.

Liu Z, Xia B. 2005. The genesis of molecular nitrogen of natural gases and its exploration risk coefficient in Tarim basin. Natural Gas Geoscience, 16(2): 224-228.

Prasolov E M. 1990. Isotope geochemistry and formation of natural gas. Nedra, Leningrad, 283.

Prasolov E M. Subbotin S S, Travnikova V A. 1987. Isotopic composition of gases of the salt-bearing sediments, nitrogen and carbon. Geokhimiya(Geochemistry International), 4: 524-531.

Prinzhofer A A, Huc A Y. 1995. Genetic and post-genetic molecular and isotopic fractionations in natural gases. Chemical Geology, 126(3-4): 281-290.

Qin S, Dai J, Liu X. 2007. The controlling factors of oil and gas generation from coal in the Kuqa Depression of Tarim Basin, China. International Journal of Coal Geology, 70(1-3): 255-263.

Schoell M. 1983. Genetic characterization of natural gas. AAPG Bulletin, 67(12): 2225-2238.

Stahl W J. 1977. Carbon and nitrogen isotope in hydrocarbon research and exploration. Chemical Geology, 20: 121-149.

Wang G, Shen J, He H, Ji M. 2002. The explanation on the turnover of carbon isotopic compositions of hydrocarbon series of natural gases in the northern and central Tarim basin. Acta Sedimentologica Sinica, 20(3): 482-487.

Wellmam R P, Cook F D, Krouse H R. 1968. Nitrogen-15 microbiological alteration of abundance. Science, 161: 269-270.

Xu S, Nakai S, Wakita H, Xu Y, Wang X. 1995a. Helium isotope compositions in sedimentary basins in China.

Applied Geochemistry, 10(6): 643-656.

Xu S, Nakai S I, Wakita H, Wang X. 1995b. Mantle-derived noble gases in natural gases from Songliao Basin, China. Geochimica et Cosmochimica Acta, 59(22): 4675-4683.

Xu Y. 1994. Genetic Theories of Natural Gases and their Application. Beijing: Science Press: 413.

Xu Y, Shen P. 1996. A study of natural gas origins in China. AAPG Bulletin, 80(10): 1604-1614.

Xu Y, Liu W, Shen P, Tao M. 1996. Geochemistry of Noble Gases in Natural Gases. Beijing: Science Press: 275.

Xu Y, Shen, P, Liu Q. 2002. Geochemical characteristics of the proved natural gas for the project "West gas transporting to the East" and its resource potential. Acta Sedimentological Sinica, 20(3): 447-455.

Zhang G, Wang H, Li H. 2002. Main controlling factors for hydrocarbon reservoir formation and petroleum distribution in Cratonic Area of Tarim Basin. Chinese Science Bulletin, 47(Special Issue): 139-146.

Zhang S C, Moldowan J M, Graham S A, et al. 2000. Paleozoic oil-source rock correlations in the Tarim basin, NW China. Organic Geochemistry, 31(4): 273-286.

Zhao W Z, Zhang S C, Wang F Y, et al. 2005. Gas accumulation from oil cracking in the eastern Tarim Basin: A case study of the YN2 gas field. Organic Geochemistry, 36(12): 1602-1616.

Zhu Y, Shi B Q. 1998. Analysis on origins of molecular nitrogen in natural gases and their geochemical features. Geology Geochemistry, 26(4): 50-58.

Zhu Y, Shi B, Fang C. 2000. The isotopic composition of molecular nitrogen: Implications on their origins in natural gas accumulations. Chemical Geology, 164(3-4): 321-330.

塔里木盆地侏罗系煤热模拟实验氮的
地化特征与意义[*]

刘全有，刘文汇，陈践发，宋　岩，秦胜飞

0　引言

　　氮是天然气中常见的非烃气体组分，氮又较其他非烃气体组分的物性更接近烃类气体，氮气藏的形成与烃类气藏一样需要生、储、盖条件的组合及运移、保存条件的匹配。因此，研究氮的起源有助于查明烃类气体的成因；研究氮的分布有助于查明烃类的形成、保存和富集规律[1, 2]。虽然绝大多数天然气含有不定量的氮，但是与天然气地球化学研究有关的报道甚少。20 世纪 50 年代以前主要从气体组分和产状方面研究天然气中的氮[3]，从 50 年代开始利用其他地球化学和同位素地球化学方法研究氮的文献发表，同时在世界各地发现了许多高氮天然气[4-8]。迄今为止，人们都是根据天然气各组分含量、组分浓度比以及同位素组成等特征，结合地质资料对比研究天然气中的氮[3, 9, 10]。研究天然气中的氮有重要意义和广阔前景，如通过研究天然气中氮的地球化学特征、来源等能为油气勘探开发和研究地球脱气等方面提供科学依据。世界范围内对非烃天然气的研究日趋注重，可望解决一系列地质理论及生产实践中因非烃气体含量过高而带来的投资风险问题。Jenden 等[6]统计了美国矿业局分析的 12000 个天然气分析数据，发现天然气中 N_2 的平均含量为 3%，有 10%的气样 $N_2 \geqslant 25\%$，3.5%的气样 $N_2 \geqslant 50\%$，1%的气样 $N_2 \geqslant 90\%$；戴金星等[11]统计了我国 1000 多个气样的分析结果，$N_2 \leqslant 4\%$ 的样品占 76%，$N_2 \leqslant 8\%$ 的样品占 86%。

　　在煤层气中氮的含量一般变化较大（<1%～100%），并随着埋藏深度的增加而变小[12]。普遍认为氮的来源有几种可能，即大气来源、生物来源、岩浆来源、深部来源、地幔来源和放射性来源[12-14]。由于氮比甲烷分子小，易于扩散而优先形成气藏，因而氮气藏的发现有利于找到大型的煤成甲烷气藏[15]。因此，研究煤的生氮不仅能降低油气勘探开发带来的巨大风险，而且还能给资源评价和开发提供科学依据。为了更好地了解煤成氮的生成规律，模拟实验自然成为一种有效的评价工具。为此，我们选择塔里木盆地满加尔凹陷低成熟的煤岩作为研究对象。

1　模拟装置及方法

　　针对煤系成烃特征的研究，选择塔里木盆地满加尔凹陷侏罗系演化程度较低（$R_o = 0.4\%$）的煤岩，由北京大学利用重液分离法将煤岩分离出了在煤成烃中起主导作用的镜质组显微

---

　　* 原载于《天然气工业》，2003 年，第 23 卷，第一期，26～29，10。

组分[16]，镜质组纯度大于 95%，总有机碳（TOC）为 66.12%。对此以 50℃为一温阶，对 250～550℃七个温阶进行了原始的成烃模拟实验。原始样品地球化学特征如表 1 所示。将煤样磨制成大于 80 目的样品。温阶不同进样量不同，低温时进样量较大，全煤最大为 10g；高温时进样量较小，显微组分在大于 500℃时进样量为 2g。

表 1　塔里木盆地模拟样品基础数据表

井号	深度/m	层位	岩性	R_o/%	$\delta^{13}C$/(%，PDB)	TOC/%	T_{max}/℃
英参 1 井	3075～3077	J	煤	0.4	−24.2	67.41	436

实验方法参照文献［17］。利用饱和食盐水进行气体的收集，样品的收集和计量如图 1 所示。

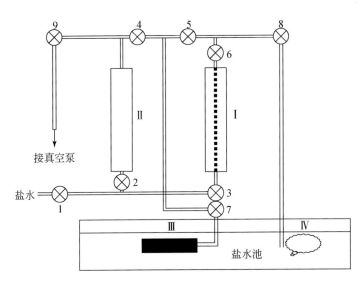

图 1　模拟气体采集计量示意图

1～9. 阀闸；I. 标有刻度的容器；II. 容器；III. 反应釜；IV. 气样收集器

2　样品分析及数据处理

对各温阶产物用 HP5890－II 型气相色谱进行了组分分析。色谱柱：CFAII＋PorapakQ（3mm×1.5m）和 5Å 分子筛（3mm×3m）。检测器：FID（250℃）。分析条件：初温为 40℃，初时为 5min，升温程序为 70℃/min，终温为 130℃，保持时间为 8min；甲烷转化器温度为 380℃，柱温为 40℃，载气为高纯氢。分析误差小于 5%。由于热模拟釜充 He 后密封时可能有微量空气的混入，而色谱所测组分为所有气体，因此通过 Ar 在空气中的比例进行了相应的扣除。将剩余的气体重新归一化，得到热解气体的化学组分。

3　实验结果

对模拟产物进行分析，其气态产物包括烃类气体和非烃气体两部分，非烃气体主要为 CO_2、CO 和 N_2，由于色谱载气为 H_2，所以分析数据中未给出 H_2。如表 2 所示，在整个热模拟实验过程中，气体产率表现为随着加热温度的升高和煤岩演化程度的增加，煤岩和镜质组的产气率均呈明显增加趋势[18]。最大产率镜质组在 550℃时达到 204.17ml/g TOC。而非烃气体氮主要出现在低温阶，特别是在 300℃时（煤岩 R_o 相当于 0.55%；镜质组相当于 0.52%），全煤和镜质组分别达到最大值为 22.00%和 28.23%；随着模拟温度的进一步升高，氮呈现出降低趋势。在 450℃时（$R_o=1.25\%$）镜质组中氮仅为 0.91，全煤中没有检出氮。其后者均再没有氮的生成。

表 2　各系列热模拟气体化学组成

系列	温阶/℃	气体化学组成/%											
		N_2	CO_2	CO	C_1	C_2	C_3	iC_4	nC_4	iC_5	nC_5	C_6	C_2
全煤	250	19.55	75.35	4.93	0.18								
	300	22.20	63.46	12.63	1.51	0.15							0.05
	350		85.28	8.36	5.77	0.56							0.04
	400		80.63	0.27	16.58	2.37	0.02	0.02	0.01	0.03	0.01	0.04	0.01
	450		51.56	2.67	42.67	3.08	0.02						
	500		60.32	0.38	37.00	2.25	0.05	0.00	0.00				
	550		52.00	1.28	44.98	1.74							
镜质组	250	6.94	83.47	9.12	0.48								
	300	28.23	57.27	8.37	5.81	0.15							0.17
	350	2.49	83.90	5.84	5.77	0.70	0.49		0.32	0.00	0.19	0.11	0.20
	400		46.93	7.98	37.70	7.07	0.18	0.02	0.03				0.09
	450	0.91	43.62	3.14	44.30	7.95	0.01	0.02	0.02				0.04
	500		41.77	4.01	44.32	7.63	1.41	0.23	0.38	0.04	0.13	0.06	0.01
	550		13.85	3.94	72.57	9.07	0.41	0.08	0.05				0.01

4　讨论

在整个热模拟温度段中非烃气体 N_2 主要出现在低温阶，表现为吸附气和少量低温热解气产出，特别是含氮物质的热解[18]。据 Stancyk 和 Bouclou[19] 的研究，煤岩中氮的绝大部分以环状化合物存在；戴金星等认为，煤中的含氨基化合物在低演化阶段可生成 NH_3，然后在氧化条件下转变为氮气[11-20]。这是因为蛋白质和核氨酸是植物和动物体内主要的含氮化合物，经沉积埋藏后形成有机质。氮在模拟温度 300℃时出现一个生成峰；相当于 $R_o<0.55\%$。因为沉积有机质除在形成时就含有氨基酸外，在未成熟阶段，相当于 $R_o<0.6\%$，大量蛋白质发生水解作用而产生氨基酸[12, 13, 21]，其代表有甘氨酸（$COOH—CH_2—NH_2$）。氨基酸很不稳定，可经微生物氨化作用而生成 NH_3：

$$COOH—CH_2—NH_2 = CO_2 + H_2O + NH_3^+$$

这种 NH_3^+ 除一部分被黏土矿物吸收形成氨基黏土（如氨伊利石）外[22]，相当一部分通过下列两种可能途径生成氮[13, 15, 23]。

$$8NH_3 + 3CO_2 = 3CH_4 + 4N_2 + 6H_2O$$

$$2NH_3 + 3Fe_2O_3 = 6FeO + N_2 + 3H_2O$$

在 450℃时，镜质组仍然有氮的生成。此时煤岩已进入成熟期（$R_o=1.25\%$），一些含氮化合物，如氨基酸、蛋白质、吡啶类、吡啶类和吡咯类等，在热催化作用下吸收的热量达到或接近氨基（—NH_2—）断裂所需的活化能（40～50kcal/mol）[1-14]，所以产生了氨化作用而生成 NH_3，NH_3 在黏土矿物的作用下形成 N_2 [24]。Doudou 和 Espitalie 认为，在煤岩中的镜质体富含氨基酸而且 N 与 H 具有很好的正相关性，从而使得氮出现在湿气生成的阶段[22]。

5　结论

在热模拟实验中，因煤岩从未成熟到成熟阶段都有氮的生成，特别是未成熟阶段，从而否定了氮只有在高成熟或过高成熟阶段才生成的说法。煤岩在未成熟阶段时，大量蛋白质发生水解作用而产生氨基酸，氨基酸很不稳定，在黏土矿物的作用下生成 NH_3，而 NH_3 被进一步氧化生成氮。在煤成烃中起主导作用的镜质组在成熟阶段有少量氮的生成，因部分含氮化合物在热催化作用下降低了氨基断裂所需的活化能而生成 NH_3，NH_3 在黏土矿物的作用下生成氮。因此，研究天然气中氮的成因与富集，有助于了解含油气盆地烃源岩的热演化阶段和盆地的油气资源潜力；由于在氮富集的地区也易找到大的煤成甲烷气藏[15]，因此在实际勘探过程中对天然气中氮的存在也要给予足够的重视。

参 考 文 献

[1] Krooss B M, Littke R, Müller B, et al. Generation of nitrogen and methane from sedimentary organic matter: Implications on the dynamics of natural gas accumulation. Chemical Geology, 1995, 126: 291-318.

[2] 张子枢. 气藏中氮的地质地球化学. 地质地球化学, 1988,(2): 51-56.

[3] 戴金星, 戚厚发, 郝石生. 天然气地质学概论. 北京: 石油工业出版社, 1989: 9-53.

[4] Headlee A J W. Carbon dioxide, nitrogen crucial to oil migration. World Oil, 1962, (10): 126-144.

[5] Hoering T C, Moore H E. The isotopic composition of the nitrogen in natural gases and associated crude oils. Geochem et Cosmochem Acta, 3: 225-232.

[6] Jenden P D, Kaplan I R, Poreda R J, et al. Origin of nitrogen-rich natural gases in the California Great Valley: Evidence from helium, carbon and nitrogen isotope ratios. Geochimica et Cosmochimica Acta, 1988, 52: 815-861.

[7] Stahl W J. Carbon and nitrogen isotope in hydrocarbon research and exploration. Chemical Geology, 1977, 20: 121-149.

[8] Присолов З М，Субботин Е С，Тифомиров В В, et al. 苏联天然气中分子氮的同位素组成. 天然气地球科学，1991，(4):162-167，161.

[9] 杜建国, 徐永昌. 三水盆地天然气的地球化学特征和成因. 石油与天然气地质, 1990, (3): 298-303.

[10] 徐永昌, 沈平, 孙明亮, 等. 我国东部天然气中非烃组分及稀有气体的地球化学. 中国科学(B 辑), 1990, (6): 145-151.

[11] 戴金星, 裴锡古, 戚厚发. 中国天然气地质学. 北京: 石油工业出版社, 1992: 27-29.

[12] 杜建国. 天然气中氮的研究现状. 天然气地球科学, 1992, (2): 36-40.

[13] 朱岳年, 史卜庆. 天然气中 N_2 来源及其地球化学特征研究. 地质地球化学, 1998, 26(4): 50-57.

[14] 朱岳年. 天然气中 N_2 的成因与富集. 天然气工业, 1999, 3(3): 23-27.

[15] Getz F A. Molecular nitrogen: Clue in coal-derived-methane hunt. The Oil and Gas Journal, 1977, (4):

220-221.

［16］刘全有, 刘文汇, 秦胜飞, 等. 煤岩及其显微组分热模拟成气特征. 石油实验地质, 2002, (2): 147-151.

［17］刘全有. 煤成烃热模拟地球化学特征研究. 兰州：中国科学院兰州地质研究所，2001.

［18］刘全有, 刘文汇, 秦胜飞, 等. 煤岩及煤岩加不同介质的热模拟地球化学实验——气态和液态产物的产率以及演化特征. 沉积学报, 2001, (3): 465-468.

［19］Stancyk K, Bouclou J P. Elimination of nitrogen from coal in pyrolysis and hydropyrolysis: A study of coal and model chars. Fuel, 1993, 73: 6.

［20］傅家谟, 刘德汉, 盛国英. 煤成烃地球化学. 北京: 科学出版社, 1992: 46-47.

［21］Maksimov S N, Müller E, Botneva T A, et al. Origin of high-nitrogen gas pools. Internet. Geology, 1975, 18(5): 551-556.

［22］Doudou J P, Espitalie J. Molecular nitrogen from coal pyrolysis: Kinetic modeling. Chemical Geology, 1995, 126: 319-332.

［23］Kreuler R, Schuiling R K. N_2-CH_4-CO_2 fluids during formation of the Dome de I' Agout, France. Geochimica et Cosmochimica Acta, 1982, 46: 193-203.

［24］Daniels E J, Altaner S P. Clay mineral authigenesis in coal and shale from the Anthracite region, Pennsylvania. American Mineralogist, 1990,75: 825-839.

塔里木盆地天然气中氮地球化学特征与成因 [*]

刘全有，戴金星，刘文汇，秦胜飞，张殿伟

  氮是天然气中常见的非烃气体组分，氮又较其他非烃气体组分的物性更接近烃类气体。20 世纪 50 年代以前主要从气体组分和产状方面研究天然气中的氮；从 50 年代开始利用其他地球化学和同位素地球化学方法研究氮的文献陆续发表，同时在世界各地发现了许多高含氮天然气[1-3]。迄今为止，人们根据天然气各组分含量、组分浓度比以及同位素组成等特征，结合地质资料对比研究天然气中氮[3-7]。Jenden 等[8]统计了美国矿业局分析的 12000 个天然气分析数据，发现天然气中 N_2 平均含量为 3%，有 10%的气样 $N_2 \geqslant 25\%$，3.5%的气样 $N_2 \geqslant 50\%$，1%的气样 $N_2 \geqslant 90\%$；戴金星等[9]统计了我国 1000 多个气样的分析结果，$N_2 \leqslant 4\%$ 的气样占 76%，$N_2 \leqslant 8\%$ 的气样占 86%。世界范围内对非烃天然气的研究日趋注重，可望解决一系列地质理论及生产实践中因非烃气体含量过高而带来的投资风险问题。由于氮比甲烷分子小，易于扩散而优先形成气藏，因而氮气藏的发现有利于找到大型的煤成甲烷气藏[10]。塔里木盆地天然气中氮气的分布较为复杂，高氮含量天然气会给天然气勘探带来一定的风险。为了进一步厘清其分布规律与成因类型，对塔里木盆地天然气样品化学组成与同位素分析和部分数据进行收集[11-15]。通过研究塔里木盆地天然气中氮地球化学特征、来源等，为油气勘探开发提供更多的科学依据。

1 地质概况

  塔里木盆地是我国最大的内陆含油气盆地。塔里木盆地基底为元古宇变质岩系，其上发育震旦系—古生界海相沉积和中、新生界陆相沉积两套盖层，是一个在古生代地台上叠置的中、新生代沉积盆地[16, 17]。塔里木盆地在震旦系、古生界、中生界和新生界十分发育，整个地层均未变质，一般厚度为 12000～13000m，最厚达 17000～1800m。古生代曾经历了两次较大的海侵，晚白垩世—早第三纪仅在盆地西部有局部海侵[18]。塔里木盆地内主要存在两套主力烃源岩，一套为海相寒武系、奥陶系泥质碳酸岩[19]，其热成熟度普遍较高，塔中地区等效 R_o 最高为 2.25%，塔北地区为 2.21%[20]；另一套为陆相三叠系、侏罗系泥岩，主要与煤系地层有关[21]。

2 塔里木盆地天然气地球化学特征

2.1 化学组分

  塔里木盆地天然气以烃类气体为主，伴随少量 N_2 和 CO_2（表 1）。在 103 个样品中烃

---

 * 原载于《石油与天然气地质》，2007 年，第 28 卷，第一期，12～17。

类气体（C_{1-4}）含量在 90% 以上的样品 59 个，小于 70% 仅为 9 个（图 1），烃类气体干燥系数（C_1/C_{1-4}）变化较大，为 40%～100%。N_2 含量一般小于 5%，占总样品数的 54.4%，大于 20% 的 N_2 仅有 12 个样品（图 2），主要分布在台盆区的古生界和中生界，包括塔中、轮南、哈得、东河塘等；古生界和中生界 N_2 含量变化较大，且高于新生界 N_2。CO_2 普遍含量低，小于 10% 的 CO_2 样品数占总数的 90% 以上。

表 1　塔里木盆地天然气化学组成数据表（部分样品数据[11-15]）

储层年代	井号	产层	化学组成/%						N_2/Ar	C_1/C_{1-4}	$(\delta^{13}C_2-\delta^{13}C_3)$ /‰	$^3He/^4He$ 值/ $(\times10^{-8})$
			C_1	C_2	C_3	C_{4+}	CO_2	N_2				
新生界	DN102	N	74.24	10.46	4.9	1.84	1.5	5.58	429	91.44	-1.4	
	DW105-25	N	84.65	2.92	0.89	1.02	0.06	8.52	655	89.48	-6.4	5.67
	DW109-19	$N_{1-2}K$	90.04	5.49	1.5	0.95	0	2.01		97.98	-0.7	
	DW117-3	$N_{1-2}K$	88.31	4.72	1.53	0.91	0	4.53		95.47	-0.4	
	HQ1	E	55.96	11.55	12.53	7.22	0.2	4.96	551	87.26	-0.9	
	HQ2	E	77.78	9.9	3.83	1.44	0	3.91	355	92.95	-0.4	
	KL203	E	97.86	0.82	0.05	0.03	0.66	0.58		98.76	0.5	
	KL2-7	E	98.41	0.8	0.05	0.02	0.05	0.69		99.28	1.9	
	KL2-8	E	97.96	0.82	0.05	0.02	0.54	0.62		98.85	1	
	S45	E	83.6	8.93	2.36		0.66	3.66	555	94.89	-3.5	
	Tai2	E	79.17	11.55	5.35		1.42	0.62	132	96.07	-4.5	
	Tai2	N_1j	84.79	6.78	1.47		1.02	4.88	718	93.04	-3.2	
	Tr-2	K	80.54	12.36	3.44		0.08	2.25	225	96.34	-2.4	
	TRG1	E	85.36	7.03	2.98	2.25	0.28	2.1		97.62	-1.8	
	YH1	E	71.74	2.15	0.62	0.39		16.52	918	74.9	-4.4	3.81
	YH102	E	85.24	5.38	0.91	0.45	0.19	6.85	1557	91.98	-3.7	4.14
	YH104	E	82.93	8.73	1.61	0.89	0.87	4.17	135	94.16	-2.8	3.39
	YH-23-1-5	E	77.67	4.47	1.1	1.03	3.88	10.24	494	84.27	-1.9	3.46
	YH3	E	81.88	10.08	3.23	1.29	0.63	2.23		96.47	0	4.27
	yH4	N_1j	82.2	9.38	2.56	0.66	0.87	3.99		94.8	-3.4	3.36
	YM19	E	88.23	5.74	1.24	0.56	0.46	3.42		95.76	-0.4	8.69
	YM6	N_1j	79.34				0.07	9.33	2333	79.34	-3.9	8.2
	YM7	E	86.63	8.01	1.38	0.56	0.32	2.97		96.58	1.9	7.31
	YM7-H1	E	90.14	4.62	1.27	1.25	0.12	2.58		97.28	-2.9	
	YM9	E	83.59	7.46	1.54		0.54	5.8		92.59	-1.6	8.41
	YTK5	E	90.55	1.71	0.57	0.37	0.88	4.94	449	93.2	5.8	
	YTK5-2	E	83.1	6.94	3.67	3.08	0.14	3.09		96.79	-1.3	
中生界	AK1	T	77.16	0.21	0	0.03	13.33	8.97	236	77.4	0.4	76.9
	Jf100	T	88.23	2.62	1.14	0.54	0.24	6.71	11183	92.53	-2.1	6.31
	JF1-13-4	T	73.63	3.71	1.98	0.79	1.02	18.04	1128	80.11	-2.3	

续表

储层年代	井号	产层	化学组成/%						N_2/Ar	$C_1/C_{1\text{-}4}$	$(\delta^{13}C_2-\delta^{13}C_3)$ /‰	$^3He/^4He$ 值/ (×10^{-8})
			C_1	C_2	C_3	C_{4+}	CO_2	N_2				
中生界	JF138	T	73.18	3.56	1.05	1.19	1.05	18.68	91	78.98	−9.5	6.78
	Jf1-6-4	T	88.16	2.85	1.23	0.55	0.22	6.35	9071	92.79		6.3
	JLK102	T	87.03	3.18	1.45	1.36	0.16	6.83		93.02	−2.9	
	JN1	T	81.38	3.44	2.31	1.82	0.18	8.11	901	88.95	2.2	
	JN4-H2	T	80.94	3.86	2.46	1.2	1.34	8.62	616	88.46	−2.9	
	KS102	J-K	79.16	7.83	4.58	2.85	0	1.69	423	94.42	−0.7	
	LN101	T	91.26	2.56	1.5	0.5	0.28	2.98		95.82	−3.3	8.29
	LN10-2	T	74.86	3.49	1.11	1.17	1.18	17.11	68	80.63	−7.7	
	LN2-25-H1	T	67.93	3.7	1.12	1.42	0.25	22.61	75	74.17	−12.8	5.71
	LN23	T	88.4	3.26	1.74	0.66	3.65	2.08	11827	94.06	−2.5	5.56
	LN2-33-1	T	81.83	3.48	2.25	1.22	0.64	8.47	847	88.78	−3.9	
	LN2-34-5	T	74.62	5.35	1.55	1.04		14.49	130	82.56	−1.2	
	LN26	T_1	87.53			4.23	1.64	6.6	1244	91.76	−3.8	8.6
	Ln3-2-9	T	86.38	2.78	1.3	0.65	0.09	7.75	12917	91.11		7.86
	LN3-H1	T	74.79	2.86	0.64	0.39		20.33	98	78.68	−3.3	
	LN3-H5	T	62.3	5.78	1.37	2.08	1.32	24.56	311	71.53	−10.1	8.33
	Ln5	T	52.27	12.82	11.34	7.07	0.48	7.7	8556	83.5		7.98
	LN58-1	T	85.91	2.81	1.57	1.43	1.32	6.52		91.72	−2.1	6.3
	QL1	K	84.38	6.8	3.23	2.92	0.17	2.5		97.33	−1.1	
	S7	K	85.23	4.39	1.56	0.62	2.15	9.42	18840	91.8	0	18.6
	Sha3	K	62.5	20.72	8.46	3.88	0.38	2.3		95.56	−3.3	5.31
	ST5-3	T	90.89	2.56	1.2	0.69	0.44	3.58	5967	95.34		5.57
	TRG101	K	86.65	6.31	2.74	1.76	0.31	2.22		97.46	−2.3	
	TZ103	T	86.11	2.25	0.63		0.93	9.37	390	88.99		
	YD2	K	86.38	7.82	1.93		0.16	3.04	132	96.13	−1.4	
	YH1	K	77.65	7.91	2.92	2.61	1.59	3.16	451	91.09	0.5	
	YH23-1-14	E+K	85.89	6.23	2.24	1.61	0.26	3.77		95.97	−2.8	
	YH23-1-18	E+K	86.46	5.8	2.17	1.37	0.47	3.74		95.8	−2.4	
	YK1	K	83.47	4.95	1.71	0.73	2.41	5.61	9350	90.86		23.2
	YTK5-3	E+K	85.97	6.91	2.76	1.75	0.32	2.29		97.39	−2	
古生界	DH1	C	89.47	7.25	1.6	0.47	0.3	0.89	297	98.79	−3.5	
	DH11	C	41.15				24.51	27.41	914	41.15		8.5
	DH12	O	41.11	3.54	2.14	1.01	17.95	31.3	711	47.8	−9.1	
	DH1-6-8	C	27.56	1.62	1.05	1.29	10.36	52.56		31.52	−3	6.63
	DH23	P	82.92	6.52	2.65	0.68	2.38	4.29	195	92.77	−1.9	
	HD113	C	19.31	4.4	9.75	3.45	5.89	52.45	971	36.91	−3	

储层年代	井号	产层	化学组成/%						N_2/Ar	C_1/C_{1-4}	$(\delta^{13}C_2-\delta^{13}C_3)$ /‰	$^3He/^4He$ 值/ $(\times10^{-8})$
			C_1	C_2	C_3	C_{4+}	CO_2	N_2				
古生界	HD2-7	C	24.16	16.03	13.57	6.77	1.05	33.78	965	60.53	-3.3	
	J127	O	94.58	1.01	0.42	0.14	1.42	2.39	6097	96.16		
	JLK107	C_3	94.13	0.8	0.37	0.13	0.02	3.91		95.43		1.92
	LG13	O	95.12	1.5	0.33	0.31	1.6	1.14		97.26	-4	
	LG15-18	O	61.96	7.37	6.12	4.08	7.14	7.12	230	79.53	-3.4	
	LG16-2	O	92.8	2.05	0.89	0.38	1.64	1.71	428	96.12	-2.7	
	LG201	O	86.06	2.21	1.26	0.71	4.86	4.09	341	90.24	-3.1	
	LN10	O	88.32			5.15	2.07	4.45	1833	93.47		
	LN59-H1	C	94.45	1.14	0.2	0.21	0.34	3.66		96	-3.1	
	MA4	O	80.35	1.87	1.59	1.63	1.36	10.39	236	85.44	-3.7	
	MA4-H1	O	84.14	1.6	0.68	0.37	0.09	12.8	267	86.79	-4.6	
	SC2	O	79.42	6.45	2.88	1.68	3.72	4.41	63	90.43	-1.3	
	Sha13	O	59.23	3.49	1.28	0.58	4.45	32.78	35	64.58		
	Sha3	Pt	84.19	5.13	0.16		5.41	6.23	208	89.48		5.9
	Sha6	€	82.79	1.38	0.34	0.05	9.53	6.47	19	84.56		
	Sha7	€	88.84	5.08	1.89	0.35	0.23	2.69	67	96.16	-1.9	
	TZ-1	O	78.86				0.34	16.03	297	78.86		4.5
	Tz103	C	86.11	2.25	0.63		0.93	9.37	390	88.99	-7.5	
	TZ117	S	69.68	6.16	3.75	2.22	0.57	14.35	1025	81.81	-5.6	
	TZ16-6	O	41	5.16	8.64	9.07	3.56	25.97	742	63.87	-7.5	
	TZ22	C	77.79	5.91	3.38	2.55	1	7.74		89.63		4.47
	TZ242	O	89.88	1.64	0.56	0.35	1.84	5.59	1118	92.43	-3.2	
	TZ26	O	84.83	1.42	0.55		1.31	11.54	1166	86.8	7.3	
	TZ411	C_3	72.87	8.94	3.32	1.5	0.92	11.74		86.63		5.53
	TZ4-18-7	C	72.42	5.03	2.38	0.86	0.74	17.47	971	80.69	-6.8	
	TZ421	C_1	66.37	1.56	0.65	0.85	1.57	28.4		69.42		4.43
	TZ4-37-H18	C	82.68	2.32	0.84	0.52		12.98	154	86.36	-3	
	TZ45	O	85.63	4.44	1.24		3.2	4.78	126	91.31	-8.6	
	TZ4-7-H22	C	58.86	4.89	1.29	0.88		32.27	138	65.92	-4.3	3.73
	Tz4-8-30	C	74.81	3.1	1.28	0.85	0.76	18.45	30750	80.04	-7.3	4.25
	Tz4sp-3	C	63.88	6.66	4.43	3.22	0.47	19.25		78.19	-6.6	4
	TZ6	C	75.79	1.99	0.98	0.32	3.04	17.84	19752	79.07	-6.2	
	TZ62	O	90.03	1.52	0.68	0.46	2.76	4.41	735	92.69	-1.5	
	TZ621	O	87.31	1.87	1.11	1.17	1.91	4.16	594	91.46	-2.5	
	YH701	€	86.2	5.66	2.24	1.68	0.22	4		95.78	-2.3	
	YH7x-1	€-O	75.15	10.06	4.32	1.8	0.87	4.17	5957	91.33	-1.3	6.12
	YM2	S	45.61	14.72	15.62	9.53	5.55	4.01		85.48		26

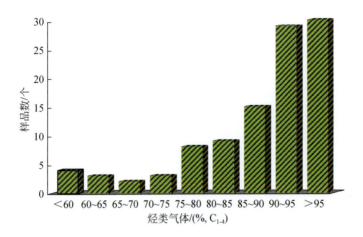

图 1　塔里木盆地天然气烷烃气频率分布图（样品数 103 个）

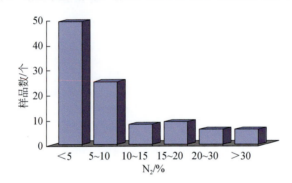

图 2　塔里木盆地天然气 N_2 频率分布图（样品数 103 个）

2.2　稳定同位素变化

塔里木盆地甲烷碳同位素变化较大，新生界 $\delta^{13}C_1$ 值较重，为 -38‰～-21‰，古、中生界 $\delta^{13}C_1$ 数值较轻，一般 -45‰～-30‰。塔里木盆地天然气中 $\delta^{13}C_2$ 和 $\delta^{13}C_3$ 明显以 $\delta^{13}C_2 >$ -28‰和 $\delta^{13}C_3 > $-25‰可划分为两部分（表 1）。新生界中天然气 $\delta^{13}C_2$ 重于-28‰，在中生界除塔西南和库车坳陷南缘地区外，天然气的 $\delta^{13}C_2$ 值一般轻于-28‰，而古生界中的天然气普遍具有较轻的 $\delta^{13}C_2$ 组成，且轻于-28‰。新生界天然气氮同位素一般重于古、中生界氮气同位素；新生界 $\delta^{15}N$ 值为 6.2‰～25.5‰（除台 2 井 $\delta^{15}N$=-6.0‰），古、中生界氮气同位素一般小于 6‰（除 DH1-6-8 井 $\delta^{15}N$=-14.6‰）。

2.3　稀有气体 $^3He/^4He$ 值

塔里木盆地天然气中稀有气体氦同位素 $^3He/^4He$ 均小于 $n×10^{-6}$，变化范围为 1.92～76.9×10^{-8}，最高为塔西南的 AK1 井，$^3He/^4He$ 组成为 76.9。在古生界 yH7x-1、曲 3、YM2 和中生界 YK1、S7 高于 $n×10^{-8}$，而低于 $n×10^{-6}$，为 $n×10^{-7}$ 数量级。

3　塔里木盆地天然气氮成因探讨

塔里木盆地天然气以烃类气体为主，一般烃类气体含量大于 90%，其次为氮气，古生

界 N_2 含量一般高于中生界和新生界，最高可达 50%，如 DH1-6-8 井氮气含量为 52.56%，新生界氮气含量最低，一般小于 10%。利用碳同位素可以区分不同类型的天然气，从图 3 可以发现在塔里木盆地明显存在两种不同的天然气类型，在新生界 $\delta^{13}C_{CH_4}$、$\delta^{13}C_2$ 和 $\delta^{13}C_3$ 一般重于古、中生界，$\delta^{13}C_1$ 为 $-38‰\sim-21‰$，$\delta^{13}C_2>-28‰$，$\delta^{13}C_3>-25‰$，为典型的煤成气，古生界和中生界产层的天然气碳同位素较轻，$\delta^{13}C_2<-34‰$，$^{13}C_3<-28‰$，反映了天然气母质类型为腐泥型有机质[22]。在中生界只有塔西南（AK1 和 KS102）和库车坳陷南缘地区（包括 QL1、YTK、YD、YH 和 TRG 气藏）碳同位素较重，表现为煤成气。图 4 中 $\delta^{13}C_2$ 和 $\delta^{13}C_3$ 的正斜率关系说明，塔里木盆地天然气主要为热成因作用下形成的天然气藏，不存在生物气与深部非生物气体，稀有气体 $^3He/^4He$ 同位素比值主要表现为 $n\times10^{-8}$ 也证明了没有大量深部气体的混入[15, 23, 24]，仅在雅克拉气田（YK1 和 S7）和轮南地区 $^3He/^4He$ 值偏高，表现为 $n\times10^{-7}$。以上地球化学指标特征表明，在塔里木盆地天然气来源于以腐殖型和腐泥型为主要有机质类型的热成因作用。在塔里木盆地天然气中，随着烃类气体含量的变化，氮气含量也发生相应的变化（图 5），这种线性关系能够反映烃类气体与氮气具有同源性，CO_2 含量的变化与烃类气体之间关系不明显（图 6），但煤成气中 CO_2 含量明显低于油型气。根据 N_2 与 $\delta^{13}C_2$、$\delta^{15}N$ 与 $\delta^{13}C_2$ 和 N_2/Ar 与 $\delta^{13}C_2$ 的关系分布图（图 7~图 9），将塔里木盆地天然气中氮气划分为三个分布区：①以低含 N_2，重碳同位素（$\delta^{13}C_2>-26‰$）为特征的煤成气，包括新生界的英买力、红旗、提尔根、牙哈、克拉 2、羊塔克、大宛齐等气藏，以及中生界玉东；②以古、中生界异常高含 N_2（$N_2>17\%$），轻碳同位素（$\delta^{13}C_2<-34‰$）

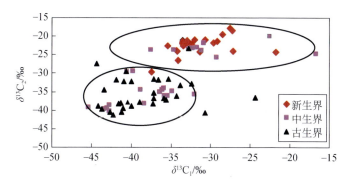

图 3　塔里木盆地天然气烷烃气 $\delta^{13}C_1$ 与 $\delta^{13}C_2$ 关系图

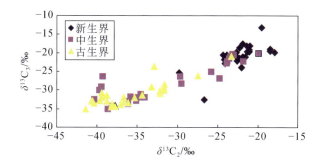

图 4　塔里木盆地天然气烷烃气 $\delta^{13}C_2$ 与 $\delta^{13}C_3$ 关系图

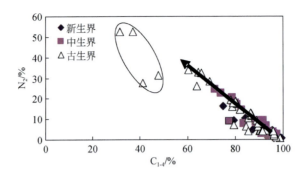

图 5　塔里木盆地天然气烷烃气（C$_{1-4}$）与 N$_2$ 关系图

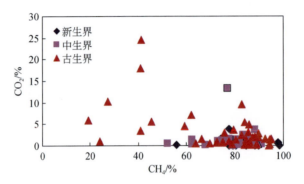

图 6　塔里木盆地天然气烷烃气（CH$_4$）与 CO$_2$ 关系图

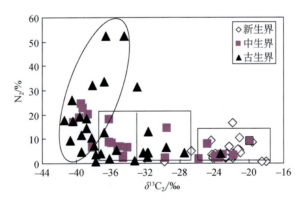

图 7　塔里木盆地天然气烷烃气 $\delta^{13}C_2$ 与 N$_2$ 关系图

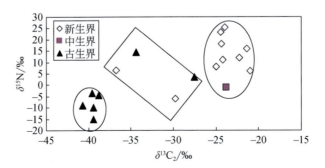

图 8　塔里木盆地天然气烷烃气 $\delta^{13}C_2$ 与 $\delta^{15}N_2$ 关系图

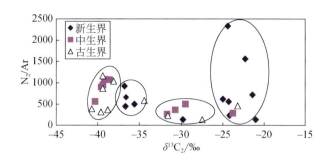

图 9　塔里木盆地天然气烷烃气 $\delta^{13}C_2$ 与 N_2/Ar 关系图

为特征的油型气，包括塔中、轮南、东河塘等；③以中-高含 N_2（$N_2<16\%$），较轻烷烃碳同位素（$\delta^{13}C_2$ 为 $-36‰\sim-29‰$）为特征的天然气，主要分布在牙哈、轮南、解放渠、雅克拉等为主要含油气区，地层年代从古生代到新生代各地质年代。在牙哈和轮南地区，天然气中 N_2 变化较大。

3.1　低 N_2 含量和重碳同位素组成天然气

塔里木盆地天然气中 N_2 含量普遍偏低，一般小于 5%，占统计样品数（103 个）的 54.4%。在库车坳陷天然气中 N_2 含量一般小于 5%，包括英买力、红旗、提尔根、牙哈、克拉 2、羊塔克、大宛齐等气藏，且碳同位素组成明显偏重，具有 $\delta^{13}C_1>-35‰$，$\delta^{13}C_2>-28‰$，$\delta^{13}C_3>-25‰$。它们重的碳同位素组成和烃类气体占总组分的绝对优势，说明其母质类型为腐殖型有机物[22, 25]。这些天然气中氮同位素组成在塔里木盆地表现最重，$\delta^{15}N$ 一般均重于 5‰。Boigk 等[26]认为随着成熟度增加，$\delta^{15}N$ 趋于变重。当成熟度处于高成熟—过成熟阶段时（R_o >2.0%），天然气中 $\delta^{15}N$ 明显偏重，$4‰<\delta^{15}N\leqslant18‰$[4]。Drechsler[27]的实验结果表明，上石炭统煤岩在低温（650℃）时，$\delta^{15}N$ 为 2.5‰，当温度达到 1000℃时，$\delta^{15}N$ 会高于 5‰。

3.2　异常高 N_2 含量和轻碳同位素组成天然气

塔里木盆地在古、中生界（特别是古生界），天然气中 N_2 普遍高，且在异常高 N_2 天然气中一般具有较轻的碳同位素组成。在塔中、部分轮南、东河塘、哈得等地区，天然气中 N_2 含量大于 20%，属于异常高 N_2 天然气藏，碳同位素组成明显偏轻，$\delta^{13}C_1<-40‰$，$\delta^{13}C_2<-34‰$，为典型的油型气。根据塔里木盆地烃源岩特征可以确定上述地区的天然气应该来源于寒武-奥陶系的泥质碳酸岩。异常高 N_2 可能与该地区烃源岩成熟度普遍偏高有关，因为在塔里木盆地塔中地区寒武-奥陶系的泥质碳酸岩的热成熟度已处于高成熟—过成熟阶段[19]。Kettel[28]对德国异常高氮天然气含量和同位素进行评价后，认为 N_2 含量与成熟度有关。在塔里木盆地异常高 N_2 天然气中，$\delta^{15}N$ 数值变化较大，在塔中地区 $\delta^{15}N$ 最轻，一般 $\delta^{15}N<-3‰$，东河塘天然气中 N_2 含量异常高，$\delta^{15}N$ 也较重，在 DH1-6-8 井 $\delta^{15}N$ 重达 14.6‰。沉积有机质经热解作用生成的 N_2，$\delta^{15}N$ 值分布在 $-10‰\sim-4‰$，其 $\delta^{15}N$ 值随着气源岩演化程度的增加而变重[29]。在沉积岩中有机质经微生物和热解作用形成的 N_2，其 N_2/Ar 远大于 84；有机质微生物生成的 N_2，$\delta^{15}N$ 通常小于 $-10‰$；有机质热解形成的 N_2，$\delta^{15}N>-10‰$，天然气中 N_2 的 $\delta^{15}N$ 值随着演化程度的升高而变重[30]。天然气中 $\delta^{15}N$ 为 $-10‰\sim-2‰$ 时，N_2 可能来源于成熟—高成熟有机质（$R_o\approx0.6\%\sim2.0\%$），在过成熟阶段（$R_o>2.0\%$）

$\delta^{15}N$ 可达 18‰[4]。因此，塔里木盆地塔中、部分轮南、东河塘、哈得等地区天然气中异常高 N_2 含量主要为高成熟-过成熟寒武-奥陶系的泥质碳酸岩生成。

3.3　低-高 N_2 含量和轻碳同位素组成天然气

塔里木盆地塔北地区天然气中 N_2 含量变化较分散，一般 N_2 具有低-高含量，N_2 含量分布在 2%～20%，且烷烃碳同位素组成较轻，$\delta^{13}C_1$=-44‰～-30‰，$\delta^{13}C_2$=-40‰～-21‰，$\delta^{13}C_3$=-34‰～-18‰，主要包括解放渠、雅克拉和部分轮南地区。在碳同位素组成上，其天然气的碳同位素组成明显偏轻，$\delta^{13}C_2$＜-29‰，$\delta^{13}C_3$＜-25‰，主要表现为油型气。利用乙烷碳同位素与 N_2 之间的关系还可以进一步将 N_2 分为两个部分，即解放渠 N_2 同位素组成为 $\delta^{15}N$=1.5‰～6.5‰，烷烃碳同位素组成为 $\delta^{13}C_1$=-40‰～-34‰，$\delta^{13}C_2$=-38‰～-34‰；雅克拉天然气的 $\delta^{15}N$ 为-6.0‰～6.0‰，$\delta^{13}C_1$=-42‰～-36‰，$\delta^{13}C_2$=-32‰～-30‰。在解放渠具有轻的乙烷同位素值（$\delta^{13}C_2$＜-33‰），甲乙烷碳同位素差值小，且 $\delta^{15}N$ 均表现为正值，而雅克拉和轮南部分具有较重的乙烷碳同位素（$\delta^{13}C_2$＞-32‰），$\delta^{15}N$ 组成变化较大，为 -6.0‰～6.0‰。在解放渠 $^3He/^4He$ 值表现为 $n\times10^{-8}$，排除了深部气体的混入，较小的 $\delta^{13}C_{CH_4}$-$\delta^{13}C_{C_2}$ 差值反映了这些地区的热演化程度偏高[31, 32]，$\delta^{15}N$ 为 1.4‰～6.7‰，反映了 N_2 可能来源于含铵黏土矿物、蒸发岩中硝石以及过成熟阶段有机质，因为页岩和泥岩在变质作用过程中含铵黏土矿物会释放一定量的 N_2，$\delta^{15}N$ 为 1‰～4‰，来源于蒸发岩的硝石形成的 $\delta^{15}N$ 为 4‰，在有机质处于过成熟阶段（R_o＞2.0%）时，$\delta^{15}N$ 可达 18‰[4]。雅克拉天然气中由于 $^3He/^4He$ 值已表现为 $n\times10^{-7}$，除了高演化阶段形成 N_2，可能有少量深部气体的混入。在我国西部的前陆盆地，天然气中 $^3He/^4He$ 值有时表现为 $n\times10^{-7}$，与盆地构造处于次稳定状态有关[15, 23]，Müller 等[33] 在研究民主德国二叠纪异常高氮天然气藏时，指出有机氮与无机深部氮是民主德国二叠纪气藏的主要来源，当气体长距离运移时，氮丰度增加，$\delta^{15}N$ 减小。Prasolov[34] 认为 N_2 来源于地壳深部或上地幔，其 $\delta^{15}N$ 值主要集中在-20‰～1‰。

3.4　轮南地区天然气成因与氮气变化特征

塔里木盆地轮南地区天然气中 N_2 的分布较为复杂。在轮南地区天然气烷烃碳同位素整体偏轻，$\delta^{13}C_1$＜-32‰，$\delta^{13}C_2$＜-29‰，$\delta^{13}C_3$＜-26‰，表现为典型的油型气。天然气中 N_2 含量变化较大，为 1.1%～24.6%。在高 N_2 含量（N_2＞14%）的天然气中碳同位素组成普遍较轻，如 LN10-2、LN2-25-H1、LN3-H1 和 LN3-H5 $\delta^{13}C_1$＜-42‰，$\delta^{13}C_2$＜-36‰，$\delta^{13}C_3$＜-26‰；而在其他较低 N_2 含量（N_2＜8%）的地区天然气中碳同位素组成普遍重一些，$\delta^{13}C_1$=-41‰～-32‰，$\delta^{13}C_2$=-38‰～-33‰，$\delta^{13}C_3$=-34‰～-29‰。对于同一类型的天然气，不同演化阶段的同位素通常反映了气体生成和生成后期（裂解）相关的同位素分馏，因为母质的不均一性会伴随同位素分馏现象[31]。对于轮南地区，天然气为典型的油型气，同位素组成的不同应与形成天然气所处的热演化阶段有关。如 LN2-34-5 井，烷烃碳同位素组成偏重，$\delta^{13}C_1$=-39.8‰，$\delta^{13}C_2$=-29.5‰，$\delta^{13}C_3$=-28.3‰，而 N_2 含量较高，为 14.5%。在 LN10-2、LN2-25-H1、LN3-H1 和 LN3-H5 井碳同位素组成普遍偏轻，$\delta^{13}C_2$-$\delta^{13}C_3$ 差值较大（$\delta^{13}C_2$-$\delta^{13}C_3$＞3.0），而在其他地区 $\delta^{13}C_2$-$\delta^{13}C_3$ 差值较小，一般小于 3.0。James[35, 36] 认为随着热演化程度增加，$\Delta\delta^{13}C_{2-3}$ 将趋于零。因此，在 LN10-2、LN2-25-H1、LN3-H1 和 LN3-H5 井的热演化程度要低于轮南其他地区的成熟度。在低演化区 N_2 偏高、其他地区 N_2 偏低，主要是由

高演化阶段大分子气体的二次裂解引起烃类气体相对丰度的增加而造成的。

4　结论

通过对塔里木盆地主要含油气区 103 个天然气样品的统计分析，塔里木盆地天然气存在明显不同的 N_2 含量分布区域。在煤成气中一般 N_2 含量低，烷烃碳同位素组成重，主要分布在新生界与塔西南和库车坳陷的中生界中，N_2 含量与烃源岩的热成熟度有关；古、中生界储层的塔中、东河塘、哈得和部分轮南地区天然气 N_2 含量异常高，烷烃碳同位素组成轻，属于典型油型气，N_2 可能主要来源于高成熟—过成熟有机质。在塔北的其他地区，包括雅克拉和轮南地区，天然气中 N_2 含量变化较分散，一般 N_2 具有中-高含量，烷烃碳同位素组成较轻，属于油型气。解放渠天然气中 N_2 可能来源于含铵黏土矿物、蒸发岩中的硝石以及过成熟阶段的有机质，而雅克拉地区除了高演化阶段 N_2，可能有少量深部气体的混入。牙哈地区天然气既有煤成气，也有油型气，煤成气中 N_2 含量低于油型气，而轮南天然气中 N_2 含量变化较大，与该地区天然气处于不同热演化阶段有关。

参 考 文 献

［1］ Hoering T C, Moore H. The isotopic composition of the nitrogen in natural gases and associated crude oils. Geochimica et Cosmochimica Acta, 1958, 13: 225-232.

［2］ Stahl W J. Carbon and nitrogen isotope in hydrocarbon research and exploration. Chemical Geology, 1977, 20: 121-149.

［3］ 戴金星, 戚厚发, 郝石生. 天然气地质学概论. 北京: 石油工业出版社, 1989: 9-53.

［4］ Zhu Y, Shi B, Fang C. The isotopic composition of molecular nitrogen: Implications on their origins in natural gas accumulations. Chemical Geology, 2000, 164(3-4): 321-330.

［5］ 徐永昌. 天然气成因理论及应用. 北京: 科学出版社, 1994: 413.

［6］ 杜建国. 天然气中氮的研究现状. 天然气地球科学, 1992, 2: 36-40.

［7］ Zhu Y, Shi B Q. Analysis on origins of molecular nitrogen in natural gases and their geochemical features. Geology Geochemistry, 1998, 26(4): 50-58.

［8］ Jenden P D, Kaplan I R, Poreda R J, et al. Origin of nitrogen-rich natural gases in the California Great Valley: Evidence from helium, carbon and nitrogen isotope ratios. Geochimica et Cosmochimica Acta, 1988, 52: 815-861.

［9］ 戴金星, 裴锡古, 戚厚发. 中国天然气地质学. 北京: 石油工业出版社, 1992: 298.

［10］ Getz F A. Molecular nitrogen: Clue in coal-derived-methane hunt. The Oil and Gas Journal, 1977, 75(17): 220-221.

［11］ Chen J, Xu C, Huang D. Geochemical characteristics and origin of natural gas in Tarim Basin, China. AAPG Bulletin, 2000, 84(5): 591-606.

［12］ 王国安, 申建中, 何宏, 等. 塔北、塔中天然气中烷烃同系物碳同位素组成系列倒转现象的解释. 沉积学报, 2002, 20(3): 482-487.

［13］ 陈传平, 梅博文, 朱翠山. 塔里木天然气氮同位素组成与分布. 地质地球化学, 2002, 29(4): 46-49.

［14］ 刘朝露, 夏斌. 塔里木盆地天然气中氮气成因与油气勘探风险分析. 天然气地球科学, 2005, 16(2): 224-228.

［15］ Xu S, Nakai S, Wakita H, et al. Helium isotope compositions in sedimentary basins in China. Applied Geochemistry, 1995, 10(6): 643-656.

［16］ 徐永昌, 沈平, 刘文汇, 等. 天然气中稀有气体地球化学. 北京: 科学出版社, 1998: 231.

［17］ Jia C, Wei G. Structural characteristics and petroliferous features of Tarim Basin. Chinese Science Bulletin, 2002, 47: 1-11.

［18］ Yang S, Jia C, Chen H, et al. Tectonic evolution of Tethyan tectonic field, formation of Northern Margin basin and explorative perspective of natural gas in Tarim Basin. Chinese Science Bulletin, 2002, 47: 34-41.

［19］ Zhang G, Wang H, Li H. Main controlling factors for hydrocarbon reservoir formation and petroleum distribution in Cratonic Area of Tarim Basin. Chinese Science Bulletin, 2002, 47: 139-146.

［20］ 张水昌, 梁狄刚, 张宝民, 等. 塔里木盆地海相油气的生成. 北京: 石油工业出版社, 2004: 433.

［21］Liang D, Zhang S, Zhao M, et al. Hydrocarbon sources and stages of reservoir formation in Kuqa depression, Tarim Basin. Chinese Science Bulletin, 2002, 47: 56-63.

［22］ 戴金星, 戚厚发, 宋岩. 鉴别煤成气和油型气若干指标的初步探讨. 石油学报, 1985, 6(2): 31-38.

［23］ Xu Y, Liu W, Shen P, et al. Geochemistry of noble gases in natural gases. Beijing: Science Press, 1996: 275.

［24］ Xu Y, Shen P. A study of natural gas origins in China. AAPG Bulletin, 1996, 80(10): 1604-1614.

［25］ Dai J, Xia X, Qin S, et al. Origins of partially reversed alkane $\delta^{13}C$ values for biogenic gases in China. Organic Geochemistry, 2004, 35(4): 405-411.

［26］ Boigk H, Hagemann H W, Stahl W, et al. Isotopenphysikalische Untersuchungen zur Herkunft und Migration des Stickstoffs nordwestdeutscher Erdgase aus Oberkarbon und Rotliegend. Erdol und Kohle-Erdgas-Petrochemie, 1976, 29(3): 103-112.

［27］ Drechsler M. Entwicklung einer probenchemischen methode zur präzisionsisotopen analyse am Stickstoff biogener sedimente. Diss, Akad, D. Wiss, 1976.

［28］ Kettel D. The east Gronitrogen Massif, Detection of an intrusive body by means of coalification. Geo. Mijnbouw., 1983, 62: 204-210.

［29］ Wellmam R P, Cook F D, Krouse H R. Nitrogen-15 microbiological alteration of abundance. Science, 1968, 161: 269-270.

［30］ 陈践发, 朱岳年. 天然气中氮的地球化学特征及塔里木天然气中氮成因探讨. 兰州: 中国科学院兰州地质研究所, 2001: 24-29.

［31］ Prinzhofer A A, Huc A Y. Genetic and post-genetic molecular and isotopic fractionations in natural gases. Chemical Geology, 1995, 126(3-4): 281-290.

［32］ Battani A, Sarda P, Prinzhofer A. Basin scale natural gas source, migration and trapping traced by noble gases and major elements: The Pakistan Indus basin. Earth and Planetary Science Letters, 2000, 181(1-2): 229-249.

［33］ Müller E P, May F. Zur Isotopengeochemie des Stickstoffs und zur Genese stickstoffreicher Erdgase. Zeitschrift fur Angewandte Geologie, 1976, 22(7): 319-323.

［34］ Prasolov E M. Isotope geochemistry and formation of natural gas. Leningrad: Nedra, 1990: 283.

［35］ James A T. Correlation of reservoired gases using the carbon isotopic compositions of wet gas components. AAPG Bulletin, 1990, 74(9): 1441-1458.

［36］ James A T. Coorelation of natural gas by use of carbon isotopic distribution between hydrocarbon components. AAPG Bulletin, 1983, 67: 1176-1191.

应用 CH_4/N_2 指标估算塔里木盆地天然气热成熟度[*]

刘全有, Bernhard M Krooss, 刘文汇, 戴金星, 金之钧, Ralf Littke, Jan Hollenstein

0 前言

天然气中化学组成已广泛应用于气源对比、成因类型鉴别、成熟度估算[1-7]和天然气成藏过程中的运移途径等[5, 8]。甲烷作为天然气的主体组成部分主要来源于母质直接脱落和大分子化合物的分解,而且在地质中异常稳定[9]。虽然天然气中氮气的来源很多,包括大气、生物、岩浆活动、深部脱气和放射性成因等,但天然气中氮气主要与有机和无机物质的分解以及深部气体的混入有关[4, 5, 8]。干酪根中 C/N 值主要与母质有关,特别是陆源成因的[10, 11];干酪根热演化过程中,碳和氮的含量均会发生相应的变化[12, 13]。由于受含氮矿物质(氨基酸、蛋白质的衍生物)的保护,C/N 值在热演化中会逐渐减小[14, 15];在高演化阶段,氮主要集中在芳构化化合物中,如吡咯、吡啶[16]。

在过去几十年里,虽然已经建立了许多碳同位素模型,并且成功地应用于油气勘探中[3, 17-22],但这些模型也有一定的局限性,因为它们表达的是一个同位素的累计值[17, 19, 21],在有些地区是合适的,但对于有些盆地就存在问题,特别是对于非累计聚集成藏的天然气,这些模型的局限性显得更为明显。因此,CH_4/N_2 值作为一种潜在的热成熟度指标具有一定的补充作用,因为甲烷和氮气分子大小在天然气中最为相近,在气体运移过程中优先运移并成藏[23]。

1 样品与实验

本次热模拟煤岩样品采自塔里木盆地满加尔凹陷华英参 1 井 3075~3077m 处,为侏罗系低成熟煤岩(R_o=0.4%)。华英参 1 井见多处油气苗,并在 4400~4420m 井段有轻质油。煤岩显微组分以镜质组为主,平均含量为 42.43%,其次为惰质组,平均含量为 42.30%,壳质组最低为 6.73%,其中壳质组又以孢子体和角质体为主,木栓质体含量最低。将采集煤岩样品磨制成大于 80 目的样品并晒干。分别利用重液分离法将组成煤岩各显微组分(镜质组、壳质组、丝质组和半丝质组)从煤岩中分离出来。具体分离方法参照《岩石矿物分析》(第一分册)。分离后的镜质组纯度大于 95%,壳质组纯度大于 86%,丝质组和半丝质组分别大于 92%。

热模拟实验为开放在线程序升温,最高加热温度为 1200℃,升温速率为 1K/min。将 1~

---

* 原载于《地学前缘》,2008 年,第 15 卷,第一期,209~216。

2g 样品放入纯石英盐钵，并将盐钵置于加热炉；密封加热炉后利用纯氢气连续吹 30min 以便除去加热炉中的空气；随后开始程序升温直到设定稳定。在升温过程中生成的气体每 11min 采集一次，并直接进入色谱仪进行分析测试。由于色谱柱为单根柱子，模拟产物仅能检测到 H_2、CH_4、CO、N_2 和 CO_2。检测产物通过实验室标准标定并计算气体生成量。模拟后的残留物进行 R_o 测定。250～550℃温度区间内不同 R_o 数据点是同一样品在封闭体系下的实验结果，实验条件以 50℃为一加热温阶，热模拟实验后，将残留物进行 R_o 测定。封闭体系模拟实验详细装置与流程已作报道[24, 25]。

2　实验结果

2.1　煤岩热演化史

为建立塔里木盆地煤岩热演化史，对演化程度较低的侏罗系煤岩进行了热模拟实验，受热温度分别为 250℃、300℃、350℃、400℃、450℃、500℃、550℃和 1200℃，并将模拟后的样品进行 R_o 测定，然后建立热模拟温度与 R_o 之间的关系（图 1）。虽然煤岩样品 R_o 与温度之间的关系与前人有差异[26]，组成煤岩各显微组分的不同也会影响煤岩的热演化特征[27]。但煤岩和组成煤岩镜质组的 R_o 与温度（T）之间很好的二阶热演化关系，说明该煤岩的热演化史能够反映塔里木盆地煤成烃演化史。煤岩二阶热演化史方程为

$$R_o=0.0014 \times T+0.109，r=0.9931（R_o<0.6\%）\tag{1}$$
$$R_o=0.0067 \times T-1.5855，r=0.9996（R_o>0.6\%）\tag{2}$$

通过上面方程式可以得到煤岩在任何阶段的热演化特征，为数字化评价塔里木盆地煤岩生烃和气源提供了数学依据。

图 1 中实线为实际数据点，虚线为 550～1200℃缺少样品数据点控制区，但线性关系明显。由于实际天然气热成熟没有达到 2.2%以上（550℃），它们之间的误差可以忽略不计；镜质组为由塔里木盆地同一煤岩分离出来的显微组分；EASY%R_o 为不同条件下煤岩镜质体反射率，数据来源于 Sweeney 和 Burnham[26]。

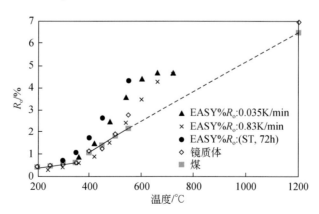

图 1　塔里木盆地 R_o 与热模拟温度关系图

ST. 标准温度

2.2　开放在线程序升温体系中气体产物特征

在本次热模拟实验中定量检测的化学组分主要为 CH₄、CO 和 N₂，其热演化曲线如图 2，产物生成曲线代表了煤岩生烃的瞬间产率特征。CO 为主要产物，甲烷约为 CO 产率的 1/3，N₂ 为其产量的 1/10。CO 在 108℃ 开始生成，643℃ 达到产率高峰，随后逐渐降低，但在 610～690℃ CO 急剧增加。甲烷在 276℃ 开始生成，920℃ 基本结束，在 525℃ 达到最大产率；在 650℃ 时，CH₄ 有一个小的波动，可能反映了 CH₄ 前后两种不同的生气机理。这种现象在以前的热模拟实验中也有类似的现象[28, 29]。在以前的实验中发现，CH₄ 的生成潜力在 $R_o>$ 4.5% 前高于 N₂[5]。N₂ 的生成温度高于其他产物（CO、CH₄、H₂），在 600℃ 才开始生成，在低温阶段仅有零星分布。来源于煤岩的 N₂ 明显存在两个生气高峰，一个为 730℃，另一个为 1050℃ 左右；前者主要为无机矿物的热分解形成的 N₂，如蒙脱石[30]，而后者主要来源于有机物的热降解。因为富氮天然气中 N₂ 的形成主要包括有机和无机两种母质，而二者的生气机理与源岩结构和热演化史密切相关[5, 31]。在 2.5℃ 生温速率热模拟实验中，N₂ 主要来源于蒙脱石，生成温度为 700～1000℃[31]。在高温阶段生成的 N₂ 主要来源于无烟煤中芳构化和杂环结构的化合物[16]，如吡咯通过脱氢形成吡啶，吡啶又通过断开 C₂—N 键不断形成 N₂[32]。

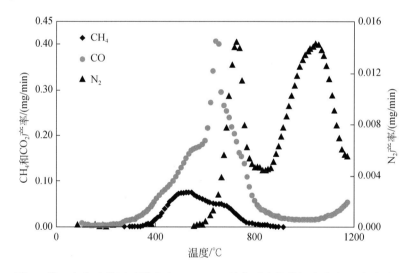

图 2　塔里木盆地侏罗系煤岩在 1K/min 开放体系中热模拟产物与温度关系图

2.3　CH₄/N₂ 值与 R_o 之间的关系

天然气中一般均含有 CH₄ 和 N₂，且 N₂ 含量变化很大[3, 6, 33]，Jenden 等[34] 统计了美国矿业局分析的 12000 个天然气分析数据，发现天然气中 N₂ 的平均含量为 3%，有 10% 的气样 N₂≥25%，3.5% 的气样 N₂≥50%，1% 的气样 N₂≥90%；戴金星等[35] 统计了我国 1000 多个气样的分析结果，N₂≤4% 的气样占 76%，N₂≤8% 的气样占 86%。塔里木盆地天然气中 N₂ 含量与我国天然气中 N₂ 含量基本一致，一般均低于 10%。天然气中这两种化学成分的普遍存在，促使我们建立二者与天然气母质生烃热演化史的关系。图 3 为 CH₄/N₂ 值与 R_o

之间的关系图，由此可以评价天然气气源热演化程度，并进行气源对比。

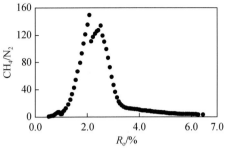

图 3　塔里木盆地侏罗系煤岩 R_o 与 CH_4/N_2 值关系图

3　CH_4/N_2 值作为热成熟度参数在塔里木盆地的应用

表 1 为塔里木盆地库车坳陷天然气化学组分与同位素组成数据表。库车坳陷天然气主要为烃类气体和 N_2、CO_2。一般高的烃类气体主要反映了气体为热成因[36-38]，而随着分子量的增加，烃类气体碳同位素逐渐变重也表明天然气为有机热成因气[38]。库车坳陷天然气碳同位素组成与澳大利亚库珀盆地的天然气类似，$\delta^{13}C_1$ 为-37‰～-29‰，为典型的煤成气[39]。库车坳陷重的乙烷碳同位素组成（$\delta^{13}C_2>$-28‰）也表明天然气来源于煤系，因为在我国来源于煤系的天然气具有重的乙烷碳同位素[38, 40]，一般 $\delta^{13}C_2>$-28‰，$\delta^{13}C_3>$-25‰。所有测试样品中 $^4He/^{20}Ne$ 值远高于空气中该值（0.288），样品中空气污染可以忽略不计[41]。$^3He/^4He$ 值为 $n\times10^{-8}$ 和低的 He 含量（<0.3vol%）反映了库车坳陷天然气为壳源成因[41-46]。在库车坳陷也不存在生物气，因为生物气具有非常轻的甲烷碳同位素组成（$\delta^{13}C_1<$-55‰）[47-49]。由于库车坳陷天然气主要为煤成气，根据上面建立的 CH_4/N_2 值与 R_o 之间的关系，我们计算了库车坳陷天然气的热成熟度 R_o 为 0.87%～1.95%，天然气成熟度从成熟到过成熟。例如，克拉 2 气田天然气成熟度 R_o 计算值为 1.69%～1.95%，为高成熟一过成熟天然气，这与前人估算结果完全一致[50,51]，而且克拉 2 气田高丰度甲烷（CH_4>95vol%），重的碳同位素组成也说明天然气热成熟度很高。库车坳陷南缘的提尔根、牙哈、红旗、英买 7、玉东和却勒气田（藏）中，CH_4 含量为 55.96%～90.14%，重烃含量为 7.14%～31.30%，$\delta^{13}C_1$ 为-37.5‰～-30.9‰，$\delta^{13}C_2$ 为-24.1‰～-21.8‰，$\delta^{13}C_3$ 为-22.8‰～-19.8‰，为典型的煤成气。根据 CH_4/N_2 值与 R_o 的关系计算得到它们的热成熟度为 0.93%～1.42%。利用 CH_4/N_2 值计算库车坳陷南缘不同气田的天然气热成熟度略高于该地区气源岩热演化程度（图 4）[52]。可能与库车坳陷南缘侏罗-三叠系源岩分布有限，天然气主要来源于北部成熟度偏高的气源岩形成的天然气有关[50, 53]，从而造成预测的天然气成熟度偏高，但与邻近北部的气源岩热成熟度一致。因此，利用 CH_4/N_2 值能够较好地预测库车坳陷煤成气热演化程度。

表 1　塔里木盆地库车坳陷天然气化学与同位素组成数据表（数据来源于戴金星等[51]）

气田（藏）	井位	层位	化学组分/%						碳同位素/‰			$^3He/^4He$ 值/（$\times10^{-8}$）	$^4He/^{20}Ne$	CH_4/N_2 值	R_o/%
			C_1	C_2	C_3+	CO_2	N_2	He	$\delta^{13}C_1$	$\delta^{13}C_2$	$\delta^{13}C_3$				
提尔根	TRG1	E	85.36	7.03	5.23	0.28	2.10		-35.4	-22.7	-20.9	3.33	3433	40.65	1.42
	TRG101	K	86.65	6.31	4.5	0.31	2.22		-32.8	-23.4	-21.1	3.52	2753	39.03	1.40

续表

气田 （藏）	井位	层位	化学组分/%						碳同位素/‰			^{3}He/^{4}He 值/ （×10^{-8}）	^{4}He/^{20}Ne	CH$_4$/N$_2$ 值	R_o /%
			C$_1$	C$_2$	C$_3$+	CO$_2$	N$_2$	He	δ^{13}C$_1$	δ^{13}C$_2$	δ^{13}C$_3$				
牙哈	YH701	∈	86.2	5.66	3.92	0.22	4.00		-32.8	-23.3	-21.0	3.98	813	21.55	1.12
	YH23-1-14	E+K	85.89	6.23	3.85	0.26	3.77		-32.3	-23.2	-20.4	3.33	3118	22.78	1.14
	YH23-1-18	E+K	86.46	5.8	3.54	0.47	3.74		-31.7	-23.0	-20.6	3.55	2667	23.12	1.15
	YH1	K	77.65	7.91	5.53	1.59	3.16	0.006	-30.9	-21.8	-22.3	4.72	2590	24.57	1.17
红旗	HQ1	E	55.96	11.55	19.75	0.20	4.96	0.009	-32.4	-22.3	-21.4	8.18	2742	11.28	0.93
	HQ2	E	77.78	9.90	5.27	0.00	3.91	0.011	-33.4	-22.6	-22.2	9.03	267	19.89	1.09
英买7	YM7-H1	E	90.14	4.62	2.52	0.12	2.58		-32.4	-22.7	-19.8	7.22	4641	34.94	1.34
羊塔克	YTK5-2	E	83.1	6.94	6.75	0.14	3.09		-34.2	-24.1	-22.8	6.72	3918	26.89	1.21
	YTK5-3	E+K	85.97	6.91	4.51	0.32	2.29		-34.7	-23.6	-21.6	7.10	2901	37.54	1.38
却勒	QL1	K	84.38	6.8	6.15	0.17	2.50		-31.2	-23.9	-22.8	5.32	4627	33.75	1.32
玉东	YD2	K	86.38	7.82	1.93	0.16	3.04	0.023	-37.5	-23.8	-22.4			28.41	1.24
大宛齐	DW109-19	N$_{1-2}$K	90.04	5.49	2.45	0.00	2.01		-29.7	-21.9	-21.2	3.49	1800	44.80	1.48
	DW105-25	N$_{1-2}$K	89.29	3.40	1.29	0	1.25	0.01	-28.5	-19.6	-13.2	5.67		71.43	1.78
克拉2	KL203	E	97.86	0.82	0.08	0.66	0.58		-27.3	-18.5	-19.0	4.91	809	168.72	1.78
	KL2-7	E	98.41	0.80	0.07	0.05	0.69		-27.6	-18.0	-19.9	4.08	4576	142.62	1.95
	KL2-8	E	97.96	0.82	0.07	0.54	0.62		-27.3	-18.5	-19.5	3.49	4513	158.00	1.86
	Kela2#	E	96.90	0.31	0	1.24	1.55		-27.3	-19.4	n.d			62.52	1.69
	Kela2#	K$_2$b	98.08	0.42	0.06	0.74	0.56		-27.3	-18.7	n.d			175.14	1.72
	Kela2#	K$_2$b	97.70	0.59	0.05	0.50	1.21		-27.2	-17.9	-19.2			80.74	1.85
迪那1	Dina102	N	74.24	10.46	4.9	1.5	5.58	0.013	-33.5	-21.1	-19.7	3.48	1954	13.30	1.21

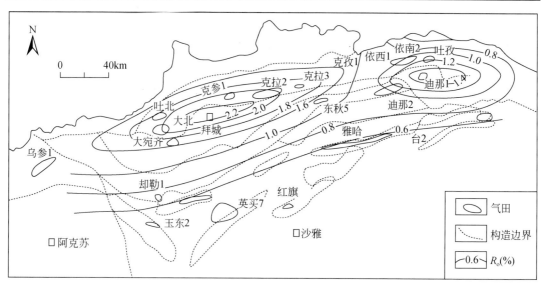

图 4　塔里木盆地库车坳陷气源岩热成熟度等值线分布图[53]

4　结论

通过对满加尔凹陷低成熟煤岩在开放在线程序升温体系的热模拟实验，获得了塔里木盆地侏罗系煤岩的整个热生烃过程中 CH_4、N_2 等气态产物变化特征。由于热模拟残留物 R_o 与温度之间具有良好的二阶线性关系，通过这种线性关系建立了 CH_4/N_2 值与 R_o 之间的关系式。利用该关系式可以预测不同演化程度条件下与煤系有关的天然气热成熟度。通过对库车坳陷天然气热成熟度进行估算，其计算结果与测试结果一致，库车坳陷南缘预测结果高于实测值，这与部分天然气来源于邻近北部的气源岩有关。因此，可以将 CH_4/N_2 值作为预测塔里木盆地煤成气热成熟度的一种有效地球化学指标。

参 考 文 献

［1］ Dai J X, Qi H F, Song Y. Primary discussion of some parameters for identification of coal-and oil-type gases. Acta Petrolei Sinica, 1985, 6(2): 31-38.

［2］ Schoell M. The hydrogen and carbon isotopic composition of methane from natural gases of various origins. Geochimica et Cosmochimica Acta, 1980, 44: 649-661.

［3］ Galimov E M. Sources and mechanisms of formation of gaseous hydrocarbons in sedimentary rocks. Chemical Geology, 1988, 71: 77-95.

［4］ Zhu Y N, Shi B Q, Fang C B. The isotopic composition of molecular nitrogen: Implications on their origins in natural gas accumulations. Chemical Geology, 2000, 164(3-4): 321-330.

［5］ Krooss B M, Littke R, Muller B, et al. Generation of nitrogen and methane from sedimentary organic matter: Implications on the dynamics of natural gas accumulations. Chemical Geology, 1995, 126(3-4): 291-318.

［6］ Xu Y C. Genetic Theories of Natural Gases and their Application. Beijing: Science Press, 1994: 413.

［7］ Liu W H, Xu Y C. A two-stage model of carbon isotopic fractionation in coal-gas. Geochimica, 1999, 28(4): 359-365.

［8］ Maksimov S N, Muler E P, Botneva T A, et al. Origin of high-nitrogen gas pools. International Geology Review, 1975, 18(5): 551-556.

［9］ Mango F D. The origin of light hydrocarbons. Geochimica et Cosmochimica Acta, 2000, 64: 1265-1277.

［10］ Ganeshram R S, Calvert S E, Pedersen T, et al. Factors controlling the burial of organic carbon in laminated and bioturbated sediments off NW Mexico: Implication for hydrocarbon preservation. Geochimica et Cosmochimica Acta, 1999, 63: 1723-1734.

［11］ Pedersen T F, Calvert S E. Anoxia vs productivity: what controls the formation of organic-carbon-rich sediments and sedimentary rock?. AAPG Bulletin, 1990, 74: 454-466.

［12］ Boudou J P, Durand Boudin J L. Diagenetic trends of a Tertiary low-rank coal series. Geochimica et Cosmochimica Acta, 1984, 48: 2005-2010.

［13］ Waples D W. C/N ratios in source rock studies. Miner Ind Bull, 1977, 20: 1-7.

［14］ Muller P J, Suess E. Productivity, sedimentation rate and sedimentary organic matter in the ocean-organic carbon preservation. Deep-Sea Research I, 1979, 222: 1347-1362.

［15］ Scholten S O. The distribution of nitrogen isotopes in sediments. Utrecht: University of Utrecht, 1991: 101.

［16］ Boudou J P, Espitalie J. Molecular nitrogen from coal pyrolysis: Kinetic modeling. Chemical Geology, 1995,

126: 319-333.

［17］ Clayton C. Carbon isotope fractionation during natural gas generation from kerogen. Marine and Petroleum Geology, 1991, 8: 232-240.

［18］ Berner U, Faber E, Scheeder G, et al. Primary cracking of algal and landplant kerogen: Kinetic models of isotope variations in methane, ethane and propane. Chemical Geology, 1995, 126: 233-245.

［19］Stahl W J, Carey J B D. Source-rock identification by isotope analyses of natural gases from fields in the Val Verde and the Delaware Basin, West Texas. Chemical Geology, 1975, 16: 257-267.

［20］ Berner U, Faber E. Empirical carbon isotope/maturity relationships for gases from algal kerogen and terrigenous organic matter, based on dry, open-system pyrolysis. Organic Geochemistry, 1996, 24(10/11): 947-955.

［21］ Shen P, Shen Q X, Wang X B, et al. Characteristics of the isotope composition of gas form hydrocarbon and identification of coal-type gas. Science in China: Series B, 1988, 31: 734-747.

［22］ Cramer B, Krooss B M, Littke R. Modelling isotope fractionation during primary cracking of natural gas: A reaction kinetic approach. Chemical Geology, 1998, 149: 235-250.

［23］ Getz F A. Molecular nitrogen: Clue in coal-derived-methane hunt. The Oil and Gas Journal, 1977, 75(17): 220-221.

［24］ Liu Q Y, Liu W H, Qin S F, et al. Geochemical study of thermal simulation of coal and coal adding different mediums-rate of gaseous and organic liquid products and the evolution characteristics. Acta Sedimentological Sinica, 2001, 19(3): 465-468.

［25］ Liu Q Y, Liu W H, Qin S, et al. The characteristic study of generating gas of coal rocks and its macerals in thermal simulation. Experimental Petroleum Geology, 2002, 24(2): 147-151.

［26］Sweeney J J, Burnham A K. Evaluation of a simple model of vitrinite reflectance based on chemical kinetics. AAPG Bulletin, 1990, 74: 1559-1570.

［27］ Liu Q Y, Krooss B M, Hollenstein J, et al. A comparison of pyrolysis products with models for gas generation from Tarim Coal and its macerals and geological extrapolations. Beijing, 23th Annual Meeting of TSOP, 2006: 164.

［28］ Schaefer R G, Galushkin Y I, Kolloff A, et al. Reaction kinetics of gas generation in selected source rocks of the West Siberian Basin: Implications for the mass balance of early-thermogenic methane. Chemical Geology, 1999, 156: 41-65.

［29］ Gaschnitz R, Krooss B M, Gerling P, et al. On-line pyrolysis-GC-IRMS: Isotope fractionation of thermally generated from coals. Fuel, 2001, 80: 2139-2153.

［30］ Krooss M B, Friberg L, Gensterblum Y, et al. Investigation of the pyrolytic liberation on molecular nitrogen from Palaeozoic sedimentary rocks. International Journal of Earth Sciences, 2005, 94(5-6): 1023-1038.

［31］ Everlien G. The behavior of the nitrogen contained in minerals during the diagenesis and metamorphism of sediments. Braunschweig: Technical University of Braunschweig, 1990: 153.

［32］ Mackie J C, Colket III M B, Nelson P F. Shock tube pyrolysis of pyridine. Journal of Physical Chemistry, 1990, 94: 4099-4106.

［33］ Schoell M. Genetic Characterization of Natural Gas. AAPG Bulletin, 1983, 67: 2225-2238.

［34］ Jenden P D, Kaplan I R, Poreda R J, et al. Origin of nitrogen-rich natural gases in the California Great Valley: Evidence from helium, carbon and nitrogen isotope ratios. Geochimica et Cosmochimica Acta, 1988, 52: 815-861.

［35］Dai J X, Pei X G, Qi H F. Natural Gas Geology of China. Beijing: Petroleum Industry Press, 1992: 298.

［36］Sherwood Lollar B, Weise S M, Frape S K, et al. Isotopic constraints on the migration of hydrocarbon and helium in southwest Ontario. Bulletin of Canadian Petroleum Geology, 1994, 42: 283-295.

［37］Ballentine C J, O'Nions R K. The nature of mantle neon contributions to Vienna Basin hydrocarbon reservoirs. Earth and Planetary Science Letters, 1992, 113: 553-567.

［38］Dai J X, Li J, Luo X, et al. Stable carbon isotope compositions and source rock geochemistry of the giant gas accumulations in the Ordos Basin, China. Organic Geochemistry, 2005, 36(12): 1617-1635.

［39］Rigby D, Smith J W. An isotopic study of gases and hydrocarbons in the Cooper Basin. Journal of Australian Petroleum Exploration Association, 1981, 21: 222-229.

［40］Xu Y C, Shen P, Liu Q Y. Geochemical characteristics of the proved natural gas for the project "West gas transporting to the East" and its resource potential. Acta Sedimentological Sinica, 2002, 20(3): 447-455.

［41］Sherwood Lollar B, Ballentine C J, O'nions R K. The fate of mantle-derived carbon in a continental sedimentary basin: Integration of C/He relationships and stable isotope signatures. Geochimica et Cosmochimica Acta, 1997, 62(11): 2295-2307.

［42］Littke R, Krooss B M, Idiz E, et al. Molecular nitrogen in natural gas accumulations: Generation from sedimentary organic matter at high temperatures. AAPG Bulletin, 1995, 79: 410-430.

［43］Xu S, Nakai S, Wakita H, et al. Helium isotope compositions in sedimentary basins in China. Applied Geochemistry, 1995, 10(6): 643-656.

［44］Oxburgh E R, O'Nions R K, Hill R I. Helium isotopes in sedimentary basin. Nature, 1986, 324: 632-635.

［45］Poreda R J, Jenden P D, Kaplan I R, et al. Mantle helium in Sacramento basin natural gas wells. Geochimica et Cosmochimica Acta, 1986, 50(12): 2847-2853.

［46］Hiyagon H, Kennedy B M. Noble gases in CH_4-rich gas fields, Alberta, Canada. Geochimica et Cosmochimica Acta, 1992, 56(4): 1569-1589.

［47］James A T. Correlation of reservoired gases using the carbon isotopic compositions of wet gas components. AAPG Bulletin, 1990, 74(9): 1441-1458.

［48］Dai J X, Song Y, Dai C S, et al. Conditions Governing the Formation of Abiogenic Gas and Gas Pools in Eastern China. Beijing: Science Press, 2000: 221.

［49］Xu Y C, Liu W H, Shen P, et al. Carbon and hydrogen isotopic characteristics of natural gases from the Luliang and Baoshan basins in Yunnan Province, China. Science in China Series D, 2006, 49(9): 938-946.

［50］Liang D G, Zhang S C, Zhao M J, et al. Hydrocarbon sources and stages of reservoir formation in Kuqa depression, Tarim Basin. Chinese Science Bulletin, 2002, 47: 56-63.

［51］Dai J X, Chen J F, Zhong N N, et al. Large-size Gas Fields in China and their Sources. Beijing: Science Press, 2003: 199.

［52］Liang D G, Zhang S C, Chen J P, et al. Organic geochemistry of oil and gas in the Kuqa depression, Tarim Basin, NW China. Organic Geochemistry, 2003, 34(7): 873-888.

［53］Qin S F, Dai J X, Liu X W. The controlling factors of oil and gas generation from coal in the Kuqa Depression of Tarim Basin, China. International Journal of Coal Geology, 2007, 70: 255-263.

多元天然气成因判识新指标及图版[*]

李 剑，李志生，王晓波，王东良，谢增业，李 谨，王义凤，韩中喜，
马成华，王志宏，崔会英，王 蓉，郝爱胜

0 引言

天然气通常由甲烷、乙烷、丙烷、丁烷、C_{5-8} 轻烃、氮气、二氧化碳以及惰性气体等组分组成。由于组成简单，可利用信息及指标相对较少，因此开展天然气成因及来源研究是一项十分困难的工作。Galimov、Stahl、Welhan、戴金星、徐永昌、刘文汇等学者较早地开展了天然气的有机和无机成因鉴别研究工作[1-6]，推动了天然气成因鉴别的不断发展。特别是"六五"以来，戴金星院士及其研究团队在煤成气和油型气成因鉴别方面形成了天然气组分、碳同位素组成、轻烃、生物标志物等四大类多项判识指标及图版[4, 7-11]，对指导天然气成因鉴别和中国煤成气勘探发挥了重要的支撑作用。

近年来，随着天然气勘探向深层—超深层、非常规领域的拓展，以及勘探难度的不断增大、多种类型复杂气藏如原油裂解气（包括聚集和分散型液态烃裂解气）及高含氮、高含二氧化碳气藏的发现，现有的天然气成因判识方法已无法解决腐泥型有机质干酪根降解气和原油裂解气、聚集型液态烃裂解气和分散型液态烃裂解气、有机和无机成因气判识等高演化、多元天然气成因及来源等关键性技术难题。鉴于天然气中可利用信息有限，因此充分利用烃类气体及其以外的 He、N_2、CO_2、汞等组分信息显得尤为重要。本文借助地球化学测试手段和新技术研发，建立了腐泥型有机质不同演化阶段干酪根降解气和原油裂解气、聚集和分散型液态烃裂解气，N_2、CO_2 有机和无机成因，惰性气体壳源和幔源成因，He、N_2、CO_2、天然气汞含量判识煤成气和油型气等多元天然气成因判识新指标及图版，探讨了重点含气盆地深层高演化、复杂气藏天然气成因判识和来源问题，并用于指导天然气勘探。

1 原油裂解气判识

1.1 腐泥型有机质干酪根降解气与原油裂解气判识

深层、高演化、古老碳酸盐岩大气田天然气来源比较复杂，既可能来源于干酪根的初次降解，也可能来源于原油的二次裂解。Prinzhofer 等[12]、Behar 等[13]基于Ⅱ型和Ⅲ型干酪根热模拟实验建立了干酪根初次降解气和原油二次裂解气的判识图版，但实验模拟的演化程度较低，不同升温速率对参数的影响考虑不够，不能有效判识高演化阶段干酪根降解

[*] 原载于《石油勘探与开发》，2017年，第44卷，第四期，503～512。

气与原油裂解气。为此，选取张家口地区新元古界青白口系下马岭组低成熟腐泥型页岩（TOC=2.79%，R_o=0.52%），采用高温高压黄金管体系及高压釜热模拟实验装置，对源于该页岩的原始干酪根、原油（原始干酪根在常规高压釜模拟体系中加热至生油高峰生成的液态烃）和残余干酪根（去除液态烃后的残余样品）开展了生气模拟实验和模拟产物相关分析，在此基础上新建了腐泥型有机质不同演化阶段干酪根降解气和原油裂解气 $\ln(C_1/C_2)$-$\ln(C_2/C_3)$ 判识图版（图1）。

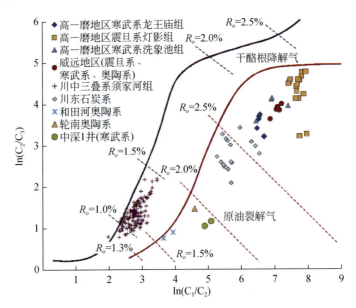

图1　腐泥型有机质不同演化阶段干酪根降解气与原油裂解气判识图版

图1中红线代表原油裂解气 $\ln(C_1/C_2)$ 与 $\ln(C_2/C_3)$ 值随成熟度演化的轨迹，蓝线代表干酪根降解气 $\ln(C_1/C_2)$ 与 $\ln(C_2/C_3)$ 值随成熟度演化的轨迹。原油裂解气与干酪根降解气的演化特征具有明显差异：原油裂解气的 $\ln(C_2/C_3)$ 值早期快速增大、晚期基本稳定；而干酪根降解气的 $\ln(C_2/C_3)$ 值总体呈现出近水平—快速增大—再次近于水平—再次增大的特征。上述差异可能与原油和干酪根的结构、裂解或降解所需活化能及烃类气体产率不同有关。

四川盆地高石梯—磨溪地区（简称高—磨地区）震旦系—寒武系天然气的 $\ln(C_1/C_2)$ 值为 6.35～7.85、$\ln(C_2/C_3)$ 值为 3.11～4.69，基本落入图1中原油裂解气 R_o 值大于 2.5% 的范围，表明震旦系—寒武系天然气主要为原油裂解气（图1、表1）。这一认识与现今气藏储集层中发育丰富的古油藏原油裂解气残留的炭沥青以及震旦系—寒武系天然气轻烃组成表现为原油裂解气特征的认识吻合[14-16]。川中三叠系须家河组天然气样品总体落入图1中干酪根降解气 R_o 值为 1.0%～1.5% 的范围，表明川中三叠系须家河组天然气为干酪根降解气。此外，川东石炭系、塔里木盆地中深1井寒武系以及和田河气田和轮南气田奥陶系天然气样品点总体均落入原油裂解气 R_o 值为 1.5%～2.5% 的范围，主要为原油裂解气。

表1　四川盆地高石梯—磨溪地区部分天然气组分、轻烃地球化学参数数据表

井号	井段/m	层位	$\ln(C_1/C_2)$	$\ln(C_2/C_3)$	ΣC_{6-7}环烷烃/(nC_6+nC_7)	甲基环己烷/nC_7
高石1	5300.00～5390.00	震旦系灯二段	7.63	3.13	2.05	1.60
高石1	5130.00～5196.00	震旦系灯四段下部	7.85	3.18		
高石1	4956.50～5093.00	震旦系灯四段下部	7.76	4.15		
高石2	5380.00～5403.00	震旦系灯二段	7.52	4.04	1.68	4.33
高石2	5023.00～5121.00	震旦系灯四段	7.64	4.49		
高石3	5783.00～5810.00	震旦系灯二段	7.81	4.69	3.79	4.32
高石3	5154.50～5365.50	震旦系灯四段	7.56	4.22	1.49	2.48
高石3	4555.00～4577.00	寒武系龙王庙组	6.56	3.11		
高石3	4605.00～4622.00	寒武系龙王庙组	6.56	3.12		
高石6	5018.00～5030.00	震旦系灯二段—灯四段	7.53	4.33	1.67	1.55
高石6	4986.00～5001.00	震旦系灯四段上部	7.57	4.37	4.24	4.27
高石6	5200.00～5221.00	震旦系灯四段下部	7.59	4.50	3.79	3.48
磨溪8	5422.00～5456.00	震旦系灯二段	7.69	4.57	1.49	1.59
磨溪8	5102.00～5172.00	震旦系灯四段上部	7.61	4.04	1.66	1.67
磨溪8	4697.50～4713.00	寒武系龙王庙组	6.35	3.31	3.25	2.35
磨溪9	5423.40～5495.50	震旦系灯二段	7.31	4.40	1.87	1.73
磨溪9	4549.00～4607.50	寒武系龙王庙组	6.40	3.54		
磨溪10	5449.00～5470.00	震旦系灯二段	7.33	4.44	2.66	2.08
磨溪10	4680.00～4697.00	寒武系龙王庙组	6.42	3.60		
磨溪11		震旦系灯二段	7.71	4.68	1.71	1.64
磨溪11	5149.00～5208.00	震旦系灯四段上部	7.36	4.50	3.90	2.65
磨溪11	4684.00～4712.00	寒武系龙王庙组上段	6.41	3.60	4.55	3.81
磨溪11	4723.00～4734.00	寒武系龙王庙组下段	6.44	3.65	3.96	3.36
荷深1	5401.00～5440.00	震旦系灯二段	7.83	4.57		
威46		寒武系			1.97	1.91
威42		寒武系			1.63	2.06
威65		寒武系			1.69	1.74
威201		志留系			1.79	2.14

1.2　聚集和分散型液态烃裂解气判识

原油裂解气是含油气盆地中重要的天然气类型，既包括古油藏裂解形成的聚集型液态烃裂解气，也包括滞留在烃源岩和运移通道中的分散液态烃裂解气[17]。前人建立了甲基环己烷/正庚烷判识聚集和分散型液态烃裂解气的指标[17]，但该指标以单一介质（蒙脱石）条件下原油裂解实验为基础，尚需要进一步深化、完善。本文利用黄金管限定体系模拟实

验装置，选取塔里木盆地轮南 32 井奥陶系海相原油样品，开展了不同介质（碳酸钙、蒙脱石）、不同原油配比（80%原油+20%介质、50%原油+50%介质、30%原油+70%介质、15%原油+85%介质、5%原油+95%介质、2%原油+98%介质、1%原油+99%介质）、不同温度系列（370℃、385℃、400℃、415℃、430℃、445℃、460℃、475℃、490℃）的裂解模拟实验，详细研究了不同状态、不同裂解程度下原油裂解气的 C_{6-7} 轻烃组成特征及差异（图 2）。不同介质、不同混合比例的原油裂解模拟实验表明，聚集状态的原油（以原油比例大于等于 30%的样品点为代表）裂解气体产物轻烃组成中$\sum C_{6-7}$ 环烷烃/(nC_6+nC_7) 和甲基环己烷/nC_7 两项参数随原油裂解程度增大（温度增加）而增大［图 2（a）］；分散液态烃（以原油比例小于等于 5%的样品点为代表）裂解气体产物中轻烃组成参数随裂解程度增大（温度增加）而减小［图 2（b）］。当裂解温度在 450℃（相当于 $R_o=1.5\%$）左右轻烃组成上述两项参数发生突变：碳酸钙介质下，聚集状态的原油裂解气体产物中轻烃组成参数由小于 1 变为大于 1，并随裂解温度增加进一步增大；蒙脱石介质下，分散液态烃裂解气体产物中轻烃组成参数由大于 1 变为小于 1，并随裂解温度增加进一步减小。

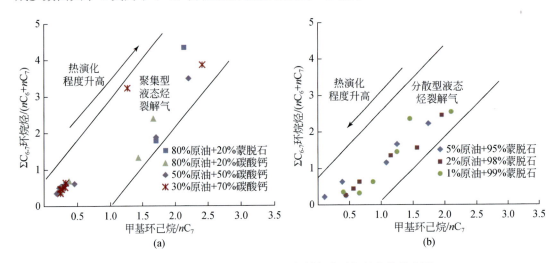

图 2　聚集和分散型液态烃裂解气模拟实验轻烃参数分布图

造成突变的原因可能为：①聚集状态的原油在热解温度小于 450℃（$R_o<1.5\%$）时，高相对分子质量的重烃开始裂解生成大量的 C_{6-14}、C_{2-5}、C_1 烃和沥青[18]，在此阶段生成的 C_{6-7} 轻烃中正构烷烃的产率相对大于环烷烃，导致两项参数小于 1；当温度大于 450℃时，原油继续在更高温度作用下进行大量裂解[19]，C_{6-14} 烃大量裂解为更短链的烃类气体，正构烷烃裂解速率相对快于环烷烃，因而导致两项参数随裂解温度增加进一步增大。②分散液态烃在热解温度小于 450℃（$R_o<1.5\%$）时，黏土矿物的催化作用降低了烃类裂解反应的活化能[20]，烃源岩中分散液态烃裂解形成的 C_{6-14} 烃提前裂解，且正构烷烃裂解速率大于环烷烃，造成参数大于 1；随着裂解温度增加，受黏土矿物催化作用，环烷烃开环作用不断增强，导致环烷烃相对含量低于正构烷烃，造成参数小于 1。综合上述模拟实验研究结果，利用两个参数建立了聚集和分散型液态烃裂解气的轻烃判识指标和图版（图 3、表 2）。

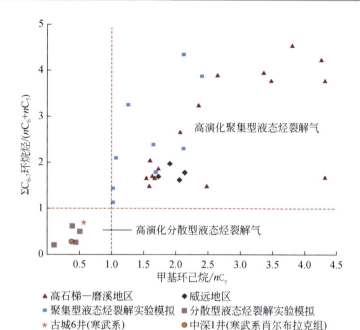

图3 高演化聚集和分散型液态烃裂解气判识图版

表2 聚集和分散型液态烃裂解气判识指标

热解温度 (近似 R_o)	聚集型液态烃裂解气		分散型液态烃裂解气	
	ΣC_{6-7} 环烷 烃/ (nC_6+nC_7)	甲基环己 烷/nC_7	ΣC_{6-7} 环烷 烃/ (nC_6+nC_7)	甲基环 己烷/nC_7
<450℃(R_o<1.5%)	<1.0	<1.0	>1.0	>1.0
>450℃(R_o>1.5%)	>1.0	>1.0	<1.0	<1.0

通过对四川盆地高石梯—磨溪地区震旦系灯影组、寒武系龙王庙组以及威远地区寒武系、奥陶系、志留系天然气轻烃分析，可以看出 ΣC_{6-7} 环烷烃/ (nC_6+nC_7) 和甲基环己烷/nC_7 两个参数普遍大于 1，最大值达到 4.55，数据全部落入高演化聚集型液态烃裂解气区，证明该地区天然气为聚集型液态烃裂解气（图3、表2）。高石梯—磨溪古隆起高部位储集层沥青含量明显较斜坡部位高，并与现今气藏分布具有较好的一致性，表明原油裂解气具有就近聚集的特征，实现了高丰度聚集[21]。此外，塔里木盆地古城 6 井、中深 1 井寒武系天然气样品点落入高演化分散型液态烃裂解气区，表明两井寒武系天然气主要为分散型液态烃裂解气。

2 有机、无机成因气判识

2.1 有机、无机成因氮气判识

N_2 是天然气中一种重要的非烃气体。气藏中 N_2 的成因和来源具有多样性，许多学者对天然气中 N_2 开展了大量研究[22-26]。由于不同类型氮的氮同位素（$\delta^{15}N$）分布范围存在重叠，因而仅利用 N_2 的 $\delta^{15}N$ 很难对天然气中 N_2 的成因和来源进行判识。惰性气体的壳、

幔源成因对于 N_2 有机、无机成因具有重要的间接指示作用。国内外也有利用伴生惰性气体确定幔源岩浆成因 N_2 的报道，如美国加利福尼亚大峡谷中部分高氮天然气中的氮属岩浆来源[27]，中国一些温泉气中的氮源于岩浆[28]，广东三水盆地天然气中也有岩浆来源氮[23]。本次在综合前人研究的基础上，选取 R/Ra（R 和 Ra 分别表示天然气样品和大气的 $^3He/^4He$ 值）与 $\delta^{15}N$ 两项关键参数，建立了 N_2 有机、无机成因的 R/Ra-$\delta^{15}N$ 判识指标及图版（图 4）：①当 R/Ra 值小于等于 0.1，N_2 一般为壳源有机成因；②当 R/Ra 值大于等于 1.0 且 $\delta^{15}N$ 值为 -5.0‰～10.0‰时，N_2 一般为火山-幔源无机成因；③当 0.1<R/Ra<1.0 且 1.0‰<$\delta^{15}N$<4.0‰时，N_2 一般为壳源无机成因；④当 0.1<R/Ra<1.0 且 $\delta^{15}N$ 值大于等于 4.0‰或 $\delta^{15}N$ 值小于等于 1.0‰，N_2 一般为壳源有机-无机混合成因；⑤当 R/Ra≈1 且 $\delta^{15}N$≈0，N_2 一般为大气成因。

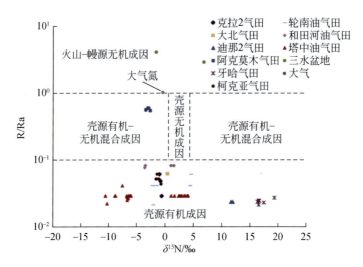

图 4　N_2 有机、无机成因的 R/Ra-$\delta^{15}N$ 判识图版（三水盆地天然气样品数据引自文献［23］）

利用上述图版对塔里木盆地天然气中 N_2 进行了判识应用：塔里木盆地天然气中 He 的 R/Ra 值主要分布在 0.01～0.10，为典型壳源成因，N_2 的 $\delta^{15}N$ 值主要为 -10.6‰～19.3‰，样品点基本落入壳源有机成因区域（图 4），表明天然气中 N_2 主要为壳源有机成因。此外，三水盆地 2 个天然气样品 R/Ra 值分布在 3～4，N_2 的 $\delta^{15}N$ 值分布在 -2.6‰～7.5‰，样品点落入火山-幔源无机成因区，表明天然气中 N_2 为火山-幔源无机成因；阿克莫木气田天然气中 He 的 R/Ra 值在 0.57～0.60，样品点落入壳源有机-无机混合成因区，表明阿克莫木气田天然气中 N_2 可能为壳源有机-无机混合成因。

2.2　有机、无机成因二氧化碳判识

CO_2 是天然气中常见的非烃组分之一。利用 CO_2 组分含量和碳同位素指标是目前判识有机成因和无机成因 CO_2 的最常用方法[4, 8-9]。CO_2 含有 C、O 两种元素，本文在大量实验研究的基础上探索尝试利用两种稳定同位素指标来判识 CO_2 成因。

前人研究表明，地质体中氧同位素受蒸发-凝聚分馏、水-岩同位素交换、矿物晶格的化学键对氧同位素的选择、生物化学作用（如植物光合作用）等影响，呈现出明显的变化

规律：大气水中$\delta^{18}O$值变化范围最大，为-55.0‰～10.0‰；大气CO_2中$\delta^{18}O$值最高，可达41.0‰；陨石中$\delta^{18}O$值主要分布在3.7‰～6.3‰；火成岩中$\delta^{18}O$值主要分布在5.0‰～13.0‰；沉积岩中$\delta^{18}O$值变化范围较大，为10.0‰～36.0‰（其中，砂岩中$\delta^{18}O$值最低，为10.0‰～16.0‰；页岩其次，为14.0‰～19.0‰；石灰岩最高，为22.0‰～36.0‰）；变质岩中$\delta^{18}O$值变化范围也较大，为6.0‰～25.0‰[29-33]。利用CO_2碳、氧同位素分析技术[34]，在对塔里木、四川、松辽盆地10多个气田（或地区）50个天然气样品分析的基础上，发现利用$\delta^{18}O_{CO_2}$-$\delta^{13}C_{CO_2}$可以很好地划分二氧化碳的有机、无机成因（图5）：①当$\delta^{18}O_{CO_2}$值为5.0‰～15.0‰且$\delta^{13}C_{CO_2}$值小于-10.0‰时，为有机成因；②当$\delta^{18}O_{CO_2}$值为0～10.0‰且$\delta^{13}C_{CO_2}$值为-8.0‰～-4.0‰时，为幔源无机成因；③当$\delta^{18}O_{CO_2}$值为10.0‰～40.0‰且$\delta^{13}C_{CO_2}$值为-4.0‰～4.0‰时，则属来源于碳酸盐岩热解的无机成因。需要指出，碳酸盐岩由于受水-岩同位素交换反应控制，同位素分馏强烈，通常具有较高的氧同位素值，明显高于高温下受岩浆结晶分异顺序控制的幔源成因火成岩中氧同位素值，同时也高于沉积岩中有机成因来源的氧同位素值。

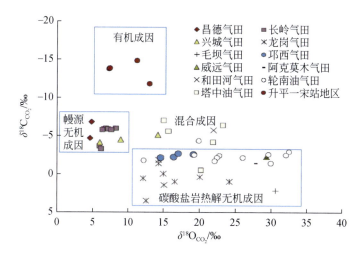

图5　CO_2有机、无机成因碳氧同位素判识图版（据文献[34]，修改）

利用上述图版对松辽、四川、塔里木盆地天然气中CO_2成因进行了判识应用：松辽盆地长岭、昌德、兴城地区天然气中CO_2主要为幔源无机成因，升平—宋站地区天然气主要为有机成因；四川盆地龙岗、邛西、威远气田以及塔里木盆地轮南油气田天然气中CO_2主要为碳酸盐岩热解来源的无机成因（图5）。

2.3　壳源、幔源成因惰性气体判识

惰性气体是研究地质历程的重要示踪剂，在天然气成因判识和气源追索研究中具有广泛的应用前景，特别是在判断幔源气、无机气方面具有独特的优势[35-43]。目前，国内惰性气体全组分含量和全系列同位素分析及应用研究较为薄弱。针对上述问题，开发形成了惰性气体全组分含量及同位素分析技术[41, 43]，丰富和发展了现有的天然气成因判识和气源对比技术体系，在此基础上新建了考虑He、Ne、Xe等多种惰性气体同位素的综合判识指标及图版（图6、图7）：①当惰性气体R/Ra<1（^{3}He/^{4}He<1.4×10⁻⁶）、^{20}Ne/^{22}Ne<9.8、

^{129}Xe/^{130}Xe＜6.496，惰性气体为壳源成因；②当惰性气体 R/Ra＞1（^{3}He/^{4}He＞1.4×10^{-6}）、^{20}Ne/^{22}Ne＞9.8，^{129}Xe/^{130}Xe＞6.496，惰性气体为具有显著幔源成因混入的壳-幔混合成因。

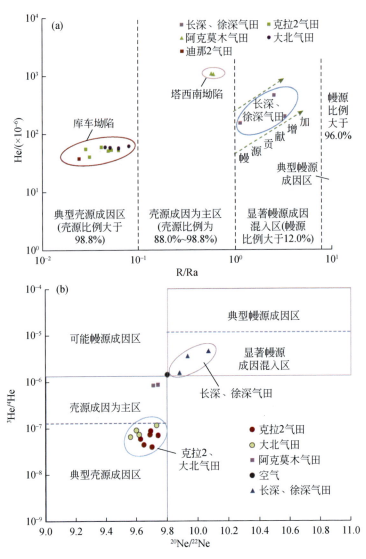

图 6　塔里木和松辽盆地天然气中惰性气体 He-R/Ra、^{3}He/^{4}He-^{20}Ne/^{22}Ne 成因判识图版（图版据文献［41，43］）

利用上述图版在塔里木和松辽盆地进行了判识应用。塔里木盆地克拉 2、大北、迪那 2 气田天然气样品 R/Ra 值总体分布在 0.01～0.10［图 6（a）］，^{20}Ne/^{22}Ne 值主要分布在 9.50～9.74［图 6（b）］，^{40}Ar/^{36}Ar 值主要分布在 387～1323，平均值约为 675［图 7（a）］，^{129}Xe/^{130}Xe 值主要分布在 6.301～6.452［图 7（b）］，样品点总体落入典型壳源成因区，因此，克拉 2、大北、迪那 2 气田惰性气体为典型壳源成因。松辽盆地长深、徐深气田天然气样品 ^{3}He/^{4}He 值分布在 1.57×10^{-6}～4.55×10^{-6}、R/Ra＞1［图 6（a）］，^{20}Ne/^{22}Ne 值分布在 9.88～10.01、^{20}Ne 相对大气过剩［图 6（b）］，^{40}Ar/^{36}Ar 值分布在 594～2473、大于白垩系源岩生成天然

气的估算值 412～571 [图 7（a）]，$^{129}Xe/^{130}Xe$ 值相对大气过剩 [图 7（b）]，表明惰性气体具有明显的幔源混入特征。因此，长深、徐深气田惰性气体为具有显著幔源混入的壳-幔混合成因。

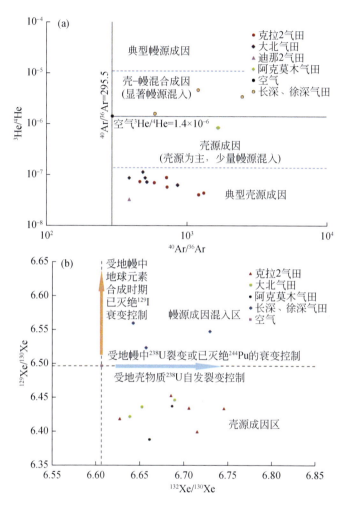

图 7　塔里木和松辽盆地天然气中惰性气体 $^3He/^4He$-$^{40}Ar/^{36}Ar$、$^{129}Xe/^{130}Xe$-$^{132}Xe/^{130}Xe$ 成因判识图版（图版据文献 [41，43]）

3　煤成气、油型气判识新指标

在煤成气、油型气判识方面，已经形成烃类气体、轻烃、生物标志物等多类型判识指标，目前鲜见利用 He、N_2、CO_2 判识煤成气、油型气的报道。He、N_2、CO_2 作为天然气的重要组成部分，与烃类之间的关系十分密切，因此优选 He、N_2、CO_2 相关指标用以判识煤成气和油型气，对于丰富现有的煤成气、油型气鉴别指标体系具有重要意义。

3.1　He 和 N_2 联合判识煤成气、油型气

煤成气中 N_2 含量主要分布在 0～31.20%，主频为 0～4%；油型气中 N_2 含量主要分布

在 1.05%～57.10%，主频为 2%～20%；煤成气中 N_2 的 $\delta^{15}N$ 值主要分布在-8.0‰～19.3‰，主频为-8‰～12‰；油型气中 N_2 的 $\delta^{15}N$ 值主要分布在-10.6‰～4.6‰，主频为-10‰～4‰。煤成气中 N_2 含量相对低、$\delta^{15}N$ 值相对较重，而油型气中 N_2 含量相对较高、$\delta^{15}N$ 值相对较轻，二者的差异主要是由腐泥型母质富氮、$\delta^{15}N$ 值偏轻，腐殖型母质贫氮、$\delta^{15}N$ 值偏重及烃源岩热演化差异造成的。此外，烃源岩沉积环境的氧化还原条件和水体盐度差异也是重要影响因素[44]。

利用煤成气、油型气中 N_2 含量和 $\delta^{15}N$ 值差异，结合 He 同位素 R/Ra 值，建立了 He 和 N_2 联合判识煤成气、油型气的 R/Ra-$\delta^{15}N$-N_2 判识指标及图版（图 4、图 8）。具体方法：首先利用 R/Ra-$\delta^{15}N$ 图版对 N_2 进行有机、无机成因判识；确定 N_2 为有机成因后，可以进一步利用 $\delta^{15}N$-N_2 图版对与 N_2 伴生的烃类气体进行煤成气和油型气判识。具体判识指标如下：当天然气中 He 同位素 R/Ra<0.1 时（确保天然气中与 He、N_2 伴生的烃类气体为壳源有机成因）：①由于高等植物来源的腐殖型母质贫氮、$\delta^{15}N$ 相对偏重，因此当 N_2 含量小于等于 9%、$\delta^{15}N$ 值大于等于 5.0‰，一般多为煤成气；②由于低等浮游动植物来源的腐殖型母质富氮、$\delta^{15}N$ 相对偏轻，因此，当 N_2 含量大于等于 9%、$\delta^{15}N$ 值小于等于 5.0‰，或 N_2 含量小于 9%、$\delta^{15}N$ 值小于等于-5.0‰，一般多为油型气；③N_2 含量小于等于 9%、-5.0‰<$\delta^{15}N$<5.0‰，可能为煤成气或油型气或者二者混合气，可根据烷烃$\delta^{13}C$ 进一步区分。

利用该方法对塔里木盆地主要煤成气、油型气田进行了判识应用。塔里木盆地天然气的 $^3He/^4He$ 值基本在 10^{-8} 量级、R/Ra<0.1，He 为典型壳源成因，利用 R/Ra-$\delta^{15}N$ 图版（图 4）可以将 N_2 判识为壳源有机成因；然后利用 $\delta^{15}N$-N_2 图版（图 8）进一步对与之伴生的烃类气体进行煤成气和油型气判识：①塔中油气田大部分、和田河气田全部落入油型气区，可以判识为油型气；②迪那 2、牙哈气田完全落入煤成气区，可以判识为煤成气；③克拉 2、大北、柯克亚、东河塘、轮南油气田落入混合区域，进一步结合目前公认的烷烃$\delta^{13}C$ 的方法可以判断东河塘、轮南油气田天然气为油型气。

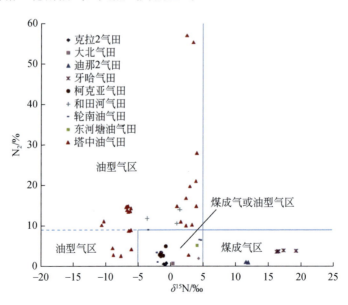

图 8　N_2-$\delta^{15}N$ 判识煤成气、油型气图版

3.2 He 和 CO₂ 联合判识煤成气、油型气

煤成气中 CO_2 的 $\delta^{13}C_{CO_2}$ 值总体相对较轻，主要分布在-26.4‰～-2.6‰；油型气中 CO_2 的 $\delta^{13}C_{CO_2}$ 值总体相对较重，主要分布在-15.8‰～1.9‰。天然气中 CO_2 主要有有机成因、幔源无机成因、碳酸盐岩热解成因 3 种类型。煤成气和油型气中有机成因 CO_2 的 $\delta^{13}C_{CO_2}$ 值均小于-10.0‰，二者没有太大差异；但由于油型气中存在碳酸盐岩热解成因的无机成因 CO_2，因而造成了煤成气中 CO_2 的 $\delta^{13}C_{CO_2}$ 值总体相对较轻，油型气中 CO_2 的 $\delta^{13}C_{CO_2}$ 值总体相对较重现象的存在。因此，可以利用二者上述差异开展煤成气、油型气判识。

根据煤成气、油型气中 CO_2 的 $\delta^{13}C_{CO_2}$ 值差异，结合 He 同位素 R/Ra 值，建立了 He 和 CO_2 联合判识煤成气、油型气的 R/Ra-$\delta^{13}C_{CO_2}$ 判识指标及图版（图9）。当天然气中 He 同位素 R/Ra<0.1 时（确保天然气中与 He、CO_2 伴生的烃类气体为壳源有机成因）：①CO_2 的 $\delta^{13}C_{CO_2}$ 值小于等于-15.0‰，一般多为煤成气；②$\delta^{13}C_{CO_2}$ 值大于等于-2.5‰，一般多为油型气；③-15.0‰<$\delta^{13}C_{CO_2}$<-2.5‰，可能为油型气或煤成气或二者混合成因气，可根据烷烃$\delta^{13}C$ 进一步判识区分。

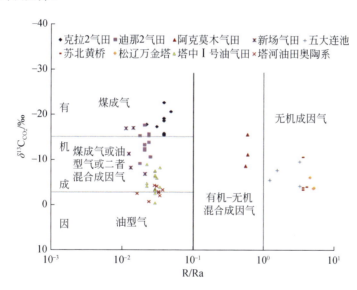

图 9　He 和 CO_2 联合判识煤成气、油型气的 R/Ra-$\delta^{13}C_{CO_2}$ 判识图

利用该方法对部分煤成气、油型气气田进行了判识应用：①克拉 2 气田全部，迪那 2 和新场气田部分样品落入煤成气区，可直接判识为煤成气；②塔河油田奥陶系、塔中Ⅰ号油气田部分样品落入油型气区域，可直接判识为油型气；③塔中Ⅰ号、迪那 2、新场气田部分样品落入中间区域，进一步结合目前公认的烷烃$\delta^{13}C$ 的方法可以判断迪那 2、新场气田天然气为煤成气。

3.3　煤成气、油型气判识的天然气汞含量指标再探究

天然气汞含量是现有煤成气和油型气判识体系中的一项重要指标[4, 7-8]。近年来随着研究工作的深入，发现天然气汞含量作为煤成气和油型气判识指标的界限还有待进一步探

究[45]。通过对中国陆上 8 个主要含气盆地近 500 口天然气井的煤成气、油型气汞含量检测研究发现：煤成气汞含量总体分布在 $0 \sim 2240000 ng/m^3$，其中 30%的样品汞含量小于 $5000 ng/m^3$，30%的样品汞含量大于 $30000 ng/m^3$，煤成气汞含量算术平均值约 $30000 ng/m^3$；油型气汞含量总体分布在 $0 \sim 30000 ng/m^3$，约 85%的样品汞含量小于 $5000 ng/m^3$，油型气汞含量平均值约 $3000 ng/m^3$。因此：①当天然气汞含量大于 $30000 ng/m^3$ 时，一般为煤成气；②当天然气汞含量为 $10000 \sim 30000 ng/m^3$ 时，煤成气的概率约为 80%；③当天然气汞含量为 $5000 \sim 10000 ng/m^3$ 时，煤成气的概率约为 67%；④当天然气汞含量为 $0 \sim 5000 ng/m^3$ 时，油型气的概率约为 74%。

4 结论

完善了腐泥型有机质不同演化阶段干酪根降解气和原油裂解气的 $ln(C_1/C_2)$-$ln(C_2/C_3)$ 判识图版，明确了四川盆地高石梯—磨溪地区震旦系—寒武系天然气为原油裂解气；新建了利用 $\sum C_{6-7}$ 环烷烃/(nC_6+nC_7)和甲基环己烷/nC_7 判识聚集和分散型液态烃裂解气的轻烃判识指标和图版，进一步明确了高石梯—磨溪及威远地区天然气为聚集型液态烃裂解气。

建立了 N_2 有机无机成因的 R/Ra-$\delta^{15}N$，CO_2 有机无机成因的 $\delta^{18}O_{CO_2}$-$\delta^{13}C_{CO_2}$，惰性气体壳幔源成因的 He-R/Ra、$^3He/^4He$-$^{20}Ne/^{22}Ne$、$^3He/^4He$-$^{40}Ar/^{36}Ar$、$^{129}Xe/^{130}Xe$-$^{132}Xe/^{130}Xe$ 判识指标及图版，明确了塔里木盆地天然气中 N_2 主要为有机成因，四川盆地龙岗、邛西、威远气田天然气中 CO_2 主要为碳酸盐岩热解无机成因，塔里木盆地克拉 2、大北、迪那 2 气田惰性气体为典型壳源成因，松辽盆地长深、徐深气田惰性气体为壳-幔混合成因。

新建了 He、N_2、CO_2 联合判识煤成气和油型气的 R/Ra-$\delta^{15}N$-N_2 以及 R/Ra-$\delta^{13}C_{CO_2}$ 判识指标及图版，重新探讨了天然气汞含量作为煤成气、油型气判识指标的界限值，丰富完善了现有的煤成气、油型气成因判识指标体系。

参 考 文 献

[1] Galimov E M. Izotopy Ugleroda v Neftegazovoy Geologii(Carbon isotopes in petroleum geology). Moscow: Mineral Press, 1973: 384.

[2] Stahl W J. Carbon and nitrogen isotopes in hydrocarbon research and exploration. Chemical Geology, 1977, 20(77): 121-149.

[3] Welhan J A, Craig H. Methane, hydrogen and helium in hydrothermal fluids at 21°N on the East Pacific Rise// Rona P A, Bostrom K, Laubier L. Hydrothermal processes at seafloor spreading centers. New York: Plenum Press, 1983: 391-410.

[4] 戴金星. 各类烷烃气的鉴别. 中国科学: 化学, 1992, 22(2): 185-193.

[5] 徐永昌, 沈平, 刘文汇, 等. 天然气中稀有气体地球化学研究. 北京: 科学出版社, 1998.

[6] 刘文汇, 徐永昌. 天然气成因类型及判别标志. 沉积学报, 1996, 14(1): 110-116.

[7] Dai J X, Yang S F, Chen H L, et al. Geochemistry and occurrence of inorganic gas accumulations in Chinese sedimentary basins. Organic Geochemistry, 2005, 36(12): 1664-1688.

[8] 戴金星, 邹才能, 张水昌, 等. 无机成因和有机成因烷烃气的鉴别. 中国科学: 地球科学, 2008, 38(11): 1329-1341.

[9] 戴金星. 中国煤成大气田及气源. 北京: 科学出版社, 2014.

［10］李剑, 罗霞, 李志生, 等. 对甲苯碳同位素值作为气源对比指标的新认识. 天然气地球科学, 2003, 14(3): 177-180.

［11］胡国艺, 李剑, 李谨, 等. 判识天然气成因的轻烃指标探讨. 中国科学: 地球科学, 2007, 37(S2): 111-117.

［12］Prinzhofer A A, Huc A Y. Genetic and post-genetic molecular and isotopic fractionations in natural gases. Chemical Geology, 1995, 126(3): 281-290.

［13］Behar F, Ungerer P, Kressmann S, et al. Thermal evolution of crude oils in sedimentary basins: Experimental simulation in a confined system and kinetic modeling. Revue De L' Institut Francais Du Petrole, 1991, 46(2): 151-181.

［14］杜金虎, 邹才能, 徐春春, 等. 川中古隆起龙王庙组特大型气田战略发现与理论技术创新. 石油勘探与开发, 2014, 41(3): 268-277.

［15］邹才能, 杜金虎, 徐春春, 等. 四川盆地震旦系—寒武系特大型气田形成分布、资源潜力及勘探发现. 石油勘探与开发, 2014, 41(3): 278-293.

［16］魏国齐, 谢增业, 宋家荣, 等. 四川盆地川中古隆起震旦系—寒武系天然气特征及成因. 石油勘探与开发, 2015, 42(6): 702-711.

［17］赵文智, 王兆云, 王东良, 等. 分散液态烃的成藏地位与意义. 石油勘探与开发, 2015, 42(4): 401-413.

［18］李贤庆, 仰云峰, 冯松宝, 等. 塔里木盆地原油裂解生烃特征与生气过程研究. 中国矿业大学学报, 2012, 41(3): 397-405.

［19］胡国艺, 李志生, 罗霞, 等. 两种热模拟体系下有机质生气特征对比. 沉积学报, 2004, 22(4): 718-723.

［20］Pan C C, Jiang L L, Liu J Z, et al. The effect of calcite and montmorillonite on oil cracking in confined pyrolysis experiments. Organic Geochemistry, 2010, 41(7): 611-626.

［21］谢增业, 李志生, 国建英, 等. 烃源岩和储层中沥青形成演化实验模拟及其意义. 天然气地球科学, 2016, 27(8): 1489-1499.

［22］张子枢. 气藏中氮的地质地球化学. 地质地球化学, 1988, 16(2): 51-56.

［23］杜建国, 刘文汇, 邵波. 天然气中氮的地球化学特征. 沉积学报, 1996, 14(1): 143-147.

［24］朱岳年. 天然气中分子氮成因及判识. 中国石油大学学报(自然科学版), 1999, 23(2): 23-26.

［25］何家雄, 陈伟煌, 李明兴. 莺—琼盆地天然气成因类型及气源剖析. 中国海上油气(地质), 2000, 14(6): 398-405.

［26］李谨, 李志生, 王东良, 等. 塔里木盆地含氮天然气地球化学特征及氮气来源. 石油学报, 2013, 34(S1): 102-111.

［27］Jenden P D, Kaplan I R, Poreda R J, et al. Origin of nitrogen-rich natural gases in the California Great Valley: Evidence from helium, carbon and nitrogen isotope ratios. Geochimica et Cosmochimica Acta, 1988, 52(4): 851-861.

［28］戴金星. 云南腾冲县硫磺塘天然气碳同位素组成特征和成因. 科学通报, 1988, 33(15): 1168-1170.

［29］Craig H. Isotopic variations in meteoric waters. Science, 1961, 133(3465): 1702-1703.

［30］Bottinga Y, Javoy M. Oxygen isotope partitioning among the minerals in igneous and metamorphic rocks. Reviews of Geophysics and Space Physics, 1975, 13(13): 401-418.

［31］Taylor H P. The oxygen isotope geochemistry of igneous rocks . Contributions to Mineralogy and Petrology, 1968, 19(1): 1-71.

［32］Hoefs J. Stable Isotope Geochemistry. 5th ed. Berlin: Springer, 2004.

［33］郑永飞, 陈江峰. 稳定同位素地球化学. 北京: 科学出版社, 2000.

［34］李谨, 李志生, 王东良, 等. 天然气中 CO_2 氧同位素在线检测技术与应用. 石油学报, 2014, 35(1): 68-75.

［35］Mamyrin B A, Anufrriev G S, Kamenskii I L, et al. Determination of the isotopic composition of atmospheric helium . Geochemistry International, 1970, 7(4): 465-473.

［36］Clarke W B, Jenkins W J, Top Z. Determination of tritium by mass spectrometric measurement of ^{3}He. The International Journal of Applied Radiation and Isotopes, 1976, 27(9): 515-522.

［37］徐永昌, 王先彬, 吴仁铭, 等. 天然气中稀有气体同位素. 地球化学, 1979, 8(4): 271-282.

［38］Ozima M, Podesek F A. Noble Gas Geochemistry. London: Cambridge University Press, 1983.

［39］Kennedy B M, Hiyagon H, Reynolds J H. Crustal neon: A striking uniformity. Earth and Planetary Science Letters, 1990, 98(3): 277-286.

［40］徐胜, 徐永昌, 沈平, 等. 中国东部盆地天然气中氖同位素组成及其地质意义. 科学通报, 1996, 41(21): 1970-1972.

［41］王晓波, 李志生, 李剑, 等. 稀有气体全组分含量及同位素分析技术. 石油学报, 2013, 34(S1): 70-77.

［42］魏国齐, 王东良, 王晓波, 等. 四川盆地高石梯—磨溪大气田稀有气体特征. 石油勘探与开发, 2014, 41(5): 533-538.

［43］Wang X B, Chen J F, Li Z S, et al. Rare gases geochemical characteristics and gas source correlation for Dabei gas field in Kuche depression, Tarim Basin. Energy Exploration & Exploitation, 2016, 34(1): 113-128.

［44］陈践发, 徐学敏, 师生宝. 不同沉积环境下原油氮同位素的地球化学特征. 中国石油大学学报(自然科学版), 2015, 39(5): 1-6.

［45］李剑, 韩中喜, 严启团, 等. 中国气田天然气中汞的成因模式. 天然气地球科学, 2012, 23(3): 413-419.

深部流体及有机-无机相互作用下
油气形成的基本内涵[*]

刘全有，朱东亚，孟庆强，刘佳宜，吴小奇，周　冰，Fu Qi，金之钧

0　前言

　　华北克拉通破坏、深部碳循环均是以板块活动过程中固体块体的迁移和与流体相互作用为核心思想，探讨地球系统演变过程（朱日祥等，2012；李曙光，2015；Malusà et al.，2018）。而地球各个圈层（岩石圈、水圈、大气圈、生物圈等）往往都受到地球系统演化的影响，彼此相互联系、相互作用（汪品先，2006）。含油气盆地作为地球系统中表层相对稳定的克拉通块体，从早期烃源岩发育环境、油气形成、储层溶蚀改造到油气聚集或者破坏都受到地球系统演化的影响。深部流体是地球系统演化的重要组成部分，作为联系盆地内、外圈层和内、外因素的纽带，贯穿油气形成和聚集的全过程。金之钧等（2002）从地球圈层相互作用的视角，强调沉积盆地外来深部流体对盆地内生烃成藏的影响。

　　本文中深部流体是指沉积盆地基底以下幔源挥发性的流体以及板块俯冲过程中岩石脱水所产生的流体、深变质过程中脱水作用形成的流体或者受幔源热源驱动的深循环流体，既包括 C、H、O、N、S 等稳定元素，也包含 He、Ne、Ar、Kr、Xe、Rn 稀有气体。深部流体的温度高于其穿越沉积盆地围岩地层温度。同时，深部流体富含 Si、Al、Fe、Mn、Mg、Cu、P 等主量元素，也包含 V、Cr 等微量元素。有机-无机相互作用是指盆地基地以下深部流体迁移到盆地内部并与盆内围岩或流体发生有机与无机的物理化学作用。

　　深部流体是深部能量和物质的重要载体。当深部流体进入含油气沉积盆地后，会与盆内物质发生广泛的有机-无机相互作用，从而对盆地中油气成藏产生重要影响，特别是对深层油气形成与聚集过程具有重要影响。2012 年中石油把深部油气"补给"作为当年石油勘探十大科技进展之一，凸显出深部流体活动对油气补给已经引起石油工业界的高度关注。但是，深部流体对油气形成产生哪些影响尚存争议，而且有机-无机相互作用的过程与机理还不十分清楚。根据深部流体在油气形成过程中的影响，可将深部流体的作用概括为："优源""增烃""成储""促聚"，分别指示深部流体在优质烃源岩发育、烃源（包含烃源岩、储层沥青）再生烃、储盖溶蚀改造，以及深部流体对深层油气运聚的动力作用。本文在前人研究的基础上，着重探讨深部流体及有机-无机相互作用下优质烃源岩发育、富氢流体加氢生烃、储盖层溶蚀改造以及富 CO_2 流体对深层油气聚集的影响。

---

　　* 原载于《中国科学》（D 辑：地球科学），2019 年，第 49 卷，第三期，499～520。

1　深部流体对富有机物质形成的影响

深部流体携带了大量 NO_3^-、PO_4^{3-}、NH_4^+ 等营养盐类，CH_4、CO_2、H_2、NH_3 等热液气体和 Fe、Mn、Zn、Co、Cu 等微量金属元素以及来自地球内部的古细菌、嗜热细菌等微生物，它的注入促进了水体生物的繁盛和初级生产力的提高，为有机质的形成和富集创造了条件。同时，深部流体的喷发，通过隔绝空气、增加水体盐度、创造还原环境等方式，促进有机质的富集和保存。

1.1　深部 CO_2、CH_4 成因问题

深部碳循环包括俯冲带沉积碳酸盐随洋壳俯冲进入地球内部的捕获过程和以 CO_2、碳氢化合物、碳酸盐熔体等形式随洋中脊、岛弧、地幔柱等构造带岩浆活动喷发至地表及大气的释放过程。深部的碳主要通过洋壳的变质脱碳作用（Kerrick and Connolly，1998）、板片脱水流体的溶解作用（Frezzotti et al.，2014）、碳酸盐化俯冲板片和深部碳酸盐化地幔的熔融作用（Dasgupta et al.，2004）以及碳酸盐氧化还原反应（Frost and McCammon，2008）等方式从俯冲板片或深部地幔中脱离，并主要以 CO_2 或碳酸盐熔体的形式进入深部热液流体体系，随深部流体上升至地表、大气（张立飞等，2017）（图 1）。

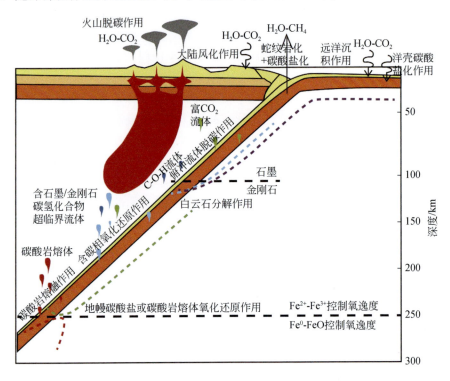

图 1　俯冲带碳循环示意图（修改自张立飞等，2017）

深部流体中携带的大量 CO_2、CH_4 等额外碳源物质，为海洋、陆地生物提供了生命活动所需的碳补给，为大洋初级生产力的提高提供了物质基础。长期培养实验证明，易溶解有机碳经细菌等微生物作用可转化为难以被生物降解的惰性溶解有机碳（Ogawa et al.，

2001），从而实现"固碳"向"储碳"的转化（焦念志，2012）。深部碳物质随热液进入海洋，经浮游植物固碳、微型生物储碳作用固定并保存于海洋"蓝色碳汇"中，为有机质的富集创造了条件。

此外，深部流体中携带的 CO_2、CH_4 等气体可以在有利的条件下聚集，形成重要的无机成因气藏（Dai et al.，2005）。受（古）太平洋板块俯冲的影响，我国东部 CO_2 气藏广泛发育。太平洋板块俯冲一方面形成了有利于 CO_2 运聚的伸展正断层和深大断裂系统，为地幔脱气作用产生的幔源 CO_2、俯冲板片蚀变释放的 CO_2 以及上涌软流圈熔融碳酸盐地壳产生的 CO_2 等气源提供上升运移的通道（李曙光，2015）。松辽、渤海湾、苏北等盆地内无机成因 CO_2 气藏主要沿郯庐断裂分布，莺歌海盆地无机 CO_2 气藏的形成受红河断裂的控制（赵斐宇等，2017），暗示了多无机 CO_2 气藏在空间上与深大断裂带展布具有一致性。

1.2 深部流体携带营养物质促进成烃生物勃发/繁育

深部流体上涌喷发的过程中还可以释放大量的 C、N、Si 等营养物质和 Fe、Zn、Mn、Ni、V 等重要的微量金属元素（Fe 是重要营养物质）。其中，N 是植物体内蛋白质、磷脂和叶绿素的重要组成，对促进植物细胞的分裂增长具有重要的作用，在深部流体中 N 主要以 NO_3^-、NH_4^+、NO_2^- 等形式存在（图 2）。硅是藻类细胞壁的重要成分，主要以 SiO_4^{2-} 的形

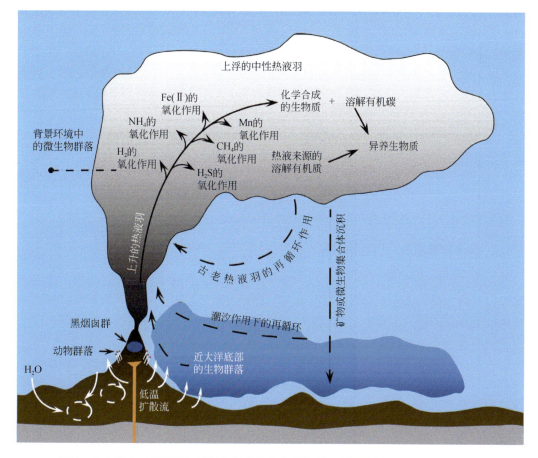

图 2　火山喷发（黑烟囱）过程中携带各类营养物质示意图（据 Dick et al.，2013）

式存在。Fe 是除 N、P、Si 等常量元素外，大洋水体中浮游植物生长的又一重要限制因素，在植物光合作用、呼吸作用、氧的新陈代谢、碳的固定、氮的吸收利用以及蛋白质、叶绿素的合成等生命过程中均起到不可替代的作用。

Martin 和 Fitzwater（1988）提出"铁假说"，认为 Fe 是控制海洋浮游植物生长和大洋初级生产力的重要因素。"铁假说"理论受到大洋施铁巡航观测和加富铁培养模拟实验研究的支持（Price and Wenger，1992；Frogner et al.，2001；Olgun et al.，2013）。Fe 或富 Fe 火山灰等物质的加入，将促进赤道太平洋等高营养盐低叶绿素（HNLC）水域中 NO_3^-、NO_2^- 的吸收利用和浮游植物的生长繁盛。当火山灰与大洋表层水接触，吸附于火山灰颗粒表面的酸性气溶胶开始溶解，并向大洋水体释放大量的 Fe。伴随 Fe 元素的释放，水体中 N、P 等营养盐类利用率提高，生物产率和生物总量大幅升高。Fe 在控制海洋浮游植物生长和提高大洋初级生产力中具有重要作用，而海水-玄武岩反应和火山灰沉降作为海洋生态系统中 Fe 元素的两个重要来源，均与岩浆热液流体活动密切相关。

Browning 等（2014）在火山灰加入对浮游植物响应的研究中发现，当可溶性铁单独施加到南大洋水体中时，作为典型的 HNLC 水域，南大洋水体未检测到应有的浮游植物响应。对南大洋水体成分进行检测发现，其部分水域中 Mn 含量极低。Mn 是浮游植物新陈代谢中不可或缺的微量元素，对硝酸盐还原酶、羧化酶等酶的活化以及光合作用中水的光解、叶绿素的合成等过程具有重要的影响。在南大洋等低 Mn 水体中，其浮游植物的生长受到 Fe、Mn 的共同限制（Morel et al.，2003；Middag et al.，2011；Moore et al.，2013）。除了作为限制因子，Mn 在被植物细胞吸收过程中还起到了毒害元素缓冲剂的作用。Hoffmann 等（2012）研究发现，Mn 在被植物细胞吸收过程中与 Cu、Cd、Zn 等元素处于拮抗关系，由于竞争运输载体，水体 Mn 含量的提高，将抑制植物细胞对 Cu、Cd 等有毒元素的吸收。火山喷发（黑烟囱）过程中携带各类营养物质和生命必需元素，使得水体中生物产生多样性和异常勃发（Dick and Tebo，2010；Dick et al.，2013；Li et al.，2017）（图 2），黑烟囱伴随的羽状物可以将深部化学物质和海洋微生物搬运距离喷发口大于 4000km（Fitzsimmons et al.，2017）。

深部流体的注入，为水体生物的生长提供了必要的生命元素和营养物质，为大洋水体初级生产力的提高提供了重要的物质基础（Lee et al.，2018）。放射性元素（如铀）也能促进生物大量繁殖和变异，从而提高有机生物生成通量（Algeo and Rowe，2012；蔡郁文等，2017）。

1.3 偏还原环境有利于有机质保存

有机质沉积过程受到沉积速率、沉积环境氧化还原条件和构造抬升沉降等多方面因素的影响，导致有机质或保存富集或破坏稀释，原始有机质的高产量并不等于沉积有机质的高丰度。而深部流体，作为地壳和地幔来源的岩浆和热液流体，对海相、陆相沉积环境中的有机质保存具有重要意义。

一方面，大规模火山活动产生的大面积岩浆及碎屑物质覆盖，导致生物大规模灭绝，为有机质的埋藏创造了条件。最近通过 $\delta^{66}Zn$ 值的正偏移证实了火山活动可能伴随生物大灭绝，从而导致富有机质的形成（Liu et al.，2017b）。另一方面，热液中的 CO_2 与海水中的 Ca^{2+}、Mg^{2+} 等离子结合，形成碳酸盐类，增加了水体的盐度，促进了水体的分层和海水循环的停滞，为海洋环境中有机质的富集保存创造了有利的水体动力学条件和氧化还原状态。同时，岩浆热液活动释放的大量 CO_2、CH_4、SO_2 等气体，形成了有利于有机质保存的还原环境。而 H_2S、CO 等还原性气体溶解于水中，同样可以促进水体还原环境的形成。Demaison 和 Moore（1980）指出，与富氧水体不同，缺氧的底层水避免了有机质在下降沉积过程中氧化分解的损耗，为有机质的保存和富集提供了极佳环境。

缺氧的水体环境还可以促进活性磷的再生与循环（Van Cappellen and Ingall，1994），磷是细胞膜和遗传物质的重要组成，对水体植物生命代谢具有重要作用，是生态系统初级生产力的重要限制因子。缺氧环境下磷元素的活化与再循环对沉积盆地生物的繁盛和有机质的富集具有积极的意义。因此，火山喷发造成 CO_2 含量增加和营养元素的输入，使得水体中藻类大暴发；而生物大暴发导致水体中氧浓度过度消耗，形成缺氧环境从而引起水体中生物的死亡（Lee et al.，2018）。大规模的生物灭绝为有机质的富集提供了物质基础，在有利于有机质保存的条件下将为富有机质烃源岩的形成提供可能。

此外，大量 H_2S 的加入将会对水体生物产生毒害作用，造成生物的死亡灭绝。正如 Shen 等（2011）和 Zhang 等（2017）通过泛大洋水体硫同位素研究，认为含硫水体浅水作用以及含硫水体与含氧水体的混合作用对二叠纪末生物大灭绝具有重要影响（图 3）。因为在深部缺氧水体中，生物扰动作用停止限制了沉积物中硫的输送以及沉积物孔隙水中硫酸盐和海洋硫酸盐库的交换，沉积物中较高的有机质含量促进了硫酸盐细菌还原（BSR）和高浓度 H_2S 形成，导致大量生物中毒死亡并有效保存下来。

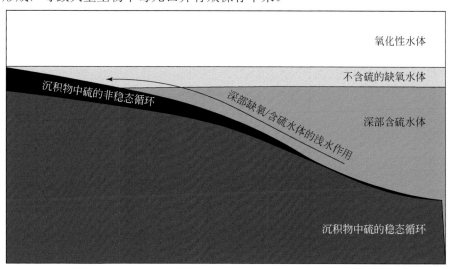

图 3　深部缺氧水体中硫循环示意图（Shen et al.，2011）

生物扰动作用停止限制了沉积物中硫的输出，促进了硫酸盐细菌还原。

显然，富有机质烃源岩的形成，不仅与有机质形成和沉积时的氧化还原条件有关，还受到有机质沉积后漫长的地质时期内保存环境的影响。例如，在地壳抬升的构造背景下，早期埋藏的有机质可能被氧化剥蚀。因此，有利的深部流体条件不是优质烃源岩形成的唯一条件，而是其形成的一个重要途径。

1.4　深部流体携带能量促进烃源岩"早熟"

高温是影响有机质成熟生烃的一个重要因素。深部流体携带了大量的物质和能量，是除深埋热作用外，有机质成熟的又一个重要热源。"热液石油"是深部流体促进烃源岩"早熟"的很好证据，其形成于热水流体与沉积物中有机质的相互作用（Simoneit，1984）。与早期发现的原油不同，"热液石油"的生成是在几万年甚至几千年的时间内完成的，这与正常演化的石油几千万年至几十亿年的形成、迁移、聚集时间相比几乎是"瞬时"完成的。

　　"热液石油"最早发现于加利福尼亚湾的 Guaymas 盆地，地处东太平洋海隆与圣安德烈亚斯大断裂相接的高热流裂谷带（Simoneit and Lonsdale，1982）。Peter 等（1991）对 Guaymas 热液石油的 ^{14}C 同位素定年研究结果表明，其形成于 4240～5705 年。Guaymas 盆地热液石油的发现，引起了科学家的广泛关注。此后，在东北太平洋的米德尔裂谷和埃斯卡诺巴海槽（Simoneit and Kvenvolden，1994）、东非裂谷的坦噶尼喀地堑（Simoneit et al.，2000）、南 Gorda Ridge 的 Escanaba 海槽（Kvenvolden et al.，1986）、红海海槽（Michaelis et al.，1990）以及我国莺歌海盆地崖 13-1 气田（张泉兴等，1989）、渤海湾盆地东濮凹陷（Zhu et al.，1994）等地均有热液石油天然气的发现。最近，通过对苏北盆地黄桥富 CO_2 油气藏中原油进行分析，其具有明显的"热液石油"特征（Liu et al.，2017a），饱和烃色谱图表现为饱和烃碳数分布完整且无明显奇偶优势、明显鼓包（UCM）与主峰碳相对应（图 4）。

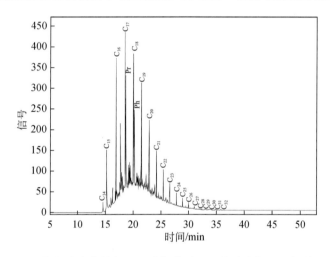

图 4　苏北盆地黄桥富 CO_2 油气藏溪平 1 井原油饱和烃色谱图

　　有机质生烃实验表明，在水介质存在条件下加热，可以降低有机物活化能、加快成烃转化速率（Lewan，1993）。热液流体为有机质生烃提供了充足的热量和水介质，而其热液流体与烃源岩间的水岩反应，又将导致烃源岩中有机质的热蚀变及 Fe、V 等具有催化作用的过渡金属元素的释放，从而促进富有机质的成烃转化。Guaymas 盆地石油中较高的 V、Ni 含量正是热液流体蚀变作用下催化生烃的重要证据（Simoneit，1982）。

2　富氢流体作用下烃源（烃源岩、储层沥青）再生烃

2.1　富 H 流体提高烃源岩生烃潜力

　　按照 Tissot 干酪根生烃理论，有机质生烃过程是一个贫氢富碳的过程（Tissot et al.，1974），随着热演化程度增加有机质 H/C 值减小（Jones and Edison，1978），利用 H/C 值或

HI 指数作为评价不同类型烃源岩生烃潜力并一直沿用至今。该理论和评价方法有效地指导了近代油气地质理论发展和勘探实践。富氢流体是指富含 H 的挥发性流体，其中 H_2 和 H_2O 是最为富集的富氢流体。全球范围内氢气十分丰富（Welhan and Craig，1979；Meng et al.，2015；Sherwood Lollar et al.，2014；Etiope，2017），无论在前寒武纪地层还是新生代地层，H_2 均广泛存在（Meng et al.，2015；Sherwood Lollar et al.，2015）。H_2 具有多种成因类型，既包括深部幔源脱气伴生的大量 H_2，也有幔源岩石的蛇纹石化形成的 H_2。同时，地层水与来自菱铁矿的 Fe^{2+} 发生氧化还原反应也能形成 H_2（Milesi et al.，2016）。Hawkes 早在 1972 年就提出了 H_2（free hydrogen）在油气形成过程中的促进作用（Hawkes，1972），氢元素参与了有机质的热裂解（Lewan et al.，1979）。由于 H—H 键的键能为 436kJ/mol，小于 H—OH 键能 497kJ/mol。因此，理论上而言，地质条件下存在 H_2 时，H_2 比 H_2O 更易对有机质进行加氢。Jin 等（2004）通过封闭体系泥岩（II型干酪根）和煤（III型干酪根）加气态 H_2 和 H_2O 进行 200～450℃（温度间隔 50℃）生烃模拟实验。实验结果表明，与加 H_2O 相比，加 H_2 后无论泥岩还是煤的生烃率均发生显著增加，其中泥岩的生烃率提高 140% 以上。同时，加氢后的液态烃组分中重烃丰度明显增加（表 1）。泥岩催化加氢热解产率比传统索氏抽提法最高可提高 168 倍（Wu et al.，2013）。对于没有外来氢参与的烃源岩，在成熟阶段主要为干酪根脂肪链和芳核中 C—C 键的断裂。干酪根中游离的自由基增加，在缺氢条件下容易发生芳构化，从而使得高演化干酪根中以芳烃和环烷烃等大分子为主。如果有外来氢的参与使得游离自由基与氢发生加氢，形成新的烃类化合物，从而抑制烃类芳构化。炼油化工中通过加氢实现芳烃转化为脂肪烃（Nishijima et al.，1998；Weitkamp et al.，2001）。一般认为，岩浆活动能向沉积盆地中输入大量的热能，温度可达 1200℃，这些热流体不仅能够催熟烃源岩生烃（Schimmelmann et al.，2009），而且这些热能量也能促进富 H 流体与烃源岩加氢生烃，提高烃源岩生烃潜力，即烃源岩中惰性碳的加氢活化。沉积盆地中地层水参与有机质生烃过程（Saxby and Riley，1984；Schimmelmann et al.，1999；Liu et al.，2007；Zhang et al.，2018）。Reeves 等（2012）的实验研究表明，在热液条件下，重烃与水比甲烷与水具有更快的氢同位素交换速率，这主要源自在加氢作用之前更高的平衡烯烃浓度和晚期正构烯烃的内部异构化作用等因素。

表 1   不同烃源加氢与未加氢抽提物产量数据表

样品编号	岩石类型	R_o/%	T_{max}/℃	TOC/%	HI	未加氢抽提物量/(mg/g TOC)	加氢产物生成量/(mg/g TOC)	加氢与未加氢产物比值/%	资料来源
SW-8	泥岩	2.58	609	6.44	2	0.3	13.4	44.7	Fang 等（2014）
YT-1	泥岩	2.53	609	6.81	2	0.5	20.3	40.6	
SW-1	泥岩	2.61	608	1.49	1	5.4	28.2	5.2	
WC-3	泥岩	0.67	449	2.01	130	81.6	463.5	5.7	
GY-3	泥岩		437	3.54	206	92.4	374.6	4.1	吴亮亮 等（2012）
GY-8	硅质岩	0.58	438	8.75	343	56	497.7	8.9	
GY-9	硅质泥岩		436	4.58	300	82.7	472.7	5.7	
GY-17	泥岩	0.68	438	3.67	357	45.4	205	4.5	
WC-4A	硅质岩		603	2.81	5	0.7	32.9	47.0	

续表

样品编号	岩石类型	R_o/%	T_{max}/℃	TOC/%	HI	未加氢抽提物量/(mg/g TOC)	加氢产物生成量/(mg/g TOC)	加氢与未加氢产物比值/%	资料来源
WC-5	泥岩		601	4.07	5	1.2	44.7	37.3	
WC-6A	硅质岩		552	8.54	2	0.7	117.3	167.6	
WC-6B	泥岩		556	7.1	2	1	146.4	146.4	
KLMJ-1	固体沥青		467	58.1	70	0.4	182.5	456.3	Fang 等 (2014)
DY-7	固体沥青	2.1	528	86.3	51	0.8	19.7	24.6	

2.2 富氢流体促进储层沥青活化再生烃（催化加氢）

在石油炼化工业生产中，加氢已经是成熟技术。以重油、渣油以及高蜡原油等含有大分子量复杂官能团的物质为原料，通过加氢过程中的加氢精制反应和加氢裂化反应，产生轻油（韩崇仁，2001）。催化加氢是分子氢（H_2）与其他化合物或元素在催化剂作用下的氧化还原反应。由于加氢反应是放热反应，在没有催化剂作用的情况下，反应十分缓慢。非贵金属催化剂（Fe、Ni、Co、V 等）催化作用下的加氢反应所需的反应温度和反应时间较贵金属催化剂（Os、Ir、Pt、Ru 等）更高更长。

通过加氢脱除反应物中的杂原子基团，如加氢脱硫、加氢脱氮、加氢脱氧和加氢脱金属，以及不饱和烃的加氢形成饱和烃，是加氢精制反应的主要作用，而加氢裂化反应则可以对烃类及大分子基团进行加氢异构化和裂化（包括开环），即将长链烷烃断为短链烷烃以及使芳烃或者环烷烃开环形成长链烷烃并进一步断链（韩崇仁，2001）。所以，在有机质生烃的早期阶段，以加氢精制反应为主，使有机质上的杂原子基团脱离；而在有机质生烃的晚期阶段，以加氢裂化反应为主，包括有机质本身包含的环烷烃或芳香烃的开环反应，以及早期阶段生产的长链烷烃的短链化。

储层沥青是古油藏经历高热演化或者暴露地表遭受生物降解破坏的产物，在我国及世界上许多盆地的古老地层中广泛存在。沥青中富含多环芳烃化合物和高分子基团，类似重油，也可通过加氢作用再活化生烃。由于深部流体不仅携带能量和富氢流体，而且也携带大量催化剂等元素。这些深部流体能使储层沥青发生加氢，从而活化了储层沥青的再生烃能力，将储层沥青原有的惰性碳活化并生成烃类。催化加氢热解能最大限度地提高释放共价键键合链烃生物标志物的产率，使得加氢裂解产物量比传统索氏抽提物量增加25.7～456倍（表1）（Fang et al.，2014），同时不影响其立体异构化特征（Love et al.，1995；Liao et al.，2012）。加氢裂解产物量取决于储层沥青的热演化程度和有机质类型（Bishop et al.，1998）。因此，加氢不仅能够使沥青惰性碳活化生烃，而且加氢生成产物的生物标志物可用于高演化油气源对比和古沉积环境分析（Liao et al.，2012）。煤加氢反应是在高温高压条件下，高挥发性含沥青煤通过加氢反应合成重质油、中质油、汽油和天然气等。

2.3 深部流体携带能量和物质促使费-托合成甲烷

费-托（F-T）合成反应是德国化学家 Fischer 和 Tropsch 在 1923 年发现的。F-T 合成反应是指 CO 非均相催化加氢生成不同链长的烃和含氧有机物的反应，反应物只是 CO 和 H_2，但反应产物可达数百种以上，包括从甲烷到石蜡的烷烃、烯烃和多种含氧有机物，并且在不同的操作条件下产物的分布不同（Anderson et al.，1984）。在特定催化作用下，CO_2 与 H_2 可以直接合成 CH_4 和重烃（Wei et al.，2017）。因此，F-T 合成在石油化工领域是成熟的合成烃类技术。但在自然界，Lancet 和 Anders（1970）首先将其应用到解释陨石中的有机物质来源于太阳星云中 CO_2 和 H_2 发生催化反应。随后 Anders 等（1973）又进一步说明 F-T 合成反应是形成原始有机分子的重要机制。Horita 和 Berndt（1999）模拟了热液条件下（洋壳超基性岩蛇纹石化所经历的温压条件）溶解的 HCO_3^- 转化为 CH_4 的实验。近年来，McCollom 等（2006）、Fu 等（2007）、Zhang 等（2013）进行了一系列 F-T 合成模拟实验，实验的设计及条件较以前的研究者有了很大的改善，检测到的产物更多，分析的项目也更为详细，为进一步揭示 F-T 反应合成无机烃类气体的机理有了更多数据支持。不同 F-T 反应时间结果表明，随着实验时间的增加，反应物转化率提高，烷烃气碳同位素序列逐渐由反序转为倒转然后再转变为正序。电火花实验的时间最短，而烷烃气碳同位素序列也更符合反序关系，也就是说，随着反应时间的增加，F-T 合成无机烷烃气的合成将逐渐由动力学过程转变为热力学平衡过程。在封闭体系下 F-T 合成热模拟实验中，随着模拟实验时间的增加、温度的升高与产物转化率的增高，控制烷烃气碳同位素分馏的因素逐渐由动力学机制转变为热力学平衡，烷烃气碳同位素序列将由反序转变为倒转再到正序，只有在短时间（转化率较低）或者开放体系（随生随排）下才遵从动力学分馏条件，电火花放电合成实验只代表一种较为理想状态的动力学分馏过程。Suda 等（2014）通过对 Hakyuba Happo 温泉伴生气体分析，认为 CH_4-H_2-H_2O 体系中水岩反应能够生成 CH_4 气体，其中温度可以小于 150℃，这种甲烷碳同位素值为-38.1‰～-33.2‰。在陆内蛇纹石化橄榄岩中，有机成因 CO_2 与蛇纹石化形成的 H_2 在温度小于 100℃时就可以发生 F-T 合成并生成 CH_4（Etiope，2017）。Liu 等（2016）依据 R/Ra 分别与 $CO_2/^3He$ 值和 $CH_4/^3He$ 值建立壳-幔端元天然气混合模式，提出了在具有工业气流的庆深气田存在 CO_2 与 H_2 通过 F-T 合成形成的 CH_4 气体，这些 F-T 合成的 CH_4 与幔源 CH_4 和有机质热裂解 CH_4 相混合（图 5）。

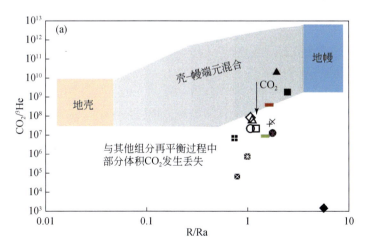

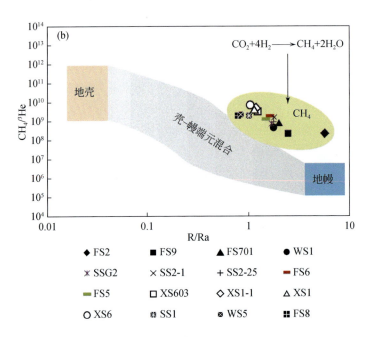

图5　松辽盆地庆深气田 R/Ra 与 $CO_2/^3He$、$CH_4/^3He$ 值鉴别壳-幔端元天然气（Liu et al.，2016）
壳-幔端元混合区域外指示 F-T 合成消耗 CO_2 和生成 CH_4

在深部流体活跃的区域不仅存在幔源气体，往往深部流体携带大量热能在含 Fe 矿物催化作用下很容易使得 CO_2/CO 和 H_2 发生 F-T 合成，形成烷烃气体，特别是 CH_4 气体。但如何有效区分 F-T 合成 CH_4 与幔源 CH_4 以及有机质热裂解形成 CH_4，仍然面临诸多地质与地球化学难题。

3　深部流体对储盖溶蚀改造

3.1　深部流体对碳酸盐岩溶蚀改造

深部热液流体在沿着断裂裂缝体系（Hooper，1991）从深部向浅部运移过程中，其温度、压力及成分组成与所经过的浅部围岩地层有着显著的差异，如具有比所经地层中的地层水具有更高的温度压力，富含 CO_2、CO_3^{2-}、Ca^{2+}、Mg^{2+}、Si 等活跃组分，因此会打破地层流体与围岩之间的物理化学平衡，从而与浅部地层发生显著的水岩相互作用。对碳酸盐岩储层来说，深部热液流体主要是使碳酸盐岩发生溶蚀、白云岩化、硅化等作用，在碳酸盐岩中形成丰富的次生溶蚀孔隙、晶间孔隙等，对深层/超深层优质碳酸盐岩储层发育起着重要的作用（金之钧等，2006；朱东亚等，2008），热液改造形成的碳酸盐岩储集体多呈准层状、透镜状等分布（赵文智等，2014）。

深部流体可从岩浆侵入体中通过水岩反应获得一定数量的 Mg^{2+} 离子，并沿断裂裂缝体系促进热液白云岩化作用（Jacquemyn et al.，2014），使得碳酸盐岩发生热液白云岩化（Hurley and Budros，1990；Davies and Smith，2006）。热液白云岩已成为北美、中东等地区古生界油气主要勘探目标（Al-Aasm，2003；Davies and Smith，2006）；美国和加拿大的世界级大油气藏就赋存在奥陶系（Hurley and Budros，1990）和泥盆系（Davies and Smith，2006）

的热液白云岩储层中；已发表的大量数据和事实表明，中东地区作为世界上最大的油气藏也有构造控制的热液白云岩化和溶蚀改造作用（Davies and Smith，2006）。我国四川盆地在震旦系灯影组、寒武系龙王庙组、奥陶系等层位中都发育深部流体溶蚀改造型白云岩储层（Liu et al.，2014；蒋裕强等，2016）。四川盆地栖霞组和茅口组总体以灰岩为主，但沿着主要断裂体系，广泛发育透镜状的热液白云岩化储集体（舒晓辉等，2012）。基于 Duan 和 Li（2008）热力学理论模型计算结果，深部流体在深部对碳酸盐岩具有持续溶蚀的能力，会使深层/超深层碳酸盐岩储层具有持续发育和保持的能力。塔里木盆地在深层/超深层寒武系和奥陶系中揭示深部流体溶蚀改造形成的优质碳酸盐岩储层（Zhu et al.，2010），特别是塔深 1 井在 7000～8400m 深处发现了多层段的优质热液改造型白云岩储层，并在中途测试中获得了少量的凝析油（Zhu et al.，2015a）。塔深 1 井在 7000～8400m 孔隙度逐渐增加至 9.1%，证实了深部持续发育和保持的能力（Zhu et al.，2015b）（图 6）。因此，在深部热液溶蚀改造作用下，深层碳酸盐岩储层具有持续向深部拓展的能力，使深部仍发育优质白云岩储层。

3.2 深部流体对碎屑岩溶蚀改造

深部来源 CO_2 从深部向盆地浅部运移过程中，部分 CO_2 溶解到水中可形成富 HCO_3^- 的酸性流体，酸性流体往往要引起储集砂岩中长石等可溶性矿物的溶蚀，并伴有石英、黏土等新矿物的沉淀，进而使储集砂岩的孔隙度和渗透率发生改变。Shiraki 和 Dunn（2000）的模式实验结果表明，CO_2 注入砂岩储层后，长石发生蚀变并向高岭石转变，白云石等碳酸盐岩矿物将发生溶解从而可能使储层孔隙增加。Bertier 等（2006）以比利时东北部Westphalian 和 Buntsandstein 砂岩为例，开展了超临界 CO_2-水-岩反应实验，认为 CO_2 的注入会导致砂岩储集层中的白云石、铁白云石以及铝硅酸盐溶蚀，从而改善储层储集物性。

片钠铝石一般认为是高含 CO_2 地层中 CO_2 与碎屑岩相互作用的典型矿物（Worden，2006）。在中国东部 CO_2 气藏的碎屑岩储集岩或火山作用所波及的岩石中，相继发现了与高含量 CO_2 和碳酸盐岩热解碳来源的片钠铝石（高玉巧等，2007）、铁白云石（刘立等，2006）等碳酸盐岩矿物，这表明深部来源的 CO_2 一部分以气田或气藏等资源形式存在，一部分与含水的储集岩发生物理化学作用，以片钠铝石、铁白云石等碳酸盐岩矿物形式被固化在岩石中。

以苏北盆地黄桥油气藏为例，深部来源 CO_2 在志留系至二叠系龙潭组长石石英砂岩储层中富集成藏（Liu et al.，2017a）[图 7（a）、（b）]。储集层中的 CO_2 大量溶解在地层水中，形成较高含量的 HCO_3^- 离子，会对长石形成较强的溶蚀能力。例如，S174 井志留系砂岩地层水中的 HCO_3^- 离子含量达到 12932mg/L；溪平 1 井二叠系龙潭组砂岩地层水中的 HCO_3^- 离子含量达到 18011.79mg/L（Zhu et al.，2018）。在富 CO_2 及 HCO_3^- 作用下，黄桥油气藏储集砂岩中的长石发生了显著的次生溶蚀作用，溶蚀作用在长石颗粒中形成大量微小的次生溶蚀孔隙 [图 7（a）、（b）]。例如，溪平 5 井 P_2l 砂岩中的长石颗粒在单偏光下具有次生溶蚀作用，在正交偏光下仍能发现长石聚片双晶的现象 [图 7（c）、（d）]。长石溶蚀之后形成丰富的粒内溶蚀孔隙和粒间孔隙。扫描电镜下也可发现溪 3 井、溪 1 井龙潭组砂岩具有大量微小溶蚀孔隙的溶蚀残余长石颗粒 [图 7（e）]。溶蚀长石颗粒内部和边缘见片钠铝石 [图 7（f）]、自生石英和高岭石的沉淀，是长石次生蚀变后的产物。受溶蚀形成的次生孔隙影响，二叠系龙潭组致密砂岩的孔隙度可达 12.3%，而无 CO_2 溶蚀改造的句容地区砂岩的孔

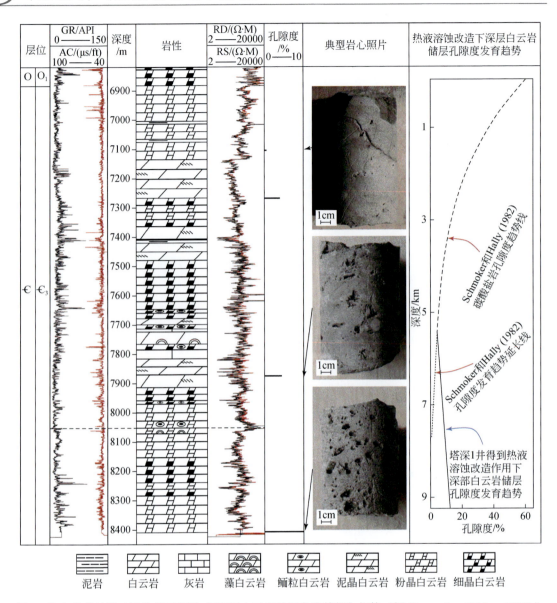

图6　深部流体溶蚀改造作用下深层-超深层白云岩储层发育特征与规律（据 Zhu et al.，2015a，2015b）

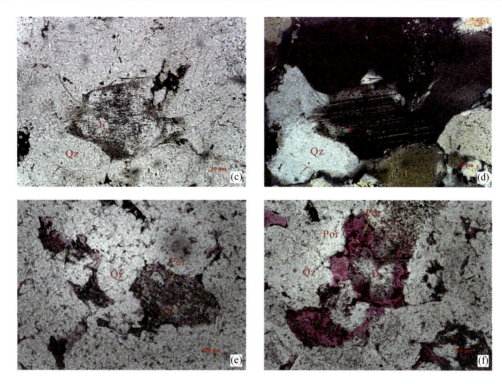

图 7　深部富 CO_2 流体对碎屑岩储层溶蚀改造作用（据 Zhu et al.，2018）

Qz. 石英；F. 长石；D. 片钠铝石；Por. 溶蚀孔隙

（a）褐灰色细中粒砂岩，P_2l，溪 2 井，溶蚀孔隙发育；（b）浅灰色细中砂岩，富含大量溶蚀孔隙，见油斑，P_2l，溪 3 井；（c）砂岩中的长石颗粒发生次生蚀变，单偏光，×200 倍，P_2l，溪平 5 井；（d）砂岩中的长石颗粒发生次生蚀变，具有聚片双晶特征，正交偏光，×200 倍，P_2l，溪平 5 井；（e）砂岩中的长石颗粒发生次生蚀变，发育粒内溶蚀孔隙和粒间孔隙，单偏光，×100 倍，铸体薄片，P_2l，溪 1 井；（f）砂岩中长石颗粒的次生蚀变和片钠铝石的形成，发育粒间孔隙和溶蚀孔隙，单偏光，×100 倍，P_2l，溪 3 井

渗性则较差。长石蚀变形成的片钠铝石在龙潭组砂岩中非常常见，并与蚀变形成的自生石英、高岭石等相伴生。胡文瑄（2016）提出了深部富 CO_2 流体作用下致密碎屑岩储层发育的地质模式，认为有利于溶蚀改造的储层主要沿着深部流体活动的断裂附近发育，对寻找深部 CO_2 活动区域油气藏具有重要的指示意义。

3.3　深部流体增强泥岩盖层封闭性

深部富 CO_2 流体沿深大断裂运移至油气藏圈闭后，不仅对储层发生溶蚀作用，也对泥岩盖层发生改造作用。深部富 CO_2 流体对储层砂岩溶蚀改造，溶蚀长石、碳酸盐岩胶结物等，然后携带这些组分至上覆泥岩盖层中。上覆泥岩盖层因受构造作用而发育大量的微小裂缝，对盖层封闭性产生很大的不利作用（Nygård et al.，2006；Jin et al.，2014）。深部流体从储集砂岩中溶蚀携带的物质在盖层微裂缝中沉淀形成方解石、石英等矿物，使微裂缝得以愈合，从而提高了泥岩的封盖性能（Oelkers and Cole，2008）。对渤海湾盆地济阳坳陷、苏北盆地黄桥 CO_2 油气藏等钻井岩心进行观察发现，富 CO_2 流体作用下不仅储层砂岩长石发现了显著的溶蚀作用，而且上覆泥岩盖层的微孔和微裂缝中也发现了石英、方解石等矿物充填，这增强了盖层封闭能力（图 8）。泥岩盖层裂缝中的方解石脉（图 8）中的流体包裹体均一温度为179℃，远高于所在的地层温度。方解石的 $\delta^{13}C$ 和 $\delta^{18}O$ 分别为-1.9‰和-11.6‰。在稀土元素组成上具有显著的 Eu 正异常的特征，其 δEu 高达 3.0。这些数据表明，方解石脉的形成与深部热液流体有关（Hecht et al.，1999；胡文瑄等，2010）。因为溶蚀溶解化学性质相对不稳定的物质或矿物，在流体达到一定环境条件下，将会沉淀形成片钠铝石、白云石、菱铁矿、方解石等碳酸盐岩矿物（Oelkers and Cole，2008）。Lu 等（2009）对北海 Miller 油田相邻 30km 的两口钻井中取上覆储层的泥岩盖层样品进行碳酸盐岩矿物稳定同位素分析，表明 $\delta^{13}C$ 具有良好的向上线性递减的趋势，表明其受到 CO_2 渗透的影响。美国科罗拉多高原的 Springerville-St. Johns CO_2 气藏，大量碳酸盐岩沉积记录了 CO_2 的充注和泄漏过程，碳酸盐岩胶结物含量为 13%～26%，片钠铝石含量为 2%～7%（Moore et al.，2005）。中国海拉尔盆地乌尔逊凹陷 10 口井钻遇 CO_2 气，研究表明该 CO_2 气及附近地层发育的片钠铝石均为幔源碳来源，CO_2 沿裂隙充注后，储层岩石发育片钠铝石和铁白云石胶结物，片钠铝石胶结物含量为 3%～23%，碳酸盐岩胶结物总量最高达 34%（Gao et al.，2009）。松辽盆地南部红岗背斜青山口组发育大量片钠铝石，含量为 2%～19%，碳酸盐岩胶结物体积分数高达 34%，碳氧同位素数据证实片钠铝石中碳来源为幔源 CO_2（Liu et al.，2011）。尽管盖层的渗透率通常小于 1mD，但孔隙度范围较大，有时可达 30%（Armitage et al.，2011），CO_2 酸性地层水进入这些孔隙中从而引发与矿物的相互作用。由于碳酸盐岩矿物具有较快的反应动力学性质，无论是储层还是盖层中，碳酸盐岩矿物将最先发生溶蚀溶解（Alemu et al.，2011）。中国东部松辽、渤海湾、苏北、莺歌海等含油气盆地中发现众多 CO_2 气藏（Huang et al.，2004，2015；Dai et al.，2005；Liu et al.，2017a），也见 CO_2 与油气共同聚集成藏的现象。同样，美国科罗拉多 St. Johns-Springerville Dome（Moore et al.，2005）、英国北海（Wilkinson et al.，2009）、巴西桑托斯（马安来等，2015）等地区也在油气勘探时发现了 CO_2 气藏。

图 8　苏北盆地黄桥富 CO_2 油气藏中泥岩充填方解石脉体

溪 3 井上二叠统大隆组泥岩充填方解石脉体，1539.0m，箭头代表流体侵入方向

3.4　成岩早期促进微生物岩形成

微生物岩作为一种重要的储层类型越来越受到重视（罗平等，2013）。微生物岩

（microbialite）早在 1987 年首次被提出（Burne and Moore，1987），认为是底栖微生物群落的生物沉积物，底栖微生物群落包括光能原核生物、真核微生物和化能（自养和异养）微生物。底栖微生物主要通过黏结、凝块化、包覆、造架等方式形成碳酸盐岩建造。Vasconcelos和 McKenzie（1997）最早提出了微生物白云石的形成模式。

　　微生物岩建造主要发育在安静的高盐度潟湖环境中，如西澳 Hamelin Pool 现代叠层石发育区海水水体盐度大约是正常海水的两倍，为 55‰～70‰（Bauld，1984），形成叠层石的主要生物类型为蓝细菌（Cyanobacteria）。海水的高盐度和沉积物之下的厌氧硫化环境非常有利于微生物活动形成的有机质的保存（图 9）。西澳 Hamelin Pool 叠层石和微生物席中的有机碳含量一般都大于 20%（Grice et al.，2014）。而深部流体沿深大断裂注入，会提供

图 9　微生物岩储层和烃源发育特征

（a）葡萄状微生物白云岩储层，震旦系灯影组，四川盆地北部南江杨坝剖面；（b）中厚层状葡萄状微生物白云岩储层，多层累计厚度达 15m，震旦系灯影组，四川盆地北部南江杨坝剖面；（c）叠层石白云岩，上震旦统奇格布拉克组，塔里木盆地西北部肖尔布拉克剖面；（d）柱状微生物叠层石，新鲜断面见丰富孔隙（右下角），上震旦统奇格布拉克组，塔里木盆地西北部肖尔布拉克剖面；（e）现代叠层石，澳大利亚西海岸 Hamelin Pool；（f）高盐度潟湖中盐壳下的富有机质泥岩，高盐度和硫化环境保证了有机质的良好保存条件，澳大利亚西海岸 Hamelin Pool

丰富的生命营养元素，如 Fe、Mn、Si、S、P 等，能促使微生物的发育和微生物岩的形成。较为典型的区域为大洋中的海底"黑烟囱"，"黑烟囱"是指海底富含硫化物的高温热液活动区（Rona et al.，1986；Von Damm，1990），因热液喷出时形似"黑烟"而得名。喷溢海底热泉的出口，由于物理和化学条件的改变，含有多种金属元素的矿物在海底沉淀下来，尤其是喷溢口的周围连续沉淀，不断加高，形成了一种烟囱状的地貌，叫作黑烟囱。黑烟囱附近存在着庞大的生物群落，包括细菌微生物和大型蠕虫类的软体动物，其中细菌以消耗硫化物为食，其他生物则以细菌微生物为食，构成了完整的生物链条（Pedersen et al.，2010）。海底热液、火山活动、火山岩石的风化等都能为海洋输送大量的生物繁育所需要的营养元素，会促进微生物的发育和微生物岩的沉淀形成。

微生物岩建造内部由于富含粒内孔、粒间孔、窗格孔、格架孔等原生孔隙，在后期成岩改造作用影响下，还会进一步发育次生溶蚀孔隙，构成优质油气储层。我国四川盆地震旦系灯影组广泛发育叠层状微生物岩和葡萄状微生物岩（宋金民等，2017），已有钻井在这类微生物岩储层发现了天然气产量和储量。灯影组微生物岩储层构成了威远、安岳气田的主要储集体（罗平等，2013）。塔里木盆地在深层-超深层的寒武系和奥陶系中也发现了大量的微生物岩建造，包括微生物叠层石、层纹石、凝块石等，具有良好的储集性能（胡文瑄等，2014），已经成为深层-超深层的重要勘探目的层。

深部流体在促成微生物岩发育和成烃生物勃发机制上具有类似之处，即深部流体提供了两种环境中微生物繁育所必需的生命营养元素。但所处的水体环境和生物类型的差异，导致形成微生物岩或者烃源岩。例如，在浅水环境中，蓝细菌活动形成叠层石；在深水环境中，浮游藻类等成烃生物发育形成烃源岩。高盐度潟湖环境中微生物作用与微生物岩的紧密配合能形成生储建造体系，而深部流体活动贡献的营养物质元素无疑将促进微生物岩的生储建造体系的形成发育。

4　深部流体对深层油气运聚的动力作用

4.1　超临界 CO_2 对深层原油萃取作用

CO_2 达到超临界状态需要温度和压力分别为 30.98℃和 7.38MPa。在超临界状态下，CO_2 对有机质溶解能力大幅提高（Hyatt，1984），可以抽提油页岩中的有机质（Bondar and Koel，1998），甚至其对沉积物中有机质的抽提能力超过索氏抽提法（Akinlua et al.，2008）。基于超临界 CO_2 的抽提能力，通过人工注入超临界 CO_2 来驱采地下致密油，提高原油的采收率。深部流体携带的大量 CO_2 在深层均达到超临界 CO_2 的温压条件。由于具有气体的特征，与通常流体相比超临界流体具有较高的扩散能力、低的黏度和较低的表面张力。所以，超临界 CO_2 在地层等介质中具有很强的扩散迁移能力（Monin et al.，1988），能以扩散的方式通过沉积地层。当大规模超临界 CO_2 沿着断裂裂缝等通道体系从深部向盆地浅部运移过程中，超临界 CO_2 将对围岩（烃源岩或致密储层）中滞留液态烃进行萃取和驱替，促使沉积地层中有机组分活化迁移（Zhong et al.，2014）。超临界萃取实验表明，超临界 CO_2 会优先萃取沉积物中的小分子量烃类组分（图 10），并携带这些轻质组分运移至浅部聚集成藏（Zhu et al.，2017）。例如，黄桥（Zhu et al.，2017）、莺歌海（Huang et al.，2015）。在黄桥地区的二叠系龙潭组等层位具有超临界 CO_2 与油共存的特征，龙潭组砂岩裂缝中的石英脉中发

现了 CO_2 与油共生的包裹体，表明超临界 CO_2 对油萃取作用的存在（Liu et al.，2017a）。基岩中发现一些"无机成因"油藏常沿深部断裂分布，其附近缺少生油岩，这些聚集可能与富 CO_2 流体的溶解运移作用有关（刘国勇等，2005）。

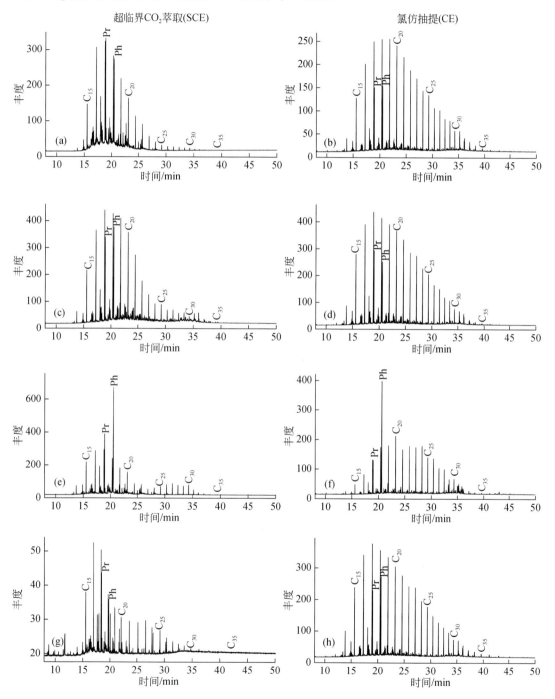

图 10　超临界 CO_2 萃取和氯仿抽提饱和烃色谱比较

4.2　超临界 CO_2 对页岩气替驱作用

超临界 CO_2 分子中静电矩的存在，使其相比于 CH_4 等非极性分子更易吸附于泥页岩等烃源岩的孔隙中，从而导致 CH_4 从有机质中解吸，促进烃源岩中 CH_4 的排出（Middleton et al.，2015），提高了页岩气的产量（Jung et al.，2010；Heller and Zoback，2014）。同时，超临界 CO_2 作为一种无水流体，易于与烃类混溶，减少水力压裂中工作液对缝洞的封堵，因为传统压裂液中水常导致蒙脱石等黏土矿物膨胀，堵塞孔缝，而超临界 CO_2 作为压裂液可避免矿物膨胀引起的孔隙堵塞（Dehghanpour et al.，2012；Makhanov et al.，2014）。因此，由于超临界 CO_2 具有清洁、可与烃类混溶、减少工作液对缝洞的封堵等优点，被视为一种可能替代水力压裂的重要增产增效手段（Middleton et al.，2015）。

样品来自苏北盆地黄桥地区的二叠系龙潭组。超临界 CO_2 萃取样品：A-S174 井-1，C-S174 井-17，E-X3 井-2，G-X2 井-7。常规氯仿抽提样品：B-S174 井-1，D-S174 井-17，F-X3 井-2，H-X2 井-7。

4.3　深部流体携带能量改变原油物理化学属性（热液石油）

深部流体不仅携带富含 C、H 等挥发分流体，而且也携带大量热能量。这些热液流体对沉积盆地油气产生热蚀变，使得原油的地球化学特征发生改变。由于热液对原油热蚀变促进了原油发生芳构化或者热裂解，原油构成以芳烃或者非烃+沥青质为主（Simoneit，1990），芳烃和非烃+沥青质含量为30%～98%（Didyk and Simoneit，1990；Simoneit，1990；Yamanaka et al.，2000），在美国黄石国家公园热液石油的芳烃和非烃+沥青质含量甚至可达99%以上（Clifton et al.，1990）。尽管我国苏北盆地黄桥地区原油芳烃含量小于10%，饱和烃含量大于90%（Liu et al.，2017a），但从饱和烃、芳烃、非烃三者关系来看（图11），黄桥地区原油族组分与巴西桑托斯油气田具有相似的原油族组分分布特征。黄桥地区原油饱和烃色谱碳数分布在 C_{13}～C_{34}，主峰碳以 C_{16} 和 C_{17} 为主，表现为明显鼓包的单峰型特征，

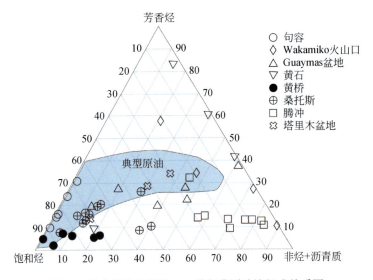

图 11　苏北盆地黄桥富 CO_2 油气藏原油族组成关系图

C_{25} 以后正构烷烃丰度相对较低（图 4）；同时，CPI 为 0.91～0.98，Pr/Ph 值为 1.1～1.47，Pr/nC$_{17}$ 值为 0.55～0.77，Ph/nC$_{18}$ 值为 0.53～0.64（Liu et al.，2017a）。这些原油饱和烃正构烷烃分布特征与热液石油具有相似性（Simoneit，1990；Yamanaka et al.，2000；Simoneit et al.，2004）。由于黄桥和巴西原油产量达到具有工业价值的油流，因此遭受热液改造的石油不仅分布广泛，而且也能形成工业性油流。

4.4 深部流体促进 H_2、He 等气体富集

由于 H_2 活泼的化学性质和强还原能力，极易被氧化。在地质条件下，很难发现 H_2 单独聚集成藏或者高含 H_2 的气藏。Woolnough（1934）最早报道了澳大利亚和新几内亚岛（New Guinea）H_2 含量高于 10%。Bohdanowic（1934）报道了 Strvropol 地区 H_2 含量最高达到 27.3%。北美 Kansas 地区 Forest City 盆地发现含量为 17% 的 H_2 与烃类气体共生（Newell et al.，2007）。加拿大和 Fennoscandian 前寒武系地盾、显生宙蛇绿岩气苗以及 Kansas 地区金伯利岩侵入的气井中，H_2 含量大于 30%（Sherwood Lollar et al.，2015）。我国柴达木盆地三湖地区岩屑罐顶气中检查到 H_2 含量最高达 99%（Shuai et al.，2010）。在深部流体活跃区域，H_2 含量范围较大。菲律宾群岛 Zambales 地区（Thayer，1966；Abrajano et al.，1988）、阿曼北部火山岩省（Neal and Stranger，1983）、瑞典 Graverg-1 井（Jeffrey and Kaphlan，1988）等 H_2 含量超过 10%；而我国东部沿郯庐断裂带附近，H_2 含量为 0.01%～5.5%（Shangguan and Hou，2002；孟庆强等，2011）。Goebel 等（1983）根据 Kans 地区 Heins 井天然气中的 H_2 和 N_2 同位素特征，认为该井中的高浓度 H_2 是地球脱气作用形成的。Marty 等（1991）认为冰岛西南裂谷带温泉气中 H_2 是地球脱气作用过程的产物。Hawkes（1972）计算了每 1kg 岩石从地球深部 15km 运移至地表，可以释放出 75cm^3 的 H_2，而每 100cm^3 的水从地下 15km 运移至地表，可以释放出 1200cm^3 的 H_2。金之钧等（2007）根据玄武岩中橄榄石和辉石斑晶的热释气体组分和含量，估算出东营-惠民凹陷幔源火成-岩浆活动能向该凹陷输入约 44.1×10^{9}m^3 的 H_2。由于对高含 H_2 气藏形成的地质认识薄弱，对 H_2 能否聚集形成具有工业价值气藏一直存在较大争议。但 H_2 作为一种清洁能源，如果从地质环境中能够获取廉价 H_2，将对未来清洁能源供给具有重要意义。He 由于具有特殊的物理化学性质，被广泛应用在国防、军工以及化学分析等科研生产的各个方面。但迄今为止 He 唯一的来源仍然是含 He 天然气，其具有工业经济价值的含量下限为 0.05%（张子枢，1987）。由于 He 在大气中的含量很低，具有工业经济意义的 He 主要来源于地壳与地幔（徐永昌等，1989）。壳源 He 气藏以威远气藏为代表，He 含量超过 0.15%，如威 100 井 He 含量为 0.3，达到工业 He 气藏的品位（王顺玉和李兴甫，1999）。我国东部断裂带附近的含油气盆地是深部幔源 He 气藏的主要分布区域。例如，松辽盆地芳深 9 井 He 含量最高可达 2.743%，汪 9-12 井中 He 含量为 2.104%（冯子辉等，2001）。渤海湾盆地济阳坳陷的东营凹陷和惠民凹陷交界的花沟地区天然气中 He 含量为 5.11%（花 501 井 459.1～461.7m）（车燕等，2001），中国东南部三水盆地中 He 含量最高可达 0.427%（杨长清和姚俊祥，2004）。由于油气勘探与生产实践中 He 资源关注不足，对于 He 富集规律认识研究薄弱，但其作为战略性资源具有重要的工业和经济价值，也是提高天然气经济效益的着力点。

5　结语

大量研究与油气勘探实践已经证实，深部流体携带的物质和能量不仅对烃源岩发育和生烃过程、储集空间改造与页岩油气的驱替有明显正面作用，而且催化加氢和 F-T 合成 CH_4 拓展了经典干酪根生烃理论范围，增加了新的油气来源。因此，壳幔有机-无机相互作用是值得关注的全新研究新领域，它极大地拓展了经典的石油地质理论。然而，由于深部流体介入油气的形成和成藏过程十分复杂，涉及诸多有机与无机相互作用过程，目前研究仅仅是一个良好的开端，还有诸多科学问题需要进一步深化研究。例如，深部流体促进成烃生物勃发能否引起生物种群的改变，深部流体作用下能在多大程度上提高古老烃源（干酪根、沥青）再活化生烃潜力，深部流体如何改变原油有机地球化学属性，深部流体溶蚀是否意味着油气储集空间没有深度限制，F-T 合成 CH_4 与干酪根热裂解烷烃有何差异性以及能否形成工业性气藏。深入探索这些科学问题对于深入认识地球系统演化和油气形成具有重要的科学意义与指导油气勘探开发的实际价值。

参 考 文 献

蔡郁文, 王华建, 王晓梅, 等. 2017. 铀在海相烃源岩中富集的条件及主控因素. 地球科学进展, 32: 199-208.

车燕, 姜慧超, 穆星, 等. 2001. 花沟气田气藏类型及成藏规律. 油气地质及采收率, 8: 32-34.

冯子辉, 霍秋立, 王雪. 2001. 松辽盆地北部氮气成藏特征研究. 天然气工业, 21: 29-30.

高玉巧, 刘立, 杨会东, 等. 2007. 松辽盆地孤店 CO_2 气田储集砂岩中自生片钠铝石的特征及成因. 石油学报, 28: 58-63.

韩崇仁. 2001. 加氢裂化工艺与工程. 北京: 中国石化出版社: 224-226.

胡文瑄. 2016. 盆地深部流体主要来源及判识标志研究. 矿物岩石地球化学通报, 35: 817-826.

胡文瑄, 陈琪, 王小林, 等. 2010. 白云岩储层形成演化过程中不同流体作用的稀土元素判别模式. 石油与天然气地质, 31: 810-818.

胡文瑄, 朱井泉, 王小林, 等. 2014. 塔里木盆地柯坪地区寒武系微生物白云岩特征. 成因及意义. 石油与天然气地质, 35: 860-869.

蒋裕强, 陶艳忠, 王珏博, 等. 2016. 四川盆地高石梯-磨溪地区灯影组热液白云石化作用. 石油勘探与开发, 43: 1-10.

焦念志. 2012. 海洋固碳与储碳——并论微型生物在其中的重要作用. 中国科学: 地球科学, 42(10): 1473-1486.

金之钧, 张刘平, 杨雷, 等. 2002. 沉积盆地深部流体的地球化学特征及油气成藏效应初探. 地球科学: 中国地质大学学报, 27: 659-665.

金之钧, 朱东亚, 胡文瑄, 等. 2006. 塔里木盆地热液活动地质地球化学特征及其对储层影响. 地质学报, 80: 245-253.

金之钧, 胡文瑄, 陶明信. 2007, 深部流体活动及油气成藏效应. 北京: 科学出版社.

李曙光. 2015. 深部碳循环的 Mg 同位素示踪. 地学前缘, 22: 143-159.

刘国勇, 张刘平, 金之钧. 2005. 深部流体活动对油气运移影响初探. 石油实验地质, 27: 269-275.

刘立, 高玉巧, 曲希玉, 等. 2006. 海拉尔盆地乌尔逊凹陷无机 CO_2 气储层的岩石学与碳氧同位素特征. 岩石学报, 22: 1861-1868.

罗平, 王石, 李朋威, 等. 2013. 微生物碳酸盐岩油气储层研究现状与展望. 沉积学报, 31: 807-823.

马安来, 黎玉战, 张玺科, 等. 2015. 桑托斯盆地盐下 J 油气田 CO_2 成因、烷烃气地球化学特征及成藏模式. 中国海上油气, 27: 13-20.

孟庆强, 陶成, 朱东亚, 等. 2011. 微量氢气定量富集方法初探. 石油实验地质, 33: 314-316.

舒晓辉, 张军涛, 李国蓉, 等. 2012. 四川盆地北部栖霞组-茅口组热液白云岩特征与成因. 石油与天然气地质, 33: 442-448.

宋金民, 刘树根, 李智武, 等. 2017. 四川盆地上震旦统灯影组微生物碳酸盐岩储层特征与主控因素. 石油与天然气地质, 38: 741-752.

汪品先. 2006. 大洋碳循环的地质演变. 自然科学进展, 16: 1361-1370.

王顺玉, 李兴甫. 1999. 威远和资阳震旦系天然气地球化学特征与含气系统研究. 天然气地球科学, 10: 63-69.

吴亮亮, 廖玉宏, 方允鑫, 等. 2012. 不同成熟度烃源岩的催化加氢热解与索氏抽提在生物标志物特征上的对比. 科学通报, 57(32): 3067-3077.

徐永昌, 沈平, 李玉成. 1989. 中国最古老的气藏——四川威远震旦纪气藏. 沉积学报, 7: 3-14.

杨长清, 姚俊祥. 2004. 三水盆地二氧化碳气成藏模式. 天然气工业, 24: 36-39.

张立飞, 陶仁彪, 朱建江. 2017. 俯冲带深部碳循环: 问题与讨论. 矿物岩石地球化学通报, 36: 185-196.

张泉兴, 李雨梁, 胡忠良, 等. 1989. 莺歌海盆地梅山组的石油深热成因和水相运移. 中国海上油气, 3: 25-33.

张子枢. 1987. 我国氦资源及其开发与保护. 资源开发与市场, 3: 28-31.

赵斐宇, 姜素华, 李三忠, 等. 2017. 中国无机 CO_2 气藏与(古)太平洋板块俯冲关联. 地学前缘, 24: 370-384.

赵文智, 沈安江, 周进高, 等. 2014. 礁滩储集层类型、特征、成因及勘探意义——以塔里木和四川盆地为例. 石油勘探与开发, 41: 257-267.

朱东亚, 金之钧, 胡文瑄, 等. 2008. 塔里木盆地深部流体对碳酸盐岩储层影响. 地质论评, 54: 348-354.

朱日祥, 徐义刚, 朱光, 等. 2012. 华北克拉通破坏. 中国科学: 地球科学, 42: 1135-1159.

Abrajano T A, Sturchio N C, Bohlke J K, et al. 1988. Methane-hydrogen gas seeps, Zambales Ophiolite, Philippines: Deep or shallow origin?. Chemical Geology, 71: 211-222.

Akinlua A, Torto N, Ajayi T R. 2008. Supercritical fluid extraction of aliphatic hydrocarbons from Niger Delta sedimentary rock. The Journal of Supercritical Fluids, 45: 57-63.

Al-Aasm I. 2003. Origin and characterization of hydrothermal dolomite in the Western Canada Sedimentary Basin. Journal of Geochemical Exploration, 78-79: 9-15.

Alemu B L, Aagaard P, Munz I A, et al. 2011. Caprock interaction with CO_2: A laboratory study of reactivity of shale with supercritical CO_2 and brine. Applied Geochemistry, 26: 1975-1989.

Algeo T J, Rowe H. 2012. Palaeoceanographic applications of trace-metal concentration data. Chemical Geology, 324-325: 6-18.

Anders E, Hayatsu R, Studier M H. 1973. Organic compounds in meteorites. Science, 182: 781-790.

Anderson R B, Köllbel H, Rálek M. 1984. The Fischer-Tropsch synthesis. New York: Academic Press: 1-30.

Armitage P J, Faulkner D R, Worden R H, et al. 2011. Experimental measurement of, and controls on, permeability and permeability anisotropy of caprocks from the CO_2 storage project at the Krechba Field,

Algeria. Journal of Geophysical Research: Solid Earth, 116: B12.

Bauld J. 1984. Microbial mats in marginal marine environments: Shark Bay, Western Australia, and Spencer Gulf, South Australia//Cohen Y, Castenholz R W, Halvorson H O. Microbial Mats: Stromatolites, New York: Alan Liss: 39-58.

Bertier P, Swennen R, Laenen B, et al. 2006. Experimental identification of CO_2-water-rock interactions caused by sequestration of CO_2 in Westphalian and Buntsandstein sandstones of the Campine Basin(NE-Belgium). Journal of Geochemical Exploration, 89: 10-14.

Bishop A N, Love G D, McAulay A D, et al. 1998. Release of kerogen-bound hopanoids by hydropyrolysis. Organic Geochemistry, 29: 989-1001.

Bohdanowic C. 1934. Natural gas occurrence in Russia(U. S. S. R). AAPG Bulletin, 18: 746-759.

Bondar E, Koel M. 1998. Application of supercritical fluid extraction to organic geochemical studies of oil shales. Fuel, 77: 211-213.

Browning T J, Bouman H A, Henderson G M, et al. 2014. Strong responses of Southern Ocean phytoplankton communities to volcanic ash. Geophysical Research Letters, 41: 2851-2857.

Burne R V, Moore L S. 1987. Microbialites: Organosedimentary deposits of benthic microbial communities. Palaios, 2: 241-254.

Clifton C G, Walters C C, Simoneit B R T. 1990. Hydrothermal petroleums from Yellowstone National Park, Wyoming, U. S. A. Applied Geochemistry, 5: 169-191.

Dai J, Yang S, Chen H, et al. 2005. Geochemistry and occurrence of inorganic gas accumulations in Chinese sedimentary basins. Organic Geochemistry, 36: 1664-1688.

Dai Z, Middleton R S, Viswanathan H S, et al. 2014. An integrated framework for optimizing CO_2 sequestration and enhanced oil recovery. Environmental Science & Technology Letters, 1: 48-54.

Dasgupta R, Hirschmann M M, Withers A C. 2004. Deep global cycling of carbon constrained by the solidus of anhydrous, carbonated eclogite under upper mantle conditions. Earth and Planetary Science Letters, 227: 73-85.

Davies G R, Smith L B. 2006. Structurally controlled hydrothermal dolomite reservoir facies: An overview. AAPG Bulletin, 90: 1641-1690.

Dehghanpour H, Zubair H A, Chhabra A, et al. 2012. Liquid intake of organic shales. Energy & Fuels, 26: 5750-5758.

Demaison G J, Moore G T. 1980. Anoxic environments and oils source bed genesis. Organic Geochemistry, 2: 9-31.

Dick G J, Tebo B M. 2010. Microbial diversity and biogeochemistry of the Guaymas Basin deep-sea hydrothermal plume. Environmental Microbiology, 12: 1334-1347.

Dick G J, Anantharaman K, Baker B J, et al. 2013. The microbiology of deep-sea hydrothermal vent plumes: Ecological and biogeographic linkages to seafloor and water column habitats. Frontier in Microbiology, 4: 124.

Didyk B M, Simoneit B R T. 1990. Petroleum characteristics of the oil in a Guaymas Basin hydrothermal chimney. Applied Geochemistry, 5: 29-40.

Duan Z, Li D. 2008. Coupled phase and aqueous species equilibrium of the H_2O-CO_2-NaCl-$CaCO_3$ system from 0 to 250℃, 1 to 1000bar with NaCl concentrations up to saturation of halite. Geochimica et Cosmochimica

Acta, 72: 5128-5145.

Etiope G. 2017. Abiotic methane in continental serpentinization sites: An overview. Peocedia Earth and Planetary Science, 17: 9-12.

Fang Y, Liao Y, Wu L, et al. 2014. The origin of solid bitumen in the Honghuayuan Formation(O1h)of the Majiang paleo-reservoir-Evidence from catalytic hydropyrolysates. Organic Geochemistry, 68: 107-117.

Fitzsimmons J, John S G, Marsay C M, et al. 2017. Iron persistence in a distal hydrothermal plume supported by dissolved-particulate exchange. Nature Geoscience, 10: 195-201.

Frezzotti M L, Huizenga J M, Compagnoni R, et al. 2014. Diamond formation by carbon saturation in C-O-H fluids during cold subduction of oceanic lithosphere. Geochimica et Cosmochimica Acta, 143: 68-86.

Frogner P, Gislason S R, Óskarsson N. 2001. Fertilizing potential of volcanic ash in ocean surface water. Geology, 29: 487-490.

Frost D J, McCammon C A. 2008. The redox state of Earth's mantle. Annual Review of Earth and Planetary Sciences, 36: 389-420.

Fu Q, Sherwood Lollar B, Horita J, et al. 2007. Abiotic formation of hydrocarbons under hydrothermal conditions: Constraints from chemical and isotope data. Geochimica et Cosmochimica Acta, 71: 1982-1998.

Gao Y, Liu L, Hu W. 2009. Petrology and isotopic geochemistry of dawsonite-bearing sandstones in Hailaer basin, northeastern China. Applied Geochemistry, 24: 1724-1738.

Goebel E D, Coveney R M J, Angino E E, et al. 1983. Naturally occurring hydrogen gas from a borehole on the western flank of Nemaha anticline in Kansas. AAPG Bulletin, 67-68: 1324.

Grice K, Ertefai T, Skrzypek G, et al. 2014. Organic geochemical studies of modern microbial mats from Shark Bay: part I: influence of depth and salinity on lipid biomarkers and their isotopic signatures. Geobiology, 12: 469-487.

Hawkes H E. 1972. Free hydrogen in genesis of petroleum. AAPG Bulletin, 56: 2268-2270.

Hecht L, Freiberger R, Gilg H A, et al. 1999. Rare earth element and isotope(C, O, Sr)characteristics of hydrothermal carbonates: Genetic implications for dolomite-hosted talc mineralization at Göpfersgrün (Fichtelgebirge, Germany). Chemical Geology, 155: 115-130.

Heller R, Zoback M. 2014. Adsorption of methane and carbon dioxide on gas shale and pure mineral samples. Journal of Unconventional Oil Gas Resources, 8: 14-24.

Hoffmann L J, Breitbarth E, Ardelan M, et al. 2012. Influence of trace metal release from volcanic ash on growth of Thalassiosira pseudonana and Emiliania huxleyi. Marine Chemistry, 132-133: 28-33.

Hooper E C D. 1991. Fluid migration along growth faults in compacting sediments. Journal of Petroleum Geology, 14: 161-180.

Horita J, Berndt M E. 1999. Abiogenic methane formation and isotopic fractionation under hydrothermal conditions. Science, 285: 1055-1057.

Huang B, Xiao X, Zhu W. 2004. Geochemistry, origin, and accumulation of CO_2 in natural gases of the Yinggehai Basin, offshore South China Sea. AAPG Bulletin, 88: 1277-1293.

Huang B, Tian H, Huang H, et al. 2015. Origin and accumulation of CO_2 and its natural displacement of oils in the continental margin basins, northern South China Sea. AAPG Bulletin, 99: 1349-1369.

Hurley N F, Budros R. 1990. Albion-Scipio and Stoney Point Fields-USA Michigan Basin. AAPG Special volumes, 1-38.

Hyatt J A. 1984. Liquid and supercritical carbon dioxide as organic solvents. The Journal of Organic Chemistry, 49: 5097-5101.

Jacquemyn C, El Desouky H, Hunt D, et al. 2014. Dolomitization of the Latemar platform: Fluid flow and dolomite evolution. Marine and Petroleum Geology, 55: 43-67.

Jeffrey A W A, Kaphlan I R. 1988. Hydrocarbons and inorganic gases in the Gravberg-1 wells, Siljan Ring, Sweden. Chemical Geology, 71: 237-255.

Jin Z, Yuan Y, Sun D, et al. 2014. Models for dynamic evaluation of mudstone/shale cap rocks and their applications in the Lower Paleozoic sequences, Sichuan Basin, SW China. Marine and Petroleum Geology, 49: 121-128.

Jin Z J, Zhang L P, Yang L, et al. 2004. A preliminary study of mantle-derived fluids and their effects on oil/gas generation in sedimentary basins. Journal of Petroleum Science and Engineering, 41: 45-55.

Jones R W, Edison T A. 1978. Microscopic observations of kerogen related to geochemical parameters with emphasis on thermal maturation. Pacific Section SEPM, 1-12.

Jung J W, Espinoza D N, Santamarina J C. 2010. Properties and phenomena relevant to CH_4-CO_2 replacement in hydrate-bearing sediments. Journal of Geophysical Research-Solid Earth, 115: B10.

Kerrick D M, Connolly J A D. 1998. Subduction of ophicarbonates and recycling of CO_2 and H_2O. Geology, 26: 375-378.

Kvenvolden K A, Rapp J B, Hostettler F D, et al. 1986. Petroleum associated with polymetallic sulfide in sediment from Gorda Ridege. Science, 234: 1231-1234.

Lancet M S, Anders E. 1970. Carbon isotope fractionation in the Fischer-Tropsch synthesis of methane. Science, 170: 980-982.

Lee C-T A, Jiang H, Ronay E, et al. 2018. Volcanic ash as a driver of enhanced organic carbon burial in the Cretaceous. Scientific Reports, 8: 4197.

Lewan M. 1993. Laboratory simulation of petroleum formation: Hydrous pyrolysis//Engel M H, Macko S A. Organic Geochemistry-Principle and applications. New York: Plenum Press: 419-422.

Lewan M D, Winters J C, McDonald J H. 1979. Generation of oil-like pyrolyzates from organic-rich shales. Science, 203: 897-899.

Li J, Cui J, Yang Q, et al. 2017. Oxidative weathering and microbial diversity of an inactive seafloor hydrothermal sulfide chimney. Frontiers in Microbiology, 8: 01378.

Liao Y, Fang Y, Wu L, et al. 2012. The characteristics of the biomarkers and $\delta^{13}C$ of n-alkanes released from thermally altered solid bitumen at various maturities by catalytic hydropyrolysis. Organic Geochemistry, 46: 56-65.

Liu N, Liu L, Qu X, et al. 2011. Genesis of authigene carbonate minerals in the Upper Cretaceous reservoir, Honggang Anticline, Songliao Basin: A natural analog for mineral trapping of natural CO_2 storage. Sedimentary Geology, 237: 166-178.

Liu Q, Liu W, Dai J. 2007. Characterization of pyrolysates from maceral components of Tarim coals in closed system experiments and implications to natural gas generation. Organic Geochemistry, 38: 921-934.

Liu Q, Dai J, Jin Z, et al. 2016. Abnormal carbon and hydrogen isotopes of alkane gases from the Qingshen gas field, Songliao Basin, China, suggesting abiogenic alkanes?. Journal of Asian Earth Sciences, 115: 285-297.

Liu Q, Zhu D, Jin Z, et al. 2017a. Effects of deep CO_2 on petroleum and thermal alteration: The case of the Huangqiao oil and gas field. Chemical Geology, 469: 214-229.

Liu S, Huang W, Jansa L F, et al. 2014. Hydrothermal Dolomite in the Upper Sinian(Upper Proterozoic)Dengying Formation, East Sichuan Basin, China. Acta Geologica Sinica(English Edition), 88: 1466-1487.

Liu S, Wu H, Shen S, et al. 2017b. Zinc isotope evidence for intensive magmatism immediately before the end-Permian mass extinct. Geology, 45: 343-346.

Love G D, Snape C E, Carr A D, et al. 1995. Release of covalently-bound alkane biomarkers in high yields from kerogen via catalytic hydropyolysis. Organic Geochemistry, 23: 981-986.

Lu J, Wilkinson M, Haszeldine R S, et al. 2009. Long-term performance of a mudrock seal in natural gas CO_2 storage. Geology, 37: 35-38.

Makhanov K, Habibi A, Dehghanpour H, et al. 2014. Liquid uptake of gas shales: A workflow to estimate water loss during shut-in periods after fracturing operations. Journal of Unconventional Oil Gas Resources, 7: 22-32.

Malusà M G, Frezzotti M L, Ferrando S, et al. 2018. Active carbon sequestration in the Alpine mantle wedge and implications for long-term climate trends. Scientific Reports, 8: 4740.

Martin J H, Fitzwater S E. 1988. Iron deficiency limits phytoplankton growth in the northeast Pacific subarctic. Nature, 331: 341-343.

Marty B, Gunnlaugsson E, Jambon A, et al. 1991. Gas geochemistry of geothermal fluids, the Hengill area, southwest rift zone of Iceland. Chemical Geology, 91: 207-225.

McCollom T M, Seewald J S, Sherwood Lollar B, et al. 2006. Isotopic signatures of abiotic organic synthesis under geologic conditions. Geochimica et Cosmochimica Acta, 70: A0407.

Meng Q, Sun Y, Tong J, et al. 2015. Distribution and geochemical characteristics of hydrogen in natural gas from the Jiyang Depression, Eastern China. Acta Geological Sinica, 89: 1616-1524.

Michaelis W, Jenisch A, Richnow H H. 1990. Hydrothermal petroleum generation in Red Sea sediments from the Kebrit and Shaban Deeps. Applied Geochemistry, 5: 103-114.

Middag R, De Baar H J W, Laan P, et al. 2011. Dissolved manganese in the Atlantic sector of the Southern Ocean. Deep Sea Research Part II Topical Studies in Oceanography, 58: 2661-2677.

Middleton R S, Carey J W, Currier R P, et al. 2015. Shale gas and non-aqueous fracturing fluids: Opportunities and challenges for supercritical CO_2. Applied Energy, 147: 500-509.

Milesi V, Prinzhofer A, Guyot F, et al. 2016. Contribution of siderite-water interaction for the unconventional generation of hydrocarbon gases in the Solimões basin, north-west Brazil. Marine and Petroleum Geology, 71: 168-182.

Monin J C, Barth D, Perrut M, et al. 1988. Extraction of hydrocarbons from sedimentary rocks by supercritical carbon dioxide. Organic Geochemistry, 13: 1079-1086.

Moore C M, Mills M M, Arrigo K R, et al. 2013. Processes and patterns of oceanic nutrient limitation. Nature Geoscience, 6: 701-710.

Moore J, Adams M, Allis R, et al. 2005. Mineralogical and geochemical consequences of the long-term presence of CO_2 in natural reservoirs: An example from the Springer ville-St. Johns Field, Arizona, and New Mexico, USA. Chemical Geology, 217: 365-385.

Morel F M M, Milligan A J, Saito M A. 2003. Marine bioinorganic chemistry: The role of trace metals in the ocean cycles of major nutrients. Treatise on Geochemistry, 6: 113-143.

Neal C, Stanger G. 1983. Hydrogen generation from mantle source rocks in Oman. Earth and Planetary Science Letters, 66: 315-320.

Newell K D, Doveton J H, Merriam D F, et al. 2007. H_2-rich and hydrocarbon gas recovered in a deep Precambrian well northeastern Kansas. Natural Resources Research, 16: 277-292.

Nishijima A, Kameoka T, Sato T, et al. 1998. Catalyst design and development for upgrading aromatic hydrocarbons. Catalysis Today, 45: 261-269.

Nygård R, Gutierrez M, Bratli R K, et al. 2006. Brittle-ductile transition, shear failure and leakage in shales and mudrocks. Marine and Petroleum Geology, 23: 201-212.

Oelkers E H, Cole D R. 2008. Carbon dioxide sequestration a solution to a global problem. Elements, 4: 305-310.

Ogawa H, Amagai Y, Koike I, et al. 2001. Production of refractory dissolved organic matter by bacteria. Science, 292: 917-920.

Olgun N, Duggen S, Andronico D, et al. 2013. Possible impacts of volcanic ash emissions of Mount Etna on the primary productivity in the oligotrophic Mediterranean Sea: Results from nutrient-release experiments in seawater. Marine Chemistry, 152: 32-42.

Pedersen R B, Rapp H T, Thorseth I H, et al. 2010. Discovery of a black smoker vent field and vent fauna at the Arctic Mid-Ocean Ridge. Nature Communications, 1: 126.

Peter J M, Peltonen P, Scott S D, et al. 1991. ^{14}C ages of hydrothermal petroleum and carbonate in Guaymas Basin, Gulf of California: Implications for oil generation, expulsion and migration. Geology, 19: 253-256.

Price L C, Wenger L M. 1992. The influence of pressure on petroleum generaion and maturation as suggested by aqueous pyrolysis. Organic Geochemistry, 19: 141-159.

Reeves E P, Seewald J S, Sylva S P. 2012. Hydrogen isotope exchange between n-alkanes and water under hydrothermal conditions. Geochimica et Cosmochimica Acta, 77: 582-599.

Rona P A, Klinkhammer G, Nelsen T A, et al. 1986. Black smokers, massive sulphides and vent biota at the Mid-Atlantic Ridge. Nature, 321: 33.

Saxby J D, Riley K W. 1984. Petroleum generation by laboratory scale pyrolysis over six years simulating conditions in a subsiding basin. Organic Geochemistry, 308: 177-179.

Schimmelmann A, Lewan M D, Wintsch R P. 1999. D/H isotope ratios of kerogen, bitumen, oil, and water in hydrous pyrolysis of source rocks containing kerogen types I, II, IIS, and III. Geochimica et Cosmochimica Acta, 63: 3751-3766.

Schimmelmann A, Mastalerz M, Gao L, et al. 2009. Dike intrusions into bituminous coal, Illinois Basin: H, C, N, O isotopic responses to rapid and brief heating. Geochimica et Cosmochimica Acta, 73: 6264-6281.

Schmoker J W, Hally R B. 1982. Carbonate porosity versus depth: A predictable relation for south Florida. AAPG Bulletin, 66(12): 2561-2570.

Shangguan Z G, Hou W. 2002. dD values of escaped H_2 from hot springs at the Tengchong Rehai geothermal area and its origin. Chinese Science Bulletin, 47: 148-150.

Shen Y, Farquhar J F, Zhang H, et al. 2011. Multiple S-isotopic evidence for episodic shoaling of anoxic water during Late Permian mass extinction. Natural Communications, 2: 210.

Sherwood Lollar B, Onstott T C, Lacrampe-Couloume G, et al. 2014. The contribution of the Precambrian continental lithosphere to global H_2 production. Nature, 516: 379-382.

Shiraki R, Dunn T L. 2000. Experimental study on water-rock interactions during CO_2 flooding in the Tensleep Formation, Wyoming, USA. Applied Geochemistry, 15: 455-476.

Shuai Y, Zhang S, Su A, et al. 2010. Geochemical evidence for strong ongoing methanogenesis in Sanhu region of Qaidam Basin. Science China Earth Sciences, 53: 84-90.

Simoneit B R T. 1984. Hydrothermal effects on organic matter-high versus low temperature components. Organic Geochemistry, 6: 857-864.

Simoneit B R T. 1990. Petroleum generation, at easy and widespread process in hydrothermal system: An overview. Applied Geochemistry, 5: 1-15.

Simoneit B R T, Kvenvolden K A. 1994. ^{14}C ages of hydrothermal petroleum and carbonate in Guaymas Basin, Gulf of California: Implications for oil generation, expulsion and migration. Organic Geochemistry, 21: 525-529.

Simoneit B R T, Lonsdata P T. 1982. Hydrothermal petroleum in mineralized mounds at the seabed of Guaymas Basin. Nature, 295: 198-202.

Simoneit B R T, Aboul-Kassim T A, Tiercelin J J. 2000. Hydrothermal petroleum from lacustrine sedimentary organic matter in the East African Rift. Applied Geochemistry, 15: 353-368.

Simoneit B R T, Lein A Y, Peresypkin V I, et al. 2004. Composition and origin of hydrothermal petroleum and associated lipids in the sulfide deposits of the Rainbow Field(Mid-Atlantic Ridge at 36°N). Geochimica et Cosmochimica Acta, 68: 2275-2294.

Suda K, Ueno Y, Yoshizaki M, et al. 2014. Origin of methane in serpentinite-hosted hydrothermal systems: The CH_4-H_2-H_2O hydrogen isotope systematics of the Hakuba Happo hot spring. Earth and Planetary Science Letters, 386: 112-125.

Thayer T P. 1966. Serpentinization considered as a constant-volume metasomatic process. Mineralogical Society of America, 51: 685-710.

Tissot B T, Durand B, Espitalie J, et al. 1974. Influence of nature and diagenesis of organic matter in formation of petroleum. AAPG Bulletin, 58: 499-506.

Van Cappellen P, Ingall E D. 1994. Benthic phosphorus regeneration, net primary production and ocean anoxia: A model of coupled marine biogeochemical cycles of carbon and phosphorus. Paleoceanography, 9: 677-692.

Vasconcelos C, McKenzie J A. 1997. Microbial mediation of modern dolomite precipitation and diagenesis under anoxic conditions(Lagoa Vermelha, Rio de Janeiro, Brazil). Journal of Sedimentary Research, 67: 378-390.

Von Damm K L. 1990. Seafloor hydrothermal activity: Black smoker chemistry and chimneys. Annual Review of Earth and Planetary Sciences, 18: 173-204.

Wei J, Ge Q, Yao R, et al. 2017. Directly converting CO_2 into a gasoline fuel. Nature Communications, 8: 15174.

Weitkamp J, Raichle A, Traa Y. 2001. Novel zeolite catalysis to create value from surplus aromatics: Preparation of C_{2+}-n-alkanes, a high-quality synthetic steam cracker feedstock. Applied Catalysis A: General, 222: 277-297.

Welhan J A, Craig H. 1979. Methane and hydrogen in East Pacific rise hydrothermal fluids. Geophysical Research Letters, 6: 829-831.

Wilkinson M, Haszeldine R S, Fallick A E, et al. 2009. CO_2-mineral reaction in a natural analogue for CO_2 storage-implications for modeling. Journal of Sedimentary Research, 79: 486-494.

Woolnough W G. 1934. Natural gas in Australia and New Guinea. AAPG Bulletin, 18: 226-242.

Worden R H. 2006. Dawsonite cement in the Triassic Lam Formation, Shabwa Basin, Yemen: A natural analogue for a potential mineral product of subsurface CO_2 storage for greenhouse gas reduction. Marine and Petroleum Geology, 23: 61-77.

Wu L, Liao Y, Fang Y X, et al. 2013. The comparison of biomarkers released by hydropyrolysis and by Soxhlet extraction from source rocks of different maturities. Chinese Science Bulletin, 58: 373-383.

Yamanaka T, Ishibashi J, Hashimoto J. 2000. Organic geochemistry of hydrothermal petroleum generated in the submarine Wakamiko caldera, southern Kyushu, Japan. Organic Geochemistry, 31: 1117-1132.

Zhang G, Zhang X, Hu D, et al. 2017. Redox chemistry changes in the Panthalassic Ocean linked to the end-Permian mass extinction and delayed Early Triassic biotic recovery. PNAS, 114: 1806-1810.

Zhang S, Mi J, He K. 2013. Synthesis of hydrocarbon gases from four different carbon sources and hydrogen gas using a gold-tube system by Fischer-Tropsch method. Chemical Geology, 26: 349-350.

Zhang S, He K, Hu G, et al. 2018. Unique chemical and isotopic characteristics and origins of natural gases in the Paleozoic marine formations in the Sichuan Basin, SW China: Isotope fractionation of deep and high mature carbonate reservoir gases. Marine and Petroleum Geology, 89: 68-82.

Zhong L, Cantrell K, Mitroshkov. A, et al. 2014. Mobilization and transport of organic compounds from reservoir rock and caprock in geological carbon sequestration sites. Environmental Earth Sciences, 71: 4261-4272.

Zhu D, Jin Z, Hu W. 2010. Hydrothermal recrystallization of the Lower Ordovician dolomite and its significance to reservoir in northern Tarim Basin. Science China Earth Sciences, 53: 368-381.

Zhu D, Liu Q, Jin J, et al. 2017. Effects of deep fluids on hydrocarbon generation and accumulation in Chinese Petroliferous Basins. Acta Geologica Sinica, 91: 301-319.

Zhu D, Meng Q, Jin Z, et al. 2015a. Formation mechanism of deep Cambrian dolomite reservoirs in the Tarim basin, northwestern China. Marine and Petroleum Geology, 59: 232-244.

Zhu D, Meng Q, Jin Z, et al. 2015b. Fluid environment for preservation of pore spaces in a deep dolomite reservoir. Geofluids, 15: 527-545.

Zhu D, Meng Q, Liu Q, et al. 2018. Natural enhancement and mobility of oil reservoirs by supercritical CO_2 and implication for vertical multi-trap CO_2 geological storage. Journal of Petroleum Science and Engineering, 161: 77-95.

Zhu J, Li S, Sun X, et al. 1994. Discovery of early tertiary hydrothermal activity and its significance in oil/gas geology, Dongpu Depression, Henan Province, China. Chinese Journal of Geochemistry, 13: 270-283.